新工科教育系列教材

EMERGING ENGINEERING EDUCATION SERIES

Xianxing Daishu (Wulilei Zhuanye Yong)

线性代数
（物理类专业用）

◎杨润秋　编著

天津大学出版社
TIANJIN UNIVERSITY PRESS

图书在版编目(CIP)数据

线性代数 : 物理类专业用 / 杨润秋编著. — 天津 : 天津大学出版社, 2025. 4. — (新工科教育系列教材).

ISBN 978-7-5618-7922-1

Ⅰ. O151.2

中国国家版本馆CIP数据核字第2025MD4025号

出版发行	天津大学出版社
地　　址	天津市卫津路92号天津大学内（邮编：300072）
电　　话	发行部：022-27403647
网　　址	www.tjupress.com.cn
印　　刷	天津泰宇印务有限公司
经　　销	全国各地新华书店
开　　本	787mm×1092mm　1/16
印　　张	16
字　　数	399千
版　　次	2025年4月第1版
印　　次	2025年4月第1次
定　　价	89.00元

前言

本书是为物理类专业编写的线性代数教材。线性代数是理工专业学生的基础课程,对培养学生的计算能力、逻辑思维能力与处理实际问题的能力具有重要作用。为应对新一轮科技革命与产业变革,支撑服务创新驱动发展等一系列国家战略,教育部自 2017 年积极推进“新工科”建设相关的教育实践,自 2020 年实施“强基计划”。课程教材是教育的载体,对人才培养的方向与质量有重要影响。面对服务“新工科”建设和“强基计划”的国家任务,包括线性代数在内的许多物理类专业课程教学都面临着新的需求。

目前国内线性代数的课程体系大体上可以分为面向数学专业和面向非数学专业两大类。非数学专业数学教材的编写普遍遵循“以应用为目的,以够用为度”的原则。然而这里的“应用”和“够用”应视学科而定。不同学科应用数学知识的方法以及对数学知识的需求具有极大的差异。为了广泛地适应各种非数学专业的要求,多数面向非数学专业的线性代数课程内容集中在行列式和矩阵计算方面,教学重点为以矩阵为核心的各种运算。但是物理类专业对线性代数的教学需求有它的特殊性。

对物理类专业本科生而言,线性代数是学习后续专业课程,如量子力学、理论力学等课程的基础数学语言和重要数学工具。比如,量子力学的基础数学语言是希尔伯特空间以及其中的厄米算符。除了一般的矩阵加法和乘法运算外,学生在量子力学课程的学习中一上来就需要掌握以复数矩阵为自变量的各种矩阵函数(如 e^{-iA})、复内积空间及其中的线性映射的群结构、厄米算符本征值以及它的极值性质等,甚至要想充分地理解某些知识点,有可能会用到泛函分析这种数学专业的高级课程才会讲解的内容。在学习理论力学中的刚体转动的时候,则涉及 SO(3)转动群的矩阵表示;在学习多谐振子耦合或者求解一般二次型的哈密顿系统的时候,则有可能涉及辛对角化等内容。这些物理类专业基础课程需要学生非常熟练地掌握抽象的线性空间、线性映射等概念,对矩阵和行列式相关的计算技巧要求反倒较低。因此,多数物理类专业的教材都需要花费一定的篇幅甚至单独开辟章节来介绍相关的线性代数知识。经过多年的实践和大量优秀的教育工作者的努力,这些物理课程已经形成了有效的方法,在自己的课程体系内克服了学生数学知识储备不足导致的困难。然而,这也从一个侧面反映出目前针对一般理工专业学生编写的线性代数教材难以满足物理类专业学生后续学习的需求。此外,许多高校在课程改革中尝试将研究生课程“下沉”成为本科生的专业选修课程。学有余力的学生可以在本科期间就学习广义相对论、量子场论、李群和李代数等物理类研究生课程。但这些课程对学生的线性代数基础知识,尤其是知识的广度要求极高,远远超出了目前多数非数学专业线性代数教学大纲的内容。

数学专业的线性代数知识一般在高等代数课程中学习，内容丰富。一些物理类专业的学生会主动学习数学专业的线性代数和泛函分析等内容，以弥补在物理学习中所需的相关知识。但由于这些课程不是针对物理类专业的学生设计的，因此包含一些物理学中不太用得到的内容，如多项式、λ 矩阵理论、巴拿赫空间以及谱理论等。另一方面，其中缺乏一些物理学中需要的内容，如复内积空间、一般线性群、厄米矩阵等物理学必需的内容一般不会作为主要内容出现在数学专业的本科生课程中。另外，对相同内容的学习，物理类专业和数学专业的教学目的也有很大的不同。数学专业的课程有自身的课程体系，一般对抽象问题的证明要求较高，强调系统的逻辑自洽和严密性。而物理类专业则注重概念的理解以及和实际物理问题的结合，对数学知识广度的要求高于对深度的要求，强调重要数学结论的工具性。正是因为这些不同，通过学习数学专业的课程来补充物理学习中的数学基础知识，学习效率和最终的学习效果往往都不太理想。

因此，编写一本在应用上具有浓烈的物理“味道”，同时对物理类专业够用的线性代数教材就十分必要了。本书在常见的非数学专业线性代数教材的基础上增加了许多更深入的内容，以期为后续物理专业课程的学习提供更广博的基础知识。与此同时，本书力图避免陷入抽象的数学概念之中，特意降低了对抽象问题的证明要求。这使得本书在一些地方为了保证叙述的直观性，不得不牺牲了一定的严谨性。此外，本书是为低年级本科生设计的。一般而言，这些学生刚刚学习了微积分基础知识，并具备普通力学的相关知识。因此，本书在编写上尽量从这一阶段学生能够接触到的实际问题入手，引入相关的教学内容，并适当地渗透一些高阶内容。这导致本书在一些重要的内容上不得不浅尝辄止，特别是无法详细地讲解每一个知识点在物理中的具体运用。这或许令人颇感遗憾，但是对一门为专业课程做铺垫的基础课程来说，并且考虑到学生在后续专业课程的学习中还会进一步学习许多实际的运用，本书的内容编排未尝不是一个有意义的尝试。总体来说，本书是为已经学习了微积分基础知识、具有一定力学知识的学生编写的，可以为他们进一步学习理论力学、量子力学甚至更高级的物理专业课程做铺垫。本书的编写风格既试图增加内容的数学广度，又力图使之具有物理的“味道”。

本书的预计教学时长为 64 课时，包括 6 章内容。在教学中亦可截取前 4 章，将教学时长缩短为 48 课时。第 1 章从电路网络的等效电阻计算问题入手，引入一个重要的数学问题——线性方程组的解的存在性和唯一性，以此引入矩阵及其基本运算，并开启整个线性代数的学习。此外，还以一般线性群为例子，讲解了“群”这一在物理中极其重要的基础概念。为了让学生感受到学习线性代数知识的益处，还讲解了如何一般性地解决化学方程式配平的问题，介绍了矩阵运算在微积分的数值计算和地图算法中的简单应用。特别地，本书不强调行列式的重要性。因此，在第 1 章引入和计算矩阵的秩以及逆矩阵的时候，并不引入行列式的概念。行列式仅仅作为一种方法和计算工具在第 2 章中引入。为了让学生尽早接触线性代数的核心—— 线性空间和线性映射，第 3 章以 n 维矢量空间 $\mathbf{R}^n$ 为例子讲解相关基础概念。还在这一章最后以正交矩阵为例子,初步讲解了正交变换群以及相应的无穷小变换——$\mathfrak{so}(n)$李代数。

为了对物理类专业的学习更有针对性,本书的内容从第4章开始与多数线性代数教材有明显的不同。在第4章中,主要讲解矩阵的本征值问题。虽然这是线性代数的常见教学内容,但是本书的内容有两个特点:强调了复数域的本征值问题和厄米矩阵;介绍了矩阵函数及其在求解线性微分方程组和线性递推方程组中的运用。尤其是后者,本书介绍了如何将常见初等函数的自变量推广为方阵。线性微分方程组、线性递推方程组和线性方程组的求解具有非常相似的性质,在方法上也一脉相承。更重要的是,通过这一章的学习,学生更容易理解后续量子力学中的时间演化算符以及相关问题。第5章讲解抽象的线性空间和线性映射。这一章的编写有两个"不遗余力":不遗余力地将抽象的矢量和它在某一个基下的表示区分开;不遗余力地渗透有限维矢量空间和无限维矢量空间的区别。尤其是后者,对理解量子力学具有重要的意义。第6章讲解矢量空间的内积。为了更好地对接物理类专业的后续内容,本书采用"度规"这一名词代替多数数学教材中的"度量",并从一开始就介绍包含非正定度规的广义内积空间,而非先验地仅考虑正定的内积空间。这是因为物理中最重要的空间——时空就具有非正定的洛伦兹度规。这样的改动目的在于使学生在学习狭义相对论的时候能够更顺畅地接受相对论的时空观。这一章还介绍了希尔伯特空间这一概念,并且简单地探讨了有限维希尔伯特空间和无限维希尔伯特空间的区别,这一内容是后续学习量子力学的必要知识储备。

本书的例题还涉及许多具体问题的求解,包括基尔霍夫定律、化学方程式配平、种群模型、经典力学中的耦合谐振子模型、最佳多项式拟合等内容。选取这些内容的目的在于将数学教学和学科知识深度融合,力求使本教材成为推动理工科数学教学在"新工科"和"强基计划"的战略要求下革新升级的有益尝试。对复杂的计算问题,本书有意引导学生使用数学软件来协助求解。因此,本书对线性代数中的典型计算问题提供了大量基于 Maple 的程序计算演示。随着计算机软件和硬件日新月异地发展,计算机辅助已经成为从事各种研究的必备技能,因此它也应该成为数学教育的必备内容。此外,本书还包含根据教学内容设计的少量习题。这些习题中,一部分是帮助学生理解课程内容的证明型问题,另一部分是帮助学生熟悉所学内容的计算型问题。设置这些习题的目的在于方便学生检测自己对知识的理解程度,而非考察技巧的运用。因此,对那些学习效果比较好的学生而言,这些习题可能会稍显简单了些。如果学生独立完成这些习题有一定的困难,则说明对知识理解得还不充分,可以回过头复习和思考一下相关内容。

本教材的编写得到了天津大学理学院物理系的大力支持,在此表示感谢!由于作者水平有限,时间仓促,难免有疏漏和谬误之处,敬请读者批评指正!

杨润秋

2024年8月29日

目录

第 1 章　线性方程组与矩阵

1.1　线性方程组与矩阵简介　3

1.2　高斯-约当消元法　7

1.3　线性方程组解的结构　15

1.4　矩阵的基本运算　21

1.5　矩阵运算的性质　30

1.6　矩阵的逆矩阵　36

1.7　初等矩阵和矩阵的标准型　43

1.8　一般线性群　47

1.9　矩阵的简单应用举例　50

习题　54

第 2 章　矩阵的行列式

2.1　行列式的引入　60

2.2　行列式的性质　66

2.3　按照行和列展开　71

2.4 克莱默法则与逆矩阵 75
2.5 行列式的应用举例 79
习题 80

第3章 R^n中的矢量空间

3.1 矢量空间的基本性质 83
3.2 矩阵的零空间和列空间 88
3.3 线性相关 91
3.4 空间的基 94
3.5 空间的维数 99
3.6 正交基 102
3.7 R^n 到 R^m 的线性映射 107
3.8 R^n 到 R^m 的线性映射的运算 113
3.9 R^n 中的正交变换群 115
习题 120

第 4 章　矩阵的本征值问题及其应用

4.1　本征值问题　127

4.2　复本征值和本征矢量　132

4.3　本征值和本征矢量的基本性质　136

4.4　相似变换和对角化　141

4.5　幺正对角化　146

4.6　线性常系数递推方程　152

4.7　矩阵的函数　155

4.8　微分方程组的求解　159

4.9　二次型和正定矩阵　165

习题　171

第 5 章　矢量空间与线性映射

5.1　矢量空间　175

5.2　线性无关、基与维数　181

5.3　线性映射　187

5.4　线性映射的基本性质　191

5.5　可逆映射与矢量空间的同构　194
5.6　线性映射的矩阵表示　197
5.7　基变换和对角化　201
习题　205

第 6 章　矢量空间的内积

6.1　度规和广义内积空间　210
6.2　正交基和正交化　217
6.3　最佳逼近问题　222
6.4　伴随映射　225
6.5　复广义内积空间　231
6.6　希尔伯特空间简介　235
习题　241

参考文献

第 1 章

线性方程组与矩阵

这一章主要讨论线性方程组及其解法，以及由此衍生出来的一个重要的数学工具——矩阵. 线性方程组出现在许多实际的科学问题中，如下面的问题.

复杂电路网络中的电流 大家在初中就学习过串联、并联电路以及利用欧姆定律计算电路中的电流和电压. 我们可以利用初中所学的电学知识计算出图 1.1(a) 中电路的总电流，因为这个电路可以化简为简单的串-并电路，但是图 1.1(b)中的电路则不然. 实际上初中学习的简单的串并联电路知识在解决这个问题时有点费劲. 本课程不打算对电学知识进行深入的讲解，但是为了引入课程的主角，还是来解决一下这个问题. 为了研究这个问题，假设 $R_1 = R_3 = R_5 = 1\ \Omega$, $R_2 = R_4 = 2\ \Omega$, $U = 7$ V. 设经过各个电阻的电流分别是 I_1, I_2, I_3, I_4 和 I_5，取自右往左、自上往下为电流正方向. 同时假设 R_5 上下两端的电压分别为 U_1 和 U_2. 由此得到如下 5 个方程(取国际制标准单位，并略去物理量的单位)：

$$\begin{cases} I_1 = U_1, \\ 2I_2 = 7 - U_1, \\ I_3 = 7 - U_2, \\ 2I_4 = U_2, \\ I_5 = U_1 - U_2. \end{cases} \tag{1.1}$$

消去上述方程中的 U_1 和 U_2. 比如，将第 1 个和第 2 个方程相加，将第 3 个和第 4 个方程相加，将第 2 个、第 4 个和第 5 个方程相加，得到如下 3 个方程：

$$\begin{cases} I_1 + 2I_2 = 7, \\ I_3 + 2I_4 = 7, \\ 2I_2 + 2I_4 + I_5 = 7. \end{cases} \tag{1.2}$$

基本的数学直觉告诉我们由 3 个方程无法求解出 5 个未知数，需要额外的物理规律提供更多的方程. 电荷守恒定律告诉我们：流入导线的每一个节点的电流一定等于流出的电流. 因此对 R_5 所连接的 2 个节点有 2 个方程：$I_1 - I_2 + I_5 = 0$ 和 $I_4 - I_3 - I_5 = 0$. 由此得到如下 5 个方程：

$$\begin{cases} I_1+2I_2=7, \\ I_3+2I_4=7, \\ 2I_2+2I_4+I_5=7, \\ I_1-I_2+I_5=0, \\ I_4-I_3-I_5=0. \end{cases} \tag{1.3}$$

这 5 个方程都是未知数的一次方程，这样的方程组称为线性方程组.

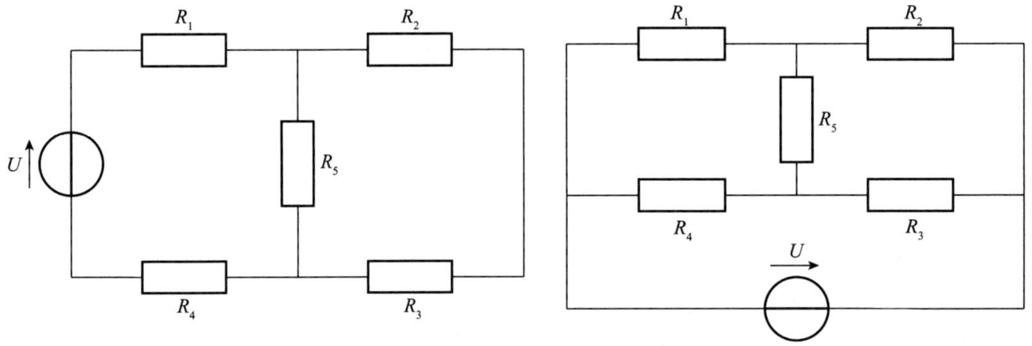

图 1.1　两种不同结构的电路网络

（a）电路图一　（b）电路图二

直觉告诉我们由 5 个方程可以求解出 5 个未知数，事实上也是如此. 可以求得方程组（1.3）的唯一解为

$$I_1=I_3=3, I_2=I_4=2, I_5=-1. \tag{1.4}$$

I_5 是一个负数，代表电流方向是自下往上.

读者可能会注意到一个事实：在消去电压 U_1 和 U_2 的时候可以采用不同的方式. 比如，将方程组（1.1）的第 1 个和第 3 个方程相加，再减去第 5 个方程，可以得到

$$I_1+I_3-I_5=7. \tag{1.5}$$

将方程组（1.1）的第 4 个和第 5 个方程相加，再减去第 1 个方程，可以得到

$$2I_4+I_5-I_1=0. \tag{1.6}$$

于是得到一个不一样的方程组

$$\begin{cases} I_1+2I_2=7, \\ I_3+2I_4=7, \\ 2I_2+2I_4+I_5=7, \\ I_1+I_3-I_5=7, \\ 2I_4+I_5-I_1=0. \end{cases} \tag{1.7}$$

不难验证（1.4）也是方程组（1.7）的解. 还可以验证对任意的 I_4 和 I_5，

$$I_1=I_5+2I_4, I_2=7/2-I_4-I_5/2, I_3=7-2I_4 \tag{1.8}$$

都是方程组（1.7）的解. 可以证明，方程组（1.7）的所有解都可写成（1.8）的形式.

这就带来了一些非常重要的问题. 为什么同样是 5 个未知数与 5 个方程，一个具有唯一解，而另一个却有无数个解呢？如何判定所列的线性方程组是否足以确定唯一解呢？如何

找到方程组(1.3)的解和方程组(1.7)的通解呢?

在本章接下来的内容中,将系统地介绍线性方程组及其求解方法. 在这个过程中,将引入矩阵的概念及其相关的运算. 利用矩阵的概念,可以系统地处理线性方程组解的存在性和唯一性这两个问题.

1.1　线性方程组与矩阵简介

首先给出线性方程和它的解的定义.

定义 1.1　包含 n 个未知数 $x_1,x_2,\cdots,x_n$ 的方程

$$a_1x_1+a_2x_2+\cdots+a_nx_n=b \tag{1.9}$$

称为关于 $x_1,x_2,\cdots,x_n$ 的 n 元线性方程. 其中 $a_1,\cdots,a_n,b$ 都是已知系数.

如果一组数 $c_1,c_2,\cdots,c_n$ 使得取 $x_1=c_1,x_2=c_2,\cdots,x_n=c_n$ 的时候方程(1.9)成立,则 $x_1=c_1,x_2=c_2,\cdots,x_n=c_n$ 就叫作方程(1.9)的解. 当方程(1.9)右边的系数 $b=0$ 的时候,称为齐次线性方程.

不难意识到,对二元或者更多元的线性方程来说,它的解是有无数个的. 因此,对多元线性方程来说,我们关心的是由多个这样的方程构成的方程组. (1.3)和(1.7)都是线性方程组. 一般地,由若干个具有相同的 n 个未知数的方程组成的方程组

$$\begin{cases} a_{11}x_1+a_{12}x_2+\cdots+a_{1n}x_n=b_1, \\ a_{21}x_1+a_{22}x_2+\cdots+a_{2n}x_n=b_2, \\ \qquad\qquad\vdots \\ a_{m1}x_1+a_{m2}x_2+\cdots+a_{mn}x_n=b_m \end{cases} \tag{1.10}$$

称作关于 $x_1,x_2,\cdots,x_n$ 的 n 元线性方程组. 当上述方程右边的系数都为 0,即 $b_1=b_2=\cdots=b_m=0$ 的时候,称为齐次线性方程组. 如果 $x_1=c_1,x_2=c_2,\cdots,x_n=c_n$ 是方程组(1.10)的公共解,那么它就叫作方程组(1.10)的解. 系数 a 的双下标给系数提供了一个“地址”,指出了它在方程组中的位置. 例如,a_{23} 代表第 2 个方程中 x_3 前面的系数. 有时候也把方程组(1.10)写成

$$\sum_{j=1}^{n}a_{ij}x_j=b_i(i=1,2,\cdots,m). \tag{1.11}$$

注意: 在方程组中,未知数的个数和方程的个数没有必然的联系. 因此,$m=n,m>n$ 以及 $m<n$ 三种情况都是允许的.

齐次线性方程组一定有解,这是因为 $x_1=x_2=\cdots=x_n=0$ 一定是它的一个解,这种解称为齐次线性方程组的平庸解. 除了平庸解以外,齐次线性方程组也可能具有非全为 0 的解,这种解称为它的非平庸解. 不难验证任何齐次线性方程组的 2 个非平庸解线性叠加依然是该齐次线性方程组的解,即如果 $x_i=y_i$ 以及 $x_i=w_i$ 都是齐次线性方程组

$$\sum_{j=1}^{n}a_{ij}x_j=0(i=1,2,\cdots,m). \tag{1.12}$$

的解，则 $x_i = c_1 y_i + c_2 w_i$ 也是该齐次线性方程组的解.

非齐次线性方程组可能具有唯一解，可能有无数个解，也可能没有解. 这一点可以从如下 3 个简单的例子看出：

$$\begin{cases} x_1 + x_2 = 1, \\ x_1 - x_2 = 3; \end{cases} \quad \begin{cases} 2x_1 + 2x_2 = 2, \\ x_1 + x_2 = 1; \end{cases} \quad \begin{cases} 2x_1 + 2x_2 = 1, \\ x_1 + x_2 = 3. \end{cases} \tag{1.13}$$

实际上，通过几何图像可以发现这是由 2 个二元线性方程组成的方程组的普适结论. 2 个二元线性方程的解集分别是平面上的 2 条直线，方程组的解就是这 2 条直线的交点. 因此，有三种可能的情况：2 条直线具有唯一交点；2 条直线平行，永不相交；2 条直线重合，有无数个交点. 这个结论也可推广到三元线性方程组，因为三元线性方程的解集是 1 个平面， 3 个平面要么具有唯一公共交点，要么有无数个交点，要么没有公共交点. 对更多元的线性方程组，无法给出视觉上的图像，但是在后面将证明这个结论依然成立，即由 m 个 n 元线性方程组成的方程组的解只有三种情况：具有唯一解，有无数个解，没有解.

一般来说，不同的线性方程组有不同的解. 但是在一些情况下， 2 个不同的线性方程组的解集可能是相同的. 对二元线性方程组，这一点很容易从它的几何图像来理解. 因为 3 条不同的直线每 2 个可以代表 1 个方程组，因此它们代表 3 个不同的方程组. 如果这 3 条直线相交于一点，那么这 3 个不同的方程组就具有相同的解.

定义 1.2 包含 n 个未知数的 2 个线性方程组如果具有完全一样的解集，那么这 2 个方程组称为同解的.

注意："完全一样的解集"不是指具有一些相同的解，而是指由所有解组成的集合是相等的，即一个方程组的所有解都是另外一个方程组的解.

求解方程组可以总结为两个步骤：方程的化简和解集的描述. 在方程的化简过程中，一个重要的原则是保持化简后的方程和原始方程是同解的. 那么什么样的化简可以保证得到同解的方程呢？有如下一个简单但是极其重要的结论.

定理 1.1 如果对一个线性方程组实施如下变换之一，那么得到的方程组和原方程组是同解方程组：

（1）交换两个方程；

（2）用一个非 0 的数乘以一个方程；

（3）把一个方程的常数倍加到另一个方程上去.

上述三种操作称为线性方程组的初等变换. 为了方便表述初等变换，引入如下符号.

$(i) \leftrightarrow (j)$：交换第 i 个和第 j 个方程.

$k(i)$：把第 i 个方程乘以数 k.

$k(i)+(j)$：把第 i 个方程乘以数 k 后加到第 j 个方程.

注意：$k(i)+(j)$ 一般不等于 $k(j)+(i)$，因为后者表示把第 j 个方程乘以数 k 后加到第 i 个方程.

下面介绍如何利用初等变换求解简单的方程组.

例 1.1 利用初等变换求解如下方程组：

$$\begin{cases} x_1 + x_2 = 1, \\ x_1 - x_2 = 3. \end{cases} \tag{1.14}$$

解: 先做初等变换 $(1)+(2)$,得到

$$\begin{cases} x_1 + x_2 = 1, \\ 2x_1 - 0 = 4. \end{cases} \tag{1.15}$$

然后做初等变换 $1/2\times(2)$,得到

$$\begin{cases} x_1 + x_2 = 1, \\ x_1 = 2. \end{cases} \tag{1.16}$$

最后做初等变换 $-(2)+(1)$,得到

$$\begin{cases} x_2 = -1, \\ x_1 = 2. \end{cases} \tag{1.17}$$

因为初等变换不改变方程组的解集,故得到原方程组的解为 $x_1 = 2, x_2 = -1$.

在上述利用初等变换求解方程组的过程中,逐步减少方程组中每一个方程的未知数的数目,因此这种求解方法叫消元法. 在三种初等变换中,第三种主要是用来消元的;第二种则用来将系数化为 1,以便求出解来.

回过头来看(1.13)中的 3 个方程组,它们未知数的符号都是一样的,之所以三者的解差异如此之大仅仅是因为方程的系数 $a_{11},a_{12},a_{21},a_{22},b_1,b_2$ 不同,可见线性方程组的本质是它的系数. 在利用初等变换求解方程组的过程中,实际上仅仅对方程的系数进行了四则混合运算,若每一次都把代表未知数的字母重新抄写一遍是一件浪费时间的事情. 为了突出本质和书写简洁,将方程组(1.10)中的未知数以及代表等式的等号一并略去,仅仅写出它的系数并排列成如下形式:

$$\begin{pmatrix} a_{11} & a_{12} & \cdots & a_{1n} & b_1 \\ a_{21} & a_{22} & \cdots & a_{2n} & b_2 \\ \vdots & \vdots & & \vdots & \vdots \\ a_{m1} & a_{m2} & \cdots & a_{mn} & b_m \end{pmatrix}. \tag{1.18}$$

这种排列成表格形式的有序数组就叫作矩阵.

定义 1.3　$m\times n$ 的矩阵 $\boldsymbol{A}$ 是指由数组成的形如

$$\boldsymbol{A} = \begin{pmatrix} a_{11} & a_{12} & \cdots & a_{1n} \\ a_{21} & a_{22} & \cdots & a_{2n} \\ \vdots & \vdots & & \vdots \\ a_{m1} & a_{m2} & \cdots & a_{mn} \end{pmatrix} \tag{1.19}$$

的矩形阵列. 矩阵 $\boldsymbol{A}$ 的维数为 $m\times n$,记作 $\dim(\boldsymbol{A})=m\times n$.

用没有下标的大写黑体字母 $\boldsymbol{A}$ 代表矩阵,用带有下标的小写白体字母 a_{ij} 表示矩阵 $\boldsymbol{A}$ 的第 i 行、第 j 列的元素,有时候也用 $(\boldsymbol{A})_{ij}$ 表示矩阵 $\boldsymbol{A}$ 的第 i 行、第 j 列的元素.[①] 当矩阵的行数和列数相等的时候,称这个矩阵为方阵. 特别地,如果一个方阵只有主对角线上的元素非 0,也就是对

① 这里的括号不可去掉,因为在后文中也会使用符号 $\boldsymbol{A}_{ij}$ 来表示一个分块矩阵的子矩阵.

所有 $i \neq j$ 都有 $a_{ij}=0$，就说这个矩阵是对角矩阵. 主对角线元素为 $a_{11},a_{22},\cdots,a_{nn}$ 的 $n\times n$ 矩阵通常用符号 $\operatorname{diag}(a_{11},a_{22},\cdots,a_{nn})$ 表示，即

$$\operatorname{diag}(a_{11},a_{22},\cdots,a_{nn})=\begin{pmatrix} a_{11} & 0 & 0 & \cdots & 0 \\ 0 & a_{22} & 0 & \cdots & 0 \\ 0 & 0 & a_{33} & \cdots & 0 \\ \vdots & \vdots & \vdots & & 0 \\ 0 & 0 & 0 & \cdots & a_{nn} \end{pmatrix}.$$

注意： 在写矩阵的维数时，不真的计算 $m\times n$，如 $\dim(\boldsymbol{A})=3\times 2$ 不能写成 $\dim(\boldsymbol{A})=6$；$\dim(\boldsymbol{A})=3\times 2$ 也不能写成 $\dim(\boldsymbol{A})=2\times 3$，因为前者表示一个 3 行 2 列的矩阵，而后者表示一个 2 行 3 列的矩阵.

下面介绍两个常见的矩阵. 第一个是零矩阵，用符号 $\boldsymbol{O}_{p\times q}$ 表示，它是矩阵元素全部为 0 的 $p\times q$ 的矩阵. 有时候不写出它的维数，将其记作 $\boldsymbol{O}$，此时它的维数视上下文而定. 另外一个是恒等矩阵，用符号 $\boldsymbol{I}_n$ 表示，它是 $n\times n$ 的方阵.

$$\boldsymbol{I}_n=\begin{pmatrix} 1 & 0 & 0 & \cdots & 0 \\ 0 & 1 & 0 & \cdots & 0 \\ 0 & 0 & 1 & \cdots & 0 \\ \vdots & \vdots & \vdots & & \vdots \\ 0 & 0 & 0 & \cdots & 1 \end{pmatrix}=\operatorname{diag}(\underbrace{1,1,\cdots,1}_{n\text{个}1}), \tag{1.20}$$

即 $\boldsymbol{I}_n$ 是主对角线元素全为 1、其他元素全为 0 的方阵. 很多时候也不指定它的维数，将其记作 $\boldsymbol{I}$，此时它的维数也视上下文而定.

对线性方程组（1.10）定义两个与之相关的矩阵：系数矩阵和增广矩阵.

定义 1.4 线性方程组（1.10）的系数矩阵 $\boldsymbol{A}$ 定义为

$$\begin{pmatrix} a_{11} & a_{12} & \cdots & a_{1n} \\ a_{21} & a_{22} & \cdots & a_{2n} \\ \vdots & \vdots & & \vdots \\ a_{m1} & a_{m2} & \cdots & a_{mn} \end{pmatrix}, \tag{1.21}$$

矩阵（1.18）叫作线性方程组（1.10）的增广矩阵.

例 1.2 写出如下方程组的系数矩阵和增广矩阵：

$$\begin{cases} x_1+x_2-x_3=1, \\ x_1-x_2+2x_3=3, \\ x_2-x_3=5. \end{cases} \tag{1.22}$$

解： 系数矩阵 $\boldsymbol{A}$ 和增广矩阵 $\boldsymbol{B}$ 如下：

$$\boldsymbol{A}=\begin{pmatrix} 1 & 1 & -1 \\ 1 & -1 & 2 \\ 0 & 1 & -1 \end{pmatrix},\quad \boldsymbol{B}=\begin{pmatrix} 1 & 1 & -1 & 1 \\ 1 & -1 & 2 & 3 \\ 0 & 1 & -1 & 5 \end{pmatrix}. \tag{1.23}$$

注意： 方程组（1.22）的第 3 个方程中 x_1 项缺失，因此系数矩阵中 $(\boldsymbol{A})_{31}=0$，增广矩阵中 $(\boldsymbol{B})_{31}=0$.

1.2　高斯 - 约当消元法

每一个线性方程组都可以用一个增广矩阵来表示. 线性方程组经过初等变换后，它的增广矩阵也发生了变换，因此可以“平行地”定义矩阵的初等变换. 为此引入如下定义.

定义 1.5　对一个矩阵实施如下操作称为对其进行初等行变换：

(1) 交换两行；

(2) 用一个非 0 的数乘以一行；

(3) 把一行的常数倍加到另一行.

如果矩阵 $\boldsymbol{A}$ 通过初等行变换可以得到矩阵 $\boldsymbol{B}$，就说 $\boldsymbol{A}$ 与 $\boldsymbol{B}$ 是行等价的，记作 $\boldsymbol{A}\sim\boldsymbol{B}$.

行等价定义了一种等价关系，即对任意三个矩阵 $\boldsymbol{A},\boldsymbol{B}$ 和 $\boldsymbol{C}$，有如下三个结论：

(1) $\boldsymbol{A}\sim\boldsymbol{A}$；

(2) $\boldsymbol{A}\sim\boldsymbol{B}\Leftrightarrow\boldsymbol{B}\sim\boldsymbol{A}$；

(3) 若 $\boldsymbol{A}\sim\boldsymbol{B},\boldsymbol{B}\sim\boldsymbol{C}$，则有 $\boldsymbol{A}\sim\boldsymbol{C}$.

矩阵的三种初等行变换完全对应于线性方程组的三种初等变换. 利用初等变换对线性方程组进行消元的过程等价于利用初等行变换将增广矩阵中尽可能多的元素化为 0 的过程. 为了方便表述，用与方程组的初等变换一样的符号来表示矩阵的初等行变换. 为了指明是哪一个矩阵的哪一行，引入符号 $\boldsymbol{A}(i)$ 表示矩阵 $\boldsymbol{A}$ 的第 i 行.

例 1.3　利用矩阵的符号求解如下方程组：

$$\begin{cases}x_1+x_2-x_3=1,\\x_1-x_2+2x_3=3,\\x_2-x_3=5.\end{cases}\tag{1.24}$$

解：先写出增广矩阵：

$$\begin{pmatrix}1&1&-1&1\\1&-1&2&3\\0&1&-1&5\end{pmatrix}.\tag{1.25}$$

首先将矩阵的第 1 列元素尽可能化为 0，为此做初等行变换 $-(1)+(2)$，得到

$$\begin{pmatrix}1&1&-1&1\\0&-2&3&2\\0&1&-1&5\end{pmatrix}.\tag{1.26}$$

对第 1 列，无论如何操作都不能得到更多 0 了. 为了使得矩阵更多的元素变为 0，考虑第 2 列. 但是要注意，再进行初等行变换的时候不能增加第 1 列的非 0 元素，否则就是按下葫芦浮起瓢了. 做初等行变换 $2\times(3)+(2)$，得到

$$\begin{pmatrix}1&1&-1&1\\0&0&1&12\\0&1&-1&5\end{pmatrix}.\tag{1.27}$$

再做初等行变换 $-(3)+(1)$，得到

$$\begin{pmatrix} 1 & 0 & 0 & -4 \\ 0 & 0 & 1 & 12 \\ 0 & 1 & -1 & 5 \end{pmatrix}. \tag{1.28}$$

然后做初等行变换 $(3)\leftrightarrow(2)$,得到

$$\begin{pmatrix} 1 & 0 & 0 & -4 \\ 0 & 1 & -1 & 5 \\ 0 & 0 & 1 & 12 \end{pmatrix}. \tag{1.29}$$

对第 2 列,无论如何操作都不能得到更多 0 了. 为了使得矩阵更多的元素变为 0,考虑第 3 列. 同样地,再进行初等行变换的时候不能增加第 1 列和第 2 列的非 0 元素. 做初等行变换 $(3)+(2)$,得到

$$\begin{pmatrix} 1 & 0 & 0 & -4 \\ 0 & 1 & 0 & 17 \\ 0 & 0 & 1 & 12 \end{pmatrix}. \tag{1.30}$$

可以看到,无论做任何初等行变换都无法再增加 0 元素了,就说矩阵已经通过初等行变换变为“最简单”的形式了. 由这个矩阵很容易读出方程组的解:$x_1=-4, x_2=17, x_3=12$.

那么是不是所有的线性方程组都可以采用上述方法得到唯一解呢？答案是否定的,如下面的方程.

例 1.4 利用矩阵的符号求解如下方程组:

$$\begin{cases} x_1+x_2-x_3=1, \\ x_1-x_2+2x_3=3, \\ 2x_1+x_3=4. \end{cases} \tag{1.31}$$

解:先写出增广矩阵:

$$\begin{pmatrix} 1 & 1 & -1 & 1 \\ 1 & -1 & 2 & 3 \\ 2 & 0 & 1 & 4 \end{pmatrix}. \tag{1.32}$$

重复与例 1.3 类似的步骤,首先将矩阵的第 1 列元素尽可能化为 0,为此做初等行变换 $-(1)+(2)$ 和 $-2\times(1)+(3)$,得到

$$\begin{pmatrix} 1 & 1 & -1 & 1 \\ 0 & -2 & 3 & 2 \\ 0 & -2 & 3 & 2 \end{pmatrix}. \tag{1.33}$$

然后做初等行变换 $-(2)+(3)$ 和 $1/2\times(2)+(1)$,得到

$$\begin{pmatrix} 1 & 0 & 1/2 & 2 \\ 0 & -2 & 3 & 2 \\ 0 & 0 & 0 & 0 \end{pmatrix}. \tag{1.34}$$

最后做初等行变换 $-1/2\times(2)$,得到

$$\begin{pmatrix} 1 & 0 & 1/2 & 2 \\ 0 & 1 & -3/2 & -1 \\ 0 & 0 & 0 & 0 \end{pmatrix}. \tag{1.35}$$

此时在保持第 1 列和第 2 列的非 0 元素不增多的情况下,第 3 列已经无法再化简了,得到的对应方程为

$$x_1 + x_3/2 = 2, x_2 - 3x_3/2 = -1. \tag{1.36}$$

因此,方程组的通解为 $x_1 = 2 - x_3/2, x_2 = 3x_3/2 - 1$, x_3 可以取任意的数值.

从上面的例子可以看出,矩阵的初等行变换实际上就是对某一行进行若干次线性叠加. 由此得到如下引理.

引理 1.1　假设矩阵 $\boldsymbol{A}$ 和矩阵 $\boldsymbol{B}$ 是行等价的 $n \times m$ 矩阵,则对 $\boldsymbol{A}$ 的任意一行 $\boldsymbol{A}(i)$一定存在一组不全为 0 的系数 $c_{i1}, c_{i2}, \cdots, c_{in}$,使得

$$\boldsymbol{A}(i) = \sum_{k=1}^{n} c_{ik} \boldsymbol{B}(k).$$

在利用初等行变换化简增广矩阵的时候,需要知道两件事情. ①需要化简为什么样的形式? ②什么样的形式是"最简单"的形式? 为此引入两个定义.

定义 1.6　一个矩阵被称为阶梯矩阵,如果可以画出一条阶梯线使得:

(1)线下方的元素全是 0;

(2)每一个台阶只有一行,台阶数等于非零的行数;

(3)阶梯线的竖线右侧的第一个元素非 0.

图 1.2 展示了两个典型的阶梯矩阵.(1.29)、(1.30)、(1.34)和(1.35)都是阶梯矩阵. 一般而言,对一个矩阵进行初等行变换获得的阶梯矩阵并不唯一. 为了保证唯一性,再加一条限制,定义一种最简阶梯矩阵.

$$\begin{pmatrix} 1 & 0 & 2 & 0 & -3 \\ 0 & 1 & -1 & 0 & -4 \\ 0 & 0 & 0 & 1 & 1 \\ 0 & 0 & 0 & 0 & 0 \end{pmatrix} \qquad \begin{pmatrix} 1 & -1 & 2 & 2 & 1 \\ 0 & 1 & -1 & -1 & 1 \\ 0 & 0 & 1 & 0 & 0 \\ 0 & 0 & 0 & 1 & 3 \\ 0 & 0 & 0 & 0 & 0 \end{pmatrix}$$

图 1.2　两个典型的阶梯矩阵

定义 1.7　如果一个阶梯矩阵非零行的首个元素为 1,而且是它所在列的唯一非 0 元素,则这个矩阵被称为最简阶梯矩阵.

根据这个定义,图 1.2 中的第一个矩阵是最简阶梯矩阵,但是图 1.2 中的第二个矩阵不是最简阶梯矩阵.(1.30)和(1.35)都是最简阶梯矩阵. 从上面的例子可以看出,一旦化简为最简阶梯矩阵,就可以读出方程组的解集,具体步骤如下:

(1)写出方程组的增广矩阵;

(2)通过初等行变换将矩阵化简为最简阶梯矩阵;

(3)根据最简阶梯矩阵得到相应的化简方程;

（4）仔细观察化简方程，写出方程组的解集.

一旦将方程组的增广矩阵通过初等行变换化简为最简阶梯矩阵，就可以很容易地读出方程组的解集. 因此，在利用初等行变换求解线性方程组的时候，目标就是将线性方程组的增广矩阵化简为最简阶梯矩阵.

例 1.5 通过将增广矩阵化简为最简阶梯矩阵求解方程组

$$\begin{cases} x_1+2x_2=7, \\ -2x_1+5x_2=4, \\ -5x_1+6x_2=-3. \end{cases} \tag{1.37}$$

解：先写出增广矩阵：

$$\begin{pmatrix} 1 & 2 & 7 \\ -2 & 5 & 4 \\ -5 & 6 & -3 \end{pmatrix}. \tag{1.38}$$

首先将矩阵的第 1 列元素尽可能化为 0，为此做初等行变换 $2\times(1)+(2)$ 和 $5\times(1)+(3)$，得到

$$\begin{pmatrix} 1 & 2 & 7 \\ 0 & 9 & 18 \\ 0 & 16 & 32 \end{pmatrix}. \tag{1.39}$$

然后做初等行变换 $-1/2\times(3)+(2)$，得到

$$\begin{pmatrix} 1 & 2 & 7 \\ 0 & 1 & 2 \\ 0 & 16 & 32 \end{pmatrix}. \tag{1.40}$$

最后做初等行变换 $-16\times(2)+(3)$ 和 $-2\times(2)+(1)$，得到

$$\begin{pmatrix} 1 & 0 & 3 \\ 0 & 1 & 2 \\ 0 & 0 & 0 \end{pmatrix}. \tag{1.41}$$

矩阵（1.41）为最简阶梯矩阵，因此可以读出解集

$$x_1=3, x_2=2. \tag{1.42}$$

前面提到过，定义最简阶梯矩阵的目的是得到唯一的阶梯矩阵，那么上述定义是否达到了这个目的呢？从直觉上讲，一个线性方程组的解集（并不是解的数目）是唯一的，因此我们预期最简阶梯矩阵也是唯一的. 然而学习数学和物理不能仅仅靠直觉. 我们有许多不同的方法把同一个增广矩阵化简为最简阶梯矩阵，我们需要严格地论证用这些不同的方法总是可以得到同样的最简阶梯矩阵. 我们可以严格证明一个看似显然的结论：线性方程组的解集是唯一的. 为此我们需要做一些铺垫，首先证明几个最简阶梯矩阵的性质.

根据定义，最简阶梯矩阵每一个非零行的首个元素必定至少向后退一列，因此最简阶梯矩阵非零的行数不可能比矩阵的列数大，同时非零的行数不可能大于矩阵的总行数，于是得到如下结论.

引理 1.2 如果 $\boldsymbol{A}$ 是 $n\times m$ 的最简阶梯矩阵，那么它的非零的行数不可能大于 m 和 n 中的任何一个.

引理 1.3　如果 $\boldsymbol{A}$ 是最简阶梯矩阵,那么初等行变换不可能使得元素全为 0 的行的数目增加.

证明:假设 $\boldsymbol{A}$ 的最后 s 行为零行,如果通过初等行变换可以再获得一个零行,则需要对矩阵 $\boldsymbol{A}$ 的前 $n-s$ 行非零行进行初等行变换. 根据引理 1.1,存在一组不全为 0 的系数 $c_1,c_2,\cdots,c_{n-s}$,使得

$$\sum_{k=1}^{n-s} c_k \boldsymbol{A}(k)=(0,0,\cdots,0). \tag{1.43}$$

然而这是不可能的,因为最简阶梯矩阵的每一个非零行都有一个元素为 1,这个元素是它所在列的唯一非 0 元素. 举一个例子,取图 1.2 中的第一个矩阵为 $\boldsymbol{A}$,它的前 3 行非零,每一行的第一个元素 1 是它所在列的唯一非 0 元素,于是有

$$\sum_{k=1}^{3} c_k \boldsymbol{A}(k)=(c_1,c_2,2c_1-c_2,c_3). \tag{1.44}$$

此时不存在一组不全为 0 的系数 c_1,c_2,c_3 使得式(1.44)右边变为(0,0,0,0).

推论 1.1　如果 $\boldsymbol{A}$ 和 $\boldsymbol{B}$ 都是最简阶梯矩阵,那么 $\boldsymbol{A}$ 和 $\boldsymbol{B}$ 行等价的必要条件是 $\boldsymbol{A}$ 和 $\boldsymbol{B}$ 具有相同的元素全为 0 的行. 也就是 $\boldsymbol{A}(i)=\boldsymbol{0} \Leftrightarrow \boldsymbol{B}(i)=\boldsymbol{0}$.

证明:如果 $\boldsymbol{A}$ 和 $\boldsymbol{B}$ 元素全为 0 的行不一样,那么必定有一个矩阵元素全为 0 的行数比另外一个矩阵多. 由于 $\boldsymbol{A}\sim\boldsymbol{B}$,就可以通过初等行变换增加一个最简阶梯矩阵元素全为 0 的行的数目. 但是这与引理 1.3 矛盾.

引理 1.4　$\boldsymbol{A}$ 是最简阶梯矩阵,其中非零的行分别为 $\boldsymbol{A}(1),\boldsymbol{A}(2),\cdots,\boldsymbol{A}(r)$. 如果 a_k 为 $\boldsymbol{A}(k)$的第一个非 0 元素的位置,则对任意一组 $c_1,c_2,\cdots,c_m$ 和一个不为 0 的系数 c_0,

$$c_0\boldsymbol{A}(i)+c_1\boldsymbol{A}(i+m)+\cdots+c_m\boldsymbol{A}(i+m)$$

的第一个非 0 元素一定出现在第 a_i 个元素的位置.

证明:实际上只需要考虑 $c_0=1$ 的情况. 下面通过一个具体的例子展示证明的思路.

$$\boldsymbol{A}=\begin{pmatrix} 0 & 1 & -4 & 0 & 0 & 3 & 0\\ 0 & 0 & 0 & 1 & 0 & -1 & 0\\ 0 & 0 & 0 & 0 & 1 & 4 & 0\\ 0 & 0 & 0 & 0 & 0 & 0 & 1 \end{pmatrix}. \tag{1.45}$$

可以看出 $a_1=2,a_2=4,a_3=5,a_4=7$.

$$\boldsymbol{A}(1)+c_2\boldsymbol{A}(2)+c_3\boldsymbol{A}(3)=(0,1,-4,c_2,c_3,3-c_2+4c_3,0), \tag{1.46}$$

显然第一个非 0 元素出现在第 2 的位置.[①]

定理 1.2　一个矩阵总可以经过有限次初等行变换变为最简阶梯矩阵,并且最简阶梯矩阵是唯一的.

证明:(1)存在性.

为了证明存在性,从一个具体的例子入手. 虽然具体的例子不能作为数学意义上的证明,但是在证明这个问题时足以展示一般性证明的全部思路,只需要将其总结为程序性的步骤即可. 对矩阵

① 一般性证明只需要充分利用最简阶梯矩阵的定义:每一个非零行的第一个元素是它所在列的唯一非 0 元素.

$$A=\begin{pmatrix}0&0&0&0&2&8&4\\0&0&0&1&3&11&9\\0&3&-12&-3&-9&-24&-33\\0&-2&8&1&6&17&21\end{pmatrix},\tag{1.47}$$

首先找到第一个包含非 0 元素的列，即第 2 列. 其中有 2 个非 0 元素，分别处在第 3 行和第 4 行. 任选其中一行，如第 3 行. 为了得到最简阶梯矩阵，将第 3 行与第 1 行交换，即 $(3)\leftrightarrow(1)$，得到

$$A\sim\begin{pmatrix}0&3&-12&-3&-9&-24&-33\\0&0&0&1&3&11&9\\0&0&0&0&2&8&4\\0&-2&8&1&6&17&21\end{pmatrix}.\tag{1.48}$$

然后将新得到的第 1 行的第一个非 0 元素归一化，即 $1/3\times(1)$，得到

$$A\sim\begin{pmatrix}0&1&-4&-1&-3&-8&-11\\0&0&0&1&3&11&9\\0&0&0&0&2&8&4\\0&-2&8&1&6&17&21\end{pmatrix}.\tag{1.49}$$

将第 1 行乘以 2 加到最后一行，即 $2\times(1)+(4)$，得到

$$A\sim\begin{pmatrix}0&1&-4&-1&-3&-8&-11\\0&0&0&1&3&11&9\\0&0&0&0&2&8&4\\0&0&0&-1&0&1&-1\end{pmatrix}.\tag{1.50}$$

忽略掉第 1 行，即式（1.51）中虚线上面的部分，

$$A\sim\left(\begin{array}{ccccccc}0&1&-4&-1&-3&-8&-11\\\hdashline 0&0&0&1&3&11&9\\0&0&0&0&2&8&4\\0&0&0&-1&0&1&-1\end{array}\right).\tag{1.51}$$

看剩下的部分，找到剩下的部分第一个非零的列，即第 4 列. 其中有 2 个非 0 元素，有一个正好在虚线下方的第 1 行，因此不需要交换行. 而且这个元素正好是 1，不需要将其归一化. 可以利用第 2 行消除第 4 列的其他元素，即 $(2)+(4)$ 和 $(2)+(1)$，得到

$$A\sim\begin{pmatrix}0&1&-4&0&0&3&-2\\0&0&0&1&3&11&9\\0&0&0&0&2&8&4\\0&0&0&0&3&12&8\end{pmatrix}.\tag{1.52}$$

忽略掉第 1 行和第 2 行，即式（1.53）中虚线上面的部分，

$$A \sim \begin{pmatrix} 0 & 1 & -4 & 0 & 0 & 3 & -2 \\ 0 & 0 & 0 & 1 & 3 & 11 & 9 \\ \hdashline 0 & 0 & 0 & 0 & 2 & 8 & 4 \\ 0 & 0 & 0 & 0 & 3 & 12 & 8 \end{pmatrix}. \tag{1.53}$$

看剩下的部分,找到剩下的部分第一个非零的列,即第 5 列. 其中有 2 个非 0 元素,有一个正好在虚线下方的第 1 行,因此不需要交换行. 但是这个元素不是 1, 因此需要将其归一化,即 $1/2\times(3)$,得到

$$A \sim \begin{pmatrix} 0 & 1 & -4 & 0 & 0 & 3 & -2 \\ 0 & 0 & 0 & 1 & 3 & 11 & 9 \\ 0 & 0 & 0 & 0 & 1 & 4 & 2 \\ 0 & 0 & 0 & 0 & 3 & 12 & 8 \end{pmatrix}. \tag{1.54}$$

可以利用第 3 行消除第 5 列的其他元素,即 $-3\times(3)+(4)$ 和 $-3\times(3)+(2)$,得到

$$A \sim \begin{pmatrix} 0 & 1 & -4 & 0 & 0 & 3 & -2 \\ 0 & 0 & 0 & 1 & 0 & -1 & 3 \\ 0 & 0 & 0 & 0 & 1 & 4 & 2 \\ 0 & 0 & 0 & 0 & 0 & 0 & 2 \end{pmatrix}. \tag{1.55}$$

忽略掉第 1 行、第 2 行和第 3 行,即式(1.56)中虚线上面的部分,

$$A \sim \begin{pmatrix} 0 & 1 & -4 & 0 & 0 & 3 & -2 \\ 0 & 0 & 0 & 1 & 0 & -1 & 3 \\ 0 & 0 & 0 & 0 & 1 & 4 & 2 \\ \hdashline 0 & 0 & 0 & 0 & 0 & 0 & 2 \end{pmatrix}. \tag{1.56}$$

看剩下的部分,找到剩下的部分第一个非零的列,即第 7 列. 其中只有 1 个非 0 元素,将其归一化,即 $1/2\times(4)$,得到

$$A \sim \begin{pmatrix} 0 & 1 & -4 & 0 & 0 & 3 & -2 \\ 0 & 0 & 0 & 1 & 0 & -1 & 3 \\ 0 & 0 & 0 & 0 & 1 & 4 & 2 \\ 0 & 0 & 0 & 0 & 0 & 0 & 1 \end{pmatrix}. \tag{1.57}$$

可以利用第 4 行消除第 7 列的其他元素,得到

$$A \sim \begin{pmatrix} 0 & 1 & -4 & 0 & 0 & 3 & 0 \\ 0 & 0 & 0 & 1 & 0 & -1 & 0 \\ 0 & 0 & 0 & 0 & 1 & 4 & 0 \\ 0 & 0 & 0 & 0 & 0 & 0 & 1 \end{pmatrix}. \tag{1.58}$$

这样就得到了一个最简阶梯矩阵,它每一行的第一个非 0 元素都为 1,同时这个 1 是它所在列的唯一非 0 元素. 将上述步骤稍加总结就可以得到存在性的一般性证明,总结出来的方法称作高斯-约当消元法.

(2)唯一性.

对唯一性的证明是必要的,因为高斯-约当消元法并不能显然地表明得到的最简阶梯矩

阵是唯一的. 比如，在从（1.47）到（1.48）的过程中，可以选择把最后一行与第一行交换，这会导致整个化简过程不同，此时并不能显然地看出为什么最后得到的最简阶梯矩阵一定是（1.58）所展示的结果（虽然最后的结果确实是那样）.

下面假设两个最简阶梯矩阵 $\boldsymbol{A}$ 和 $\boldsymbol{B}$ 是从同一个矩阵通过初等行变换得到的. 根据行等价的传递性，得到 $\boldsymbol{A}\sim\boldsymbol{B}$. 由推论 1.1 可以得到 $\boldsymbol{A}$ 和 $\boldsymbol{B}$ 的非零行数一样. 记 $\boldsymbol{A}(1),\boldsymbol{A}(2),\cdots,\boldsymbol{A}(r)$ 为最简阶梯矩阵 $\boldsymbol{A}$ 的非零行，$\boldsymbol{B}(1),\boldsymbol{B}(2),\cdots,\boldsymbol{B}(r)$ 为最简阶梯矩阵 $\boldsymbol{B}$ 的非零行. 根据引理 1.1 可以得到

$$\boldsymbol{B}(k)=c_{k1}\boldsymbol{A}(1)+c_{k2}\boldsymbol{A}(2)+\cdots+c_{kr}\boldsymbol{A}(r)(k=1,2,\cdots,r). \tag{1.59}$$

考虑 $k=1$ 的情况. c_{11} 是否可以为 0 呢？如果 $c_{11}=0$，就有

$$\boldsymbol{B}(1)=c_{12}\boldsymbol{A}(2)+\cdots+c_{1r}\boldsymbol{A}(r).$$

根据引理 1.4，$\boldsymbol{B}(1)$ 的第一个非 0 元素最早可能出现在 $\boldsymbol{A}(2)$ 的第一个非 0 元素的位置. 接着考虑 $k=2$ 的情况.

$$\boldsymbol{B}(2)=c_{21}\boldsymbol{A}(1)+c_{22}\boldsymbol{A}(2)+c_{23}\boldsymbol{A}(3)+\cdots+c_{2r}\boldsymbol{A}(r).$$

由于 $\boldsymbol{B}$ 是最简阶梯矩阵，$\boldsymbol{B}(2)$ 的第一个非 0 元素晚于 $\boldsymbol{B}(1)$ 的第 1 个非 0 元素出现，根据引理 1.4 得 $c_{21}=c_{22}=0$，于是 $\boldsymbol{B}(2)$ 的非 0 元素最早可能出现在 $\boldsymbol{A}(3)$ 的第一个非 0 元素的位置. 依此类推，$\boldsymbol{B}(r-1)$ 的非 0 元素最早可能出现在 $\boldsymbol{A}(r)$ 的第一个非 0 元素的位置，$\boldsymbol{B}(r)$ 的第一个非 0 元素一定出现在 $\boldsymbol{A}(r)$ 的第一个非 0 元素之后. 但是

$$\boldsymbol{B}(r)=c_{r2}\boldsymbol{A}(2)+c_{r3}\boldsymbol{A}(3)+\cdots+c_{rr}\boldsymbol{A}(r). \tag{1.60}$$

由于系数 $c_{r2},c_{r3},\cdots,c_{rr}$ 不都为 0，根据引理 1.4 式（1.60）右边的第一个非 0 元素不可能出现在晚于 $\boldsymbol{A}(r)$ 的第一个非 0 元素的位置. 这说明前提假设 $c_{11}=0$ 是不正确的，则 $c_{11}\neq0$. 因此 $\boldsymbol{B}(1)$ 的第一个非 0 元素等于 $c_{11}\boldsymbol{A}(1)$ 的第一个非 0 元素. 由于 $\boldsymbol{A}$ 和 $\boldsymbol{B}$ 都是最简阶梯矩阵，$\boldsymbol{A}(1)$ 和 $\boldsymbol{B}(1)$ 的第一个非 0 元素都是 1，因此有 $c_{11}=1$. 依此类推，可以得到

$$c_{kk}=1(k=1,2,\cdots,r).$$

下面证明假如 $i\neq k$，则必有 $c_{ik}=0$.

$$\boldsymbol{B}(1)=\boldsymbol{A}(1)+c_{12}\boldsymbol{A}(2)+\cdots+c_{kr}\boldsymbol{A}(r)(k=1,2,\cdots,r). \tag{1.61}$$

$$\boldsymbol{B}(2)=\boldsymbol{A}(2)+c_{23}\boldsymbol{A}(3)+\cdots+c_{2r}\boldsymbol{A}(r). \tag{1.62}$$

可以看出 $\boldsymbol{B}(2)$ 的第一个非 0 元素处于 $\boldsymbol{A}(2)$ 的第一个非 0 元素的位置. $\boldsymbol{B}(1)$ 在同样的位置也有一个元素 c_{12}. 由于 $\boldsymbol{B}$ 是最简阶梯矩阵，$\boldsymbol{B}(2)$ 的首个非 0 元素必须是它所在列的唯一非 0 元素，因此 $c_{12}=0$. 同理可以发现，如果 $i\neq k$，则必有 $c_{ik}=0$. 因此得到

$$c_{ij}=0(i\neq j).$$

则 $\boldsymbol{B}(k)=\boldsymbol{A}(k)$，所以 $\boldsymbol{A}=\boldsymbol{B}$.

很多时候，手动将一个增广矩阵化简为一个最简阶梯矩阵是一件非常烦琐的事情. 这个时候可以利用具有强大计算能力的通用代数计算软件来帮助我们完成烦琐的计算. 下面以 Maple 为例展示如何得到一个最简阶梯矩阵，图 1.3 显示了计算机中的计算方法. 第一步，在程序中导入线性代数计算工具包 with（LinearAlgebra），然后键入"："表示抑制输出显示，再按回车键. 第二步，输入矩阵的元素，然后按回车键，就会显示相应的矩阵，再键入命令"ReducedRowEchelonForm(A)”并按回车键，就会立即显示结果.

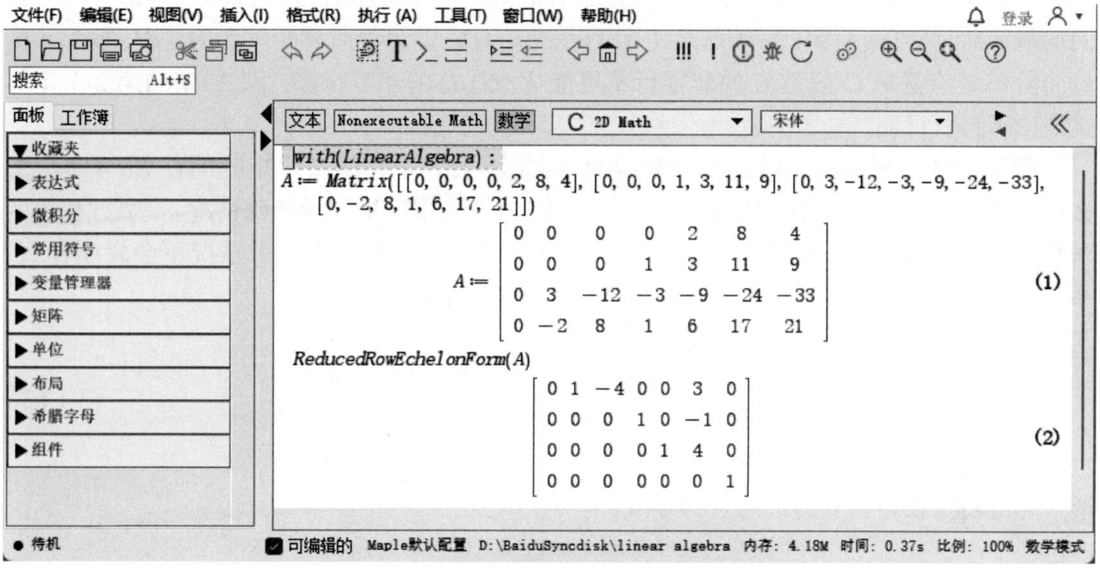

图 1.3　在 Maple 中化简得到最简阶梯矩阵

1.3　线性方程组解的结构

下面利用增广矩阵以及它的最简阶梯矩阵来讨论线性方程组的解的结构问题. 我们的目的是在不直接求出方程组的解集的情况下判断线性方程组是否有解，如果有的话解是否唯一. 从一般的方程组(1.10)入手分析，令 $(\boldsymbol{A}|\boldsymbol{b})$ 表示方程组(1.10)的增广矩阵. 其中 $\boldsymbol{A}$ 是方程组(1.10)的系数矩阵，而 $\boldsymbol{b}$ 则是方程组(1.10)等号右侧的数值排成一列的 $m\times 1$ 的矩阵. $(\boldsymbol{A}|\boldsymbol{b})$ 是一个 $m\times(n+1)$ 的矩阵. 假设矩阵 $(\boldsymbol{A}|\boldsymbol{b})$ 对应的最简阶梯矩阵为 $(\boldsymbol{C}|\boldsymbol{d})$. 显然方程组的解完全由 $(\boldsymbol{C}|\boldsymbol{d})$ 给出.

由前面求解线性方程组的几个实际例子可以发现，最简阶梯矩阵的非零行是十分重要的，那些元素全是 0 的行无法提供任何有助于求解方程组的信息. 因此定义一个非常有用的概念，叫作矩阵的秩.

定义 1.8　矩阵 $\boldsymbol{A}$ 的秩定义为和它行等价的最简阶梯矩阵中非零行的数目，记为 $R(\boldsymbol{A})$.

由于一个矩阵通过初等行变换得到的最简阶梯矩阵是唯一的，因此一个矩阵的秩也是唯一的. 换句话说，矩阵的秩是矩阵的内禀性质. 本节的目的就是利用矩阵的秩这个概念讨论线性方程组的解的结构问题. 在此之前，先介绍几个简单的关于矩阵的秩的性质.

定理 1.3　矩阵的秩满足如下几个基本的性质：

(1)对一个 $m\times n$ 的矩阵 $\boldsymbol{A}$，$0\leqslant R(\boldsymbol{A})\leqslant \min\{m,n\}$；

(2)如果 $\boldsymbol{A}\sim\boldsymbol{B}$，则 $R(\boldsymbol{A})=R(\boldsymbol{B})$；

(3)$R(\boldsymbol{A})\leqslant R((\boldsymbol{A}|\boldsymbol{b}))\leqslant R(\boldsymbol{A})+1$.

证明：第（1）条的证明可以直接援引引理 1.2. 把 $R(\boldsymbol{A})=m$ 的情况称为行满秩；把 $R(\boldsymbol{A})=n$ 的情况称为列满秩. 第（2）条的证明根据定理 1.2，所有行等价的矩阵都有唯一相同的最简阶梯矩阵. 对第（3）条的第 1 个不等式，$(\boldsymbol{A}\mid\boldsymbol{b})$ 的最简阶梯矩阵为 $(\boldsymbol{C}\mid\boldsymbol{d})$，那么 $\boldsymbol{A}$ 的最简阶梯矩阵就是 $\boldsymbol{C}$. 显然 $\boldsymbol{C}$ 的非零行不可能比 $(\boldsymbol{C}\mid\boldsymbol{d})$ 的非零行多. 第（3）条的第 2 个不等式请读者自行证明.

由于一个方程组的系数矩阵的秩 $R(\boldsymbol{A})$ 一定不会大于它的增广矩阵的秩 $R((\boldsymbol{A}\mid\boldsymbol{b}))$，那么系数矩阵的秩就只能小于或者等于增广矩阵的秩. 先来讨论一种特殊情况：一个方程组的系数矩阵的秩 $R(\boldsymbol{A})$ 小于它的增广矩阵的秩 $R((\boldsymbol{A}\mid\boldsymbol{b}))$. 为了理解在这种情况下会发生什么，举一个例子. 考虑矩阵（1.47）作为增广矩阵所代表的方程组，即

$$(\boldsymbol{A}\mid\boldsymbol{b})=\begin{pmatrix}0&0&0&0&2&8&4\\0&0&0&1&3&11&9\\0&3&-12&-3&-9&-24&-33\\0&-2&8&1&6&17&21\end{pmatrix}. \tag{1.63}$$

通过初等行变换得到它的最简阶梯矩阵：

$$(\boldsymbol{C}\mid\boldsymbol{d})=\begin{pmatrix}0&1&-4&0&0&3&0\\0&0&0&1&0&-1&0\\0&0&0&0&1&4&0\\0&0&0&0&0&0&1\end{pmatrix}. \tag{1.64}$$

可以看出增广矩阵的秩为

$$R((\boldsymbol{A}\mid\boldsymbol{b}))=4.$$

由矩阵（1.64）可以得到系数矩阵的最简阶梯矩阵：

$$\boldsymbol{C}=\begin{pmatrix}0&1&-4&0&0&3\\0&0&0&1&0&-1\\0&0&0&0&1&4\\0&0&0&0&0&0\end{pmatrix}. \tag{1.65}$$

可以看出系数矩阵的秩为

$$R(\boldsymbol{A})=3.$$

$R(\boldsymbol{A})<R((\boldsymbol{A}\mid\boldsymbol{b}))$. 通过最简阶梯矩阵（1.64）发现最后一行对应的方程是

$$0x_1+0x_2+0x_3+0x_4+0x_5=1.$$

这样的方程是无解的. 因此得到结论：矩阵（1.63）作为增广矩阵代表的线性方程组是无解的.

通过对上面的例子仔细观察可以发现，如果增广矩阵的秩大于系数矩阵的秩，那么增广矩阵的最简阶梯矩阵就会具有这样的一行：

$$(0,0,0,\cdots,0,1).$$

将这一行还原成方程的形式就得到

$$0x_1+0x_2+\cdots+0x_n=1.$$

显然不会有任何数值满足这个方程. 因此就得到了如下一般的结论.

定理 1.4　一个线性方程组有解的充分必要条件是它的系数矩阵的秩等于它的增广矩阵的秩.

方程组有解不代表方程组的解是唯一的,因此还需要进一步考虑方程组解的数目问题. 由于系数矩阵的秩不可能大于列数 n,因此就有两种情况,下面先给出结论.

定理 1.5　一个方程组有唯一解的充分必要条件是它的系数矩阵 $\boldsymbol{A}$ 的秩和它的增广矩阵 $(\boldsymbol{A}|\boldsymbol{b})$ 的秩都等于它的列数 n. 如果系数矩阵 $\boldsymbol{A}$ 的秩和它的增广矩阵 $(\boldsymbol{A}|\boldsymbol{b})$ 的秩相等且小于它的列数 n,那么此方程组就具有无穷个解.

这里依旧不进行抽象的证明,因为具体的例子足以展示抽象证明的全部思路.

考虑一个线性方程组,假设它的增广矩阵 $(\boldsymbol{A}|\boldsymbol{b})$ 已经被化简为如下最简阶梯矩阵:

$$(\boldsymbol{C}|\boldsymbol{d})=\begin{pmatrix}1&0&0&-4\\0&1&0&17\\0&0&1&12\\0&0&0&0\end{pmatrix}. \tag{1.66}$$

由于 $R(\boldsymbol{A})=R((\boldsymbol{A}|\boldsymbol{b}))=R((\boldsymbol{C}|\boldsymbol{d}))=$ 未知数的数目,可以写出全部未知数的解. 通过上面的例子不难看出,如果 $R(\boldsymbol{A})=R((\boldsymbol{A}|\boldsymbol{b}))=R((\boldsymbol{C}|\boldsymbol{d}))=$未知数的数目,那么 $(\boldsymbol{C}|\boldsymbol{d})$ 对应的方程组一定具有这样的特点:

$$\begin{cases}x_1=d_1,\\x_2=d_2,\\\quad\vdots\\x_n=d_n.\end{cases} \tag{1.67}$$

因此方程组的解就是 $x_1=d_1,x_2=d_2,\cdots,x_n=d_n$.

对另一种情况,考虑这样一个例子,假设它的增广矩阵 $(\boldsymbol{A}|\boldsymbol{b})$ 已经化简为如下最简阶梯矩阵:

$$(\boldsymbol{C}|\boldsymbol{d})=\begin{pmatrix}1&0&0&-4&1\\0&1&0&17&2\\0&0&1&12&1\\0&0&0&0&0\end{pmatrix}. \tag{1.68}$$

此时 $R(\boldsymbol{A})=R((\boldsymbol{A}|\boldsymbol{b}))=R((\boldsymbol{C}|\boldsymbol{d}))=$ 未知数的数目 -1. 写出对应的方程就获得了一组通解:

$$x_1=1+4x_4,x_2=2-17x_4,x_3=1-12x_4.$$

由于 x_4 的数值是任意的,方程组有无数个解. 这个结论很容易推广到其他情况.

再考虑一个例子,假设它的增广矩阵 $(\boldsymbol{A}|\boldsymbol{b})$ 已经化简为如下最简阶梯矩阵:

$$(\boldsymbol{C}|\boldsymbol{d})=\begin{pmatrix}1&0&0&-4&1&0\\0&1&0&17&2&1\\0&0&1&12&1&1\\0&0&0&0&0&0\end{pmatrix}. \tag{1.69}$$

此时 $R(\boldsymbol{A})=R((\boldsymbol{A}|\boldsymbol{b}))=R((\boldsymbol{C}|\boldsymbol{d}))=$ 未知数的数目 -2. 写出对应的方程就获得了一组通解:

$$x_1=4x_4-x_5,x_2=1-17x_4-2x_5,x_3=1-12x_4-x_5.$$

其中 x_4 和 x_5 的数值是任意的. 通过观察可以得到如下结论.

定理 1.6 如果一个方程组的系数矩阵 $\boldsymbol{A}$ 的秩和它的增广矩阵$(\boldsymbol{A}|\boldsymbol{b})$的秩满足 $R(\boldsymbol{A})=R((\boldsymbol{A}|\boldsymbol{b}))$, 那么这个方程组的通解中有 $n-R(\boldsymbol{A})$个自由变量.

由此可以得到一个简单的推论:如果一个线性方程组的未知数的数目多于方程的数目,那么这个方程组要么无解,要么具有无穷个解. 其证明留作习题.

下面看几个应用的例子. 首先看由本章最开始的电路问题得到的 2 个方程组. 方程组(1.3)的增广矩阵为

$$(\boldsymbol{A}\,|\,\boldsymbol{b})=\begin{pmatrix}1 & 2 & 0 & 0 & 0 & 7\\ 0 & 0 & 1 & 2 & 0 & 7\\ 0 & 2 & 0 & 2 & 1 & 7\\ 1 & -1 & 0 & 0 & 1 & 0\\ 0 & 0 & -1 & 1 & -1 & 0\end{pmatrix}. \qquad (1.70)$$

将其通过初等行变换化为最简阶梯矩阵. 用 Maple 软件来完成这个烦琐的工作,步骤和结果如图 1.4 所示. 由于增广矩阵的秩和系数矩阵的秩相等且都等于未知数的数目,故此方程组具有唯一解,即 $I_1=I_3=3, I_2=I_4=2, I_5=-1$.

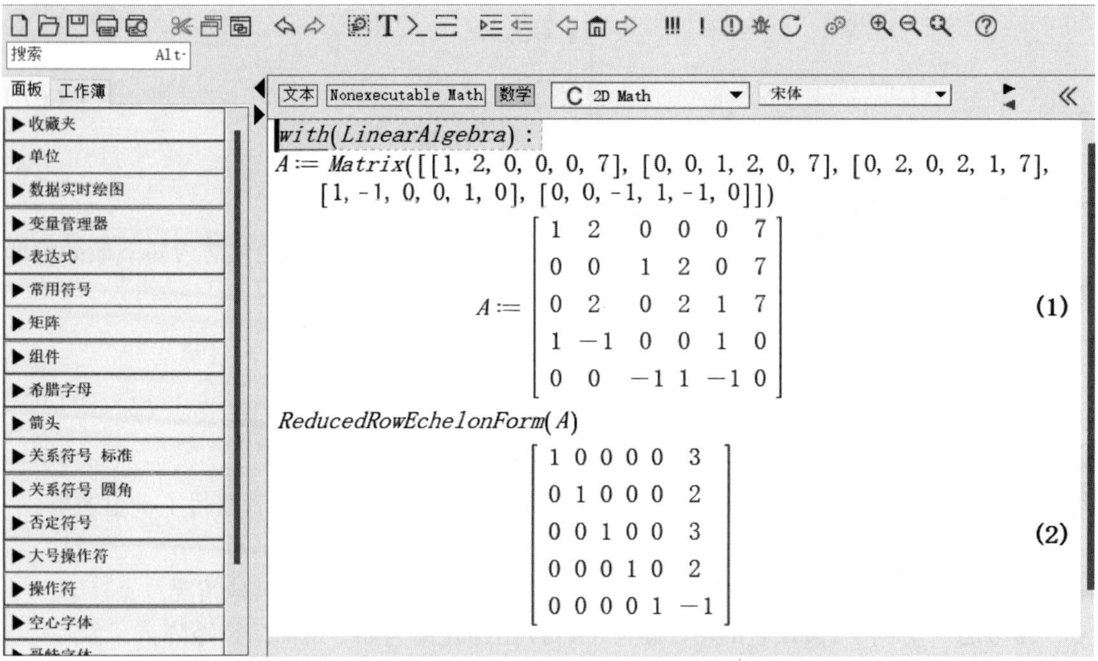

图 1.4 在 Maple 中化简增广矩阵(1.70)得到最简阶梯矩阵

方程组(1.7)的增广矩阵为

$$(\boldsymbol{A}\mid\boldsymbol{b})=\begin{pmatrix}1&2&0&0&0&7\\0&0&1&2&0&7\\0&2&0&2&1&7\\1&0&1&0&-1&7\\-1&0&0&2&1&0\end{pmatrix}. \tag{1.71}$$

用 Maple 软件得到它的最简阶梯矩阵为

$$(\boldsymbol{C}\mid\boldsymbol{d})=\begin{pmatrix}1&0&0&-2&-1&0\\0&1&0&1&1/2&7/2\\0&0&1&2&0&7\\0&0&0&0&0&0\\0&0&0&0&0&0\end{pmatrix}. \tag{1.72}$$

由于增广矩阵的秩和系数矩阵的秩相等且都小于未知数的数目,故此方程组具有无穷个解. 根据定理 1.6 知道这个方程组的通解有 2 个自由变量.

当方程组(1.10)等号右边的系数 b_i 都是 0 的时候,方程组变为齐次方程组. 显然齐次线性方程组总是有解的,因为很容易看出 $x_1=x_2=\cdots=x_n=0$ 就是它的一个解. 为了方便表达,把 $\boldsymbol{b}$ 的元素全是 0 的情况记作 $\boldsymbol{0}$. 因此得到如下有意思的结论.

推论 1.2　对任意矩阵 $\boldsymbol{A}$ 都有 $R(\boldsymbol{A})=R((\boldsymbol{A}|\boldsymbol{0}))$.

因为 $x_1=x_2=\cdots=x_n=0$ 是所有齐次线性方程组都有的解,所以这种解是非常平凡的一种解,叫作齐次线性方程组的平庸解. 如果齐次线性方程组的解不唯一,那么就存在不全为 0 的解,这种解在很多实际物理问题中才是我们关心的,称为齐次线性方程组的非平庸解. 推论 1.2 表明 $R((\boldsymbol{A}\mid\boldsymbol{0}))$ 完全由矩阵 $\boldsymbol{A}$ 决定,因此有如下结论.

定理 1.7　n 元齐次线性方程组有非平庸解的充分必要条件是 $R(\boldsymbol{A})<n$. 如果存在非平庸解,非平庸解中一定存在 $n-R(\boldsymbol{A})$ 个自由变量.

对由 m 个 n 元齐次线性方程组成的方程组 $\boldsymbol{Ax}=\boldsymbol{b}$,它的系数矩阵 $\boldsymbol{A}$ 是一个 $m\times n$ 的矩阵. 根据定理 1.3 可以得到 $R(\boldsymbol{A})\leqslant\min\{m,n\}$. 因此一旦方程的数目小于未知数的数目,即 $m<n$,就有 $R(\boldsymbol{A})<n$. 于是可以得到一个重要的推论.

推论 1.3　对由 m 个 n 元齐次线性方程组成的方程组,如果 $m<n$,那么方程组永远有非平庸解.

作为上述关于齐次线性方程组的理论的一个应用,下面来看一个化学中常见的问题——化学方程式配平的问题. 所有化学方程式配平的问题都可以归结为求解齐次线性方程组的问题.

例 1.6　配平化学方程式:$Fe_3O_4+HNO_3\rightarrow Fe(NO_3)_3+NO\uparrow+H_2O$.

解:化学方程式配平的关键就是原子守恒. 假设配平系数,得到

$$x_1Fe_3O_4+x_2HNO_3=x_3Fe(NO_3)_3+x_4NO\uparrow+x_5H_2O.$$

利用 Fe、O、H、N 4 种原子守恒,可以得到如下 4 个方程:

$$\begin{cases}3x_1-x_3=0,\\x_2-2x_5=0,\\4x_1+3x_2-9x_3-x_4-x_5=0,\\x_2-3x_3-x_4=0.\end{cases} \tag{1.73}$$

这是一个齐次线性方程组，它的增广矩阵为

$$(\boldsymbol{A}\,|\,\boldsymbol{b})=\begin{pmatrix}3&0&-1&0&0&0\\0&1&0&0&-2&0\\4&3&-9&-1&-1&0\\0&1&-3&-1&0&0\end{pmatrix}. \tag{1.74}$$

通过初等行变换得到它的最简阶梯矩阵：

$$(\boldsymbol{C}\,|\,\boldsymbol{d})=\begin{pmatrix}1&0&0&0&-3/14&0\\0&1&0&0&-2&0\\0&0&1&0&-9/14&0\\0&0&0&1&-1/14&0\end{pmatrix}. \tag{1.75}$$

增广矩阵和系数矩阵的秩都是 4，小于未知数的数目，因此方程组具有非平庸解，通解为

$$x_1=\frac{3x_5}{14},x_2=2x_5,x_3=\frac{9x_5}{14},x_4=\frac{x_5}{14}.$$

其中 x_5 是任意数. 于是得到如下配平的化学方程式：

$$\frac{3x_5}{14}\mathrm{Fe_3O_4}+2x_5\mathrm{HNO_3}=\frac{9x_5}{14}\mathrm{Fe(NO_3)_3}+\frac{x_5}{14}\mathrm{NO}\uparrow+x_5\mathrm{H_2O}.$$

在书写化学方程式的时候一般把它写成具有最简整数系数的形式. 因此取 $x_5=14$，有

$$3\mathrm{Fe_3O_4}+28\mathrm{HNO_3}=9\mathrm{Fe(NO_3)_3}+\mathrm{NO}\uparrow+14\mathrm{H_2O}.$$

这样就完成了化学方程式的配平，并且证明了这是唯一最简的配平形式.

根据化学方程式两边的成分以及原子守恒写出对应的齐次线性方程组的系数矩阵 $\boldsymbol{A}$ 后，可以对什么样的化学方程式能够配平以及在什么情况下最简配平系数是唯一的这两个问题做出非常一般性的回答.

定理 1.8 假设一个化学方程式两边的每一个成分的原子数目都是有理数，方程式中未知系数的数目为 n. 利用元素守恒得到的线性方程组的系数矩阵为 $\boldsymbol{A}$. 那么这个化学方程式存在最简整数配平系数的充分必要条件是 $R(\boldsymbol{A})<n$；存在唯一最简整数配平系数的充分必要条件是 $R(\boldsymbol{A})=n-1$.

要求每一个成分的原子数目都是有理数能够保证增广矩阵在利用初等行变换化为最简阶梯矩阵后，最简阶梯矩阵的系数全部都是有理数.① 这保证了可以将配平系数化为整数. 需要注意的是，并不是每一个可以配平的化学方程式都是可以发生的化学反应.

化学方程式的配平大家在初高中化学课程中练习过很多次，当然也积累了不少处理的方法. 在这里可以看到，包括电路分析和化学方程式配平在内的很多问题具有各自不同的背景，但是都可以归结为同一个数学问题来求解. 如果一种方法可以处理一个问题或者一个学科中的问题，这种方法叫作具体方法. 如果一种方法能够处理千千万万个不同的问题甚至不

① 因为初等行变换只涉及加法和乘法，有理数对这两种运算保持封闭.

同学科中的问题，就需要将问题抽象出来. 包括物理在内的许多学科中的很多问题都可以抽象为线性方程组求解的问题. 正是因为如此，我们需要详细研究线性方程组的求解. 通过以上几节的学习，我们已经了解了相关的知识和概念，在下面的几节中我们将会进一步走向抽象. 由于我们将会逐步远离直观，因此在学习的过程中可能会遇到一些挑战. 但是应对这些挑战是值得的，因为我们将会获得更深奥和普适的知识. 这些知识将会使得我们充分发挥矩阵这个强有力的“武器”的威力.

1.4　矩阵的基本运算

在前面几节中我们已经初步了解了矩阵，但只是把它当作书写线性方程组的工具. 从这一节开始，我们将尝试直接理解矩阵本身，不再借助线性方程组这个“拐杖”. 这一节首先介绍矩阵的基本代数运算，这将为把矩阵作为计算和理论研究工具打下基础.

在本节中，假设矩阵的所有元素以及讨论中涉及的数都是实数，在后面的章节中将单独讨论复数的情况. 需要说明的是，如果不特别指出，在实数域内得到的性质都可以运用到复数域. 对少数不能直接运用到复数域的情况，将会单独强调. 首先从两个矩阵相等的定义讲起.

定义 1.9　两个矩阵 $\boldsymbol{A}$ 和 $\boldsymbol{B}$ 相等当且仅当它们是同种类型的矩阵，并且所有对应的元素相等，即 $\dim(\boldsymbol{A})=\dim(\boldsymbol{B})$ 且对应的所有元素满足 $a_{ij}=b_{ij}$.

换句话说，只有当两个矩阵的维数相同且含有相同的元素的时候它们才相等. 例如，下列矩阵就都不相等：

$$\boldsymbol{A}=\begin{pmatrix}1 & 2 & -1\\ 0 & 1 & 3\end{pmatrix},\quad \boldsymbol{B}=\begin{pmatrix}1 & 0 & 2\\ 0 & 1 & 3\end{pmatrix},\quad \boldsymbol{C}=\begin{pmatrix}-1 & 4 & -3\\ 0 & 2 & 1\\ 0 & 0 & 0\end{pmatrix}.$$

下面定义矩阵的四种基本代数运算：加法、数乘、转置和矩阵乘法.

定义 1.10　假设两个矩阵 $\boldsymbol{A}$ 和 $\boldsymbol{B}$ 是同种类型的矩阵，$\boldsymbol{A}+\boldsymbol{B}$ 得到一个新的矩阵 $\boldsymbol{C}$，$\boldsymbol{C}$ 的元素 c_{ij} 由如下运算得出：

$$c_{ij}=a_{ij}+b_{ij}.$$

换句话说，矩阵的加法就是把两个矩阵的对应元素相加得到一个新的同种类型的矩阵. 例如，

$$\boldsymbol{A}=\begin{pmatrix}1 & 2 & -1\\ 0 & 1 & 3\end{pmatrix},\quad \boldsymbol{B}=\begin{pmatrix}2 & 0 & 2\\ 0 & 4 & 3\end{pmatrix}\Rightarrow \boldsymbol{A}+\boldsymbol{B}=\begin{pmatrix}3 & 2 & 1\\ 0 & 5 & 6\end{pmatrix}.$$

需要注意的是，两个不同类型的矩阵无法按照上述方式定义加法.

定义 1.11　一个矩阵 $\boldsymbol{A}$ 和一个数 c 相乘得到一个新的矩阵 $\boldsymbol{C}$，$\boldsymbol{C}$ 的元素 c_{ij} 由如下运算得出：

$$c_{ij}=ca_{ij}.$$

并且 $\boldsymbol{A}c=c\boldsymbol{A}$.

换句话说，矩阵和数的乘法就是把矩阵的每一个元素分别乘以这个数. 例如，

$$A=\begin{pmatrix}1&2&-1\\0&1&3\end{pmatrix}\Rightarrow 3A=\begin{pmatrix}3&6&-3\\0&3&9\end{pmatrix}.$$

矩阵的加法和数乘可以结合起来构成矩阵的线性运算. 矩阵的减法则可以看成加法和数（−1）乘的复合运算：$\boldsymbol{A}-\boldsymbol{B}=\boldsymbol{A}+(-1)\boldsymbol{B}$，即先用 −1 和 $\boldsymbol{B}$ 做乘法得到矩阵 $-\boldsymbol{B}$，然后将 $\boldsymbol{A}$ 与 $-\boldsymbol{B}$ 做加法. 下面看一个例题.

例 1.7 假设有如下三个矩阵：

$$\boldsymbol{A}=\begin{pmatrix}1&0&-1\\-1&1&3\end{pmatrix},\quad \boldsymbol{B}=\begin{pmatrix}1&0&2\\0&1&3\end{pmatrix},\quad \boldsymbol{C}=\begin{pmatrix}-1&4&-3\\0&2&1\\0&0&0\end{pmatrix}.$$

分别计算 $\boldsymbol{A}-\boldsymbol{B}$，$\boldsymbol{A}+3\boldsymbol{B}$ 和 $\boldsymbol{A}-\boldsymbol{C}$，或者说明运算是没有定义的.

解：$\boldsymbol{A}-\boldsymbol{B}$ 和 $\boldsymbol{A}+3\boldsymbol{B}$ 是有定义的，其结果为

$$\boldsymbol{A}-\boldsymbol{B}=\begin{pmatrix}0&0&-3\\-1&0&0\end{pmatrix},\quad \boldsymbol{A}+3\boldsymbol{B}=\begin{pmatrix}4&0&5\\-1&4&12\end{pmatrix}.$$

$\boldsymbol{A}-\boldsymbol{C}$ 是没有定义的.

一个矩阵如果只有 1 列或者 1 行，这样的矩阵就是我们以前学习过的矢量. 对这种特殊的矩阵，用矢量的符号表示为 $\boldsymbol{x}$ 或者 $\vec{x}$. 需要注意的是，要区分行矢量和列矢量. 比如，

$$\boldsymbol{x}=\begin{pmatrix}1\\2\\3\end{pmatrix},\boldsymbol{y}=(1,2,3).$$

虽然这两个矢量的元素相同，但是不能认为 $\boldsymbol{x}=\boldsymbol{y}$. 根据矩阵的语言，它们为不同类型的矩阵，是不相等的，不能直接做加法运算. 在本书以后的章节中，如果不加强调，提及矢量的时候都默认为列矢量. 特别地，把元素全为 0 的列矢量记作 $\boldsymbol{0}$. 这里采用了加粗字体，以防止和数量 0 混淆. 在需要指明零矢量的维数 n 的时候，采用符号 $\boldsymbol{0}_n$. 为了书写紧凑，也会把列矢量写成

$$\boldsymbol{x}=(1,2,3)^{\mathrm{T}}.$$

其中上标 T 表示转置. 对行矢量，它表示将矢量顺时针转动 90° 变成列矢量. 转置是矩阵的一种重要的操作. 对一般的矩阵，转置的定义如下.

定义 1.12 一个矩阵 $\boldsymbol{A}$ 转置得到一个新的矩阵 $\boldsymbol{C}$，记作 $\boldsymbol{C}=\boldsymbol{A}^{\mathrm{T}}$，$\boldsymbol{C}$ 的元素定义为

$$c_{ij}=ca_{ji}.$$

例 1.8 分别计算例 1.7 中三个矩阵的转置矩阵.

解：三个矩阵的转置矩阵分别如下：

$$\boldsymbol{A}^{\mathrm{T}}=\begin{pmatrix}1&-1\\0&1\\-1&3\end{pmatrix},\quad \boldsymbol{B}^{\mathrm{T}}=\begin{pmatrix}1&0\\0&1\\2&3\end{pmatrix},\quad \boldsymbol{C}^{\mathrm{T}}=\begin{pmatrix}-1&0&0\\4&2&0\\-3&1&0\end{pmatrix}.$$

可以看到转置改变了矩阵元素的分布，使得 $\dim(\boldsymbol{A})$ 从 $m\times n$ 变成了 $n\times m$. 在进行转置操作的时候，行标 i 和列标 j 相等的元素不会发生变化，把这些元素的集合

$$\{a_{11},a_{22},\cdots,a_{nn}\}$$

称作矩阵 $\boldsymbol{A}$ 的主对角线. 一个矩阵一般不等于它的转置矩阵,因为当 $i \neq j$ 的时候 $a_{ij} \neq a_{ji}$. 但是有一些特殊的矩阵满足 $a_{ij} = a_{ji}$,还有一些具有十分重要的用途的矩阵满足 $a_{ij} = -a_{ji}$. 因此进行如下定义.

定义 1.13　一个矩阵 $\boldsymbol{A}$ 称为对称矩阵,如果 $\boldsymbol{A}=\boldsymbol{A}^{\mathrm{T}}$;一个矩阵 $\boldsymbol{A}$ 称为反对称矩阵,如果 $\boldsymbol{A}=-\boldsymbol{A}^{\mathrm{T}}$.

根据上述定义可以看出,反对称矩阵的主对角线元素都是 0.

利用矢量和矩阵的加法和数乘,可以把线性方程组的通解表达为更紧凑的形式,称为通解的矢量表达形式. 下面通过几个例子来说明.

例 1.9　将下列方程组的通解表达为矢量的形式:

$$\begin{cases} x_1 + x_2 - x_3 = 1, \\ x_1 - x_2 + 2x_3 = 3, \\ 2x_1 + x_3 = 4. \end{cases} \tag{1.76}$$

解:这个方程组在例 1.4 中已经求得了通解:

$$x_1 = 2 - x_3/2, x_2 = 3x_3/2 - 1. \tag{1.77}$$

现在把它写成矢量的形式:

$$\boldsymbol{x} = \begin{pmatrix} x_1 \\ x_2 \\ x_3 \end{pmatrix} = \begin{pmatrix} 2 - x_3/2 \\ 3x_3/2 - 1 \\ x_3 \end{pmatrix} = \begin{pmatrix} 2 \\ -1 \\ 0 \end{pmatrix} + x_3 \begin{pmatrix} -1/2 \\ 3/2 \\ 1 \end{pmatrix}. \tag{1.78}$$

例 1.10　将下列增广矩阵代表的线性方程组的通解表达为矢量的形式:

$$(\boldsymbol{C} \mid \boldsymbol{d}) = \begin{pmatrix} 1 & 0 & 0 & -4 & 1 & 0 \\ 0 & 1 & 0 & 17 & 2 & 1 \\ 0 & 0 & 1 & 12 & 1 & 1 \\ 0 & 0 & 0 & 0 & 0 & 0 \end{pmatrix}. \tag{1.79}$$

解:这个增广矩阵已经是最简阶梯矩阵了,因此它的通解可以直接写出:

$$x_1 = 4x_4 - x_5, x_2 = 1 - 17x_4 - 2x_5, x_3 = 1 - 12x_4 - x_5.$$

其中 x_4 和 x_5 的数值是任意的. 下面把它写成矢量的形式:

$$\boldsymbol{x} = \begin{pmatrix} x_1 \\ x_2 \\ x_3 \\ x_4 \\ x_5 \end{pmatrix} = \begin{pmatrix} 4x_4 - x_5 \\ 1 - 17x_4 - 2x_5 \\ 1 - 12x_4 - x_5 \\ x_4 \\ x_5 \end{pmatrix} = \begin{pmatrix} 0 \\ 1 \\ 1 \\ 0 \\ 0 \end{pmatrix} + x_4 \begin{pmatrix} 4 \\ -17 \\ -12 \\ 1 \\ 0 \end{pmatrix} + x_5 \begin{pmatrix} -1 \\ -2 \\ -1 \\ 0 \\ 1 \end{pmatrix}. \tag{1.80}$$

根据以上内容可以总结出如下结论.

定理 1.9　如果一个线性方程组 $\boldsymbol{Ax} = \boldsymbol{b}$ 满足 $R(\boldsymbol{A})=R((\boldsymbol{A}|\boldsymbol{b}))=r \leqslant n$,那么一定可以找到 n 维矢量 $\boldsymbol{a}$ 和 $\boldsymbol{v}_1, \boldsymbol{v}_2, \cdots, \boldsymbol{v}_{n-r}$,使得通解可以写成

$$\boldsymbol{x} = \boldsymbol{a} + x_{i_1}\boldsymbol{v}_1 + x_{i_2}\boldsymbol{v}_2 + \cdots + x_{i_{n-r}}\boldsymbol{v}_{n-r},$$

并且 $x_{i_1}, x_{i_2}, \cdots, x_{i_{n-r}}$ 正好是待求未知数 $\boldsymbol{x}$ 中的自由变量. 特别地,对齐次线性方程组,有 $\boldsymbol{a}=\boldsymbol{0}$.

下面通过一个例子进一步说明定理 1.9 中下标 $i_1, i_2, \cdots, i_{n-r}$ 的含义. 考虑 $\boldsymbol{Ax} = \boldsymbol{b}$ 的增广

矩阵，假设它已经化为如下最简阶梯矩阵：

$$\begin{pmatrix} 1 & 0 & 0 & -4 & 1 & 0 \\ 0 & 0 & 1 & 12 & 1 & 1 \\ 0 & 0 & 0 & 0 & 0 & 0 \end{pmatrix}.$$

此增广矩阵的秩 $r=2$，于是可以写出解集：

$$x_1 = 4x_4 - x_5, x_3 = 1 - 12x_4 - x_5.$$

其中 x_2, x_4, x_5 的数值是任意的. 于是通解的矢量形式为

$$\boldsymbol{x} = \begin{pmatrix} x_1 \\ x_2 \\ x_3 \\ x_4 \\ x_5 \end{pmatrix} = \begin{pmatrix} 0 \\ 0 \\ 1 \\ 0 \\ 0 \end{pmatrix} + x_2 \begin{pmatrix} 0 \\ 1 \\ 0 \\ 0 \\ 0 \end{pmatrix} + x_4 \begin{pmatrix} 4 \\ 0 \\ -12 \\ 1 \\ 0 \end{pmatrix} + x_5 \begin{pmatrix} -1 \\ 0 \\ -1 \\ 0 \\ 1 \end{pmatrix}.$$

对比定理 1.9，发现 $i_1 = 2, i_2 = 4$ 和 $i_3 = 5$.

下面考虑矩阵的乘法运算. 我们希望定义一种和线性方程组密切相关的矩阵乘法. 为了解释这个要求来看一个例子，考虑如下两个方程组：

$$\begin{cases} a_{11}x_1 + a_{12}x_2 + a_{13}x_3 = y_1, \\ a_{21}x_1 + a_{22}x_2 + a_{23}x_3 = y_2; \end{cases} \qquad \begin{cases} b_{11}y_1 + b_{12}y_2 = 1, \\ b_{21}y_1 + b_{22}y_2 = 0. \end{cases} \tag{1.81}$$

x_1, x_2, x_3 和 y_1, y_2 都是未知数. 如何求解它们呢？一个思路就是消去中间变量 y_1, y_2 获得一个关于 x_1, x_2, x_3 的方程组. 假设上面两个方程组的系数矩阵分别是 $\boldsymbol{A}$ 和 $\boldsymbol{B}$，实际上就是从 $\boldsymbol{A}$ 和 $\boldsymbol{B}$ 出发得到一个新的系数矩阵 $\boldsymbol{C}$，使得 x_1, x_2, x_3 满足如下方程组：

$$\begin{cases} c_{11}x_1 + c_{12}x_2 + c_{13}x_3 = 1, \\ c_{21}x_1 + c_{22}x_2 + c_{23}x_3 = 0. \end{cases} \tag{1.82}$$

可以把方程组(1.81)中关于 x 的第 1 个和第 2 个方程分别乘以 b_{11} 和 b_{12}，然后代入关于 y 的第 1 个方程，于是得到

$$(b_{11}a_{11} + b_{12}a_{21})x_1 + (b_{11}a_{12} + b_{12}a_{22})x_2 + (b_{11}a_{13} + b_{12}a_{23})x_3 = 1. \tag{1.83}$$

再用同样的方法，把方程组(1.81)中关于 x 的第 1 个和第 2 个方程分别乘以 b_{21} 和 b_{22}，然后代入关于 y 的第 2 个方程，得到如下方程组：

$$\begin{cases} (b_{11}a_{11} + b_{12}a_{21})x_1 + (b_{11}a_{12} + b_{12}a_{22})x_2 + (b_{11}a_{13} + b_{12}a_{23})x_3 = 1, \\ (b_{21}a_{11} + b_{22}a_{21})x_1 + (b_{21}a_{12} + b_{22}a_{22})x_2 + (b_{21}a_{13} + b_{22}a_{23})x_3 = 0. \end{cases} \tag{1.84}$$

从而得到矩阵

$$\boldsymbol{C} = \begin{pmatrix} b_{11}a_{11} + b_{12}a_{21} & b_{11}a_{12} + b_{12}a_{22} & b_{11}a_{13} + b_{12}a_{23} \\ b_{21}a_{11} + b_{22}a_{21} & b_{21}a_{12} + b_{22}a_{22} & b_{21}a_{13} + b_{22}a_{23} \end{pmatrix}. \tag{1.85}$$

对更一般的情况，假设关于 $\boldsymbol{x}$ 的方程组由一个 $m \times n$ 的矩阵 $\boldsymbol{A}$ 给出，它的增广矩阵为 $(\boldsymbol{A} \mid \boldsymbol{y})$；关于 $\boldsymbol{y}$ 的方程组由一个 $k \times m$ 的矩阵 $\boldsymbol{B}$ 给出，它的增广矩阵为 $(\boldsymbol{B} \mid \boldsymbol{d})$. 那么可以消去 $\boldsymbol{y}$ 获得一个新的关于 $\boldsymbol{x}$ 的方程组，它的增广矩阵为 $(\boldsymbol{C} \mid \boldsymbol{d})$，其中系数矩阵 $\boldsymbol{C}$ 的元素定义如下：

$$c_{ij}=\sum_{r=1}^{m}b_{ir}a_{rj}(1\leqslant i\leqslant k,0\leqslant j\leqslant n).\tag{1.86}$$

由于矩阵 $\boldsymbol{C}$ 的每一个元素都涉及矩阵 $\boldsymbol{A}$ 和矩阵 $\boldsymbol{B}$ 的元素的乘法,因此这实际上就定义了一种矩阵的乘法.

定义 1.14　一个 $k\times m$ 的矩阵 $\boldsymbol{B}$ 和一个 $m\times n$ 的矩阵 $\boldsymbol{A}$ 的乘法记为 $\boldsymbol{BA}$,它的结果是一个 $k\times n$ 的矩阵 $\boldsymbol{C}$,其中的元素由式(1.86)给出.

下面看看这个看似复杂的定义是如何用于表示线性方程组的. 将方程组(1.10)写成如下形式:

$$\sum_{j=1}^{n}a_{ij}x_j=b_i(i=1,2,\cdots,m).\tag{1.87}$$

如果引入矢量 $\boldsymbol{b}$ 代表方程组右边的系数,矢量 $\boldsymbol{x}$ 代表未知数,并且将这两个矢量看成两个特殊的矩阵,那么根据式(1.86)和式(1.87)可以写成一个紧凑的形式:

$$\boldsymbol{Ax}=\boldsymbol{b}.\tag{1.88}$$

这大大简化了线性方程组的表达形式！由此可以很容易地证明

$$\boldsymbol{Ax}=\boldsymbol{y},\ \boldsymbol{By}=\boldsymbol{d}\Rightarrow(\boldsymbol{BA})\boldsymbol{x}=\boldsymbol{d}.\tag{1.89}$$

定义 1.14 使得线性方程组可以用式(1.88)自然地呈现出来并且自然地满足式(1.89). 矩阵乘法使得我们能够用一种“整体”的形式处理线性方程组而不必过多地关注矩阵的每一个分量,这对研究矩阵本身的性质以及线性方程组的解的结构是一个很大的飞跃.

我们可以把以前学习的矢量的内积表达为矩阵的乘法. 对两个列矢量 $\boldsymbol{x}=(x_1,x_2,\cdots,x_n)^{\mathrm{T}}$ 和 $\boldsymbol{y}=(y_1,y_2,\cdots,y_n)^{\mathrm{T}}$,它们的内积定义为

$$\boldsymbol{x}\cdot\boldsymbol{y}=x_1y_1+x_2y_2+\cdots+x_ny_n.$$

根据矩阵乘法的定义 $\boldsymbol{x}$ 与 $\boldsymbol{y}$ 不能做矩阵乘法运算,因为它们的维数都是 $n\times1$,不满足定义 1.14 的要求. 但是 $\boldsymbol{x}^{\mathrm{T}}$ 的维数变为了 $1\times n$,它可以和 $\boldsymbol{y}$ 做矩阵乘法运算. 不难验证

$$\boldsymbol{x}^{\mathrm{T}}\boldsymbol{y}=x_1y_1+x_2y_2+\cdots+x_ny_n=\boldsymbol{x}\cdot\boldsymbol{y}.$$

注意:这里的 $\boldsymbol{x}$ 与 $\boldsymbol{y}$ 都是列矢量. 如果 $\boldsymbol{x}$ 与 $\boldsymbol{y}$ 都是行矢量,则有 $\boldsymbol{xy}^{\mathrm{T}}=\boldsymbol{x}\cdot\boldsymbol{y}$.

根据矩阵乘法的定义,对两个 n 维的列矢量 $\boldsymbol{x}$ 与 $\boldsymbol{y}$,“合法”的矩阵乘法除了 $\boldsymbol{x}^{\mathrm{T}}\boldsymbol{y}$ 以外,还有 $\boldsymbol{yx}^{\mathrm{T}}$,但是这个乘法得到的不是一个数,而是一个 $n\times n$ 的矩阵！这是因为 $\dim(\boldsymbol{y})=n\times1$, $\dim(\boldsymbol{x}^{\mathrm{T}})=1\times n$,根据矩阵乘法,$\boldsymbol{yx}^{\mathrm{T}}$ 将得到一个 $n\times n$ 的矩阵.

例 1.11　对 3 个不同的矢量

$$\boldsymbol{x}=\begin{pmatrix}3\\2\\1\end{pmatrix},\boldsymbol{y}=\begin{pmatrix}1\\2\\3\end{pmatrix},\boldsymbol{z}=\begin{pmatrix}1&2&4\end{pmatrix},\tag{1.90}$$

计算如下乘法:$\boldsymbol{x}^{\mathrm{T}}\boldsymbol{y}$,$\boldsymbol{xy}^{\mathrm{T}}$,$\boldsymbol{xz}$ 和 $\boldsymbol{zx}$.

解:

$$\boldsymbol{x}^{\mathrm{T}}\boldsymbol{y}=3+4+3=10,$$

$$\boldsymbol{xy}^{\mathrm{T}}=\begin{pmatrix}3\times1&3\times2&3\times3\\2\times1&2\times2&2\times3\\1\times1&1\times2&1\times3\end{pmatrix}=\begin{pmatrix}3&6&9\\2&4&6\\1&2&3\end{pmatrix},$$

$$\boldsymbol{xz}=\begin{pmatrix}3\times1 & 3\times2 & 3\times4\\ 2\times1 & 2\times2 & 2\times4\\ 1\times1 & 1\times2 & 1\times4\end{pmatrix}=\begin{pmatrix}3 & 6 & 12\\ 2 & 4 & 8\\ 1 & 2 & 4\end{pmatrix},$$

$$\boldsymbol{zx}=3+4+4=11.$$

为了便于记忆矩阵的乘法，可以把矩阵写成一组矢量的形式．比如，把矩阵 $\boldsymbol{A}$ 写成一组列矢量：

$$\boldsymbol{A}=(\boldsymbol{a}_1,\boldsymbol{a}_2,\cdots,\boldsymbol{a}_n). \tag{1.91}$$

其中

$$\boldsymbol{a}_j=\begin{pmatrix}a_{1j}\\ a_{2j}\\ \vdots\\ a_{mj}\end{pmatrix}(j=1,2,\cdots,n).$$

此时可以把矩阵 $\boldsymbol{B}$ 和 $\boldsymbol{A}$ 的乘法表示为

$$\boldsymbol{BA}=(\boldsymbol{Ba}_1,\boldsymbol{Ba}_2,\cdots,\boldsymbol{Ba}_n). \tag{1.92}$$

方程组（1.10）可以写成如下形式：

$$\begin{pmatrix}a_{11}\\ a_{21}\\ \vdots\\ a_{m1}\end{pmatrix}x_1+\begin{pmatrix}a_{12}\\ a_{22}\\ \vdots\\ a_{m2}\end{pmatrix}x_2+\cdots+\begin{pmatrix}a_{1n}\\ a_{2n}\\ \vdots\\ a_{mn}\end{pmatrix}x_n=\begin{pmatrix}b_1\\ b_2\\ \vdots\\ b_m\end{pmatrix}.$$

于是以矩阵 $\boldsymbol{A}$ 为系数矩阵的线性方程组 $\boldsymbol{Ax}=\boldsymbol{b}$ 就可以写成如下形式：

$$\boldsymbol{a}_1x_1+\boldsymbol{a}_2x_2+\cdots+\boldsymbol{a}_nx_n=\boldsymbol{b}. \tag{1.93}$$

由此得到了对线性方程组的另外一种理解．

定理 1.10　求线性方程组 $\boldsymbol{Ax}=\boldsymbol{b}$ 的解就是将列矢量 $\boldsymbol{b}$ 用矩阵 $\boldsymbol{A}$ 的列矢量线性组合出来．

我们很容易得到一个结论：如果列矢量 $\boldsymbol{b}$ 不能由矩阵 $\boldsymbol{A}$ 的列矢量组合出来，那么方程组 $\boldsymbol{Ax}=\boldsymbol{b}$ 就是无解的．这个性质将会在我们理解矩阵的结构和矢量的线性相关中扮演重要的角色！

把矩阵 $\boldsymbol{B}$ 写成一组行矢量：

$$\boldsymbol{B}=\begin{pmatrix}\boldsymbol{b}_1\\ \boldsymbol{b}_2\\ \vdots\\ \boldsymbol{b}_k\end{pmatrix}. \tag{1.94}$$

其中

$$\boldsymbol{b}_i=(b_{i1},b_{i2},\cdots,b_{im})(i=1,2,\cdots,k).$$

于是矩阵 $\boldsymbol{B}$ 和矩阵 $\boldsymbol{A}$ 的乘法可以写成如下形式：

$$\boldsymbol{BA}=\begin{pmatrix}\boldsymbol{b}_1\\\boldsymbol{b}_2\\\vdots\\\boldsymbol{b}_k\end{pmatrix}(\boldsymbol{a}_1,\boldsymbol{a}_2,\cdots,\boldsymbol{a}_n)=\begin{pmatrix}\boldsymbol{b}_1\boldsymbol{a}_1 & \boldsymbol{b}_1\boldsymbol{a}_2 & \cdots & \boldsymbol{b}_1\boldsymbol{a}_n\\\boldsymbol{b}_2\boldsymbol{a}_1 & \boldsymbol{b}_2\boldsymbol{a}_2 & \cdots & \boldsymbol{b}_2\boldsymbol{a}_n\\\vdots & \vdots & & \vdots\\\boldsymbol{b}_k\boldsymbol{a}_1 & \boldsymbol{b}_k\boldsymbol{a}_2 & \cdots & \boldsymbol{b}_k\boldsymbol{a}_n\end{pmatrix}. \tag{1.95}$$

由于 $\boldsymbol{b}_i$ 和 $\boldsymbol{a}_j$ 分别是长度为 m 的行矢量和列矢量，故式(1.95)最右边的矩阵中的每一个乘积都是一个标量. 式(1.95)可以总结为

$$\boldsymbol{BA}\text{的}ij\text{分量}=\boldsymbol{B}\text{的第}i\text{行}\times\boldsymbol{A}\text{的第}j\text{列}, \tag{1.96}$$

或者形象地记忆为

$$\begin{pmatrix} * \quad \text{第}i\text{行} \quad * \end{pmatrix}\begin{pmatrix} * \\ \text{第} \\ j \\ \text{列} \\ * \end{pmatrix}=\begin{pmatrix} *_{ij} \end{pmatrix}.$$

式(1.92)、式(1.95)和式(1.96)可以帮助我们记忆和计算矩阵的乘法.

例 1.12　计算矩阵

$$\boldsymbol{A}=\begin{pmatrix}1&0&-1\\0&3&1\\3&1&0\end{pmatrix},\quad \boldsymbol{B}=\begin{pmatrix}0&1&1\\1&0&-1\\2&0&1\end{pmatrix} \tag{1.97}$$

的乘积 $\boldsymbol{AB}$ 和 $\boldsymbol{BA}$.

解: 令 $\boldsymbol{AB}=\boldsymbol{C}$. 于是根据式(1.96)有

$$c_{11}=(1\quad 0\quad -1)\begin{pmatrix}0\\1\\2\end{pmatrix}=-2,c_{12}=(1\quad 0\quad -1)\begin{pmatrix}1\\0\\0\end{pmatrix}=1,c_{13}=(1\quad 0\quad -1)\begin{pmatrix}1\\-1\\1\end{pmatrix}=0,$$

$$c_{21}=(0\quad 3\quad 1)\begin{pmatrix}0\\1\\2\end{pmatrix}=5,c_{22}=(0\quad 3\quad 1)\begin{pmatrix}1\\0\\0\end{pmatrix}=0,c_{23}=(0\quad 3\quad 1)\begin{pmatrix}1\\-1\\1\end{pmatrix}=-2,$$

$$c_{31}=(3\quad 1\quad 0)\begin{pmatrix}0\\1\\2\end{pmatrix}=1,c_{32}=(3\quad 1\quad 0)\begin{pmatrix}1\\0\\0\end{pmatrix}=3,c_{33}=(3\quad 1\quad 0)\begin{pmatrix}1\\-1\\1\end{pmatrix}=2.$$

因此得到

$$\boldsymbol{AB}=\begin{pmatrix}-2&1&0\\5&0&-2\\1&3&2\end{pmatrix}. \tag{1.98}$$

通过类似的步骤可以计算得到

$$\boldsymbol{BA}=\begin{pmatrix}3&4&1\\-2&-1&-1\\5&1&-2\end{pmatrix}. \tag{1.99}$$

在这个例子中 $\boldsymbol{AB}\neq\boldsymbol{BA}$，这表明矩阵的乘法是不可交换的. 实际上，计算矩阵 $\boldsymbol{A}$ 和 $\boldsymbol{B}$ 的

乘积的时候，有可能 AB 有定义，但是 BA 没有定义；就算 AB 和 BA 都有定义，它们也可能是不同类型的矩阵；就算它们是同一类型的矩阵，很多时候也不相等.

矩阵的乘法计算量是非常大的，两个 3×3 的矩阵的乘法计算可能需要花费数分钟的时间. 采用计算机辅助可以大大地提升处理矩阵问题的速度和准确度. 图 1.5 展示了利用 Maple 计算例 1.21 中 BA 的方法. 计算矩阵的乘法无须加载任何工具包，直接按照图中所示键入两个矩阵 A 和 B，在新的运行段落键入“B”，然后按空格键，键入“A”并按回车键，此时程序就会马上输出 BA 的结果. 需要注意的是，程序中的矩阵乘法不能用键盘上的“*”表示. 关于如何在 Maple 中进行矩阵的相关运算，读者可以查阅软件的帮助文档或者相关教材，这里就不加以展开了.

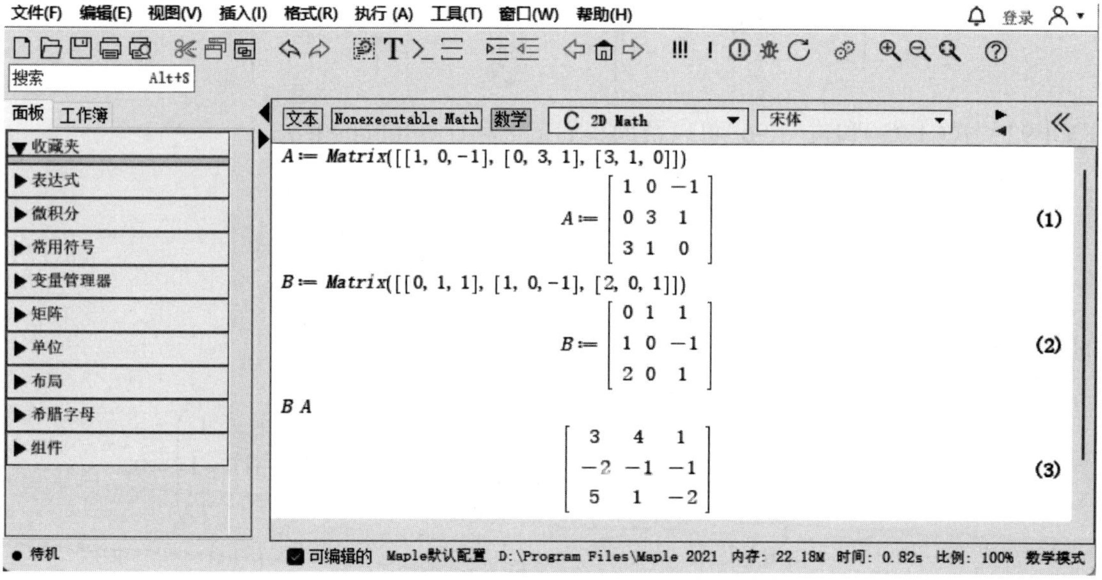

图 1.5　在 Maple 中计算两个矩阵的乘法

矩阵的乘法的表达式式(1.92)使我们从线性方程组的视角来看待如下矩阵方程：

$$AX = C. \tag{1.100}$$

其中 A 和 C 是已知的矩阵，X 是未知的矩阵. 为了求解这个矩阵方程中的矩阵 X，将 X 和 C 都写成列矢量的形式：

$$X = (x_1, x_2, \cdots, x_m),\ C = (c_1, c_2, \cdots, c_m).$$

于是就得到了 m 个线性方程组：

$$Ax_i = c_i (i = 1, 2, \cdots, m). \tag{1.101}$$

因此，矩阵方程(1.100)的解的存在性和唯一性问题就转化为 m 个线性方程组(1.101)的解的存在性和唯一性问题了. 这个技巧在后面的学习中将会有重要的应用. 为了理解它，下面来看一个例子.

例 1.13　求解矩阵方程 $AX = C$ 中的矩阵 X，其中

$$A=\begin{pmatrix}1&0&0\\0&3&3\\3&0&1\end{pmatrix},\quad C=\begin{pmatrix}0&1&1\\1&0&-1\\2&0&1\end{pmatrix}.$$

解: 按照前文介绍的思路,首先写出第 1 个线性方程组的增广矩阵,它由矩阵 A 的全部和矩阵 C 的第 1 列组成:

$$\begin{pmatrix}1&0&0&0\\0&3&3&1\\3&0&1&2\end{pmatrix}.$$

对其做如下初等行变换:

$$\xrightarrow{-3\times(1)+(3)}\begin{pmatrix}1&0&0&0\\0&3&3&1\\0&0&1&2\end{pmatrix}\xrightarrow{1/3\times(2)}\begin{pmatrix}1&0&0&0\\0&1&1&1/3\\0&0&1&2\end{pmatrix}\xrightarrow{-(3)+(2)}\begin{pmatrix}1&0&0&0\\0&1&0&-5/3\\0&0&1&2\end{pmatrix}.\tag{1.102}$$

于是得到了 X 的第 1 列 $(0,-5/3,2)^{\mathrm{T}}$. 重复以上步骤,分别求出另外两列.

不过还有更简便的方法. 这些线性方程组的系数矩阵是一样,可以把三个增广矩阵"打包"一起做初等行变换,从而一次性求出 X 的三组列矢量. 写出如下矩阵:

$$\left(\begin{array}{ccc|ccc}1&0&0&0&1&1\\0&3&3&1&0&-1\\3&0&1&2&0&1\end{array}\right).\tag{1.103}$$

其中竖线左边是矩阵 A 的元素,右边是矩阵 C 的元素. 对这个矩阵的左半部分做初等行变换,得到

$$\left(\begin{array}{ccc|ccc}1&0&0&0&1&1\\0&1&0&-5/3&3&5/3\\0&0&1&2&-3&-2\end{array}\right),\tag{1.104}$$

此时竖线右侧的每一列都对应于方程(1.101)的一个解. 因此,竖线右侧的矩阵就是矩阵 X 的解,即

$$X=\begin{pmatrix}0&1&1\\-5/3&3&5/3\\2&-3&-2\end{pmatrix}.$$

注意: 并不是所有形如 $AX=C$ 的矩阵方程都可以得到唯一的关于 X 的解. 方程 $AX=C$ 有(唯一)解的条件是由它拆分得到的每一个线性方程组(1.101)都有(唯一)解.

在矩阵的乘法的表达式式(1.95)中,将一个矩阵拆分成了若干个行矢量或者列矢量. 从矩阵的角度来说,行矢量和列矢量都是特殊的矩阵,因此这样做实际上是把一个大的矩阵拆分成了若干个小的矩阵. 这个想法可以进一步推广,先从最简单的情况谈起.

定义 1.15　将矩阵 A 用 4 个矩阵表示为

$$A=\begin{pmatrix}A_{11}&A_{12}\\A_{21}&A_{22}\end{pmatrix},$$

叫作矩阵 A 的 2×2 分块.

为了保证书写的相容性，A_{11} 和 A_{12} 必须有相同的行数，A_{21} 和 A_{22} 也必须有相同的行数；A_{11} 和 A_{21} 必须有相同的列数，A_{12} 和 A_{22} 也必须有相同的列数. 但并不要求 A 是一个方阵. 假设 $\dim(A)=5\times 8$，可能有 $\dim(A_{11})=2\times 3$，$\dim(A_{12})=2\times 5$，$\dim(A_{21})=3\times 3$ 和 $\dim(A_{22})=3\times 5$. 直观上，矩阵的 2×2 分块就是用一条竖线和一条横线把矩阵划分为 4 块. 例如，

$$\left(\begin{array}{ccc|ccccc} 1 & 0 & 0 & 0 & 1 & 1 & 2 & 0 \\ 0 & 3 & 3 & 1 & 0 & -1 & 3 & 1 \\ \hline 1 & 0 & 0 & 0 & 1 & 1 & 2 & 0 \\ 0 & 3 & 3 & 1 & 0 & -1 & 3 & 1 \\ 1 & 2 & 0 & 9 & 0 & 1 & 0 & 4 \end{array}\right), \tag{1.105}$$

就有

$$A_{11}=\begin{pmatrix} 1 & 0 & 0 \\ 0 & 3 & 3 \end{pmatrix},\quad A_{12}=\begin{pmatrix} 0 & 1 & 1 & 2 & 0 \\ 1 & 0 & -1 & 3 & 1 \end{pmatrix}, \tag{1.106}$$

$$A_{21}=\begin{pmatrix} 1 & 0 & 0 \\ 0 & 3 & 3 \\ 1 & 2 & 0 \end{pmatrix},\quad A_{22}=\begin{pmatrix} 0 & 1 & 1 & 2 & 0 \\ 1 & 0 & -1 & 3 & 1 \\ 9 & 0 & 1 & 0 & 4 \end{pmatrix}. \tag{1.107}$$

这种分块的方法可以推广到更一般的情况.

定义 1.16 更一般地，可以用若干条横线和若干条竖线将一个矩阵划分为若干部分，即

$$A=\begin{pmatrix} A_{11} & A_{12} & \cdots & A_{1q} \\ A_{21} & A_{22} & \cdots & A_{2q} \\ \vdots & \vdots & & \vdots \\ A_{p1} & A_{p2} & \cdots & A_{pq} \end{pmatrix},$$

每一个部分是一个子矩阵. 这种划分叫作矩阵的 $p\times q$ 分块.

简单来说，在定义矩阵的时候，它的元素可以不是一个数，而是一个矩阵. 为了保证相容性，每一个矩阵元素的维数都必须满足一定的条件，以使它们能够被“打包”进更大的矩阵中. 需要注意的是，对给定的 p 和 q，同一个矩阵往往有不同的分块方式. 前文讨论的线性方程组的增广矩阵 $(A|b)$ 由系数矩阵 A 和矢量 b 构成，可以看作矩阵的 1×2 分块：

$$(A|b)=(A,b).$$

1.5 矩阵运算的性质

在上一节中介绍了矩阵的五种基本运算：加法、数乘、转置、矩阵乘法和矩阵的分块. 为了灵活地应用这些基本运算，需要掌握关于它们的一些基本性质. 通过一些例题和习题我们已经看到，许多实数的运算性质对矩阵也成立，但是有一些则不成立. 例如，矩阵乘法一般不满足交换律，在一般情况下不能从等式两边同时消去相同的矩阵. 因此，我们首先需要确认一下实数加法和乘法的哪些性质可以应用到矩阵乘法中. 对矩阵的加法有如下结合律和交换律.

定理 1.11　如果矩阵 $\boldsymbol{A},\boldsymbol{B}$ 和 $\boldsymbol{C}$ 都是 $m\times n$ 的矩阵，那么有如下结论：

（1）$\boldsymbol{A}+\boldsymbol{B}=\boldsymbol{B}+\boldsymbol{A}$；

（2）$(\boldsymbol{A}+\boldsymbol{B})+\boldsymbol{C}=\boldsymbol{A}+(\boldsymbol{B}+\boldsymbol{C})$；

（3）$\exists$ 唯一的 $m\times n$ 的矩阵 $\boldsymbol{P}$ 使得 $\boldsymbol{A}+\boldsymbol{P}=\boldsymbol{O}$.

根据矩阵加法的定义（定义 1.10）和实数加法的性质，上述矩阵运算的性质是十分明显的，这里就不做证明了.

对矩阵的乘法，也有结合律.

定理 1.12　矩阵 $\boldsymbol{A},\boldsymbol{B}$ 和 $\boldsymbol{C}$ 的乘法满足（假设所涉及的乘法运算有意义）：

（1）$(\boldsymbol{AB})\boldsymbol{C}=\boldsymbol{A}(\boldsymbol{BC})$；

（2）$\forall s,r\in\mathbb{R},r(s\boldsymbol{A})=(rs)\boldsymbol{A}$；

（3）$\forall s\in\mathbb{R},s(\boldsymbol{AB})=(s\boldsymbol{A})\boldsymbol{B}=\boldsymbol{A}(s\boldsymbol{B})$.

证明：这里仅给出第（1）条的证明. 根据矩阵乘法的定义式（1.86）有

$$(\boldsymbol{AB})_{ik}=\sum_r a_{ir}b_{rk},\tag{1.108}$$

$$((\boldsymbol{AB})\boldsymbol{C})_{ij}=\sum_k(\boldsymbol{AB})_{ik}c_{kj}.\tag{1.109}$$

把式（1.108）代入式（1.109）可以得到

$$((\boldsymbol{AB})\boldsymbol{C})_{ij}=\sum_k\sum_r a_{ir}b_{rk}c_{kj}.\tag{1.110}$$

同理可以得到

$$(\boldsymbol{A}(\boldsymbol{BC}))_{ij}=\sum_r\sum_k a_{ir}b_{rk}c_{kj}.\tag{1.111}$$

由于对有限元素的级数求和次序是可以交换的，所以式（1.110）和式（1.111）的等号右边是相等的. 因此可以得到 $(\boldsymbol{AB})\boldsymbol{C}=\boldsymbol{A}(\boldsymbol{BC})$.

混合了加法和乘法的分配律如下.

定理 1.13　矩阵 $\boldsymbol{A},\boldsymbol{B}$ 和 $\boldsymbol{C}$ 满足（假设所涉及的加法和乘法运算有意义）：

（1）$(\boldsymbol{A}+\boldsymbol{B})\boldsymbol{C}=\boldsymbol{AC}+\boldsymbol{BC}$；

（2）$\boldsymbol{C}(\boldsymbol{A}+\boldsymbol{B})=\boldsymbol{CA}+\boldsymbol{CB}$；

（3）$\forall s,r\in\mathbb{R},(s+r)\boldsymbol{A}=s\boldsymbol{A}+r\boldsymbol{A}$；

（4）$\forall s\in\mathbb{R},s(\boldsymbol{A}+\boldsymbol{B})=s\boldsymbol{A}+s\boldsymbol{B}$.

从上面三个矩阵运算的定理可以看出，矩阵的加法、乘法几乎和实数的加法、乘法一样，唯有两点不同. 第一，矩阵的乘法不满足交换律，即在一般情况下 $\boldsymbol{AB}\neq\boldsymbol{BA}$；第二，矩阵的乘法一般不能从等式两边同时消去相同的矩阵，即便在 $\boldsymbol{A}\neq\boldsymbol{O}$ 的情况下，也不能由 $\boldsymbol{AB}=\boldsymbol{AC}$ 推知 $\boldsymbol{B}=\boldsymbol{C}$. 在后面将会详细地研究在什么情况下可以由 $\boldsymbol{AB}=\boldsymbol{AC}$ 推知 $\boldsymbol{B}=\boldsymbol{C}$.

矩阵的转置是矩阵特有的一种运算，下面给出它的三条基本性质.

定理 1.14　矩阵 $\boldsymbol{A}$ 和 $\boldsymbol{B}$ 满足（假设所涉及的加法和乘法运算有意义）：

（1）$(\boldsymbol{A}+\boldsymbol{B})^{\mathrm{T}}=\boldsymbol{A}^{\mathrm{T}}+\boldsymbol{B}^{\mathrm{T}}$；

（2）$(\boldsymbol{A}^{\mathrm{T}})^{\mathrm{T}}=\boldsymbol{A}$；

（3）$(\boldsymbol{AB})^{\mathrm{T}}=\boldsymbol{B}^{\mathrm{T}}\boldsymbol{A}^{\mathrm{T}}$.

证明：这里仅给出第（3）条的证明．令 $\boldsymbol{C}=(\boldsymbol{AB})^{\mathrm{T}}$．根据定义 1.12 有

$$(\boldsymbol{C})_{ij}=(\boldsymbol{AB})_{ji}.$$

根据式（1.86）有

$$(\boldsymbol{AB})_{ji}=\sum_k(\boldsymbol{A})_{jk}(\boldsymbol{B})_{ki}=\sum_k(\boldsymbol{B})_{ki}(\boldsymbol{A})_{jk}.$$

再一次利用转置的定义，

$$(\boldsymbol{B})_{ki}=(\boldsymbol{B}^{\mathrm{T}})_{ik},\ (\boldsymbol{A})_{jk}=(\boldsymbol{A}^{\mathrm{T}})_{kj},$$

于是可以得到

$$(\boldsymbol{C})_{ij}=\sum_k(\boldsymbol{B}^{\mathrm{T}})_{ik}(\boldsymbol{A}^{\mathrm{T}})_{kj}=(\boldsymbol{B}^{\mathrm{T}}\boldsymbol{A}^{\mathrm{T}})_{ij}.$$

根据上面的性质，很容易得到如下两个推论．第一，任意数 s 都可以看成 1×1 的矩阵，这样的矩阵显然是对称的，则有 $(s\boldsymbol{A})^{\mathrm{T}}=s\boldsymbol{A}^{\mathrm{T}}$．第二，对任意的矩阵 $\boldsymbol{A}$，$\boldsymbol{AA}^{\mathrm{T}}$ 和 $\boldsymbol{A}^{\mathrm{T}}\boldsymbol{A}$ 都是对称矩阵．

例 1.14　证明矩阵 $\boldsymbol{A}=\boldsymbol{O}$ 的充分必要条件是 $\boldsymbol{A}^{\mathrm{T}}\boldsymbol{A}=\boldsymbol{O}$．

证明：必要性是显然的，下面来证明充分性．将矩阵 $\boldsymbol{A}$ 写成列矢量的形式：

$$\boldsymbol{A}=(\boldsymbol{a}_1,\boldsymbol{a}_2,\cdots,\boldsymbol{a}_n).$$

$$\boldsymbol{A}^{\mathrm{T}}\boldsymbol{A}=\begin{pmatrix}\boldsymbol{a}_1^{\mathrm{T}}\\ \boldsymbol{a}_2^{\mathrm{T}}\\ \vdots\\ \boldsymbol{a}_n^{\mathrm{T}}\end{pmatrix}(\boldsymbol{a}_1,\boldsymbol{a}_2,\cdots,\boldsymbol{a}_n)=\begin{pmatrix}\boldsymbol{a}_1^{\mathrm{T}}\boldsymbol{a}_1 & \boldsymbol{a}_1^{\mathrm{T}}\boldsymbol{a}_2 & \cdots & \boldsymbol{a}_1^{\mathrm{T}}\boldsymbol{a}_n\\ \boldsymbol{a}_2^{\mathrm{T}}\boldsymbol{a}_1 & \boldsymbol{a}_2^{\mathrm{T}}\boldsymbol{a}_2 & \cdots & \boldsymbol{a}_2^{\mathrm{T}}\boldsymbol{a}_n\\ \vdots & \vdots & & \vdots\\ \boldsymbol{a}_n^{\mathrm{T}}\boldsymbol{a}_1 & \boldsymbol{a}_n^{\mathrm{T}}\boldsymbol{a}_2 & \cdots & \boldsymbol{a}_n^{\mathrm{T}}\boldsymbol{a}_n\end{pmatrix}. \tag{1.112}$$

欲使 $\boldsymbol{A}^{\mathrm{T}}\boldsymbol{A}=\boldsymbol{O}$ 成立，式（1.112）最右边的矩阵的主对角线元素必须都为 0，即

$$\boldsymbol{a}_1^{\mathrm{T}}\boldsymbol{a}_1=\boldsymbol{a}_2^{\mathrm{T}}\boldsymbol{a}_2=\cdots=\boldsymbol{a}_n^{\mathrm{T}}\boldsymbol{a}_n=0.$$

此时必定有 $\boldsymbol{a}_1=\boldsymbol{a}_2=\cdots=\boldsymbol{a}_n=\boldsymbol{0}$，因此矩阵 $\boldsymbol{A}$ 为零矩阵．

例 1.15　对一个满足 $\boldsymbol{x}^{\mathrm{T}}\boldsymbol{x}=1$ 的列矢量 $\boldsymbol{x}$，定义 $\boldsymbol{A}=\boldsymbol{I}-2\boldsymbol{xx}^{\mathrm{T}}$，证明 $\boldsymbol{A}$ 是对称矩阵且 $\boldsymbol{AA}^{\mathrm{T}}=\boldsymbol{I}$．

证明：$\boldsymbol{I}$ 和 $2\boldsymbol{xx}^{\mathrm{T}}$ 都是对称矩阵，因此 $\boldsymbol{A}$ 也是对称矩阵．

$$\boldsymbol{AA}^{\mathrm{T}}=\boldsymbol{AA}=(\boldsymbol{I}-2\boldsymbol{xx}^{\mathrm{T}})(\boldsymbol{I}-2\boldsymbol{xx}^{\mathrm{T}})=(\boldsymbol{I}-2\boldsymbol{xx}^{\mathrm{T}})\boldsymbol{I}-2(\boldsymbol{I}-2\boldsymbol{xx}^{\mathrm{T}})\boldsymbol{xx}^{\mathrm{T}},$$

利用分配律将其展开，

$$\boldsymbol{AA}^{\mathrm{T}}=\boldsymbol{I}-2\boldsymbol{xx}^{\mathrm{T}}-2\boldsymbol{xx}^{\mathrm{T}}+4(\boldsymbol{xx}^{\mathrm{T}})(\boldsymbol{xx}^{\mathrm{T}}),$$

对等号右侧的最后一项利用乘法的结合律，

$$(\boldsymbol{xx}^{\mathrm{T}})(\boldsymbol{xx}^{\mathrm{T}})=\boldsymbol{x}(\boldsymbol{x}^{\mathrm{T}}\boldsymbol{x})\boldsymbol{x}^{\mathrm{T}},$$

由于题设中给出 $\boldsymbol{x}^{\mathrm{T}}\boldsymbol{x}=1$，就得到

$$(\boldsymbol{xx}^{\mathrm{T}})(\boldsymbol{xx}^{\mathrm{T}})=\boldsymbol{xx}^{\mathrm{T}},$$

因此就有

$$\boldsymbol{AA}^{\mathrm{T}}=\boldsymbol{I}-2\boldsymbol{xx}^{\mathrm{T}}-2\boldsymbol{xx}^{\mathrm{T}}+4\boldsymbol{xx}^{\mathrm{T}}=\boldsymbol{I}.$$

矩阵的加法、数乘和转置对矩阵的分块具有良好的兼容性．如果

$$A=\begin{pmatrix}A_{11} & A_{12} & \cdots & A_{1q}\\ A_{21} & A_{22} & \cdots & A_{2q}\\ \vdots & \vdots & & \vdots\\ A_{p1} & A_{p2} & \cdots & A_{pq}\end{pmatrix},\quad B=\begin{pmatrix}B_{11} & B_{12} & \cdots & B_{1q}\\ B_{21} & B_{22} & \cdots & B_{2q}\\ \vdots & \vdots & & \vdots\\ B_{p1} & B_{p2} & \cdots & B_{pq}\end{pmatrix},$$

且所涉及的加法运算有定义，则对任意的数 r 和 s 都有

$$rA+sB=\begin{pmatrix}rA_{11}+sB_{11} & rA_{12}+sB_{12} & \cdots & rA_{1q}+sB_{1q}\\ rA_{21}+sB_{21} & rA_{22}+sB_{22} & \cdots & rA_{2q}+sB_{2q}\\ \vdots & \vdots & & \vdots\\ rA_{p1}+sB_{p1} & rA_{p2}+sB_{p2} & \cdots & rA_{pq}+sB_{pq}\end{pmatrix}.$$

注意：这里强调涉及的加法运算有定义，是由于矩阵的 $p\times q$ 分块的不唯一性，并不是两个相同维数的矩阵的 $p\times q$ 分块都可以这样分块做加法，相加的两个子矩阵应具有相同的维数.

对矩阵(1.105)进行转置：

$$\left(\begin{array}{cc|ccc}1 & 0 & 1 & 0 & 1\\ 0 & 3 & 0 & 3 & 2\\ 0 & 3 & 0 & 3 & 0\\ \hline 0 & 1 & 0 & 1 & 9\\ 1 & 0 & 1 & 0 & 0\\ 1 & -1 & 1 & -1 & 1\\ 2 & 3 & 2 & 3 & 0\\ 0 & 1 & 0 & 1 & 4\end{array}\right)=\begin{pmatrix}A_{11}^{\mathrm{T}} & A_{21}^{\mathrm{T}}\\ A_{12}^{\mathrm{T}} & A_{22}^{\mathrm{T}}\end{pmatrix}. \tag{1.113}$$

其中 A_{11},A_{12},A_{21} 和 A_{22} 由(1.106)和(1.107)给出. 对式(1.113)进行观察可以发现一个 $p\times q$ 分块的矩阵转置可以变成一个 $q\times p$ 分块的矩阵：

$$A=\begin{pmatrix}A_{11} & A_{12} & \cdots & A_{1q}\\ A_{21} & A_{22} & \cdots & A_{2q}\\ \vdots & \vdots & & \vdots\\ A_{p1} & A_{p2} & \cdots & A_{pq}\end{pmatrix}\Rightarrow A^{\mathrm{T}}=\begin{pmatrix}A_{11}^{\mathrm{T}} & A_{21}^{\mathrm{T}} & \cdots & A_{p1}^{\mathrm{T}}\\ A_{12}^{\mathrm{T}} & A_{22}^{\mathrm{T}} & \cdots & A_{p2}^{\mathrm{T}}\\ \vdots & \vdots & & \vdots\\ A_{1q}^{\mathrm{T}} & A_{2q}^{\mathrm{T}} & \cdots & A_{pq}^{\mathrm{T}}\end{pmatrix}.$$

从形式上看，一个分块矩阵转置可以分解为两步：首先将每一个子矩阵视为一个整体，按照转置的要求，根据下标重新排列它们的位置；然后对每一个子矩阵单独做转置.

定理 1.15　一个 $p\times q$ 分块的矩阵 A 的转置矩阵 A^{T} 可以表示为一个 $q\times p$ 分块的矩阵，它们的子矩阵满足如下关系：

$$A_{ij}^{\mathrm{T}}=A_{ji}^{\mathrm{T}}.$$

这个结论可以采用如下方法来证明. 首先考虑一个 1×2 分块的矩阵，将其写成

$$A=(a_1,\cdots,a_k\mid a_{k+1},\cdots,a_n)=(A_{11}\quad A_{12}),$$

其中 $A_{11}=(\boldsymbol{a}_1,\cdots,\boldsymbol{a}_k)$，$A_{12}=(\boldsymbol{a}_{k+1},\cdots,\boldsymbol{a}_n)$. 不难验证

$$A^{\mathrm{T}}=\begin{pmatrix} a_1^{\mathrm{T}} \\ \vdots \\ a_k^{\mathrm{T}} \\ \hline a_{k+1}^{\mathrm{T}} \\ \vdots \\ a_n^{\mathrm{T}} \end{pmatrix},\ A_{11}^{\mathrm{T}}=\begin{pmatrix} a_1^{\mathrm{T}} \\ \vdots \\ a_k^{\mathrm{T}} \end{pmatrix},\ A_{12}^{\mathrm{T}}=\begin{pmatrix} a_{k+1}^{\mathrm{T}} \\ \vdots \\ a_n^{\mathrm{T}} \end{pmatrix}.$$

因此，

$$(A_{11}\quad A_{12})^{\mathrm{T}}=\begin{pmatrix} A_{11}^{\mathrm{T}} \\ A_{12}^{\mathrm{T}} \end{pmatrix}. \tag{1.114}$$

同样地，对 2×1 分块的矩阵也有类似的结论，即

$$\begin{pmatrix} B_{11} \\ B_{21} \end{pmatrix}^{\mathrm{T}}=\begin{pmatrix} B_{11}^{\mathrm{T}} & B_{21}^{\mathrm{T}} \end{pmatrix}, \tag{1.115}$$

其中 B_{11} 和 B_{21} 是由行矢量组成的矩阵.

可以利用这两个关系对 $(A_{11}\quad A_{12})$ 再进行划分，如

$$A_{11}=\begin{pmatrix} \tilde{A}_{11} \\ \tilde{A}_{21} \end{pmatrix},\ A_{12}=\begin{pmatrix} \tilde{A}_{12} \\ \tilde{A}_{22} \end{pmatrix}\Rightarrow(A_{11}\quad A_{12})=\begin{pmatrix} \tilde{A}_{11} & \tilde{A}_{12} \\ \tilde{A}_{21} & \tilde{A}_{22} \end{pmatrix}.$$

因此，有

$$\begin{pmatrix} \tilde{A}_{11} & \tilde{A}_{12} \\ \tilde{A}_{21} & \tilde{A}_{22} \end{pmatrix}^{\mathrm{T}}=\left(\begin{pmatrix} \tilde{A}_{11} \\ \tilde{A}_{21} \end{pmatrix}\middle|\begin{pmatrix} \tilde{A}_{12} \\ \tilde{A}_{22} \end{pmatrix}\right)^{\mathrm{T}}=\begin{pmatrix} \begin{pmatrix} \tilde{A}_{11} \\ \tilde{A}_{21} \end{pmatrix}^{\mathrm{T}} \\ \begin{pmatrix} \tilde{A}_{12} \\ \tilde{A}_{22} \end{pmatrix}^{\mathrm{T}} \end{pmatrix}=\begin{pmatrix} \tilde{A}_{11}^{\mathrm{T}} & \tilde{A}_{21}^{\mathrm{T}} \\ \tilde{A}_{12}^{\mathrm{T}} & \tilde{A}_{22}^{\mathrm{T}} \end{pmatrix}.$$

上式的推导利用了式（1.114）和式（1.115）. 可以重复这样的步骤，推广到任意分块的矩阵.

为了介绍分块矩阵的乘法规则，可以从简单的 1×2 分块的矩阵和 2×1 分块的矩阵出发. 令

$$A=(A_{11}\quad A_{12}),\ A_{11}=(a_1,\cdots,a_k),\ A_{12}=(a_{k+1},\cdots,a_n),$$

$$B=\begin{pmatrix} B_{11} \\ B_{12} \end{pmatrix},\ B_{11}=\begin{pmatrix} b_1 \\ \vdots \\ b_p \end{pmatrix},\ B_{12}=\begin{pmatrix} b_{p+1} \\ \vdots \\ b_l \end{pmatrix}.$$

其中 $a_1, a_2, \cdots, a_n$ 是列矢量，而 $b_1, b_2, \cdots, b_l$ 是行矢量. 则

$$BA=\left(\begin{array}{cccc|ccc} b_1a_1 & b_1a_2 & \cdots & b_1a_k & b_1a_{k+1} & \cdots & b_1a_n \\ b_2a_1 & b_2a_2 & \cdots & b_2a_k & b_2a_{k+1} & \cdots & b_2a_n \\ \vdots & \vdots & & \vdots & \vdots & & \vdots \\ b_pa_1 & b_pa_2 & \cdots & b_pa_k & b_pa_{k+1} & \cdots & b_pa_n \\ \hline b_{p+1}a_1 & b_{p+1}a_2 & \cdots & b_{p+1}a_k & b_{p+1}a_{k+1} & \cdots & b_{p+1}a_n \\ \vdots & \vdots & & \vdots & \vdots & & \vdots \\ b_la_1 & b_la_2 & \cdots & b_la_k & b_la_{k+1} & \cdots & b_la_n \end{array}\right)=\begin{pmatrix} B_{11}A_{11} & B_{11}A_{12} \\ B_{12}A_{11} & B_{12}A_{12} \end{pmatrix}. \tag{1.116}$$

可以再对 $\boldsymbol{A}_{11}$, $\boldsymbol{A}_{12}$ 和 $\boldsymbol{B}_{11}$, $\boldsymbol{B}_{12}$ 进行划分,并重复利用上述关系. 最终可以得到如下分块矩阵的乘法规则.

定理 1.16　一个 $q\times p$ 分块的矩阵 $\boldsymbol{B}$ 和一个 $p\times k$ 分块的矩阵 $\boldsymbol{A}$ 相乘可以表示为一个 $p\times k$ 分块的矩阵 $\boldsymbol{D}$,它们的子矩阵满足(假设所涉及的子矩阵的乘法运算有定义):

$$\boldsymbol{D}_{ij}=\sum_{s=1}^{q}\boldsymbol{B}_{is}\boldsymbol{A}_{sj}. \tag{1.117}$$

从形式上看,两个分块矩阵的乘法也可以分解为两步:首先将每一个子矩阵视为一个整体的元素,按照矩阵的乘法规则进行运算并确定结果在新矩阵中的位置;然后计算每一个子矩阵和子矩阵的乘法. 式(1.117)要注意乘法的次序,因为相乘的两个元素是矩阵而不是数.

适当地利用矩阵的分块("打包")可以帮助我们化简矩阵的元素,如下面 2 个例题.

例 1.16　已知 $\boldsymbol{A}=\begin{pmatrix}1&3&1\\-1&-3&-1\\1&3&1\end{pmatrix}$,计算 $\boldsymbol{A}^{10}$.

解:经过观察令 $\boldsymbol{X}=(1,3,1)$,则矩阵 $\boldsymbol{A}$ 具有明显的分块形式:

$$\boldsymbol{A}=\begin{pmatrix}\boldsymbol{X}\\-\boldsymbol{X}\\\boldsymbol{X}\end{pmatrix}=\begin{pmatrix}1\\-1\\1\end{pmatrix}\boldsymbol{X}=\boldsymbol{YX}.$$

其中 $\boldsymbol{Y}=\begin{pmatrix}1\\-1\\1\end{pmatrix}$.

$$\boldsymbol{A}^2=\boldsymbol{YXYX}=\boldsymbol{Y}(\boldsymbol{XY})\boldsymbol{X}=\boldsymbol{Y}\times(1-3+1)\times\boldsymbol{X}=-\boldsymbol{YX}.$$

上面的计算用到了乘法的结合律,并得到 $\boldsymbol{XY}$ 是一个数. 反复进行类似的计算可以得到

$$\boldsymbol{A}^n=\boldsymbol{YXYX}\cdots\boldsymbol{YX}=\boldsymbol{Y}(\boldsymbol{XY})(\boldsymbol{XY})\cdots(\boldsymbol{XY})\boldsymbol{X}=(-1)^{n-1}\boldsymbol{YX}=(-1)^{n-1}\boldsymbol{A}.$$

例 1.17　已知 $\boldsymbol{A}=\begin{pmatrix}1&0&0&0\\0&1&0&0\\-1&2&1&0\\1&1&0&1\end{pmatrix}$, $\boldsymbol{B}=\begin{pmatrix}1&0&1&0\\-1&2&0&1\\1&0&4&1\\-1&-1&2&0\end{pmatrix}$,计算 $\boldsymbol{AB}$.

解:首先对矩阵进行分块:

$$\boldsymbol{A}=\left(\begin{array}{cc|cc}1&0&0&0\\0&1&0&0\\\hline-1&2&1&0\\1&1&0&1\end{array}\right)=\begin{pmatrix}\boldsymbol{I}&\boldsymbol{O}\\\boldsymbol{A}_{21}&\boldsymbol{I}\end{pmatrix},\quad \boldsymbol{B}=\left(\begin{array}{cc|cc}1&0&1&0\\-1&2&0&1\\\hline1&0&4&1\\-1&-1&2&0\end{array}\right)=\begin{pmatrix}\boldsymbol{B}_{11}&\boldsymbol{I}\\\boldsymbol{B}_{21}&\boldsymbol{B}_{22}\end{pmatrix}. \tag{1.118}$$

于是可以得到

$$\boldsymbol{AB}=\begin{pmatrix}\boldsymbol{B}_{11}&\boldsymbol{I}\\\boldsymbol{A}_{21}\boldsymbol{B}_{11}+\boldsymbol{B}_{21}&\boldsymbol{A}_{21}+\boldsymbol{B}_{22}\end{pmatrix}.$$

此时我们发现仅仅需要计算一个 2×2 矩阵的乘法和两个 2×2 矩阵的加法,这极大地减少了矩阵乘法的计算量. 最终得到

$$AB=\begin{pmatrix}1&0&1&0\\-1&2&0&1\\-2&4&3&3\\-1&1&3&1\end{pmatrix}.$$

如果直接计算 AB，获得每一个矩阵元素都需要进行 4 次乘法和 3 次加法共 7 次基本运算，因此整个乘法需要进行 $7\times16=112$ 次基本运算. 但是采用分块矩阵的方法，只需要计算一个 2×2 矩阵的乘法（涉及 $(2+1)\times4=12$ 次基本运算）和两个 2×2 矩阵的加法（涉及 $4\times2=8$ 次基本运算），共需要 20 次基本运算. 因此，恰当地运用矩阵分块可以减少计算量.

在前面的讨论中我们知道了线性方程组的解的数目和它的系数矩阵、增广矩阵的秩密切相关，因此很有必要研究一下矩阵的秩在矩阵的几种运算中是如何变化的. 首先证明几个简单的结论.

定理 1.17 对任意两个同类型的矩阵 A、B 和一个非 0 的实数 s，有：

（1）$R(sA)=R(A)$;

（2）$R(A^{\mathrm{T}}A)=R(A)$;

（3）$R(A)=R(A^{\mathrm{T}})$.

证明：对第（1）个命题，如果 A 行等价于某一个最简阶梯矩阵 D，那么对非 0 的 s，一定有 $sA\sim D$，因此就有 $R(sA)=R(A)$.

对第（2）个命题，根据定理 1.7 知：当两个齐次线性方程组 $Bx=0$ 和 $Ax=0$ 具有相同的解集的时候，必定有 $R(A)=R(B)$. 下面证明 $A^{\mathrm{T}}Ax=0$ 和 $Ax=0$ 具有相同的解集.

第一步，假设 $x=y$ 是方程组 $Ax=0$ 的解，则有

$$A^{\mathrm{T}}Ay=A^{\mathrm{T}}0=0.$$

因此，$x=y$ 也是方程组 $A^{\mathrm{T}}Ax=0$ 的解.

第二步：假设 $x=y$ 是方程组 $A^{\mathrm{T}}Ax=0$ 的解，方程组两边同时乘以 y^{T} 得到

$$y^{\mathrm{T}}A^{\mathrm{T}}Ay=0,$$
$$(Ay)^{\mathrm{T}}Ay=0.$$

Ay 是一个列矢量，由上式知 $Ay=0$. 因此，$x=y$ 也是方程组 $Ax=0$ 的解. 于是 $A^{\mathrm{T}}Ax=0$ 和 $Ax=0$ 具有相同的解集.

对第（3）个命题，在定理 1.25 中再进行证明.

1.6 矩阵的逆矩阵

前文中介绍了矩阵的乘法、加法运算，矩阵的减法运算可以拆解为矩阵数乘 -1 之后与另一个矩阵做加法. 很自然地，我们会想到矩阵是否可以做除法. 数域（有理数域、实数域或者复数域）内的除法运算，如 $a\div b$（$b\neq0$）可以理解为 $a\times b^{-1}$，其中 b^{-1} 称作 b 的倒数，它被定义为方程 $bx=1$ 的解. 因此，在一个数域内，只要保证 $\forall b\neq0$ 方程 $bx=1$ 都有唯一的解，除法就可以借助乘法自然地定义. 更进一步，方程 $bx=a$ 的解便可以通过方程两边同时乘以 b^{-1}

获得：$x=b^{-1}a$.

我们可以将这个思路借鉴到矩阵的运算中，定义一个矩阵 $\boldsymbol{B}$ 和一个矩阵 $\boldsymbol{A}$ 的除法：

$$\boldsymbol{B}\div\boldsymbol{A}=\boldsymbol{BX}.$$

其中矩阵 $\boldsymbol{X}$ 称作矩阵 $\boldsymbol{A}$ 的逆矩阵（先暂且忽略上式右边的矩阵乘法在何时才“合法”的问题），它被定义为下面的矩阵方程的解：

$$\boldsymbol{XA}=\boldsymbol{I}. \tag{1.119}$$

逆矩阵对求解线性方程组显然是有用的，因为对方程 $\boldsymbol{Ax}=\boldsymbol{b}$，如果 $\boldsymbol{A}$ 的逆矩阵 $\boldsymbol{X}$ 存在，就可以将方程两边同时乘以 $\boldsymbol{X}$：

$$\boldsymbol{XAx}=(\boldsymbol{XA})\boldsymbol{x}=\boldsymbol{Ix}\Rightarrow\boldsymbol{x}=\boldsymbol{Xb}.$$

于是线性方程组的解就可以用上述形式简洁地表示出来.

不过在进一步讨论矩阵的逆矩阵之前，我们需要注意矩阵的逆矩阵和数的倒数之间的一个重要区别. 对数的倒数，乘法具有可交换性，即 $bb^{-1}=b^{-1}b=1$. 这表明 b 也是 b^{-1} 的倒数，换句话说 $(b^{-1})^{-1}=b$. 但是这一点对矩阵来说不成立. 由于矩阵乘法具有不可交换性，式（1.119）不能保证 $\boldsymbol{AX}=\boldsymbol{I}$. 因此定义逆矩阵就需要两个要求.

定义 1.17　对一个 $m\times n$ 的矩阵 $\boldsymbol{A}$，如果存在矩阵 $\boldsymbol{B}$ 满足

$$\boldsymbol{AB}=\boldsymbol{I}_m,\boldsymbol{BA}=\boldsymbol{I}_n, \tag{1.120}$$

就说矩阵 $\boldsymbol{A}$ 是可逆的，满足上述矩阵方程的矩阵 $\boldsymbol{B}$ 称作矩阵 $\boldsymbol{A}$ 的逆矩阵.

从这个定义可以看出，如果 $\boldsymbol{B}$ 是 $\boldsymbol{A}$ 的逆矩阵，那么 $\boldsymbol{A}$ 也是 $\boldsymbol{B}$ 的逆矩阵. 当矩阵方程（1.120）的解存在的时候，这个定义里并没有要求解是唯一的. 如果解不唯一，该选择哪一个解作为 $\boldsymbol{A}^{-1}$ 呢？下面这个结论表明我们的担心是多余的.

定理 1.18　对一个 $m\times n$ 的矩阵 $\boldsymbol{A}$，如果它可逆，那么它的逆矩阵是唯一的.

证明：对给定的矩阵 $\boldsymbol{A}$，假设存在两个矩阵 $\boldsymbol{B}$ 和 $\boldsymbol{C}$ 都满足方程（1.120），则 $\boldsymbol{AB}=\boldsymbol{AC}=\boldsymbol{I}_m$，$\boldsymbol{BA}=\boldsymbol{CA}=\boldsymbol{I}_n$，于是

$$\boldsymbol{C}=\boldsymbol{C}(\boldsymbol{AB})=(\boldsymbol{CA})\boldsymbol{B}=\boldsymbol{B}.$$

因此，这两个矩阵一定相等.

既然已经知道了一个矩阵可逆的时候它的逆矩阵是唯一的，就用一个特殊的符号 $\boldsymbol{A}^{-1}$ 来表示 $\boldsymbol{A}$ 的这个唯一的逆矩阵. 前文已经提到，对数来说，0 不可以定义倒数. 那什么样的矩阵是可逆的呢？首先可以看出零矩阵 $\boldsymbol{O}$ 是不存在逆矩阵的，因此是不可逆的. 那么是不是非零的矩阵都是可逆的呢？这一点可通过下面的分析看出. 对一个矩阵 $\boldsymbol{A}$，考虑它的齐次方程 $\boldsymbol{Ax}=\boldsymbol{0}$. 如果 $\boldsymbol{A}$ 可逆，方程的解为

$$\boldsymbol{x}=\boldsymbol{A}^{-1}\boldsymbol{0}=\boldsymbol{0}.$$

即方程仅存在平庸解. 于是得到如下结论.

引理 1.5　一个矩阵 $\boldsymbol{A}$ 可逆的必要条件是它对应的齐次方程 $\boldsymbol{Ax}=\boldsymbol{0}$ 只有平庸解.

由此可以得到一个很强的结论.

推论 1.4　一个矩阵可逆的必要条件是它是一个满秩方阵.

证明：根据推论 1.3 和引理 1.5，一个 $m\times n$ 的矩阵 $\boldsymbol{A}$ 要想可逆，必须有 $m\geqslant n$. 可一旦 $\boldsymbol{A}$ 可逆，它的逆矩阵 $\boldsymbol{A}^{-1}$ 也是可逆的. $\dim(\boldsymbol{A}^{-1})=n\times m$，因此 $\boldsymbol{A}^{-1}$ 可逆要求 $n\leqslant m$. 故 $m=n$，即 $\boldsymbol{A}$

是一个方阵，此时齐次方程 $\boldsymbol{Ax}=\boldsymbol{0}$ 没有非平庸解的条件是系数矩阵 $\boldsymbol{A}$ 是满秩的.

这个结论可以进一步加强，就得到了关于矩阵可逆的最重要的一个定理.

定理 1.19 一个矩阵可逆的充分必要条件是它是一个满秩方阵.

证明：充分性的证明分为以下三步.

第一步，证明对满秩方阵 $\boldsymbol{A}$ 存在唯一的方阵 $\boldsymbol{B}$ 满足矩阵方程 $\boldsymbol{AB}=\boldsymbol{I}$. 把矩阵 $\boldsymbol{B}$ 和单位矩阵 $\boldsymbol{I}$ 写成一系列列矢量：

$$\boldsymbol{B}=(\boldsymbol{b}_1,\boldsymbol{b}_2,\cdots,\boldsymbol{b}_n),\quad \boldsymbol{I}=(\boldsymbol{e}_1,\boldsymbol{e}_2,\cdots,\boldsymbol{e}_n).$$

于是得到了 n 个非齐次线性方程组：

$$\boldsymbol{Ab}_i=\boldsymbol{e}_i(i=1,2,\cdots,n). \tag{1.121}$$

由于 $\boldsymbol{A}$ 是满秩的，$\dim((\boldsymbol{A}\,|\,\boldsymbol{e}_i))=n\times(n+1)$，根据定理 1.3 有

$$n=R(\boldsymbol{A})\leqslant R((\boldsymbol{A}\,|\,\boldsymbol{e}_i))\leqslant\min\{n,n+1\}=n.$$

这表明 $n=R(\boldsymbol{A})=R((\boldsymbol{A}\,|\,\boldsymbol{e}_i))$，因此根据定理 1.5，方程（1.121）的解存在且唯一. 于是矩阵方程 $\boldsymbol{AB}=\boldsymbol{I}$ 的解 $\boldsymbol{B}$ 存在且唯一.

第二步，证明 $\boldsymbol{B}$ 也是一个满秩方阵. 考虑齐次方程 $\boldsymbol{Bx}=\boldsymbol{0}$，方程两边同时乘以矩阵 $\boldsymbol{A}$，于是有

$$\boldsymbol{ABx}=\boldsymbol{A0}=\boldsymbol{0}.$$

因为 $\boldsymbol{AB}=\boldsymbol{I}$，则

$$\boldsymbol{x}=\boldsymbol{0},$$

即对方阵 $\boldsymbol{B}$ 来说，齐次方程 $\boldsymbol{Bx}=\boldsymbol{0}$ 仅有平庸解. 这表明 $\boldsymbol{B}$ 也是满秩的.

第三步，证明 $\boldsymbol{B}$ 满足方程 $\boldsymbol{BA}=\boldsymbol{I}$. 这一步证明是必要的，因为仅从定义来看，$\boldsymbol{B}$ 满足方程 $\boldsymbol{AB}=\boldsymbol{I}$ 并不能显然地表明 $\boldsymbol{BA}=\boldsymbol{I}$. 利用第一步得到的结论：对满秩方阵 $\boldsymbol{B}$，存在唯一的方阵 $\boldsymbol{C}$ 使得 $\boldsymbol{BC}=\boldsymbol{I}$. 下面证明方阵 $\boldsymbol{C}$ 就是方阵 $\boldsymbol{A}$. 将方程 $\boldsymbol{I}=\boldsymbol{BC}$ 两边同时乘以矩阵 $\boldsymbol{A}$：

$$\boldsymbol{A}=\boldsymbol{A}(\boldsymbol{BC})=(\boldsymbol{AB})\boldsymbol{C}.$$

由于 $\boldsymbol{AB}=\boldsymbol{I}$，就得到了 $\boldsymbol{C}=\boldsymbol{A}$.

从上面的论证过程还可以得到如下结论.

推论 1.5 对一个方阵 $\boldsymbol{A}$，方程（1.120）中决定逆矩阵的两个方程并不独立. 如果其中一个成立，另外一个必然成立.

因此寻找可逆矩阵的逆矩阵的时候，只需要求解方程（1.120）中的任意一个方程即可.

通过定理 1.19 看到，矩阵可逆的条件比数“可逆”的条件严格得多. 不仅零矩阵不可逆，非方阵和非满秩方阵都是不可逆的矩阵.

定义 1.18 一个方阵被称为奇异方阵，如果它是不可逆的方阵.

之所以这么称呼，是因为一个方阵对应于 n 个 n 元一次方程组，一般而言，我们期望这样的未知数和方程一样多的线性方程组具有唯一解，但是奇异方阵对应的线性方程组没有解或者有无穷个解. 从这个意义上来说，这种方阵是奇怪的.

非奇异方阵 $\boldsymbol{A}$ 对应的线性方程组 $\boldsymbol{Ax}=\boldsymbol{b}$ 的解可以表达为

$$\boldsymbol{x}=\boldsymbol{A}^{-1}\boldsymbol{b}.$$

因此求解未知数和方程一样多的线性方程组可以转化为计算它的系数矩阵的逆矩阵. 在证

明定理 1.19 的第一步中，已经给出了一种求解逆矩阵的方法——求解矩阵方程

$$\boldsymbol{AB}=\boldsymbol{I}.$$

求解这种矩阵方程的步骤已经在例 1.13 中介绍过了. 为了更好地理解这种方法，再来看一个例题.

例 1.18　已知 $\boldsymbol{A}=\begin{pmatrix}1&0&0\\0&3&3\\3&0&1\end{pmatrix}$，计算 $\boldsymbol{A}^{-1}$.

解：求解矩阵方程 $\boldsymbol{AB}=\boldsymbol{I}$，为此写出如下分块矩阵：

$$\left(\begin{array}{ccc|ccc}1&0&0&1&0&0\\0&3&3&0&1&0\\3&0&1&0&0&1\end{array}\right). \tag{1.122}$$

对其做如下初等行变换：

$$\xrightarrow{-3\times(1)+(3)}\left(\begin{array}{ccc|ccc}1&0&0&1&0&0\\0&3&3&0&1&0\\0&0&1&-3&0&1\end{array}\right)$$

$$\xrightarrow{1/3\times(2)}\left(\begin{array}{ccc|ccc}1&0&0&1&0&0\\0&1&1&0&1/3&0\\0&0&1&-3&0&1\end{array}\right)$$

$$\xrightarrow{-(3)+(2)}\left(\begin{array}{ccc|ccc}1&0&0&1&0&0\\0&1&0&3&1/3&-1\\0&0&1&-3&0&1\end{array}\right).$$

于是得到 $\boldsymbol{A}$ 的逆矩阵

$$\boldsymbol{A}^{-1}=\begin{pmatrix}1&0&0\\3&1/3&-1\\-3&0&1\end{pmatrix}.$$

这种方法可以总结为如下步骤：先写出分块矩阵 $(\boldsymbol{A}\quad\boldsymbol{I})$；然后通过一系列初等行变换将其变为 $(\boldsymbol{I}\quad\boldsymbol{B})$，由于 $\boldsymbol{A}$ 是一个满秩方阵，这总是可以实现的；最后读出逆矩阵 $\boldsymbol{A}^{-1}=\boldsymbol{B}$.

对一般的可逆矩阵，计算它的逆矩阵相对来说比较烦琐，因此多数时候可以通过计算机快速求解逆矩阵. 图 1.6 展示了利用 Maple 软件计算得到例 1.18 中的逆矩阵的方法.

可逆矩阵具有一些基本的性质.

性质 1：$\boldsymbol{A}$ 可逆，则对任意非 0 的数 λ，有 $(\lambda\boldsymbol{A})^{-1}=\lambda^{-1}\boldsymbol{A}^{-1}$.

性质 2：$\boldsymbol{A}$ 可逆，则 $\boldsymbol{A}^{-1}$ 也可逆，并且 $(\boldsymbol{A}^{-1})^{-1}=\boldsymbol{A}$.

性质 3：如果 $\boldsymbol{A}$ 和 $\boldsymbol{B}$ 是相同维数的可逆方阵，则 $(\boldsymbol{AB})^{-1}=\boldsymbol{B}^{-1}\boldsymbol{A}^{-1}$.

性质 4：如果 $\boldsymbol{A}$ 和 $\boldsymbol{B}$ 是相同维数的方阵且 $\boldsymbol{AB}$ 可逆，则矩阵 $\boldsymbol{A}$ 和 $\boldsymbol{B}$ 都可逆.

性质 5：$\boldsymbol{A}$ 可逆，则 $\boldsymbol{A}^{\mathrm{T}}$ 也可逆，并且 $(\boldsymbol{A}^{\mathrm{T}})^{-1}=(\boldsymbol{A}^{-1})^{\mathrm{T}}$.

证明：对性质 1，根据逆矩阵的定义和矩阵数乘的规则就可以看出.

对性质 2，根据条件（1.120）不难看出，$\boldsymbol{A}^{-1}$ 的逆矩阵就是 $\boldsymbol{A}$.

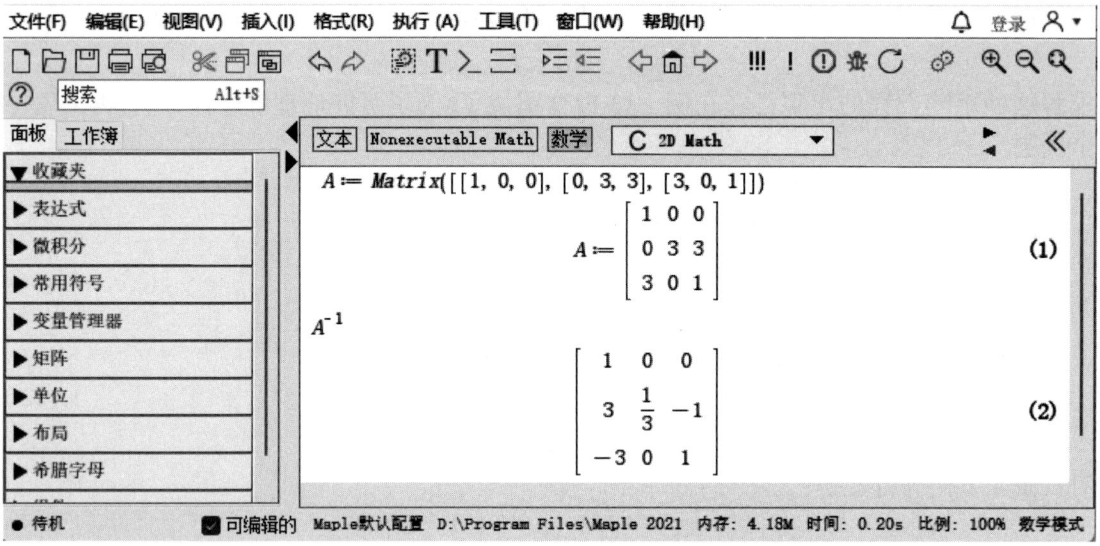

图 1.6　在 Maple 中计算一个可逆矩阵的逆矩阵

对性质 3，直接验证

$$(\boldsymbol{AB})(\boldsymbol{B}^{-1}\boldsymbol{A}^{-1}) = \boldsymbol{A}(\boldsymbol{BB}^{-1})\boldsymbol{A}^{-1} = \boldsymbol{AA}^{-1} = \boldsymbol{I}$$

和

$$(\boldsymbol{B}^{-1}\boldsymbol{A}^{-1})(\boldsymbol{AB}) = \boldsymbol{B}^{-1}(\boldsymbol{A}^{-1}\boldsymbol{A})\boldsymbol{B} = \boldsymbol{I}.$$

对性质 4，考虑关于 $\boldsymbol{B}$ 的齐次方程 $\boldsymbol{Bx}=\boldsymbol{0}$. 方程两边同时乘以 $\boldsymbol{A}$ 得到 $\boldsymbol{ABx}=\boldsymbol{0}$. 因为 $\boldsymbol{AB}$ 可逆，方程两边同时乘以 $\boldsymbol{AB}$ 的逆矩阵就得到了

$$(\boldsymbol{AB})^{-1}\boldsymbol{ABx} = (\boldsymbol{AB})^{-1}\boldsymbol{0} \Rightarrow \boldsymbol{x} = \boldsymbol{0}.$$

因此，齐次方程 $\boldsymbol{Bx}=\boldsymbol{0}$ 只有平庸解. 这说明 $\boldsymbol{B}$ 是满秩的，故 $\boldsymbol{B}$ 必然可逆. 同样地，再考虑关于 $\boldsymbol{A}$ 的齐次方程 $\boldsymbol{Ax}=\boldsymbol{0}$. 由于已经证明 $\boldsymbol{B}$ 是可逆的，这个方程可以改写为

$$\boldsymbol{A}(\boldsymbol{BB}^{-1})\boldsymbol{x} = \boldsymbol{0} \Rightarrow (\boldsymbol{AB})\boldsymbol{B}^{-1}\boldsymbol{x} = \boldsymbol{0}.$$

由于 $\boldsymbol{AB}$ 是可逆的，方程两边同时乘以 $\boldsymbol{B}(\boldsymbol{AB})^{-1}$ 就得到了

$$\boldsymbol{B}(\boldsymbol{AB})^{-1}(\boldsymbol{AB})\boldsymbol{B}^{-1}\boldsymbol{x} = \boldsymbol{0} \Rightarrow \boldsymbol{x} = \boldsymbol{0}.$$

因此，齐次方程 $\boldsymbol{Ax}=\boldsymbol{0}$ 只有平庸解. 这说明 $\boldsymbol{A}$ 是满秩的，故 $\boldsymbol{A}$ 也是可逆的.

对性质 5，直接验证

$$(\boldsymbol{A}^{-1})^{\mathrm{T}}\boldsymbol{A}^{\mathrm{T}} = (\boldsymbol{AA}^{-1})^{\mathrm{T}} = \boldsymbol{I}^{\mathrm{T}} = \boldsymbol{I}.$$

例 1.19　证明可逆对称矩阵的逆矩阵也是对称矩阵.

证明：（1）方法一.

假设 $\boldsymbol{A}$ 是一个可逆的对称矩阵，定义矩阵

$$\boldsymbol{B} = \frac{1}{2}(\boldsymbol{A}^{-1} + (\boldsymbol{A}^{-1})^{\mathrm{T}}).$$

根据转置矩阵的性质，可以得到

$$\boldsymbol{B}^{\mathrm{T}} = \frac{1}{2}((\boldsymbol{A}^{-1})^{\mathrm{T}} + \boldsymbol{A}^{-1}) = \boldsymbol{B},$$

即矩阵 $\boldsymbol{B}$ 是一个对称矩阵.

$$\boldsymbol{AB}=\frac{1}{2}\boldsymbol{A}(\boldsymbol{A}^{-1}+(\boldsymbol{A}^{-1})^{\mathrm{T}})=\frac{1}{2}(\boldsymbol{AA}^{-1}+\boldsymbol{A}(\boldsymbol{A}^{-1})^{\mathrm{T}}).$$

因为 $\boldsymbol{A}=\boldsymbol{A}^{\mathrm{T}}$,得到

$$\boldsymbol{AB}=\frac{1}{2}(\boldsymbol{AA}^{-1}+\boldsymbol{A}^{\mathrm{T}}(\boldsymbol{A}^{-1})^{\mathrm{T}}).$$

利用逆矩阵的性质 $(\boldsymbol{A}^{-1})^{\mathrm{T}}=(\boldsymbol{A}^{\mathrm{T}})^{-1}$,就得到了

$$\boldsymbol{AB}=\frac{1}{2}(\boldsymbol{AA}^{-1}+\boldsymbol{A}^{\mathrm{T}}(\boldsymbol{A}^{\mathrm{T}})^{-1})=\boldsymbol{I}.$$

故 $\boldsymbol{B}$ 是 $\boldsymbol{A}$ 的逆矩阵.

(2)方法二.

利用性质 $(\boldsymbol{A}^{\mathrm{T}})^{-1}=(\boldsymbol{A}^{-1})^{\mathrm{T}}$ 和已知条件 $\boldsymbol{A}^{\mathrm{T}}=\boldsymbol{A}$ 可以得到 $\boldsymbol{A}^{-1}=(\boldsymbol{A}^{-1})^{\mathrm{T}}$.

前文在介绍矩阵乘法的时候讲到过恰当地将矩阵分块可以减少运算量. 下面这个例题表明对求解逆矩阵也是如此.

例 1.20　已知 $\dim(\boldsymbol{A})=m\times m$, $\dim(\boldsymbol{B})=n\times n$, $\dim(\boldsymbol{Q})=m\times n$,并且 $\boldsymbol{A}$ 和 $\boldsymbol{B}$ 都是可逆方阵.

(1)证明 $\begin{pmatrix}\boldsymbol{A}&\boldsymbol{O}\\\boldsymbol{O}&\boldsymbol{B}\end{pmatrix}$ 可逆,并且求出它的逆矩阵;

(2)证明 $\begin{pmatrix}\boldsymbol{I}&\boldsymbol{Q}\\\boldsymbol{O}&\boldsymbol{I}\end{pmatrix}$ 和 $\begin{pmatrix}\boldsymbol{I}&\boldsymbol{O}\\\boldsymbol{Q}&\boldsymbol{I}\end{pmatrix}$ 可逆,并且求出它们的逆阵;

(3)证明 $\begin{pmatrix}\boldsymbol{A}&\boldsymbol{Q}\\\boldsymbol{O}&\boldsymbol{B}\end{pmatrix}$ 和 $\begin{pmatrix}\boldsymbol{A}&\boldsymbol{O}\\\boldsymbol{Q}&\boldsymbol{B}\end{pmatrix}$ 可逆,并且求出它们的逆阵.

证明:(1)可以直接验证 $\begin{pmatrix}\boldsymbol{A}&\boldsymbol{O}\\\boldsymbol{O}&\boldsymbol{B}\end{pmatrix}^{-1}=\begin{pmatrix}\boldsymbol{A}^{-1}&\boldsymbol{O}\\\boldsymbol{O}&\boldsymbol{B}^{-1}\end{pmatrix}$.

(2) $\begin{pmatrix}\boldsymbol{I}&\boldsymbol{Q}_1\\\boldsymbol{O}&\boldsymbol{I}\end{pmatrix}\begin{pmatrix}\boldsymbol{I}&\boldsymbol{Q}_2\\\boldsymbol{O}&\boldsymbol{I}\end{pmatrix}=\begin{pmatrix}\boldsymbol{I}&\boldsymbol{Q}_1+\boldsymbol{Q}_2\\\boldsymbol{O}&\boldsymbol{I}\end{pmatrix}$,

因此可以得到

$$\begin{pmatrix}\boldsymbol{I}&\boldsymbol{Q}\\\boldsymbol{O}&\boldsymbol{I}\end{pmatrix}\begin{pmatrix}\boldsymbol{I}&-\boldsymbol{Q}\\\boldsymbol{O}&\boldsymbol{I}\end{pmatrix}=\begin{pmatrix}\boldsymbol{I}&\boldsymbol{O}\\\boldsymbol{O}&\boldsymbol{I}\end{pmatrix},$$

故

$$\begin{pmatrix}\boldsymbol{I}&\boldsymbol{Q}\\\boldsymbol{O}&\boldsymbol{I}\end{pmatrix}^{-1}=\begin{pmatrix}\boldsymbol{I}&-\boldsymbol{Q}\\\boldsymbol{O}&\boldsymbol{I}\end{pmatrix}.$$

类似地,可以得到

$$\begin{pmatrix}\boldsymbol{I}&\boldsymbol{O}\\\boldsymbol{Q}&\boldsymbol{I}\end{pmatrix}^{-1}=\begin{pmatrix}\boldsymbol{I}&\boldsymbol{O}\\-\boldsymbol{Q}&\boldsymbol{I}\end{pmatrix}.$$

(3)定义一个矩阵 $\boldsymbol{D}=\begin{pmatrix}\boldsymbol{A}^{-1}&\boldsymbol{O}\\\boldsymbol{O}&\boldsymbol{B}^{-1}\end{pmatrix}\begin{pmatrix}\boldsymbol{A}&\boldsymbol{Q}\\\boldsymbol{O}&\boldsymbol{B}\end{pmatrix}$,不难发现

$$D=\begin{pmatrix} I & A^{-1}Q \\ O & I \end{pmatrix}.$$

根据第(2)问的结果，得到矩阵 D 的逆矩阵

$$D^{-1}=\begin{pmatrix} I & -A^{-1}Q \\ O & I \end{pmatrix}.$$

利用 $(AB)^{-1}=B^{-1}A^{-1}$ 和矩阵 D 的定义，可以把上式写成

$$\begin{pmatrix} A & Q \\ O & B \end{pmatrix}^{-1}\begin{pmatrix} A^{-1} & O \\ O & B^{-1} \end{pmatrix}^{-1}=\begin{pmatrix} I & -A^{-1}Q \\ O & I \end{pmatrix}.$$

因此就得到了

$$\begin{pmatrix} A & Q \\ O & B \end{pmatrix}^{-1}=\begin{pmatrix} I & -A^{-1}Q \\ O & I \end{pmatrix}\begin{pmatrix} A^{-1} & O \\ O & B^{-1} \end{pmatrix}=\begin{pmatrix} A^{-1} & -A^{-1}QB^{-1} \\ O & B^{-1} \end{pmatrix}.$$

对 $\begin{pmatrix} A & O \\ Q & B \end{pmatrix}$ 有恒等式①

$$\begin{pmatrix} A & O \\ Q & B \end{pmatrix}=\begin{pmatrix} A^{\mathrm{T}} & Q^{\mathrm{T}} \\ O & B^{\mathrm{T}} \end{pmatrix}^{\mathrm{T}}.$$

根据性质 5 可以得到

$$\begin{aligned}\begin{pmatrix} A & O \\ Q & B \end{pmatrix}^{-1}&=\left(\begin{pmatrix} A^{\mathrm{T}} & Q^{\mathrm{T}} \\ O & B^{\mathrm{T}} \end{pmatrix}^{\mathrm{T}}\right)^{-1}=\left(\begin{pmatrix} A^{\mathrm{T}} & Q^{\mathrm{T}} \\ O & B^{\mathrm{T}} \end{pmatrix}^{-1}\right)^{\mathrm{T}}=\begin{pmatrix} (A^{\mathrm{T}})^{-1} & -(A^{\mathrm{T}})^{-1}Q^{\mathrm{T}}(B^{\mathrm{T}})^{-1} \\ O & (B^{\mathrm{T}})^{-1} \end{pmatrix}^{\mathrm{T}}\\&=\begin{pmatrix} (A^{-1})^{\mathrm{T}} & -(A^{-1})^{\mathrm{T}}Q^{\mathrm{T}}(B^{-1})^{\mathrm{T}} \\ O & (B^{-1})^{\mathrm{T}} \end{pmatrix}^{\mathrm{T}}=\begin{pmatrix} A^{-1} & O \\ -B^{-1}QA^{-1} & B^{-1} \end{pmatrix}.\end{aligned}$$

适当地运用上述结论可以减少求解逆矩阵的计算量. 比如，用上述利用分块矩阵求逆矩阵的思路重新求解例 1.18 中矩阵 A 的逆矩阵. 令 $C=1$,

$$Q=\begin{pmatrix} 0 \\ 3 \end{pmatrix}, B=\begin{pmatrix} 3 & 3 \\ 0 & 1 \end{pmatrix}.$$

$C^{-1}=1$，矩阵 B 符合例 1.20 中(3)的分块形式，可以直接写出 B 的逆矩阵

$$B^{-1}=\begin{pmatrix} 1/3 & -1 \\ 0 & 1 \end{pmatrix}.$$

因此例 1.18 中矩阵 A 的逆矩阵为

$$\begin{pmatrix} C^{-1} & O \\ -B^{-1}QC^{-1} & B^{-1} \end{pmatrix}=\begin{pmatrix} 1 & 0 & 0 \\ 3 & 1/3 & -1 \\ -3 & 0 & 1 \end{pmatrix}.$$

① 等号两边的零矩阵的维数是不一样的，右边的零矩阵是左边的零矩阵的转置矩阵.

1.7　初等矩阵和矩阵的标准型

考虑两个矩阵 $\boldsymbol{A}$ 和 $\boldsymbol{B}$ 的乘法，将矩阵 $\boldsymbol{B}$ 写成行矢量的形式：

$$\boldsymbol{B}=\begin{pmatrix}\boldsymbol{b}_1\\ \boldsymbol{b}_2\\ \vdots\\ \boldsymbol{b}_n\end{pmatrix}.$$

于是有

$$\boldsymbol{AB}=\begin{pmatrix}a_{11} & a_{12} & \cdots & a_{1n}\\ a_{21} & a_{22} & \cdots & a_{2n}\\ \vdots & \vdots & & \vdots\\ a_{m1} & a_{m2} & \cdots & a_{mn}\end{pmatrix}\begin{pmatrix}\boldsymbol{b}_1\\ \boldsymbol{b}_2\\ \vdots\\ \boldsymbol{b}_n\end{pmatrix}=\begin{pmatrix}a_{11}\boldsymbol{b}_1+a_{12}\boldsymbol{b}_2+\cdots+a_{1n}\boldsymbol{b}_n\\ a_{21}\boldsymbol{b}_1+a_{22}\boldsymbol{b}_2+\cdots+a_{2n}\boldsymbol{b}_n\\ \vdots\\ a_{m1}\boldsymbol{b}_1+a_{m2}\boldsymbol{b}_2+\cdots+a_{mn}\boldsymbol{b}_n\end{pmatrix}. \tag{1.123}$$

方程(1.123)最右边的矩阵的每一行都是矩阵 $\boldsymbol{B}$ 的行矢量的线性组合. 这给我们提供了一种理解矩阵乘法的方式：一个 $m\times n$ 的矩阵左乘一个 $n\times p$ 的矩阵可以看成对后一个矩阵的行矢量进行 m 种(不同或者相同的)线性组合.

从这个视角，我们来看看之前介绍的矩阵的初等行变换：

(1)交换两行；

(2)用一个非 0 的数乘以一行；

(3)把一行的常数倍加到另一行.

我们能否设计一个矩阵 $\boldsymbol{A}$ 使得乘法 $\boldsymbol{AB}$ 相当于对矩阵 $\boldsymbol{B}$ 进行了某些初等行变换呢？答案是肯定的！

为了保证 $\dim(\boldsymbol{AB})=\dim(\boldsymbol{B})$，这些矩阵必须是方阵. 在此基础上，先来看第(1)种初等行变换. 不失一般性，我们看看如何通过矩阵乘法实现交换矩阵 $\boldsymbol{B}$ 的第 1 行和第 2 行，此时我们期待得到如下的结果：

$$\begin{pmatrix}\boldsymbol{b}_2\\ \boldsymbol{b}_1\\ \boldsymbol{b}_3\\ \vdots\\ \boldsymbol{b}_n\end{pmatrix}.$$

对比系数，我们不难得到如下的一个解：

$$a_{21}=a_{12}=1, a_{ii}=1(i>2), \text{其他} a_{ij}=0.$$

因此我们就找到了初等行变换 $(1)\leftrightarrow(2)$ 对应的矩阵. 为了表示这样交换两行的矩阵乘法，引入符号 $\boldsymbol{P}_{(i,j)}$.

$$P_{(1,2)}=A=\begin{pmatrix}0&1&0&\cdots&0&0\\1&0&0&\cdots&0&0\\0&0&1&\cdots&0&0\\\vdots&\vdots&\vdots&&\vdots&\vdots\\0&0&0&\cdots&1&0\\0&0&0&\cdots&0&1\end{pmatrix}.$$

对第（2）种初等行变换，如用一个非0的数 λ 乘以 $\boldsymbol{B}$ 的第2行，我们期待得到如下的结果：

$$\begin{pmatrix}\boldsymbol{b}_1\\\lambda\boldsymbol{b}_2\\\boldsymbol{b}_3\\\vdots\\\boldsymbol{b}_n\end{pmatrix}.$$

对比系数，我们不难得到如下的一个解：

$$a_{11}=a_{33}=\cdots=a_{nn}=1,a_{22}=\lambda,\text{其他}a_{ij}=0.$$

因此我们就找到了初等行变换 $\lambda(2)$ 对应的矩阵，引入符号 $\boldsymbol{D}_{(i)}(\lambda)$ 来表示：

$$\boldsymbol{D}_{(2)}(\lambda)=\boldsymbol{A}=\begin{pmatrix}1&0&0&\cdots&0&0\\0&\lambda&0&\cdots&0&0\\0&0&1&\cdots&0&0\\\vdots&\vdots&\vdots&&\vdots&\vdots\\0&0&0&\cdots&1&0\\0&0&0&\cdots&0&1\end{pmatrix}.$$

对第（3）种初等行变换，引入符号 $\boldsymbol{T}_{(i,j)}(\lambda)$ 来表示将第 i 行乘以 λ 加到第 j 行. 作为例子，可以考虑 $\lambda(1)+(2)$，此时我们期待得到如下的结果：

$$\begin{pmatrix}\boldsymbol{b}_1\\\lambda\boldsymbol{b}_1+\boldsymbol{b}_2\\\boldsymbol{b}_3\\\vdots\\\boldsymbol{b}_n\end{pmatrix}.$$

不难发现

$$\boldsymbol{T}_{(1,2)}(\lambda)=\boldsymbol{A}=\begin{pmatrix}1&0&0&\cdots&0&0\\\lambda&1&0&\cdots&0&0\\0&0&1&\cdots&0&0\\\vdots&\vdots&\vdots&&\vdots&\vdots\\0&0&0&\cdots&1&0\\0&0&0&\cdots&0&1\end{pmatrix}.$$

定义 1.19 上述三种初等行变换对应的方阵 $\boldsymbol{P}_{(i,j)},\boldsymbol{D}_{(i)}(\lambda)$ 和 $\boldsymbol{T}_{(i,j)}(\lambda)$ 称作初等方阵.

仔细观察上述三种初等行变换的矩阵表达式,可以得到如下结论.

定理 1.20　矩阵 $\boldsymbol{P}_{(i,j)}$ 可以从单位矩阵做初等行变换 $(i)\leftrightarrow(j)$ 得到;矩阵 $\boldsymbol{D}_{(i)}(\lambda)$ 可以从单位矩阵做初等行变换 $\lambda(i)$ 得到;矩阵 $\boldsymbol{T}_{(i,j)}(\lambda)$ 可以从单位矩阵做初等行变换 $\lambda(i)+(j)$ 得到.

注意:矩阵 $\boldsymbol{P}_{(i,j)}$ 可以看成在单位矩阵的基础上令其 (ii) 和 (jj) 分量为 0,然后令其 (ij) 分量和 (ji) 分量为 1;矩阵 $\boldsymbol{T}_{(i,j)}(\lambda)$ 可以看成在单位矩阵的基础上令其 (ji) 分量等于 λ.

例 1.21　利用初等变换矩阵将矩阵 $\begin{pmatrix}1&1&-1&1\\1&-1&2&3\\0&1&-1&5\end{pmatrix}$ 化为最简行矩阵.

解:在例 1.3 中已经找到了将上面的矩阵化为最简阶梯矩阵的初等行变换:

$$\begin{pmatrix}1&1&-1&1\\1&-1&2&3\\0&1&-1&5\end{pmatrix}\xrightarrow{-(1)+(2),2\times(3)+(2),-(3)+(1),(3)\leftrightarrow(2),(3)+(2)}\begin{pmatrix}1&0&0&-4\\0&1&0&17\\0&0&1&12\end{pmatrix}.$$

因此可以得到

$$\boldsymbol{T}_{(3,2)}(1)\boldsymbol{P}_{(3,2)}\boldsymbol{T}_{(3,1)}(-1)\boldsymbol{T}_{(3,2)}(2)\boldsymbol{T}_{(1,2)}(-1)\begin{pmatrix}1&1&-1&1\\1&-1&2&3\\0&1&-1&5\end{pmatrix}=\begin{pmatrix}1&0&0&-4\\0&1&0&17\\0&0&1&12\end{pmatrix}.$$

根据定理 1.20,

$$\boldsymbol{T}_{(3,2)}(1)=\begin{pmatrix}1&0&0\\0&1&1\\0&0&1\end{pmatrix},\boldsymbol{P}_{(3,2)}=\begin{pmatrix}1&0&0\\0&0&1\\0&1&0\end{pmatrix},\boldsymbol{T}_{(3,1)}(-1)=\begin{pmatrix}1&0&-1\\0&1&0\\0&0&1\end{pmatrix},$$

$$\boldsymbol{T}_{(3,2)}(2)=\begin{pmatrix}1&0&0\\0&1&2\\0&0&1\end{pmatrix},\boldsymbol{T}_{(1,2)}(-1)=\begin{pmatrix}1&0&0\\-1&1&0\\0&0&1\end{pmatrix}.$$

可以验证

$$\boldsymbol{T}_{(3,2)}(1)\boldsymbol{P}_{(3,2)}\boldsymbol{T}_{(3,1)}(-1)\boldsymbol{T}_{(3,2)}(2)\boldsymbol{T}_{(1,2)}(-1)=\begin{pmatrix}1&0&-1\\-1&1&3\\-1&1&2\end{pmatrix}$$

确实把题中的矩阵变换成了最简阶梯矩阵:

$$\begin{pmatrix}1&0&-1\\-1&1&3\\-1&1&2\end{pmatrix}\begin{pmatrix}1&1&-1&1\\1&-1&2&3\\0&1&-1&5\end{pmatrix}=\begin{pmatrix}1&0&0&-4\\0&1&0&17\\0&0&1&12\end{pmatrix}.$$

从例 1.21 可以看出,每一次初等行变换都可以通过一个对应的初等矩阵左乘原矩阵实现. 因此可以得出如下结论.

定理 1.21　如果矩阵 $\boldsymbol{A}\sim\boldsymbol{B}$,那么矩阵 $\boldsymbol{A}$ 一定可以通过若干个初等矩阵左乘矩阵 $\boldsymbol{B}$ 得到.

一个矩阵既可以左乘另外一个矩阵，也可以右乘另外一个矩阵. 如果把初等矩阵右乘矩阵 $\boldsymbol{B}$ 会得到什么呢? 为此把矩阵 $\boldsymbol{B}$ 写成列矢量的形式，$\boldsymbol{B}=(\boldsymbol{\beta}_1,\boldsymbol{\beta}_2,\cdots,\boldsymbol{\beta}_m)$，于是得到

$$\boldsymbol{BA}=(\boldsymbol{\beta}_1,\boldsymbol{\beta}_2,\cdots,\boldsymbol{\beta}_m)\begin{pmatrix} a_{11} & a_{12} & \cdots & a_{1n} \\ a_{21} & a_{22} & \cdots & a_{2n} \\ \vdots & \vdots & & \vdots \\ a_{m1} & a_{m2} & \cdots & a_{mn} \end{pmatrix}=(\boldsymbol{\beta}_1 a_{11}+\cdots+\boldsymbol{\beta}_m a_{m1},\cdots,\boldsymbol{\beta}_1 a_{1n}+\cdots+\boldsymbol{\beta}_m a_{mn}). \tag{1.124}$$

方程(1.124)最右边的矩阵的每一行都是矩阵 $\boldsymbol{B}$ 的列矢量的线性组合. 这说明：一个 $m\times n$ 的矩阵右乘一个 $n\times p$ 的矩阵可以看成对后一个矩阵的列矢量进行 n 种(不同或者相同的)线性组合.

下面看看把初等矩阵右乘一个矩阵会得到什么. 以矩阵 $\boldsymbol{P}_{(1,2)}$，$\boldsymbol{D}_{(2)}(\lambda)$ 和 $\boldsymbol{T}_{(1,2)}(\lambda)$ 作为例子，可以得到

$$\boldsymbol{BP}_{(1,2)}=(\boldsymbol{\beta}_2,\boldsymbol{\beta}_1,\boldsymbol{\beta}_3,\cdots,\boldsymbol{\beta}_n),\ \boldsymbol{BD}_{(2)}(\lambda)=(\boldsymbol{\beta}_1,\lambda\boldsymbol{\beta}_2,\boldsymbol{\beta}_3,\cdots,\boldsymbol{\beta}_n), \tag{1.125}$$

$$\boldsymbol{BT}_{(1,2)}(\lambda)=(\boldsymbol{\beta}_1+\lambda\boldsymbol{\beta}_2,\boldsymbol{\beta}_2,\boldsymbol{\beta}_3,\cdots,\boldsymbol{\beta}_n). \tag{1.126}$$

可见将初等矩阵右乘一个矩阵是对这个矩阵的列进行变换，对应于初等列变换，即

(1)交换两列；

(2)用一个非 0 的数乘以一列；

(3)把一列的常数倍加到另一列.

注意：$\boldsymbol{T}_{(i,j)}(\lambda)$ 右乘一个矩阵是将第 j 列乘以 λ 加到第 i 列上去；但是 $\boldsymbol{T}_{(i,j)}(\lambda)$ 左乘一个矩阵是将第 i 行乘以 λ 加到第 j 行上去.

在前文中我们了解到利用初等行变换可以把任意矩阵化为最简阶梯矩阵，如果结合初等列变换，可以把矩阵化为更简单的形式.

定理 1.22 任何一个 $m\times n$ 的矩阵都可以通过有限次初等行变换和初等列变换化为如下形式：

$$\begin{pmatrix} \boldsymbol{I}_r & \boldsymbol{O} \\ \boldsymbol{O} & \boldsymbol{O} \end{pmatrix}.$$

其中 $r=R(\boldsymbol{A})$. 上面的形式称为矩阵的标准型.

在这里不去证明这个结论，而是给出一个例子，抽象的证明完全可以从这个例子当中总结出来.

例 1.22 请将下列矩阵化为标准型：

$$\boldsymbol{A}=\begin{pmatrix} 0 & 0 & 0 & 0 & 2 & 8 & 4 \\ 0 & 0 & 0 & 1 & 3 & 11 & 9 \\ 0 & 3 & -12 & -3 & -9 & -24 & -33 \\ 0 & -2 & 8 & 1 & 6 & 17 & 21 \end{pmatrix}.$$

解：首先将 $\boldsymbol{A}$ 化为最简阶梯矩阵，结果参见式(1.58)：

$$\begin{pmatrix} 0 & 1 & -4 & 0 & 0 & 3 & 0 \\ 0 & 0 & 0 & 1 & 0 & -1 & 0 \\ 0 & 0 & 0 & 0 & 1 & 4 & 0 \\ 0 & 0 & 0 & 0 & 0 & 0 & 1 \end{pmatrix}. \tag{1.127}$$

下面进行初等列变换. 将所有只有元素 1 的列交换到左侧,按照元素 1 出现的行数从小到大排列,并将元素全是 0 的列交换到最右侧:

$$\begin{pmatrix} 1 & 0 & 0 & 0 & -4 & 3 & 0 \\ 0 & 1 & 0 & 0 & 0 & -1 & 0 \\ 0 & 0 & 1 & 0 & 0 & 4 & 0 \\ 0 & 0 & 0 & 1 & 0 & 0 & 0 \end{pmatrix}.$$

此时就可以用左边 4 列依次消除其余列中的非 0 元素了. 比如,将第 1 列乘以 4 加到第 5 列上去:

$$\begin{pmatrix} 1 & 0 & 0 & 0 & 0 & 3 & 0 \\ 0 & 1 & 0 & 0 & 0 & -1 & 0 \\ 0 & 0 & 1 & 0 & 0 & 4 & 0 \\ 0 & 0 & 0 & 1 & 0 & 0 & 0 \end{pmatrix}.$$

最终得到

$$\begin{pmatrix} 1 & 0 & 0 & 0 & 0 & 0 & 0 \\ 0 & 1 & 0 & 0 & 0 & 0 & 0 \\ 0 & 0 & 1 & 0 & 0 & 0 & 0 \\ 0 & 0 & 0 & 1 & 0 & 0 & 0 \end{pmatrix},$$

这就是矩阵 $\boldsymbol{A}$ 的标准型.

通过例 1.22 可以总结出将矩阵化为标准型的步骤,并且实际上已经给出了一般性证明:

(1)通过初等行变换将矩阵化为最简阶梯矩阵;

(2)通过初等列变换将所有只有元素 1 的列转移到右侧,并且按照 1 出现的行排列成阶梯形;

(3)将只有元素 1 的列乘以适当的系数消除所有其他列中的非 0 元素;

(4)此时非 0 元素只有 1,它们正好排列在主对角线的位置.

由于所有初等列变换都可以写成初等矩阵右乘矩阵的形式,于是得到如下结论.

引理 1.6　任何一个矩阵 $\boldsymbol{A}$ 都可以通过两个矩阵 $\boldsymbol{S}$ 和 $\boldsymbol{Q}$ 使得 $\boldsymbol{SAQ}$ 成为标准型. 其中 $\boldsymbol{S}$ 和 $\boldsymbol{Q}$ 都是一系列初等矩阵的乘积.

1.8　一般线性群

矩阵经过初等变换后还可通过初等变换复原. 那么三种初等变换的逆映射对应的矩阵表示是什么呢? 首先,初等行变换 $i \leftrightarrow j$ 代表交换两行,如果再交换这两行一次矩阵就复原

了，因此可以得到

$$\boldsymbol{P}_{(i,j)}^2=\boldsymbol{I}\Rightarrow\boldsymbol{P}_{(i,j)}^{-1}=\boldsymbol{P}_{(i,j)}.$$

其次，将矩阵的某一行乘以一个非 0 的数，如果将这一行乘以这个数的倒数，矩阵就复原了，因此有

$$\boldsymbol{D}_{(i)}(\lambda)\boldsymbol{D}_{(i)}(\lambda^{-1})=\boldsymbol{I}\Rightarrow\boldsymbol{D}_{(i)}(\lambda)^{-1}=\boldsymbol{D}_{(i)}(\lambda^{-1}).$$

最后，将矩阵的第 i 行乘以 λ 后加到第 j 行，如果将得到的矩阵的第 i 行乘以 $-\lambda$ 后加到第 j 行，矩阵就复原了，因此有

$$\boldsymbol{T}_{(i,j)}(\lambda)\boldsymbol{T}_{(i,j)}(-\lambda)=\boldsymbol{I}\Rightarrow\boldsymbol{T}_{(i,j)}(\lambda)^{-1}=\boldsymbol{T}_{(i,j)}(-\lambda).$$

通过上面的推导，我们发现初等矩阵的逆矩阵也是初等矩阵，这表明初等矩阵以及初等矩阵的乘积都是可逆矩阵. 实际上我们可以得到一个更强的结论.

定理 1.23 一个矩阵是可逆的当且仅当它是若干个初等矩阵的乘积.

证明：前面已经证明了若干个初等矩阵的乘积一定是可逆的，这里只需要证明命题的另一个方向——一个可逆矩阵必然是若干个初等矩阵的乘积.

一个可逆矩阵 $\boldsymbol{A}$ 必然是满秩方阵，因此可以通过初等行变换将其转化为单位矩阵，即存在一个矩阵 $\boldsymbol{B}$，它是若干个初等矩阵的乘积，并且使得

$$\boldsymbol{BA}=\boldsymbol{I}.$$

因此 $\boldsymbol{A}=\boldsymbol{B}^{-1}$. 假设

$$\boldsymbol{B}=\boldsymbol{E}_1\boldsymbol{E}_2\cdots\boldsymbol{E}_k,$$

其中 $\boldsymbol{E}_1,\boldsymbol{E}_2,\cdots,\boldsymbol{E}_k$ 是初等矩阵，它们的逆矩阵 $\boldsymbol{E}_1^{-1},\boldsymbol{E}_2^{-1},\cdots,\boldsymbol{E}_k^{-1}$ 也是初等矩阵. 于是

$$\boldsymbol{A}=\boldsymbol{B}^{-1}=\boldsymbol{E}_k^{-1}\boldsymbol{E}_{k-1}^{-1}\cdots\boldsymbol{E}_1^{-1},$$

因此 $\boldsymbol{A}$ 必然是若干个初等矩阵的乘积.

从定理 1.23 可以得到一个结论：对一个矩阵实施一系列初等行变换等价于用一个可逆矩阵左乘这个矩阵，反之亦然；对一个矩阵实施一系列初等列变换等价于用一个可逆矩阵右乘这个矩阵，反之亦然. 我们可以用“左行右列”来形象地记忆. 结合引理 1.6 和定理 1.23 还可以得到一个重要的结论.

定理 1.24 对任意两个相同维数的矩阵 $\boldsymbol{A}$ 和 $\boldsymbol{B}$，$R(\boldsymbol{A})=R(\boldsymbol{B})$ 的充分必要条件是存在两个可逆矩阵 $\boldsymbol{Q}$ 和 $\boldsymbol{S}$ 使得 $\boldsymbol{QA}=\boldsymbol{BS}$.

从这个定理可以得到一个重要的关于矩阵的秩的结论.

定理 1.25 对任意矩阵 $\boldsymbol{A}$ 都有 $R(\boldsymbol{A})=R(\boldsymbol{A}^{\mathrm{T}})$.

证明：假设 $\boldsymbol{A}$ 的秩为 r. 根据引理 1.6 存在两个矩阵 $\boldsymbol{S}$ 和 $\boldsymbol{Q}$ 使得 $\boldsymbol{SAQ}$ 成为标准型，

$$\boldsymbol{SAQ}=\begin{pmatrix}\boldsymbol{I}_r & \boldsymbol{O}\\ \boldsymbol{O} & \boldsymbol{O}\end{pmatrix}.$$

其中 $\boldsymbol{S}$ 和 $\boldsymbol{Q}$ 都是一些初等矩阵的乘积，因而都是可逆矩阵. 对上式取转置，

$$\boldsymbol{Q}^{\mathrm{T}}\boldsymbol{A}^{\mathrm{T}}\boldsymbol{S}^{\mathrm{T}}=\begin{pmatrix}\boldsymbol{I}_r & \boldsymbol{O}\\ \boldsymbol{O} & \boldsymbol{O}\end{pmatrix}.$$

因此就有

$$Q^{\mathrm{T}}A^{\mathrm{T}}S^{\mathrm{T}} = SAQ.$$

由于 S 和 Q 是可逆的，S^{T} 和 Q^{T} 也是可逆的，因此

$$A^{\mathrm{T}}S^{\mathrm{T}}Q^{-1} = (Q^{\mathrm{T}})^{-1}SA.$$

因为 S 和 Q 都是可逆矩阵，根据定理 1.24 就有 $R(A) = R(A^{\mathrm{T}})$.

将 $n \times n$ 的初等矩阵和它们的所有可能的相乘的结果放在一起形成一个集合，记为 $\mathrm{GL}(n,\mathbb{R})$，其中 $\mathbb{R}$ 表示矩阵的元素都是实数. 不难看出这个集合中的任意一个元素都对应着 n 个 p 元线性方程组的同解变换. 在物理中，把保持某种性质不变的变换称为对称变换. $\mathrm{GL}(n,\mathbb{R})$ 就是保持线性方程组的解不变的对称变换，这个集合具有如下性质.

性质 1： 单位矩阵 $I \in \mathrm{GL}(n,\mathbb{R})$（存在恒元）.

性质 2： $\forall X \in \mathrm{GL}(n,\mathbb{R}), \exists Y \in \mathrm{GL}(n,\mathbb{R})$ 使得 $XY = YX = I$（存在逆元）.

性质 3： $\forall X \in \mathrm{GL}(n,\mathbb{R}), \forall Y \in \mathrm{GL}(n,\mathbb{R})$，都有 $XY \in \mathrm{GL}(n,\mathbb{R})$（封闭性）.

性质 4： 对 $\mathrm{GL}(n,\mathbb{R})$ 中的任意 3 个元素 X,Y 和 Z，都有 $(XY)Z = X(YZ)$（结合律）.

在数学中，把像这样定义了元素之间的"乘法"运算，并且具有上述 4 条性质的集合叫作对称群，简称群.

定义 1.20　一个集合 G 和在其中定义的一个二元运算 $\cdot$ 如果具有如下 4 条性质，

（1）$\exists e \in G$（e 叫作恒元），使得 $\forall g \in G$ 都有 $eg = ge = g$（存在恒元），

（2）$\forall g \in G$，都 $\exists g \in G$ 使得 $\tilde{g} \cdot g = g \cdot \tilde{g} = e$（存在逆元），

（3）$\forall g_1, g_2 \in G$，都有 $g_1 \cdot g_2 \in G$（封闭性），

（4）$\forall g_1, g_2, g_3 \in G$，都有 $(g_1 \cdot g_2) \cdot g_3 = g_1 \cdot (g_2 \cdot g_3)$（结合律），

就说 $(G,\cdot)$ 构成了一个群.

这里的 $\cdot$ 是一个抽象的符号，指任何将两个元素映射为一个元素的映射. 群是一个带有某种运算的集合. 这个运算如何表示并不重要，可以是加法、乘法，也可以是其他的运算. 在群论中通常不写出群乘法符号，把两个元素 g_1 和 g_2 的二元运算结果记作 g_1g_2，并不失一般性地称群中的运算为"乘法". 需要强调的是：一个集合是否能够构成群不仅依赖于集合的元素，还依赖于如何定义元素之间的"乘法"运算. 比如，有理数集在以数的加法作为"乘法"的时候就构成了一个群.

例 1.23　证明有理数集合 $\mathbb{Q}$ 和普通加法运算的组合 $(\mathbb{Q},+)$ 构成一个群. 但是如果将普通加法改为普通乘法，则 $(\mathbb{Q},\times)$ 不构成一个群.

证明： 验证 $(\mathbb{Q},+)$ 满足群定义的 4 个要求.

（1）存在恒元：$\forall a \in \mathbb{Q}$，都有 $a + 0 = a$，因此 0 就是恒元；

（2）存在逆元：$\forall a \in \mathbb{Q}$，都有 $-a \in \mathbb{Q}$ 且 $a + (-a) = (-a) + a = 0$；

（3）封闭性：任意两个有理数的和也是有理数；

（4）结合律：$\forall a,b,c \in \mathbb{Q}$，都有 $(a+b)+c = a+(b+c)$.

因此，$(\mathbb{Q},+)$ 构成一个群.

对 $(\mathbb{Q},\times)$，可以验证由于数 0 的存在，无法自洽地定义恒元和逆元. 因此，$(\mathbb{Q},\times)$ 无法构成群.

集合 $GL(n,\mathbb{R})$ 在矩阵乘法下构成了一个群,称作实数域中的 n 维一般线性群,在不引起歧义的情况下也可简称一般线性群.说它一般是因为它包含了所有相同维数的可逆矩阵,在这个意义下它具有一般性.在实数域内保持 m 个线性方程组的解不变的对称群就是一般线性群 $GL(n,\mathbb{R})$.研究能够保持线性方程组的解不变的线性映射就是研究一般线性群的性质.

对群 $GL(n,\mathbb{R})$ 来说,两个元素在群乘法的作用下一般是不可交换的.但是对群 $(\mathbb{Q},+)$ 来说,两个元素在群乘法的作用下是可交换的.为了区分这两种群,引入如下定义.

定义 1.21 如果一个群 $(G,\cdot)$ 中的乘法是可交换的,即对任意两个元素 g_1 和 g_2 都有 $g_1\cdot g_2=g_2\cdot g_1$,就称这个群为阿贝尔群,否则就称为非阿贝尔群.

由于在一般情况下矩阵乘法不可交换,因此一般线性群是非阿贝尔群.虽然本课程不会深入涉及群以及相关理论,但是群的概念是物理理论的中心角色之一.下面列举几个对一般线性群成立,并且对更一般的抽象群也成立的性质.对一个群 G 以及其中的任意三个元素 a,b 和 c,

性质 1:恒元是唯一的,记为 e;

性质 2:逆元是唯一的,元素 a 的逆元记为 a^{-1};

性质 3:$(ab)^{-1}=b^{-1}a^{-1}$;

性质 4:$ab=ac\Leftrightarrow b=c,ba=ca\Leftrightarrow b=c$.

如果这个群是一般线性群,那么很容易根据矩阵乘法和逆矩阵的定义来证明上述性质.下面试着用群的定义来抽象地证明上述结论.

证明:对性质 1,假设 e_1 和 e_2 都是群 G 的恒元.根据恒元的定义,e_1 左乘任意元素都等于这个元素本身,因此就有

$$e_1e_2=e_2.$$

根据群的定义,如果 e_2 是恒元,那么任何元素左乘它都会得到这个元素本身,于是有

$$e_1e_2=e_1.$$

则 $e_1=e_2$,因此恒元是唯一的.

对性质 2,假设元素 a 的逆元有两个,记为 a_1 和 a_2,考虑它们 3 个的群乘法.首先计算 $(a_1a)a_2$,根据逆元和恒元的定义,有

$$(a_1a)a_2=ea_2=a_2.$$

根据群乘法的结合律以及逆元和恒元的定义,有

$$(a_1a)a_2=a_1(aa_2)=a_1e=a_1.$$

则 $a_1=a_2$,因此逆元唯一.

性质 3 和性质 4 读者可自行证明.

1.9 矩阵的简单应用举例

在前面的内容中,从求解线性方程组出发引入了矩阵这样一种数学语言,然后介绍了矩

阵的一些简单运算和性质. 这也许会造成一种错觉,矩阵仅仅被用于求解线性方程组. 实际上并不是这样的,下面介绍两个看似和求解线性方程组无关的应用.

1. 数值计算函数的导数

首先介绍一下矩阵在微积分数值求解中的应用. 在计算机高度普及的当今,类似的技巧被广泛地应用于各种生产实践和科学研究中. 在很多情况下需要数值求解微积分问题,矩阵在其中扮演着重要角色.

一个可导的函数 $F(x)$ 的导数定义为

$$f(x)=\lim_{\Delta x\to 0}\frac{F(x+\Delta x)-F(x)}{\Delta x}. \tag{1.128}$$

下面考虑这样一个问题:如果得到了一个未知的可导函数的一组等自变量间距的离散数值

$$F_0=F(0),F_1=F(\Delta x),F_2=F(2\Delta x),\cdots,F_n=F(n\Delta x),$$

如何利用这些数值计算得到这个未知函数在自变量 x=Δx, $2\Delta x$, $\cdots$, $n\Delta x$ 时导数的数值,即如何获得如下数值呢?

$$f_1=f(\Delta x),f_2=f(2\Delta x),\cdots,f_n=f(n\Delta x).$$

将导数的定义式式(1.128)等号右边直接用有限差分代替,就得到了

$$f(x)\approx\frac{F(x+\Delta x)-F(x)}{\Delta x}+\mathcal{O}(\Delta x). \tag{1.129}$$

忽略掉一阶小量就得到了一个一阶精度的差分公式

$$f_k\approx\frac{F_k-F_{k-1}}{\Delta x}(k\geqslant 1).$$

下面引入 2 个列矢量:

$$\tilde{\boldsymbol{F}}=\begin{pmatrix}F_1-F_0\\F_2-F_0\\\vdots\\F_n-F_0\end{pmatrix},\ \boldsymbol{f}=\begin{pmatrix}f_1\\f_2\\\vdots\\f_n\end{pmatrix}.$$

于是可以得到如下矩阵方程:

$$\begin{pmatrix}f_1\\f_2\\f_3\\\vdots\\f_{n-1}\\f_n\end{pmatrix}=\Delta x^{-1}\begin{pmatrix}1&0&0&\cdots&0&0&0\\-1&1&0&\cdots&0&0&0\\0&-1&1&\cdots&0&0&0\\\vdots&\vdots&\vdots&&\vdots&\vdots&\vdots\\0&0&0&\cdots&-1&1&0\\0&0&0&\cdots&0&-1&1\end{pmatrix}\begin{pmatrix}F_1-F_0\\F_2-F_0\\F_3-F_0\\\vdots\\F_{n-1}-F_0\\F_n-F_0\end{pmatrix}. \tag{1.130}$$

可以将式(1.130)简记为

$$\boldsymbol{f}=\Delta x^{-1}\boldsymbol{D}\tilde{\boldsymbol{F}}. \tag{1.131}$$

其中方阵 $\boldsymbol{D}$ 的特点是:主对角线上的元素全是 1,主对角线元素下方紧跟一个 −1,其他元素全是 0. 对计算机来说处理这样的矩阵乘法是很容易的.

有了导数计算的矩阵乘法表示,我们很自然地会想到是否可以将数值积分用矩阵表示

出来. 即假设 $f(x)$ 的原函数是 $F(x)$,如果知道一系列数值

$$f_1 = f(\Delta x), f_2 = f(2\Delta x), \cdots, f_n = f(n\Delta x),$$

如何利用这些数值计算得到这个未知函数的积分的数值,即如何获得如下数值呢?

$$F_1 = F(\Delta x), F_2 = F(2\Delta x), \cdots, F_n = F(n\Delta x).$$

简单一想这是不可能的,因为由一个函数 $f(x)$ 获得它的原函数 $F(x)$ 结果是不唯一的. 但是根据牛顿-莱布尼兹公式

$$F(x) - F(0) = \int_0^x f(s)\mathrm{d}s,$$

$F(x) - F(0)$ 是唯一的. 因此,原则上可以由列矢量 $\boldsymbol{f}$ 获得唯一的列矢量 $\tilde{\boldsymbol{F}}$. 此时观察矩阵方程(1.131)就能得到如下等式:

$$\tilde{\boldsymbol{F}} = \Delta x \boldsymbol{D}^{-1} \boldsymbol{f}, \tag{1.132}$$

其中

$$\boldsymbol{D}^{-1} = \begin{pmatrix} 1 & 0 & 0 & \cdots & 0 & 0 & 0 \\ 1 & 1 & 0 & \cdots & 0 & 0 & 0 \\ 1 & 1 & 1 & \cdots & 0 & 0 & 0 \\ \vdots & \vdots & \vdots & & \vdots & \vdots & \vdots \\ 1 & 1 & 1 & \cdots & 1 & 1 & 0 \\ 1 & 1 & 1 & \cdots & 1 & 1 & 1 \end{pmatrix}. \tag{1.133}$$

方阵 $\boldsymbol{D}^{-1}$ 的特点是:主对角线上和主对角线下方的元素全是 1,其他元素全是 0. 直接由矩阵 $\boldsymbol{D}$ 计算得到它的逆矩阵不是一件容易的事情,但是验证 $\boldsymbol{D}^{-1}$ 是 $\boldsymbol{D}$ 的逆矩阵是简单的,读者可自行验证. 因此就得到了一个数值计算的公式:

$$\begin{pmatrix} F_1 - F_0 \\ F_2 - F_0 \\ F_3 - F_0 \\ \vdots \\ F_{n-1} - F_0 \\ F_n - F_0 \end{pmatrix} = \Delta x \begin{pmatrix} 1 & 0 & 0 & \cdots & 0 & 0 & 0 \\ 1 & 1 & 0 & \cdots & 0 & 0 & 0 \\ 1 & 1 & 1 & \cdots & 0 & 0 & 0 \\ \vdots & \vdots & \vdots & & \vdots & \vdots & \vdots \\ 1 & 1 & 1 & \cdots & 1 & 1 & 0 \\ 1 & 1 & 1 & \cdots & 1 & 1 & 1 \end{pmatrix} \begin{pmatrix} f_1 \\ f_2 \\ f_3 \\ \vdots \\ f_{n-1} \\ f_n \end{pmatrix}. \tag{1.134}$$

仔细观察,这个公式正是近似计算定积分的矩形法公式:

$$F_l - F_0 \approx \sum_{k=1}^{l} f_k \Delta x. \tag{1.135}$$

所以 $\int_0^x (\cdot)\mathrm{d}s$ 和 $\dfrac{\mathrm{d}}{\mathrm{d}x}(\cdot)$ 在矩阵的视角下正好互为逆矩阵:

$$\frac{\mathrm{d}}{\mathrm{d}x}(\cdot) \to \Delta x^{-1} \boldsymbol{D}, \ \int_0^x (\cdot)\mathrm{d}s \to \Delta x \boldsymbol{D}^{-1}.$$

因此,矩阵不仅提供了一种数值计算微积分的方式,也提供了一种理解微积分的视角!在后面的章节中还会回到这个问题上,我们将会看到微分与积分都可以看成某一个线性空间中的线性算符,而矩阵则是这些线性算符的一个"自然"的表示.

2. 计算路网中连接两地的路线数目

目前导航软件已经应用于我们生活的方方面面，它根据地图上记录的信息，基于一系列复杂的算法帮助我们确定一条连接起点和终点的路线. 下面考虑这样一个问题：在一个给定的路网中，连接终点和起点且路程为 x 的路径有几条呢？

深入、详细地回答上述问题超出了本课程的教学范围，我们仅仅来看一种最简单的情况. 图 1.7 中只有三个点 v_1, v_2 和 v_3，并且它们之间的距离都是 1 个单位长度. 用箭头表示连接两点的道路的方向. v_1 和 v_3 之间只有一个从 v_3 到 v_1 的箭头，这表明它们之间只有一条单行道；v_1 和 v_2 以及 v_2 和 v_3 之间都存在两个箭头，因此它们之间存在两条反向的道路，或者说存在一条双向道. 这种标记了点与点的有向连接的图形称为有向图. 为了记录点与点的连接，引入一个矩阵 $\boldsymbol{A}$，它的元素定义如下：$a_{ij}=1$，假如存在一条由点 v_i 通过 v_j 的道路；否则 $a_{ij}=0$. 这样的矩阵叫作邻接矩阵. 比如，对图 1.7 有

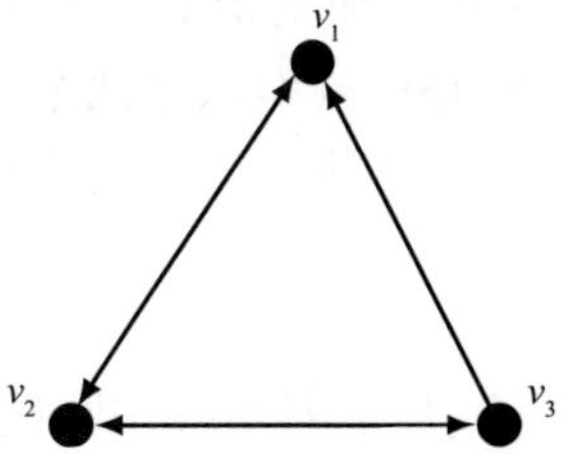

图 1.7　一个简单的有向图

$$\boldsymbol{A}=\begin{pmatrix}0&1&0\\1&0&1\\1&1&0\end{pmatrix}. \tag{1.136}$$

在有向图中，连接两点的路径是指从起点出发沿着图中允许的行进方向先后经过若干个点之后到达终点，如果起点和终点相同，这条路径就称作一个回路（允许重复经过某一些点或者路）. 比如，$v_1v_2v_3$ 是一条从 v_1 到 v_3 的路径，$v_1v_2v_3v_2v_1v_2v_3$ 是另外一条从 v_1 到 v_3 的路径. 显然，连接任意两点的路径有无数条.

$b_{ij}(k)$ 代表从 v_i 通往 v_j 的路径中路程为 k 的路径的条数. 不难看出 $b_{13}(1)=0, b_{13}(2)=1$，$b_{13}(3)=0, b_{13}(4)=2$，还可以发现 $b_{23}(1)=1, b_{23}(2)=0, b_{23}(3)=2, b_{23}(4)=1$. 下面来计算一些邻接矩阵的幂：

$$\boldsymbol{A}^2=\begin{pmatrix}1&0&1\\1&2&0\\1&1&1\end{pmatrix}, \boldsymbol{A}^3=\begin{pmatrix}1&2&0\\2&1&2\\2&2&1\end{pmatrix}, \boldsymbol{A}^4=\begin{pmatrix}2&1&2\\3&4&1\\3&3&2\end{pmatrix}.$$

此时我们发现一个有趣的现象：$(\boldsymbol{A}^k)_{ij}=b_{ij}(k)$，也就是路程为 k 的路径的条数可以简单地从矩阵 $\boldsymbol{A}$ 的幂中读出. 这个结论可以从下面的论证中看出. 比如，考虑 $\boldsymbol{A}^3$：

$$(\boldsymbol{A}^3)_{ij}=\sum_{k,l}a_{ik}a_{kl}a_{lj}. \tag{1.137}$$

由于矩阵 $\boldsymbol{A}$ 的元素只有 0 和 1，因此式（1.137）中求和的项也只包含 0 和 1 两种情况.

$$a_{ik}a_{kl}a_{lj}=1 \Leftrightarrow a_{ik}=a_{kl}=a_{lj}=1 \Leftrightarrow \text{存在一条有向路径 } v_jv_kv_lv_j\text{，路程为 3.} \tag{1.138}$$

这表明式（1.137）右侧等于几就有几种 $a_{ik}a_{kl}a_{lj}=1$ 的情况，也就是有几条从 i 到 j 的路程为 3 的路径. 因此

$$(\boldsymbol{A}^3)_{ij}=\text{由点 } v_i \text{ 到 } v_j \text{ 的路程为 3 的有向路径的数目.} \tag{1.139}$$

这样的论证不难推广到任意长度路径的情况. 由此我们看到了矩阵被应用于与求解线性方

程组并无直接关系的领域. 实际上,矩阵在包括图论在内的许多离散数学中都具有重要的应用.

限于篇幅,关于矩阵应用的例子就列举到这里了. 本书刚开始时以求解线性方程组为目的引入矩阵,但是在后续的讲解中将逐渐走向抽象,也逐渐远离求解线性方程组的目的. 新的概念和复杂的计算会不断地出现,这或多或少会让部分读者进一步学习的动力面临挑战. 在此处引入这两个例子的主要目的就是再一次向读者传递一个信息:应对这些挑战是值得的,因为我们将会获得更深奥和普适的知识.

习题

1. 下列矩阵中哪些是最简阶梯矩阵? 如果不是最简阶梯矩阵,利用初等行变换将其化为最简阶梯矩阵.

(1) $\begin{pmatrix} 1 & 2 & -1 \\ 0 & 1 & 3 \end{pmatrix}$; (2) $\begin{pmatrix} 1 & 0 & 2 \\ 0 & 1 & 3 \end{pmatrix}$; (3) $\begin{pmatrix} -1 & 4 & -3 & 4 & 6 \\ 0 & 2 & 1 & -3 & -3 \\ 0 & 0 & 0 & 1 & 2 \end{pmatrix}$.

2. 写出下列方程组的增广矩阵,用高斯-约当消元法化简得到约化阶梯矩阵,并写出解集.

(1) $\begin{cases} x_1 + 2x_2 - x_3 = 1, \\ x_1 + x_2 + 2x_3 = 2, \\ -2x_1 + x_2 = 4; \end{cases}$ (2) $\begin{cases} x_1 + 2x_2 - x_3 + 2x_4 = 1, \\ x_1 + x_2 - 2x_3 - x_4 = 2, \\ 2x_1 + x_2 + 3x_4 = 0; \end{cases}$ (3) $\begin{cases} x_1 + 3x_2 - x_3 + x_4 = 1, \\ x_1 + x_2 + x_3 = 2, \\ 2x_1 + x_2 = 4, \\ 4x_1 + 3x_2 + 2x_3 = 0. \end{cases}$

3. 根据定理 1.2 的例子将存在性的证明总结为一般性证明,并陈述出来.

4. 利用数学软件 Maple 计算下列矩阵的最简阶梯矩阵.

(1) $\begin{pmatrix} 2 & -4 & 3 & -4 & -11 & 28 \\ -1 & 2 & -1 & 2 & 5 & -13 \\ 0 & 0 & -3 & 1 & 6 & -10 \\ 3 & -6 & 10 & -8 & -28 & 61 \end{pmatrix}$; (2) $\begin{pmatrix} 1 & 1 & 1 & 1 & 1 \\ 2 & 4 & 8 & 16 & 9 \\ 3 & 9 & 27 & 81 & 36 \\ 4 & 16 & 64 & 256 & 100 \end{pmatrix}$.

5. 求三次多项式 $p(x) = a + bx + cx^2 + dx^3$,使得 $p(1) = 5, p'(1) = 5, p(2) = 17, p'(2) = 21$.

(提示:采用待定系数法得到一组关于系数的线性方程组)

6. 一辆大巴车成人票为 60 元,学生票为 30 元,1 米以下儿童票为 9 元. 某一天的车票收入为 1 500 元,车上成人、学生和 1 米以下儿童一共 33 人. 请问成人、学生和 1 米以下儿童的可能人数是多少?

7. 当 a 取哪些值的时候,下列方程组有非平庸解?

$$\begin{cases} x_1 + 2x_2 + x_3 = 0, \\ -x_1 - x_2 + x_3 = 0, \\ 3x_1 + 4x_2 + ax_3 = 0. \end{cases}$$

8. 请找到使下列方程相容的 b_1, b_2 和 b_3.

$$\begin{cases} x_1 + 3x_2 - x_3 = b_1, \\ x_1 + 2x_2 = b_2, \\ 3x_1 + 7x_2 - x_3 = b_3. \end{cases}$$

9. 请问满足下列方程组的未知数 x_1, x_2, x_3, x_4 中最多有几个是自由的?

$$\begin{cases} x_1 + 2x_2 + 3x_3 + 2x_4 = 0, \\ x_1 + 2x_2 + 3x_3 + 5x_4 = 3, \\ 3x_1 - 2x_2 + x_3 + x_4 = 2, \\ -3x_1 - 2x_2 - x_3 + 3x_4 = 4. \end{cases}$$

10. 用求解线性方程组的方法配平化学方程式 P_2I_4+P_4+H_2O → PH_4I+H_3PO_4.

11. 证明 $R((\boldsymbol{A} \mid \boldsymbol{b})) \leqslant R(\boldsymbol{A}) + 1$.

12. 证明如果一个线性方程组的未知数的数目多于方程的数目,那么这个方程组要么无解,要么具有无穷个解.

13. 写出下面两个增广矩阵对应的线性方程组的通解的矢量表达形式.

(1)$\begin{pmatrix} 1 & 0 & -1 & -2 \\ 0 & 1 & 2 & 3 \end{pmatrix}$;(2)$\begin{pmatrix} 1 & 0 & -1 & 0 & -1 \\ 0 & 1 & 2 & 2 & 1 \\ 0 & 0 & 0 & 1 & 1 \end{pmatrix}$.

14. 记 $\boldsymbol{A}^2 = \boldsymbol{A}\boldsymbol{A}$,判断下面的论断是否正确. 如果正确,请给出证明;如果不正确,请给出反例.

(1)如果 $\boldsymbol{A}^2 = \boldsymbol{O}$,那么 $\boldsymbol{A} = \boldsymbol{O}$;

(2)如果 $\boldsymbol{A}^2 = \boldsymbol{A}$,那么 $\boldsymbol{A} = \boldsymbol{O}$ 或者 $\boldsymbol{A} = \boldsymbol{I}$;

(3)如果 $\boldsymbol{A}\boldsymbol{X} = \boldsymbol{A}\boldsymbol{Y}$,且 $\boldsymbol{A} \neq \boldsymbol{O}$,则 $\boldsymbol{X} = \boldsymbol{Y}$;

(4)$(\boldsymbol{A} + \boldsymbol{B})^2 = \boldsymbol{A}^2 + 2\boldsymbol{A}\boldsymbol{B} + \boldsymbol{B}^2$;

(5)$(\boldsymbol{A} + \boldsymbol{B})(\boldsymbol{A}\boldsymbol{B}) = \boldsymbol{A}^2 - \boldsymbol{B}^2$;

(6)假设 $\boldsymbol{A}$ 是系数都是实数的方阵,并且 $\boldsymbol{A}^2 = \boldsymbol{I}$,则 $\boldsymbol{A} = \pm\boldsymbol{I}$.

15. 已知两个矩阵

$$\boldsymbol{A} = \begin{pmatrix} 1 & 0 & -1 \\ 0 & 1 & 2 \\ 0 & 1 & 1 \end{pmatrix}, \ \boldsymbol{B} = \begin{pmatrix} 1 & 0 & -1 & 0 \\ 0 & 1 & 2 & 2 \\ 0 & 0 & 0 & 1 \end{pmatrix},$$

计算 $3\boldsymbol{A}\boldsymbol{B} - 2\boldsymbol{B}$ 和 $\boldsymbol{A}^{\mathrm{T}}\boldsymbol{B}$.

16. 已知矩阵

$$\boldsymbol{A} = \begin{pmatrix} 1 & 0 \\ \lambda & 0 \end{pmatrix},$$

对正整数 k,计算 $\boldsymbol{A}^k$.

17. 已知矩阵

$$\boldsymbol{A} = \begin{pmatrix} \lambda & 1 & 0 \\ 0 & \lambda & 1 \\ 0 & 0 & \lambda \end{pmatrix},$$

用数学归纳法证明：对正整数 n，

$$A^n=\lambda^{n-2}\begin{pmatrix}\lambda^2 & n\lambda & n(n-1)/2\\ 0 & \lambda^2 & n\lambda\\ 0 & 0 & \lambda^2\end{pmatrix}.$$

18. 证明对任意 $m\times n$ 的矩阵 $\boldsymbol{A}$，都有 $\boldsymbol{AI}_n=\boldsymbol{I}_m\boldsymbol{A}=\boldsymbol{A}$. 其中 $\boldsymbol{I}_m$ 和 $\boldsymbol{I}_n$ 分别表示 $m\times m$ 和 $n\times n$ 的单位矩阵.

19. 已知矩阵 $\boldsymbol{A}$ 满足方程 $\boldsymbol{AB}=\boldsymbol{BC}$，其中

$$\boldsymbol{B}=\begin{pmatrix}1&0&1\\0&1&0\\0&1&1\end{pmatrix},\ \boldsymbol{C}=\begin{pmatrix}1&0&0\\0&2&0\\0&0&4\end{pmatrix}.$$

对正整数 n，计算 $\boldsymbol{A}^n\boldsymbol{B}$.

（提示：仔细观察矩阵方程的形式，不要直接求解矩阵 $\boldsymbol{A}$）

20. 已知矩阵

$$\boldsymbol{A}=\begin{pmatrix}1&x\\2&4\end{pmatrix},\ \boldsymbol{C}=\begin{pmatrix}0&0\\0&0\end{pmatrix},$$

请问当 x 为何值的时候矩阵方程 $\boldsymbol{AX}=\boldsymbol{C}$ 有非零矩阵的解？求出所有非零矩阵的解（如果不唯一，给出通解形式）.

21. 假设 $\boldsymbol{A}$ 和 $\boldsymbol{B}$ 都是对称矩阵，证明 $\boldsymbol{AB}$ 也是对称矩阵的充分必要条件是 $\boldsymbol{AB}=\boldsymbol{BA}$.

22. 对任意矩阵 $\boldsymbol{Q}$ 和矢量 $\boldsymbol{x}$，证明 $\boldsymbol{x}^{\mathrm{T}}\boldsymbol{Q}^{\mathrm{T}}\boldsymbol{Qx}\geqslant 0$.

23. 求解矩阵方程 $\boldsymbol{XA}=\boldsymbol{C}$ 中的矩阵 $\boldsymbol{X}$，其中

$$\boldsymbol{A}=\begin{pmatrix}1&0&0\\0&3&3\\3&0&1\end{pmatrix},\quad \boldsymbol{C}=\begin{pmatrix}0&1&1\\1&0&-1\\2&0&1\end{pmatrix}.$$

（提示：先求解 $\boldsymbol{X}^{\mathrm{T}}$）

24. 证明对任意两个乘法合法的矩阵 $\boldsymbol{A}$ 和 $\boldsymbol{B}$ 都有 $R(\boldsymbol{AB})\leqslant R(\boldsymbol{B})$.

（提示：证明 $\boldsymbol{Bx}=\boldsymbol{0}$ 的解集是 $\boldsymbol{ABx}=\boldsymbol{0}$ 的解集的子集）

25. 令 $\boldsymbol{D}=\begin{pmatrix}\boldsymbol{A}&\boldsymbol{O}\\\boldsymbol{O}&\boldsymbol{B}\end{pmatrix}$，证明 $R(\boldsymbol{D})=R(\boldsymbol{A})+R(\boldsymbol{B})$.

26. 已知 $\boldsymbol{A}$ 和 $\boldsymbol{B}$ 是 n 阶方阵，$\boldsymbol{I}$ 是 n 阶单位矩阵，计算 $\begin{pmatrix}\boldsymbol{O}&\boldsymbol{I}\\\boldsymbol{I}&\boldsymbol{O}\end{pmatrix}\begin{pmatrix}\boldsymbol{A}&\boldsymbol{O}\\\boldsymbol{O}&\boldsymbol{B}\end{pmatrix}\begin{pmatrix}\boldsymbol{O}&\boldsymbol{I}\\\boldsymbol{I}&\boldsymbol{O}\end{pmatrix}$.

27. 计算下列矩阵的逆矩阵.

（1）$\begin{pmatrix}1&0&-1\\0&1&2\\0&1&1\end{pmatrix}$；（2）$\begin{pmatrix}1&3\\-1&1\end{pmatrix}$；（3）$\begin{pmatrix}1&0&-1\\2&1&0\\1&0&1\end{pmatrix}$；（4）$\begin{pmatrix}0&0&-4\\-1&0&0\\0&2&0\end{pmatrix}$.

28. 假设 $\boldsymbol{A}$ 是方阵，$\boldsymbol{A}^2=\boldsymbol{I}$ 且 $\boldsymbol{A}\neq\boldsymbol{I}$，证明 $\boldsymbol{A}+\boldsymbol{I}$ 是奇异方阵.

29. 用分块矩阵的方法（可利用例 1.20 的结论）计算下列矩阵的逆矩阵.

$$(1)\begin{pmatrix}1&0&3&4&1\\0&1&2&-2&1\\0&0&1&0&0\\0&0&0&1&0\\0&0&0&0&1\end{pmatrix};(2)\begin{pmatrix}1&2&4&8\\0&1&2&4\\0&0&1&2\\0&0&0&1\end{pmatrix}.$$

30. 已知 $\boldsymbol{PA}=\boldsymbol{CP}$,其中

$$\boldsymbol{P}=\begin{pmatrix}1&1&2\\-1&3&3\\3&2&1\end{pmatrix},\quad \boldsymbol{C}=\begin{pmatrix}1&0&0\\0&-1&0\\0&0&-1\end{pmatrix}.$$

计算矩阵多项式 $\boldsymbol{A}^8+2\boldsymbol{A}^6+3\boldsymbol{A}^4+4\boldsymbol{A}^2$.

（提示:先将 $\boldsymbol{A}$ 用 $\boldsymbol{P}$ 和 $\boldsymbol{C}$ 表示出来并化简）

31. 证明可逆反对称矩阵的逆矩阵还是反对称矩阵.

32. 写出 5 阶方阵中如下初等变换的矩阵表达式:$\boldsymbol{P}_{(2,4)}$, $\boldsymbol{P}_{(3,5)}$, $\boldsymbol{D}_{(3)}(\lambda)$, $\boldsymbol{T}_{(1,4)}(\lambda)$ 和 $\boldsymbol{T}_{(2,3)}(\lambda)$.

33. 在第 24 题的基础上,利用 $R(\boldsymbol{A})=R(\boldsymbol{A}^{\mathrm{T}})$ 进一步证明 $R(\boldsymbol{AB})\leqslant R(\boldsymbol{A})$,因而就有 $R(\boldsymbol{AB})\leqslant \min\{R(\boldsymbol{A}),R(\boldsymbol{B})\}$.

34. 对任意两个相同维数的矩阵 $\boldsymbol{A}$ 和 $\boldsymbol{B}$,证明 $R(\boldsymbol{A})=R(\boldsymbol{B})$ 的充分必要条件是存在两个可逆矩阵 $\boldsymbol{Q}$ 和 $\boldsymbol{S}$ 使得 $\boldsymbol{QA}=\boldsymbol{BS}$.

（提示:如果 $\boldsymbol{A}$ 和 $\boldsymbol{B}$ 同秩,那么根据引理 1.6,它们可以各自利用两个可逆矩阵化为同一个标准型）

35. 证明所有 $n\times n$ 的对称矩阵的集合在矩阵加法运算下构成一个群,但是在矩阵乘法运算下不构成一个群.

36. 请问可否从有理数集合 $\mathbb{Q}$ 中剔除一个元素,使得它在普通乘法下构成群呢?

37. 对一个群 G 和它的任意三个元素 a, b 和 c,证明:(1)$(ab)^{-1}=b^{-1}a^{-1}$;(2)$ab=ac\Leftrightarrow b=c$,$ba=ca\Leftrightarrow b=c$.

（提示:借鉴可逆矩阵性质证明的思路）

38. 验证式(1.133)确实给出了矩阵 $\boldsymbol{D}$ 的逆矩阵.

39. 计算邻接矩阵(1.136)给出的图 1.7 中路程为 4 的回路的数目.

第 2 章 矩阵的行列式

下面回到线性方程组的求解上来. 对二元一次方程组

$$\begin{cases} a_1x+b_1y=c_1, \\ a_2x+b_2y=c_2, \end{cases} \tag{2.1}$$

在前文中已经讲解了如何通过矩阵的初等行变换来求解,下面从几何的角度来考虑如何求解.

首先将方程组(2.1)写成列矢量的线性叠加. 如图 2.1 所示,在平面直角坐标系中取点 $A=(a_1,a_2)$, $B=(b_1,b_2)$ 和 $C=(c_1,c_2)$,则方程组(2.1)等价于

$$x\overrightarrow{OA}+y\overrightarrow{OB}=\overrightarrow{OC}. \tag{2.2}$$

求解方程组(2.1)就等价于将矢量 $\overrightarrow{OC}$ 表示为 $\overrightarrow{OA}$ 和 $\overrightarrow{OB}$ 的线性组合,组合系数为 x 和 y. 根据图 2.1 可以看出方程组(2.1)有唯一解等价于矢量 $\overrightarrow{OA}$ 和 $\overrightarrow{OB}$ 不共线,即 $\overrightarrow{OA} \nparallel \overrightarrow{OB}$. 据此就可以得到方程组(2.1)有唯一解的条件: $a_1b_2-a_2b_1\neq 0$. 为了求解组合系数,取一个辅助矢量 $\overrightarrow{OB'}$,它是将矢量 $\overrightarrow{OB}$ 顺时针转动 90° 得到的,即

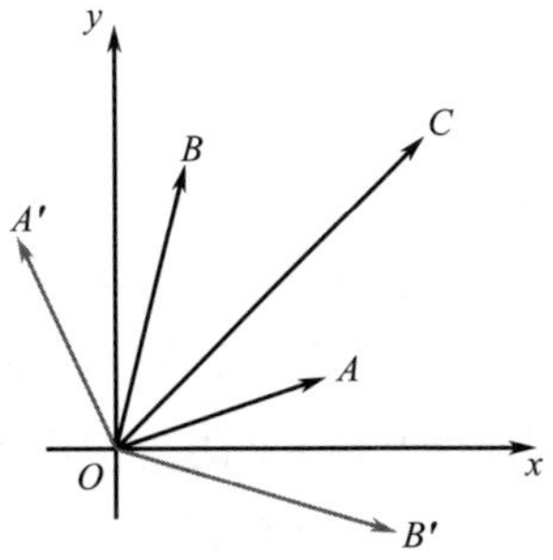

图 2.1　平面直角坐标系

$$\overrightarrow{OB'}=\begin{pmatrix} b_2 \\ -b_1 \end{pmatrix}.$$

将方程(2.2)的两侧同时乘以矢量 $\overrightarrow{OB'}$,由于 $\overrightarrow{OB'}\cdot\overrightarrow{OB}=0$,得到

$$x\overrightarrow{OB'}\cdot\overrightarrow{OA}=\overrightarrow{OB'}\cdot\overrightarrow{OC}.$$

当矢量 $\overrightarrow{OA}$ 和 $\overrightarrow{OB}$ 不共线的时候,矢量 $\overrightarrow{OA}$ 和 $\overrightarrow{OB'}$ 不垂直. 因此就得到了

$$x=\frac{\overrightarrow{OB'}\cdot\overrightarrow{OC}}{\overrightarrow{OB'}\cdot\overrightarrow{OA}}=\frac{c_1b_2-c_2b_1}{a_1b_2-a_2b_1}.$$

类似地,可以将矢量 $\overrightarrow{OA}$ 逆时针转动 90° 得到

$$\overrightarrow{OA'}=\begin{pmatrix} -a_2 \\ a_1 \end{pmatrix}.$$

将方程(2.2)的两侧同时乘以矢量 $\overrightarrow{OA'}$,由于 $\overrightarrow{OA'}\cdot\overrightarrow{OA}=0$,得到

$$y\overrightarrow{OA'}\cdot\overrightarrow{OB}=\overrightarrow{OA'}\cdot\overrightarrow{OC}.$$

进而得到

$$y=\frac{\overrightarrow{OA'}\cdot\overrightarrow{OC}}{\overrightarrow{OA'}\cdot\overrightarrow{OB}}=\frac{c_2a_1-c_1a_2}{a_1b_2-a_2b_1}.$$

这样就用几何的方法将线性方程组求解出来了.

可以看出，这是一个完全不同于之前用消元法求解方程组的思路. 本章将会研究这个求解思路在求解一般线性方程组中的推广. 这将会引入一个非常重要的概念——行列式. 前面介绍的很多关于矩阵的概念都和行列式有联系.

2.1 行列式的引入

下面总结一下在用几何方法求解方程组（2.1）的过程中到底做了什么. 首先取两个矢量 $\overrightarrow{OA'}$ 和 $\overrightarrow{OB'}$，它们满足

$$\overrightarrow{OA}\cdot\overrightarrow{OB'}=\overrightarrow{OB}\cdot\overrightarrow{OA'}=a_1b_2-a_2b_1$$

和

$$\overrightarrow{OB}\cdot\overrightarrow{OB'}=\overrightarrow{OA}\cdot\overrightarrow{OA'}=0.$$

则矢量 $\overrightarrow{OA'}$ 和 $\overrightarrow{OB'}$ 完全由矢量 $\overrightarrow{OA}$ 和 $\overrightarrow{OB}$ 确定. 记

$$\det(\overrightarrow{OA},\overrightarrow{OB})=a_1b_2-a_2b_1, \tag{2.3}$$

此时方程组（2.1）的解可以表示为

$$(x,y)=\left(\frac{\overrightarrow{OB'}\cdot\overrightarrow{OC}}{\det(\overrightarrow{OA},\overrightarrow{OB})},\frac{\overrightarrow{OA'}\cdot\overrightarrow{OC}}{\det(\overrightarrow{OA},\overrightarrow{OB})}\right). \tag{2.4}$$

根据图 2.1 不难看出，函数 $\det(\overrightarrow{OA},\overrightarrow{OB})$ 是由矢量 $\overrightarrow{OA}$ 和 $\overrightarrow{OB}$ 所张成的平行四边形的有向面积（可以取正数，也可以取负数或者 0），它具有如下性质：

（1）对两个矢量都是线性的，即 $\det(x_1\boldsymbol{\alpha}_1+x_2\boldsymbol{\alpha}_2,\boldsymbol{\beta})=x_1\det(\boldsymbol{\alpha}_1,\boldsymbol{\beta})+x_2\det(\boldsymbol{\alpha}_2,\boldsymbol{\beta})$，$\det(\boldsymbol{\alpha},y_1\boldsymbol{\beta}_1+y_2\boldsymbol{\beta}_2)=y_1\det(\boldsymbol{\alpha},\boldsymbol{\beta}_1)+y_2\det(\boldsymbol{\alpha},\boldsymbol{\beta}_2)$；

（2）$\det(\boldsymbol{\alpha},\boldsymbol{\beta})=-\det(\boldsymbol{\beta},\boldsymbol{\alpha})$，作为一个推论，有 $\det(\boldsymbol{\alpha},\boldsymbol{\alpha})=0$；

（3）对自然坐标基矢 $\boldsymbol{e}_1=(1,0)^{\mathrm{T}}$ 和 $\boldsymbol{e}_2=(0,1)^{\mathrm{T}}$，有 $\det(\boldsymbol{e}_1,\boldsymbol{e}_2)=1$.

这三条性质都可以由式（2.3）得到. 比如，对性质（1）中的第一个等式，令 $\boldsymbol{\alpha}_i=(\alpha_{i1},\alpha_{i2})^{\mathrm{T}}$，$\boldsymbol{\beta}=(\beta_1,\beta_2)^{\mathrm{T}}$，于是

$$\begin{aligned}\det(x_1\boldsymbol{\alpha}_1+x_2\boldsymbol{\alpha}_2,\boldsymbol{\beta})&=(x_1\alpha_{11}+x_2\alpha_{21})\beta_2-\beta_1(x_1\alpha_{12}+x_2\alpha_{22})\\&=x_1(\alpha_{11}\beta_2-\beta_1\alpha_{12})+x_2(\alpha_{21}\beta_2-\beta_1\alpha_{22})\\&=x_1\det(\boldsymbol{\alpha}_1,\boldsymbol{\beta})+x_2\det(\boldsymbol{\alpha}_2,\boldsymbol{\beta}).\end{aligned}$$

可以发现，如果 $\det(\boldsymbol{\alpha},\boldsymbol{\beta})$ 对第一个矢量是线性的且满足性质（2），那么它对第二个矢量一定也是线性的.

下面考虑一般的 n 元一次线性方程组，将它写成列矢量的形式：

$$x_1\boldsymbol{a}_1+x_2\boldsymbol{a}_2+\cdots+x_n\boldsymbol{a}_n=\boldsymbol{b}.$$

如果可以找到一组矢量 $\boldsymbol{\delta}_1,\boldsymbol{\delta}_2,\cdots,\boldsymbol{\delta}_n$，使得它们满足

$$\boldsymbol{\delta}_i\cdot\boldsymbol{a}_j=\begin{cases}0(i\neq j),\\ \det(\boldsymbol{a}_1,\boldsymbol{a}_2,\cdots,\boldsymbol{a}_n)=\Delta(i=j),\end{cases}\tag{2.5}$$

就可以唯一地求出线性方程组的解：

$$x_i=\frac{\boldsymbol{\delta}_i\cdot\boldsymbol{b}}{\Delta}.$$

在一般情况下，满足式(2.5)的要求的矢量组不是唯一的，为了使其具有唯一性，仿照 2 维的情况对 $\det(\boldsymbol{a}_1,\boldsymbol{a}_2,\cdots,\boldsymbol{a}_n)$ 做如下要求.

定义 2.1　对 n 个 n 维的列矢量 $\boldsymbol{a}_1,\boldsymbol{a}_2,\cdots,\boldsymbol{a}_n$，定义 $\det(\boldsymbol{a}_1,\boldsymbol{a}_2,\cdots,\boldsymbol{a}_n)$ 为满足如下性质的函数.

(1)(线性)对每一个矢量都是线性的：

$$\det(\boldsymbol{a}_1,\boldsymbol{a}_2,\cdots,x\boldsymbol{a}_k+y\boldsymbol{\xi},\cdots,\boldsymbol{a}_n)=x\det(\boldsymbol{a}_1,\boldsymbol{a}_2,\cdots,\boldsymbol{a}_k,\cdots,\boldsymbol{a}_n)+y\det(\boldsymbol{a}_1,\boldsymbol{a}_2,\cdots,\boldsymbol{\xi},\cdots,\boldsymbol{a}_n).$$

(2)(反对称性)交换任意两个相邻的矢量之后结果相差一个负号：

$$\det(\cdots,\boldsymbol{a}_{i-1},\boldsymbol{a}_i,\boldsymbol{a}_{i+1},\boldsymbol{a}_{i+2},\cdots)=-\det(\cdots,\boldsymbol{a}_{i-1},\boldsymbol{a}_{i+1},\boldsymbol{a}_i,\boldsymbol{a}_{i+2},\cdots).$$

(3)(规范条件)对自然坐标基矢 $\boldsymbol{e}_1=(1,0,0,\cdots,0,0)^{\mathrm{T}},\boldsymbol{e}_2=(0,1,0,\cdots,0,0)^{\mathrm{T}},\cdots,\boldsymbol{e}_n=(0,0,0,\cdots,0,1)^{\mathrm{T}}$，有 $\det(\boldsymbol{e}_1,\boldsymbol{e}_2,\cdots,\boldsymbol{e}_n)=1$.

一般用下列符号来表示 $\det(\boldsymbol{a}_1,\boldsymbol{a}_2,\cdots,\boldsymbol{a}_n)$：

$$\Delta=\det(\boldsymbol{A})=|\boldsymbol{A}|=\begin{vmatrix}a_{11}&a_{12}&\cdots&a_{1n}\\a_{21}&a_{22}&\cdots&a_{2n}\\\vdots&\vdots&&\vdots\\a_{n1}&a_{n2}&\cdots&a_{nn}\end{vmatrix}.\tag{2.6}$$

为了给这个量取一个特殊的名字，引入如下定义.

定义 2.2　对任意方阵 $\boldsymbol{A}$，把由它的系数列矢量计算出来的 $\det(\boldsymbol{a}_1,\boldsymbol{a}_2,\cdots,\boldsymbol{a}_n)$ 的数值称作方阵 $\boldsymbol{A}$ 的行列式.

根据定义 2.1 中的第(2)条性质可以发现，交换任意两个矢量(不一定相邻)之后结果也相差一个负号.

至此，求解 n 元一次线性方程组就归结为找到矢量 $\boldsymbol{\delta}_i$ 和求出系数方阵的行列式 $\det(\boldsymbol{A})$ 两件事情了. 在这一节剩下的部分，先来解决后者. 我们需要根据证明 $\det(\boldsymbol{a}_1,\boldsymbol{a}_2,\cdots,\boldsymbol{a}_n)$ 的上述三条性质可以唯一确定 $\det(\boldsymbol{a}_1,\boldsymbol{a}_2,\cdots,\boldsymbol{a}_n)$ 的数值，并给出一个计算它的显示表达式. 为了让大家理解这一过程，来看几个例题.

例 2.1　对 4 维坐标系中的 4 个自然坐标基矢 $\boldsymbol{e}_1=(1,0,0,0)^{\mathrm{T}}$，$\boldsymbol{e}_2=(0,1,0,0)^{\mathrm{T}}$，$\boldsymbol{e}_3=(0,0,1,0)^{\mathrm{T}}$ 和 $\boldsymbol{e}_4=(0,0,0,1)^{\mathrm{T}}$，计算下列数值：(1) $\det(\boldsymbol{e}_1,\boldsymbol{e}_2,\boldsymbol{e}_1,\boldsymbol{e}_4)$；(2) $\det(\boldsymbol{e}_4,\boldsymbol{e}_2,\boldsymbol{e}_3,\boldsymbol{e}_1)$.

解：对 $\det(\boldsymbol{e}_1,\boldsymbol{e}_2,\boldsymbol{e}_1,\boldsymbol{e}_4)$，根据性质(2)交换 1 和 3 位置的两个矢量，

$$\det(\boldsymbol{e}_1,\boldsymbol{e}_2,\boldsymbol{e}_1,\boldsymbol{e}_4)=-\det(\boldsymbol{e}_1,\boldsymbol{e}_2,\boldsymbol{e}_1,\boldsymbol{e}_4),$$

因此就有

$$\det(\boldsymbol{e}_1,\boldsymbol{e}_2,\boldsymbol{e}_1,\boldsymbol{e}_4)=0.$$

对 $\det(\boldsymbol{e}_4,\boldsymbol{e}_2,\boldsymbol{e}_3,\boldsymbol{e}_1)$，先做交换

$$\det(\boldsymbol{e}_4,\boldsymbol{e}_2,\boldsymbol{e}_3,\boldsymbol{e}_1)=-\det(\boldsymbol{e}_4,\boldsymbol{e}_2,\boldsymbol{e}_1,\boldsymbol{e}_3)=\det(\boldsymbol{e}_4,\boldsymbol{e}_1,\boldsymbol{e}_2,\boldsymbol{e}_3),$$

再连续做 3 次交换

$$\det(\boldsymbol{e}_4,\boldsymbol{e}_1,\boldsymbol{e}_2,\boldsymbol{e}_3)=-\det(\boldsymbol{e}_1,\boldsymbol{e}_4,\boldsymbol{e}_2,\boldsymbol{e}_3)=\det(\boldsymbol{e}_1,\boldsymbol{e}_2,\boldsymbol{e}_4,\boldsymbol{e}_3)=-\det(\boldsymbol{e}_1,\boldsymbol{e}_2,\boldsymbol{e}_3,\boldsymbol{e}_4),$$

因此得到

$$\det(\boldsymbol{e}_4,\boldsymbol{e}_2,\boldsymbol{e}_3,\boldsymbol{e}_1)=-1.$$

根据例 2.1，在一般情况下，对 $\det(\boldsymbol{e}_{i_1},\boldsymbol{e}_{i_2},\cdots,\boldsymbol{e}_{i_n})$ 的数值不难总结出以下两个规律：第一，如果有任意两个矢量下标相同，那么 $\det(\boldsymbol{e}_{i_1},\boldsymbol{e}_{i_2},\cdots,\boldsymbol{e}_{i_n})=0$；第二，如果 $\det(\boldsymbol{e}_{i_1},\boldsymbol{e}_{i_2},\cdots,\boldsymbol{e}_{i_n})$ 中的所有矢量下标都不相同，那么一定可以通过若干次交换将其矢量的排列变为 $(\boldsymbol{e}_1,\boldsymbol{e}_2,\cdots,\boldsymbol{e}_n)$. 假设交换的次数为 s，就有

$$\det(\boldsymbol{e}_{i_1},\boldsymbol{e}_{i_2},\cdots,\boldsymbol{e}_{i_n})=(-1)^s.$$

由此可以总结出如下引理.

引理 2.1 对任意 n 个 n 维的自然坐标基矢 $\boldsymbol{e}_1,\boldsymbol{e}_2,\cdots,\boldsymbol{e}_n$，令 $\sigma(i_1i_2\cdots i_n)=\det(\boldsymbol{e}_{i_1},\boldsymbol{e}_{i_2},\cdots,\boldsymbol{e}_{i_n})$，则有

$$\sigma(i_1i_2\cdots i_n)=\begin{cases}0(\text{其中有指标相同}),\\(-1)^s(\text{可以通过}s\text{次指标的交换将其变为}(123\cdots n)).\end{cases}\tag{2.7}$$

对一个给定的下标序列 $(i_1i_2\cdots i_n)$，有很多种交换方式将它变为 $(123\cdots n)$. 因此 s 的取值并不确定，但是不同交换方式的 s 的数值只能相差一个偶数（具体证明这里先略去，本节末尾将给出一个证明梗概），也就是说 s 的奇偶性是确定的. 因此虽然 s 的数值不确定，但是 $\sigma(i_1i_2\cdots i_n)$ 的值是确定的.

例 2.2 计算一个 2×2 的方阵的行列式.

解：自然坐标基矢

$$\boldsymbol{e}_1=(1,0)^{\mathrm{T}},\boldsymbol{e}_2=(0,1)^{\mathrm{T}}.$$

将列矢量写成它们的叠加：

$$\boldsymbol{a}_1=a_{11}\boldsymbol{e}_1+a_{21}\boldsymbol{e}_2,\ a_2=a_{12}\boldsymbol{e}_1+a_{22}\boldsymbol{e}_2.$$

于是根据性质（1）有

$$\begin{aligned}\det(\boldsymbol{a}_1,\boldsymbol{a}_2)&=a_{11}a_{12}\det(\boldsymbol{e}_1,\boldsymbol{e}_1)+a_{11}a_{22}\det(\boldsymbol{e}_1,\boldsymbol{e}_2)+a_{21}a_{12}\det(\boldsymbol{e}_2,\boldsymbol{e}_1)+a_{21}a_{22}\det(\boldsymbol{e}_2,\boldsymbol{e}_2)\\&=\sum_{i_1,i_2=1}^{2}a_{i_11}a_{i_22}\det(\boldsymbol{e}_{i_1},\boldsymbol{e}_{i_2}).\end{aligned}\tag{2.8}$$

式（2.8）中的 i_1 和 i_2 都取遍 1 和 2，因此求和项有 4 项. 但是根据性质（2），$\det(\boldsymbol{e}_1,\boldsymbol{e}_1)=\det(\boldsymbol{e}_2,\boldsymbol{e}_2)=0$，因此求和项实际上只有 2 项，则

$$\det(\boldsymbol{a}_1,\boldsymbol{a}_2)=a_{11}a_{22}\det(\boldsymbol{e}_1,\boldsymbol{e}_2)+a_{21}a_{12}\det(\boldsymbol{e}_2,\boldsymbol{e}_1).\tag{2.9}$$

根据性质（2）和（3）可以发现

$$\det(\boldsymbol{e}_1,\boldsymbol{e}_2)=1,\ \det(\boldsymbol{e}_2,\boldsymbol{e}_1)=-\det(\boldsymbol{e}_1,\boldsymbol{e}_2)=-1,\tag{2.10}$$

于是得到

$$\det(\boldsymbol{a}_1,\boldsymbol{a}_2)=a_{11}a_{22}-a_{21}a_{12},$$

即式（2.3）.

进一步考虑 $n=3$ 的情况. 此时

$$\boldsymbol{a}_k = a_{1k}\boldsymbol{e}_1 + a_{2k}\boldsymbol{e}_2 + a_{3k}\boldsymbol{e}_3 = \sum_{i=1}^{3} a_{ik}\boldsymbol{e}_i\ (k=1,2,3),$$

因此

$$\det(\boldsymbol{a}_1,\boldsymbol{a}_2,\boldsymbol{a}_3) = \sum_{i_1=1}^{3}\sum_{i_2=1}^{3}\sum_{i_3=1}^{3} a_{i_1 1}a_{i_2 2}a_{i_3 3}\det(\boldsymbol{e}_{i_1},\boldsymbol{e}_{i_2},\boldsymbol{e}_{i_3}) = \sum_{i_1,i_2,i_3=1}^{3} a_{i_1 1}a_{i_2 2}a_{i_3 3}\det(\boldsymbol{e}_{i_1},\boldsymbol{e}_{i_2},\boldsymbol{e}_{i_3}).$$

上式中的 3 个指标取遍 1,2 和 3,因此有

$$\det(\boldsymbol{a}_1,\boldsymbol{a}_2,\boldsymbol{a}_3) = a_{11}a_{12}a_{13}\det(\boldsymbol{e}_1,\boldsymbol{e}_1,\boldsymbol{e}_1) + a_{11}a_{12}a_{23}\det(\boldsymbol{e}_1,\boldsymbol{e}_1,\boldsymbol{e}_2) + \text{其余 25 项}.$$

根据引理 2.1,我们发现只有 6 项有贡献,则

$$\begin{aligned}\det(\boldsymbol{a}_1,\boldsymbol{a}_2,\boldsymbol{a}_3) = {} & a_{11}a_{22}a_{33}\det(\boldsymbol{e}_1,\boldsymbol{e}_2,\boldsymbol{e}_3) + a_{11}a_{32}a_{23}\det(\boldsymbol{e}_1,\boldsymbol{e}_3,\boldsymbol{e}_2) + a_{21}a_{32}a_{13}\det(\boldsymbol{e}_2,\boldsymbol{e}_3,\boldsymbol{e}_1) + \\ & a_{21}a_{12}a_{33}\det(\boldsymbol{e}_2,\boldsymbol{e}_1,\boldsymbol{e}_3) + a_{31}a_{22}a_{13}\det(\boldsymbol{e}_3,\boldsymbol{e}_2,\boldsymbol{e}_1) + a_{31}a_{12}a_{23}\det(\boldsymbol{e}_3,\boldsymbol{e}_1,\boldsymbol{e}_2).\end{aligned} \tag{2.11}$$

进一步地,根据引理 2.1 发现

$$\det(\boldsymbol{a}_1,\boldsymbol{a}_2,\boldsymbol{a}_3) = a_{11}a_{22}a_{33} + a_{31}a_{12}a_{23} + a_{21}a_{32}a_{13} - a_{31}a_{22}a_{13} - a_{21}a_{12}a_{33} - a_{11}a_{32}a_{23}. \tag{2.12}$$

式(2.12)可以总结为如图 2.2 所示的图形记忆法:用实线相连元素的积相加,再减去虚线相连元素的积,就得到了 3 阶行列式公式.

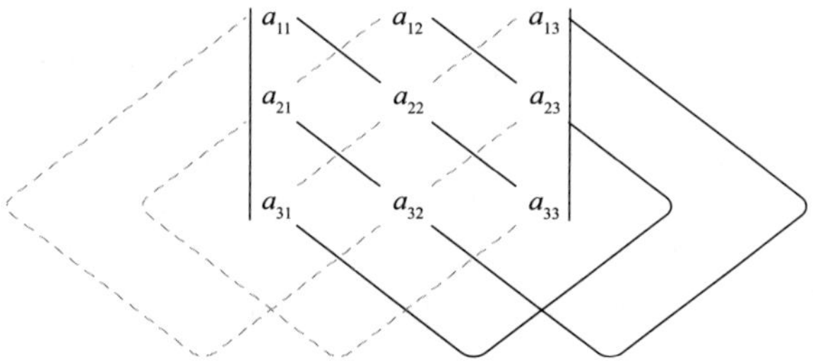

图 2.2　3 阶行列式的图形记忆法

例 2.3　计算矩阵 $\boldsymbol{A}=\begin{pmatrix}1 & 2 & 0\\ -1 & 1 & 2\\ 3 & 0 & 1\end{pmatrix}$ 的行列式.

解: 根据图 2.2 有

$$\det(\boldsymbol{A}) = 1\times1\times1 + 2\times2\times3 + (-1)\times0\times0 - 0\times1\times3 - 2\times(-1)\times1 - 1\times0\times2 = 15.$$

引理 2.2　对任意 n 个 $n\times1$ 的列矢量 $\boldsymbol{a}_1,\boldsymbol{a}_2,\cdots,\boldsymbol{a}_n$,满足上述 3 条性质的 $\det(\boldsymbol{a}_1,\boldsymbol{a}_2,\cdots,\boldsymbol{a}_n)$ 是唯一确定的:

$$\det(\boldsymbol{a}_1,\boldsymbol{a}_2,\cdots,\boldsymbol{a}_n) = \sum_{(i_1 i_2\cdots i_n)} \sigma(i_1 i_2\cdots i_n)a_{i_1 1}a_{i_2 2}\cdots a_{i_n n}. \tag{2.13}$$

式(2.13)中的求和符号 $\sum\limits_{(i_1 i_2\cdots i_n)}$ 代表对 $1,2,3,\cdots,n$ 所有可能的排列求和.

在给出证明前,先用具体的例子解释一下式(2.13)中求和的含义. 以 3 阶行列式为例(即 $n=3$),1,2 和 3 的所有排列有 6 个:

$$(123),(132),(213),(231),(321),(312).$$

因此参与式(2.13)中求和的 $\sigma(i_1i_2i_3)a_{i_11}a_{i_22}a_{i_33}$ 就有 6 种可能：

$$\sigma(123)a_{11}a_{22}a_{33},\ \sigma(132)a_{11}a_{32}a_{23},\ \sigma(213)a_{21}a_{12}a_{33},$$
$$\sigma(231)a_{21}a_{32}a_{13},\ \sigma(321)a_{31}a_{22}a_{13},\ \sigma(312)a_{31}a_{12}a_{23}.$$

式(2.13)中的求和就是上述 6 项相加，即

$$\sum_{(i_1i_2i_3)}\sigma(i_1i_2i_3)a_{i_11}a_{i_22}a_{i_33}=\sigma(123)a_{11}a_{22}a_{33}+\sigma(132)a_{11}a_{32}a_{23}+\sigma(213)a_{21}a_{12}a_{33}+$$
$$\sigma(231)a_{21}a_{32}a_{13}+\sigma(321)a_{31}a_{22}a_{13}+\sigma(312)a_{31}a_{12}a_{23}.$$

$\sigma(123)=\sigma(231)=\sigma(312)=-\sigma(132)=-\sigma(213)=-\sigma(321)=1$，就得到了和式(2.12)一样的结果. 下面给出引理 2.2 的证明.

证明：自然坐标基矢

$$\boldsymbol{e}_1=(1,0,0,\cdots,0,0)^{\mathrm{T}},\boldsymbol{e}_2=(0,1,0,\cdots,0,0)^{\mathrm{T}},\cdots,\boldsymbol{e}_n=(0,0,0,\cdots,0,1)^{\mathrm{T}}.$$

将列矢量写成它们的叠加：

$$\boldsymbol{a}_k=a_{1k}\boldsymbol{e}_1+a_{2k}\boldsymbol{e}_2+\cdots+a_{nk}\boldsymbol{e}_n=\sum_{i=1}^{n}a_{ik}\boldsymbol{e}_i.$$

根据定义 2.1 中的性质(1)有

$$\det(\boldsymbol{a}_1,\boldsymbol{a}_2,\cdots,\boldsymbol{a}_n)=\sum_{i_1,i_2,\cdots,i_n=1}^{n}a_{i_11}a_{i_22}\cdots a_{i_nn}\det(\boldsymbol{e}_{i_1},\boldsymbol{e}_{i_2},\cdots,\boldsymbol{e}_{i_n}).\tag{2.14}$$

式(2.14)中的 $i_1,i_2,\cdots,i_n$ 都从 1 取到 n，因此求和项共有 n^n 项. 根据引理 2.1 得到

$$\det(\boldsymbol{a}_1,\boldsymbol{a}_2,\cdots,\boldsymbol{a}_n)=\sum_{i_1,i_2,\cdots,i_n=1}^{n}\sigma(i_1i_2\cdots i_n)a_{i_11}a_{i_22}\cdots a_{i_nn}.\tag{2.15}$$

在式(2.15)中，只要 $i_1,i_2,\cdots,i_n$ 中有相同的元素，$\sigma(i_1i_2\cdots i_n)$ 就等于 0. 因此上述求和不需要计算所有项，仅仅需要对 $1,2,3,\cdots,n$ 的所有可能的排列求和，即

$$\det(\boldsymbol{a}_1,\boldsymbol{a}_2,\cdots,\boldsymbol{a}_n)=\sum_{(i_1i_2\cdots i_n)}\sigma(i_1i_2\cdots i_n)a_{i_11}a_{i_22}\cdots a_{i_nn}.\tag{2.16}$$

例 2.4 计算矩阵

$$\begin{pmatrix}a_{11}&a_{12}&\cdots&a_{1n}\\0&a_{22}&\cdots&a_{2n}\\\vdots&\vdots&&\vdots\\0&0&\cdots&a_{nn}\end{pmatrix}$$

的行列式，其中主对角线以下的元素全是 0.

解：根据式(2.16)有

$$\Delta=\sum_{(i_1i_2\cdots i_n)}\sigma(i_1i_2\cdots i_n)a_{i_11}a_{i_22}\cdots a_{i_nn}.\tag{2.17}$$

第 1 个元素 a_{i_11} 是矩阵第 1 列的元素，第 1 列中只有 $a_{11}\neq0$，因此式(2.17)中非 0 项的 i_1 必须等于 1，就有

$$\Delta=\sum_{(1i_2\cdots i_n)}\sigma(1i_2\cdots i_n)a_{11}a_{i_22}\cdots a_{i_nn}.\tag{2.18}$$

第 2 个元素 $a_{i_2 2}$ 是矩阵第 2 列的元素，由于下标 1 已经出现过，i_2 不能再等于 1（因为一个排列中，一个数只会出现 1 次），则 $a_{22} \neq 0$，于是

$$\Delta = \sum_{(12\cdots i_n)} \sigma(12\cdots i_n) a_{11} a_{22} \cdots a_{i_n n}. \tag{2.19}$$

依此类推，最终得到

$$\Delta = a_{11} a_{22} \cdots a_{nn}, \tag{2.20}$$

即主对角线元素的乘积.

例 2.4 中的矩阵叫作上三角矩阵. 上三角矩阵的行列式非常简单，就是主对角线元素的乘积. 我们马上可以发现一个推论：对角矩阵（只有主对角线元素非 0）的行列式就是主对角线元素的乘积. 和上三角矩阵相对应，如果主对角线上方的元素都是 0，这样的矩阵叫作下三角矩阵. 对下三角矩阵也有一样的结论. 在下一节中我们将会看到：计算行列式的一种重要的方法就是将矩阵通过初等变换转化为上三角或者下三角矩阵.

在实际应用中，矩阵行列式的计算是非常烦琐的，因此很多时候我们可以通过计算软件来完成. 在 Maple 中计算行列式的基本方法如图 2.3 所示，首先加载线性代数工具包，键入命令“with(LinearAlgebra):”并按回车键，然后输入要计算的矩阵，最后调用函数“Determinant(　)”即可.

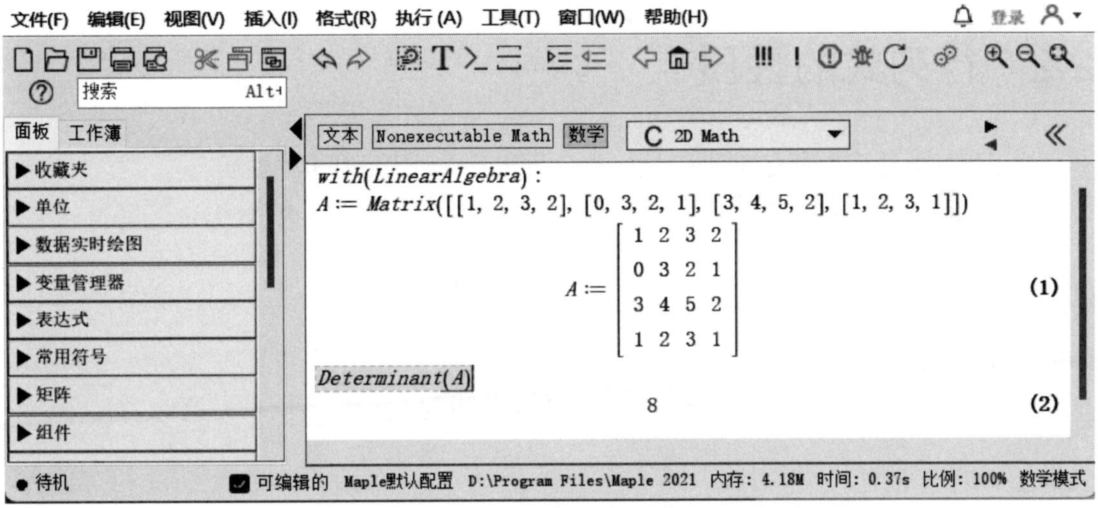

图 2.3　在 Maple 中计算一个矩阵的行列式

在引理 2.1 中有一个遗留待证明的问题：对一个给定的下标序列 $(i_1 i_2 \cdots i_n)$，采用不同交换方式将其变为 $(123\cdots n)$ 的交换次数 s 的数值只能相差一个偶数，下面给出一个证明梗概，读者可以通过如下 9 个步骤进行证明.

（1）证明代表交换两行的初等矩阵 $\boldsymbol{P}_{ij}$ 的行列式为 -1.

（提示：$\boldsymbol{P}_{ij}$ 可以由单位矩阵交换两列得到）

（2）令 $\boldsymbol{Y}_k$ 等于 k 个任意（相同或者不全相同）的初等矩阵 $\boldsymbol{P}_{ij}$ 相乘，证明 $\det(\boldsymbol{I}\boldsymbol{Y}_k) = (-1)^k$.

（提示：从 $\boldsymbol{Y}_k$ 右乘单位矩阵的含义和行列式的定义中的性质（2）入手）

（3）证明（2）中定义的 $\boldsymbol{Y}_k$ 满足 $\det(\boldsymbol{Y}_k)=(-1)^k$.

（4）证明（2）中定义的 $\boldsymbol{Y}_k$ 的每一行只有一个元素为 1，其他元素为 0.

（提示：$\boldsymbol{Y}_k$ 可以由单位矩阵交换若干行得到）

（5）假设 $\boldsymbol{Y}_k$ 和 $\tilde{\boldsymbol{Y}}_l$ 是由（2）给出的两个矩阵，证明 $\boldsymbol{Y}_k-\tilde{\boldsymbol{Y}}_l$ 每一行的非 0 元素只有两种情况：①没有非 0 元素；②只有 2 个非 0 元素，分别为 1 和 -1.

（6）对一个由不同正数组成的矢量 $\boldsymbol{x}$（$\boldsymbol{x}$ 中任意两个元素都不相同），假设 $\boldsymbol{Y}_k$ 和 $\tilde{\boldsymbol{Y}}_l$ 是由（2）给出的不同的矩阵，且 $\boldsymbol{Y}_k\boldsymbol{x}=\tilde{\boldsymbol{Y}}_l\boldsymbol{x}$，证明 $\boldsymbol{Y}_k=\tilde{\boldsymbol{Y}}_l$.

（提示：利用（5）中的结论证明如果 $(\boldsymbol{Y}_k-\tilde{\boldsymbol{Y}}_l)\boldsymbol{x}=\boldsymbol{0}$，则 $\boldsymbol{Y}_k-\tilde{\boldsymbol{Y}}_l$ 每一行的元素全为 0）

（7）将 $i_1,i_2,\cdots,i_n$ 和 $1,2,\cdots,n$ 写成矢量 $\boldsymbol{x}=(i_1,i_2,\cdots,i_n)^{\mathrm{T}}$ 和 $\boldsymbol{d}=(1,2,\cdots,n)^{\mathrm{T}}$，证明如果通过 s 次交换可以把 $(i_1i_2\cdots i_n)$ 变为 $(12\cdots n)$，则存在（2）中定义的矩阵 $\boldsymbol{Y}_s$ 使得 $\boldsymbol{Y}_s\boldsymbol{x}=\boldsymbol{d}$.

（8）证明如果有两种不同的交换方式把 $(i_1i_2\cdots i_n)$ 变为 $(12\cdots n)$，交换次数分别为 s_1 和 s_2，则由（7）定义的矩阵 $\boldsymbol{Y}_{s_1}$ 和 $\boldsymbol{Y}_{s_2}$ 一定相等.

（提示：利用（6）中的结论）

（9）证明（8）中的 s_1 和 s_2 一定满足 s_1-s_2=偶数.

（提示：考虑矩阵 $\boldsymbol{Y}_{s_1}$ 和 $\boldsymbol{Y}_{s_2}$ 的行列式，并利用（3）和（8）中的结论）

2.2 行列式的性质

为了更好地计算和研究行列式，这一节学习几个行列式最基本的性质.

性质 1：一个方阵的行列式和它的转置矩阵的行列式相等，即 $|\boldsymbol{A}^{\mathrm{T}}|=|\boldsymbol{A}|$.

证明：考虑一个 4 阶行列式

$$|\boldsymbol{A}|=\sum_{(ijkl)}\sigma(ijkl)a_{i1}a_{j2}a_{k3}a_{l4}. \tag{2.21}$$

如果令 $\widetilde{\boldsymbol{A}}=\boldsymbol{A}^{\mathrm{T}}$，就有

$$|\boldsymbol{A}^{\mathrm{T}}|=\sum_{(ijkl)}\sigma(ijkl)\tilde{a}_{i1}\tilde{a}_{j2}\tilde{a}_{k3}\tilde{a}_{l4}.$$

因为 $a_{ij}=a_{ji}$，于是有

$$|\boldsymbol{A}^{\mathrm{T}}|=\sum_{(ijkl)}\sigma(ijkl)a_{1i}a_{2j}a_{3k}a_{4l}. \tag{2.22}$$

下面来说明式（2.21）的求和项中的每一项必定会出现在式（2.22）的求和项中，反之亦然. 对式（2.21）的求和项中的每一项 $\sigma(ijkl)a_{i1}a_{j2}a_{k3}a_{l4}$，由于 i,j,k,l 为 1，2，3，4 中四个不同的数，可以将四个元素 $a_{1i},a_{2j},a_{3k},a_{4l}$ 按照它们的第二个下标的大小重新排列，于是得到

$$\sigma(ijkl)a_{i1}a_{j2}a_{k3}a_{l4}=\sigma(ijkl)a_{1\tilde{i}}a_{2\tilde{j}}a_{3\tilde{k}}a_{4\tilde{l}}. \tag{2.23}$$

可以用如下符号来记录这种排列. 先将 $a_{i1}a_{j2}a_{k3}a_{l4}$ 的每一个元素的第一个下标和第二个下标分别写在两行，得到

$$\begin{pmatrix} i & j & k & l \\ 1 & 2 & 3 & 4 \end{pmatrix}. \tag{2.24}$$

然后交换两列若干次,直到第一行变成 1,2,3,4,于是就有

$$\begin{pmatrix} 1 & 2 & 3 & 4 \\ \tilde{i} & \tilde{j} & \tilde{k} & \tilde{l} \end{pmatrix} \tag{2.25}$$

比如,对 $i=3, j=2, k=4$, $l=1$,有 $\begin{pmatrix} 3 & 2 & 4 & 1 \\ 1 & 2 & 3 & 4 \end{pmatrix}$. 交换第一列和第四列得到 $\begin{pmatrix} 1 & 2 & 4 & 3 \\ 4 & 2 & 3 & 1 \end{pmatrix}$,再交换第三列和第四列得到 $\begin{pmatrix} 1 & 2 & 3 & 4 \\ 4 & 2 & 1 & 3 \end{pmatrix}$. 此时第一行变成 1, 2, 3, 4,于是就有 $\tilde{i}=4, \tilde{j}=2, \tilde{k}=1$, $\tilde{l}=3$,即 $\sigma(3241)a_{31}a_{22}a_{43}a_{14}=\sigma(3241)a_{14}a_{22}a_{31}a_{43}$. 采用这种方法,式(2.23)左侧可以重新排列为它右侧的形式.

在将矩阵(2.24)通过交换两列若干次得到矩阵(2.25)的过程中,实际上将排列 $(ijkl)$ 通过交换指标变成了(1234). 假设在交换矩阵(2.24)的两列得到矩阵(2.25)的过程中实施了 s 次交换,就有

$$\sigma(ijkl)=(-1)^s.$$

另一方面,从矩阵(2.25)开始,将上述交换“倒放”得到矩阵(2.24),需要的交换次数也是 s. 在这个过程中,将指标 $(\tilde{i}\tilde{j}\tilde{k}\tilde{l})$ 变成了(1234),这表明指标 $(\tilde{i}\tilde{j}\tilde{k}\tilde{l})$ 可以通过 s 次交换变成(1234),因此

$$\sigma(\tilde{i}\tilde{j}\tilde{k}\tilde{l})=(-1)^s.$$

则 $\sigma(ijkl)=\sigma(\tilde{i}\tilde{j}\tilde{k}\tilde{l})$,就有

$$\sigma(ijkl)a_{i1}a_{j2}a_{k3}a_{l4}=\sigma(\tilde{i}\tilde{j}\tilde{k}\tilde{l})a_{1\tilde{i}}a_{2\tilde{j}}a_{3\tilde{k}}a_{4\tilde{l}}.$$

因此

$$|\boldsymbol{A}|=\sum_{(ijkl)}\sigma(ijkl)a_{i1}a_{j2}a_{k3}a_{l4}=\sum_{(\tilde{i}\tilde{j}\tilde{k}\tilde{l})}\sigma(\tilde{i}\tilde{j}\tilde{k}\tilde{l})a_{1\tilde{i}}a_{2\tilde{j}}a_{3\tilde{k}}a_{4\tilde{l}}=\sum_{(ijkl)}\sigma(ijkl)a_{1i}a_{2j}a_{3k}a_{4l}. \tag{2.26}$$

这就表明了式(2.21)的求和项中的每一项必定会出现在式(2.22)的求和项中,反之亦然.

为了理解这一点,来看式(2.21)的求和项中的某一项

$$\sigma(3241)a_{31}a_{22}a_{43}a_{14},$$

可以将它写成

$$\sigma(3241)a_{14}a_{22}a_{31}a_{43}.$$

$\sigma(3241)=\sigma(4213)$,因此上式可以写成

$$\sigma(4213)a_{14}a_{22}a_{31}a_{43}.$$

这一项是式(2.22)中 $i=4, j=2, k=1, l=3$ 的情况. 可以看到,式(2.21)和式(2.22)虽然写法不一样,但是被求和的元素却是相同的,因此必然有 $|\boldsymbol{A}^{\mathrm{T}}|=|\boldsymbol{A}|$. 对更高阶的行列式可以做类似的证明.

上述性质说明对行列式来说,行和列是具有同等地位的. 定义 2.1 中对列成立的性质对行也成立,因此得到如下结论.

性质 2：一个方阵的行列式对每一列（或者行）来说是一个线性函数，交换两行（或者列）后，矩阵的行列式相差一个负号.

更进一步，可以得到行列式在其他初等变换下的变换关系.

性质 3：将一行（或者列）扩大 λ 倍后，行列式也扩大 λ 倍；将一行（或者列）乘以 λ 加到另一行（或者列）后，行列式不变.

证明：这里仅证明性质 3 的后半部分内容，以行变换为例. 假设方阵 $\boldsymbol{A}$ 可以写成如下行矢量的形式：

$$\boldsymbol{A}=\begin{pmatrix}\boldsymbol{a}_1^{\mathrm{T}}\\ \boldsymbol{a}_2^{\mathrm{T}}\\ \vdots\\ \boldsymbol{a}_n^{\mathrm{T}}\end{pmatrix}.$$

将其中的第一行乘以 λ 加到第二行，并将定义 2.1 中列矢量的性质用于行矢量，有

$$\det\begin{pmatrix}\boldsymbol{a}_1^{\mathrm{T}}\\ \boldsymbol{a}_2^{\mathrm{T}}+\lambda\boldsymbol{a}_1^{\mathrm{T}}\\ \vdots\\ \boldsymbol{a}_n^{\mathrm{T}}\end{pmatrix}=\det\begin{pmatrix}\boldsymbol{a}_1^{\mathrm{T}}\\ \boldsymbol{a}_2^{\mathrm{T}}\\ \vdots\\ \boldsymbol{a}_n^{\mathrm{T}}\end{pmatrix}+\lambda\det\begin{pmatrix}\boldsymbol{a}_1^{\mathrm{T}}\\ \boldsymbol{a}_1^{\mathrm{T}}\\ \vdots\\ \boldsymbol{a}_n^{\mathrm{T}}\end{pmatrix}.$$

上式右边的第二个行列式含有相同的两行，因此等于 0. 于是命题得证.

性质 4：对任意实数和 $n\times n$ 的方阵 $\boldsymbol{A}$，$\det(\lambda\boldsymbol{A})=\lambda^n\det(\boldsymbol{A})$.

灵活运用上面的性质可以帮助我们简化行列式的计算. 特别地，利用性质 2 和性质 3 可以将计算任何方阵的行列式转化为计算上三角矩阵的行列式. 计算矩阵的行列式的基本方法除了式（2.12）（主要用于理论研究，实际计算较少用）以外，最普遍的方法就是利用初等行变换或者初等列变换将矩阵转化为三角矩阵.

例 2.5　计算下列行列式：

$$\begin{vmatrix}1&2&3&4\\1&2&0&-5\\3&-1&-1&0\\1&0&1&2\end{vmatrix}.$$

解：首先利用初等行变换将它转化为上三角形式：

$$\begin{vmatrix}1&2&3&4\\1&2&0&-5\\3&-1&-1&0\\1&0&1&2\end{vmatrix}\xrightarrow{-(1)+(2),-3\times(1)+(3),-(1)+(4)}\begin{vmatrix}1&2&3&4\\0&0&-3&-9\\0&-7&-10&-12\\0&-2&-2&-2\end{vmatrix}$$

$$\xrightarrow{-1/2\times(4),(2)\leftrightarrow(4),7\times(2)+(3),-2\times(2)+(1),-(3)+(4)}\begin{vmatrix}1&0&1&2\\0&1&1&1\\0&0&-3&-5\\0&0&0&-4\end{vmatrix}\times(-1)\times(-2)$$

$$\xrightarrow[2\times(1)]{}\begin{vmatrix}2&0&2&4\\0&1&1&1\\0&0&-3&-5\\0&0&0&-4\end{vmatrix}=24.$$

倒数第二个行列式中的因子 -1 和 -2 来源于交换了两行和对一行乘以了 $-1/2$，最后一步把因子 2 吸收进第一行.

注意：对某一行乘以一个数后，行列式会扩大相应的倍数，因此需要在行列式外除以这个数，从而保持行列式不变；类似的原因，交换了两行后，需要在行列式前补一个负号.

例 2.6　计算下列行列式：

$$\begin{vmatrix}1&3&0&4\\0&1&2&-1\\0&0&0&2\\0&-1&0&2\end{vmatrix}.$$

解：仔细观察这个行列式，先做一次初等列变换，交换第二列和第三列；然后做一次初等行变换，交换第三行和第四行.

$$\begin{vmatrix}1&3&0&4\\0&1&2&-1\\0&0&0&2\\0&-1&0&2\end{vmatrix}=-\begin{vmatrix}1&0&3&4\\0&2&1&-1\\0&0&0&2\\0&0&-1&2\end{vmatrix}=\begin{vmatrix}1&0&3&4\\0&2&1&-1\\0&0&-1&2\\0&0&0&2\end{vmatrix}.$$

则行列式变为上三角形式，因此就得到了结果：$1\times2\times(-1)\times2=-4$.

性质 5：对含有方阵 $\boldsymbol{A}$ 和 $\boldsymbol{C}$ 的分块矩阵 $\begin{pmatrix}\boldsymbol{A}&\boldsymbol{B}\\\boldsymbol{O}&\boldsymbol{C}\end{pmatrix}$，有 $\det\begin{pmatrix}\boldsymbol{A}&\boldsymbol{B}\\\boldsymbol{O}&\boldsymbol{C}\end{pmatrix}=\det(\boldsymbol{A})\det(\boldsymbol{C})$.

证明：假设经过初等变换后 $\boldsymbol{A}$ 变成了上三角矩阵 $\widetilde{\boldsymbol{A}}$，$\boldsymbol{C}$ 变成了上三角矩阵 $\widetilde{\boldsymbol{C}}$，且

$$\det(\boldsymbol{A})=\det(\widetilde{\boldsymbol{A}})=\tilde{a}_{11}\tilde{a}_{22}\cdots\tilde{a}_{nn},$$
$$\det(\boldsymbol{C})=\det(\widetilde{\boldsymbol{C}})=\tilde{c}_{11}\tilde{c}_{22}\cdots\tilde{c}_{mm}.$$

其中 $\tilde{a}_{11},\tilde{a}_{22},\cdots,\tilde{a}_{nn}$ 和 $\tilde{c}_{11},\tilde{c}_{22},\cdots,\tilde{c}_{nn}$ 分别是 $\widetilde{\boldsymbol{A}}$ 和 $\widetilde{\boldsymbol{C}}$ 的主对角线元素. 那么可以将 $\boldsymbol{A}\to\widetilde{\boldsymbol{A}}$ 的初等变换实施到矩阵 $\begin{pmatrix}\boldsymbol{A}&\boldsymbol{B}\\\boldsymbol{O}&\boldsymbol{C}\end{pmatrix}$ 的前 n 行 n 列，将 $\boldsymbol{C}\to\widetilde{\boldsymbol{C}}$ 的初等变换实施到矩阵 $\begin{pmatrix}\boldsymbol{A}&\boldsymbol{B}\\\boldsymbol{O}&\boldsymbol{C}\end{pmatrix}$ 的后 m 行 m 列，得到

$$\begin{pmatrix}\widetilde{\boldsymbol{A}}&\boldsymbol{D}\\\boldsymbol{O}&\widetilde{\boldsymbol{C}}\end{pmatrix}\left(\det\begin{pmatrix}\boldsymbol{A}&\boldsymbol{B}\\\boldsymbol{O}&\boldsymbol{C}\end{pmatrix}=\det\begin{pmatrix}\widetilde{\boldsymbol{A}}&\boldsymbol{D}\\\boldsymbol{O}&\widetilde{\boldsymbol{C}}\end{pmatrix}\right).$$

这个矩阵也是上三角矩阵，其主对角线元素为 $\tilde{a}_{11},\tilde{a}_{22},\cdots,\tilde{a}_{nn},\tilde{c}_{11},\tilde{c}_{22},\cdots,\tilde{c}_{nn}$. 因此

$$\det\begin{pmatrix}\boldsymbol{A}&\boldsymbol{B}\\\boldsymbol{O}&\boldsymbol{C}\end{pmatrix}=\det\begin{pmatrix}\widetilde{\boldsymbol{A}}&\boldsymbol{D}\\\boldsymbol{O}&\widetilde{\boldsymbol{C}}\end{pmatrix}=\det(\boldsymbol{A})\det(\boldsymbol{C}).$$

利用转置不改变行列式的结果这一性质，可以得到如下推论：$\det\begin{pmatrix}\boldsymbol{A}&\boldsymbol{O}\\\boldsymbol{B}&\boldsymbol{C}\end{pmatrix}=\det(\boldsymbol{A})\det(\boldsymbol{C})$.

例 2.7 假设方阵 $\boldsymbol{X}=\begin{pmatrix}\boldsymbol{A} & \boldsymbol{B}\\ \boldsymbol{O} & \boldsymbol{O}\end{pmatrix}$，证明对任意方阵 $\boldsymbol{Y}$ 都有 $|\boldsymbol{XY}|=0$.

证明：将矩阵 $\boldsymbol{Y}$ 按照同样的形式分块：$\boldsymbol{Y}=\begin{pmatrix}\boldsymbol{Y}_1 & \boldsymbol{Y}_2\\ \boldsymbol{Y}_3 & \boldsymbol{Y}_4\end{pmatrix}$.

$$\boldsymbol{XY}=\begin{pmatrix}\boldsymbol{A} & \boldsymbol{B}\\ \boldsymbol{O} & \boldsymbol{O}\end{pmatrix}\begin{pmatrix}\boldsymbol{Y}_1 & \boldsymbol{Y}_2\\ \boldsymbol{Y}_3 & \boldsymbol{Y}_4\end{pmatrix}=\begin{pmatrix}\boldsymbol{AY}_1+\boldsymbol{BY}_3 & \boldsymbol{AY}_2+\boldsymbol{BY}_4\\ \boldsymbol{O} & \boldsymbol{O}\end{pmatrix}.$$

根据性质 5，有 $|\boldsymbol{XY}|=0$.

引理 2.3 假设 $\boldsymbol{S}$ 为某一个和方阵 $\boldsymbol{A}$ 同维数的初等矩阵，则 $|\boldsymbol{SA}|=|\boldsymbol{S}||\boldsymbol{A}|$.

证明：因为初等矩阵只有三种，这里可以用穷举法来验证. 如 $\boldsymbol{S}=\boldsymbol{P}_{ij}$，可以发现 $\boldsymbol{P}_{ij}\boldsymbol{A}$ 是交换 $\boldsymbol{A}$ 的两行得到的，因此 $|\boldsymbol{SA}|=-|\boldsymbol{A}|$. 根据定理 1.20，$\boldsymbol{P}_{ij}$ 是由单位矩阵交换两列得到的，因此 $|\boldsymbol{P}_{ij}|=-|\boldsymbol{I}|=-1$. 因此就有 $|\boldsymbol{SA}|=|\boldsymbol{S}||\boldsymbol{A}|$. 对另外两种情况，可以做类似的证明（留作作业）.

进一步地，可以将上述结论推广到 $\boldsymbol{S}$ 由任意多个初等矩阵相乘得到的情况. 假设 $\boldsymbol{S}=\boldsymbol{S}_1\boldsymbol{S}_2\cdots\boldsymbol{S}_k$，其中 $\boldsymbol{S}_1,\boldsymbol{S}_2,\cdots,\boldsymbol{S}_k$ 是任意 k 个初等矩阵，那么根据引理 2.3 有

$$|\boldsymbol{SA}|=|\boldsymbol{S}_1\boldsymbol{S}_2\cdots\boldsymbol{S}_k\boldsymbol{A}|=|\boldsymbol{S}_1||\boldsymbol{S}_2\cdots\boldsymbol{S}_k\boldsymbol{A}|=|\boldsymbol{S}_1||\boldsymbol{S}_2|\cdots|\boldsymbol{S}_k||\boldsymbol{A}|.$$

$$|\boldsymbol{S}|=|\boldsymbol{S}_1\boldsymbol{S}_2\cdots\boldsymbol{S}_k|=|\boldsymbol{S}_1||\boldsymbol{S}_2\cdots\boldsymbol{S}_k|=|\boldsymbol{S}_1||\boldsymbol{S}_2|\cdots|\boldsymbol{S}_k|, \tag{2.27}$$

因此

$$|\boldsymbol{SA}|=|\boldsymbol{S}||\boldsymbol{A}|. \tag{2.28}$$

把一个初等矩阵右乘一个矩阵，就是对这个矩阵实施初等列变换. 由于在计算行列式的时候行与列地位相等，因此对初等矩阵 $\boldsymbol{S}$ 有 $|\boldsymbol{AS}|=|\boldsymbol{S}||\boldsymbol{A}|$. 进一步地，假设 $\boldsymbol{S}$ 和 $\boldsymbol{Q}$ 是一些初等矩阵的乘积，就有

$$\det(\boldsymbol{SAQ})=\det(\boldsymbol{S})\det(\boldsymbol{A})\det(\boldsymbol{Q}). \tag{2.29}$$

因为每一个初等矩阵的行列式都非 0，根据式（2.27）知 $\det(\boldsymbol{S})$ 和 $\det(\boldsymbol{Q})$ 都非 0，于是得到如下结论：假设 $\boldsymbol{S}$ 和 $\boldsymbol{Q}$ 都是若干个初等矩阵的乘积，则

$$\det(\boldsymbol{SAQ})=0\Leftrightarrow\det(\boldsymbol{A})=0. \tag{2.30}$$

根据定理 1.22，可以找到由若干个初等矩阵的乘积构成的矩阵 $\boldsymbol{S}$ 和 $\boldsymbol{Q}$，将一个 n 阶方阵 $\boldsymbol{A}$ 化为标准型：

$$\boldsymbol{SAQ}=\begin{pmatrix}\boldsymbol{I}_r & \boldsymbol{O}\\ \boldsymbol{O} & \boldsymbol{O}\end{pmatrix}. \tag{2.31}$$

其中 r 是方阵 $\boldsymbol{A}$ 的秩. 这表明 $\det(\boldsymbol{SAQ})=0$ 等价于 $r<n$. 结合式（2.30），可以得到如下结论.

性质 6：一个方阵的行列式非 0 当且仅当它是满秩的. 进一步地，一个方阵是可逆的当且仅当它的行列式非 0.

这个性质表明了行列式的三个重要的应用：判定方阵是否可逆，判定系数矩阵是方阵的线性方程组是否有唯一解，判定系数矩阵是方阵的齐次线性方程组是否有非平庸解.

利用引理 2.3 和式（2.29），还可以证明矩阵的乘法和行列式具有如下非常重要的关系.

性质 7：对相同维数的方阵 $\boldsymbol{A}$ 和 $\boldsymbol{B}$，有 $|\boldsymbol{AB}|=|\boldsymbol{A}||\boldsymbol{B}|$.

证明: 假设方阵 $\boldsymbol{A}$ 的秩为 r,维数为 $n\times n$,则一定存在两个方阵 $\boldsymbol{S}$ 和 $\boldsymbol{Q}$,它们都是初等矩阵的乘积(这里的 $\boldsymbol{S}$ 和 $\boldsymbol{Q}$ 取式(2.31)中 $\boldsymbol{S}$ 和 $\boldsymbol{Q}$ 的逆矩阵,初等矩阵乘积的逆矩阵也是初等矩阵),而且满足

$$\boldsymbol{A}=\boldsymbol{S}\boldsymbol{A}_0\boldsymbol{Q},\ \boldsymbol{A}_0=\begin{pmatrix}\boldsymbol{I}_r & \boldsymbol{O}\\ \boldsymbol{O} & \boldsymbol{O}_{n-r}\end{pmatrix}.$$

其中 $\boldsymbol{O}_{(n-r)}$ 代表 $(n-r)\times(n-r)$ 的零方阵. 下面分两种情况进行讨论.

(1)如果 $r<n$,就有 $|\boldsymbol{A}|=0$,

$$|\boldsymbol{AB}|=|\boldsymbol{S}\boldsymbol{A}_0\boldsymbol{QB}|=|\boldsymbol{S}||\boldsymbol{A}_0\boldsymbol{QB}|.$$

根据例 2.7,$|\boldsymbol{A}_0\boldsymbol{QB}|=0$,因此 $|\boldsymbol{AB}|=0=|\boldsymbol{A}||\boldsymbol{B}|$.

(2)如果 $r=n$,就有 $\boldsymbol{A}_0=\boldsymbol{I}$. 因此,$\boldsymbol{A}=\boldsymbol{SQ}$,$|\boldsymbol{A}|=|\boldsymbol{SQ}|$. $\boldsymbol{SQ}$ 是初等矩阵的乘积,因此

$$|\boldsymbol{AB}|=|\boldsymbol{SQB}|=|\boldsymbol{SQ}||\boldsymbol{B}|=|\boldsymbol{A}||\boldsymbol{B}|.$$

注意: 矩阵的乘法一般不满足交换律,即对两个一般的方阵 $\boldsymbol{A}$ 和 $\boldsymbol{B}$ 来说 $\boldsymbol{AB}\neq\boldsymbol{BA}$. 但是从上面的性质可以看出,它们的行列式相等,即 $|\boldsymbol{AB}|=|\boldsymbol{BA}|$.

2.3 按照行和列展开

到目前为止,已经讲过两种计算方阵的行列式的方法:利用式(2.12)和利用初等变换. 在这一节中,将介绍另外一种求解行列式的方法. 先从一个 3 阶行列式讲起.

$$\det(\boldsymbol{a}_1,\boldsymbol{a}_2,\boldsymbol{a}_3)=a_{11}a_{22}a_{33}+a_{31}a_{12}a_{23}+a_{21}a_{32}a_{13}-a_{21}a_{12}a_{33}-a_{31}a_{22}a_{13}-a_{11}a_{32}a_{23}.\tag{2.32}$$

把包含 a_{11},a_{12},a_{13} 的项分别组合一下:

$$\det(\boldsymbol{a}_1,\boldsymbol{a}_2,\boldsymbol{a}_3)=a_{11}(a_{22}a_{33}-a_{32}a_{23})-a_{12}(a_{21}a_{33}-a_{31}a_{23})+a_{13}(a_{21}a_{32}-a_{31}a_{22}).\tag{2.33}$$

可以看到式(2.33)等号右边的每一项括号中的式子都很像一个 2 阶行列式,可以将它们写成

$$a_{22}a_{33}-a_{32}a_{23}=\begin{vmatrix}a_{22} & a_{23}\\ a_{32} & a_{33}\end{vmatrix},a_{21}a_{33}-a_{31}a_{23}=\begin{vmatrix}a_{21} & a_{23}\\ a_{31} & a_{33}\end{vmatrix},a_{21}a_{32}-a_{31}a_{22}=\begin{vmatrix}a_{21} & a_{22}\\ a_{31} & a_{32}\end{vmatrix}.$$

于是就得到这样一个表达式:

$$\begin{vmatrix}a_{11} & a_{12} & a_{13}\\ a_{21} & a_{22} & a_{23}\\ a_{31} & a_{32} & a_{33}\end{vmatrix}=a_{11}\begin{vmatrix}a_{22} & a_{23}\\ a_{32} & a_{33}\end{vmatrix}-a_{12}\begin{vmatrix}a_{21} & a_{23}\\ a_{31} & a_{33}\end{vmatrix}+a_{13}\begin{vmatrix}a_{21} & a_{22}\\ a_{31} & a_{32}\end{vmatrix}.\tag{2.34}$$

仔细观察式(2.34)左边的大行列式和右边的 3 个小行列式,可以发现如下关系:

$$\begin{vmatrix}a_{11} & a_{12} & a_{13}\\ a_{21} & a_{22} & a_{23}\\ a_{31} & a_{32} & a_{33}\end{vmatrix}=a_{11}\begin{vmatrix}\cdot & \cdot & \cdot\\ \cdot & a_{22} & a_{23}\\ \cdot & a_{32} & a_{33}\end{vmatrix}-a_{12}\begin{vmatrix}\cdot & \cdot & \cdot\\ a_{21} & \cdot & a_{23}\\ a_{31} & \cdot & a_{33}\end{vmatrix}+a_{13}\begin{vmatrix}\cdot & \cdot & \cdot\\ a_{21} & a_{22} & \cdot\\ a_{31} & a_{32} & \cdot\end{vmatrix}.\tag{2.35}$$

第一个小行列式是大行列式划去第 1 行、第 1 列的元素;第二个小行列式是大行列式划去第 1 行、第 2 列的元素;第三个小行列式是大行列式划去第 1 行、第 3 列的元素. 3 个小行列式

前面的符号正、负交替. 下面将这个结果推广到一般情况,为此引入如下定义.

定义 2.3 假设 $\boldsymbol{A}$ 是一个 $n\times n$ 的方阵,矩阵 $\boldsymbol{M}_{rs}$ 代表从中划去第 r 行、第 s 列的元素得到的 $(n-1)\times(n-1)$ 的方阵,那么行列式 $\det(\boldsymbol{M}_{rs})$ 叫作元素 a_{rs} 的余子式,

$$A_{ij}=(-1)^{i+j}\det(\boldsymbol{M}_{ij})$$

称作代数余子式.

可以通过如下示意图来记忆在求解余子式和代数余子式的过程中涉及的 $(n-1)\times(n-1)$ 的矩阵:

$$\boldsymbol{M}_{ij}=\begin{pmatrix} a_{11} & \cdots & a_{1,j-1} & \cancel{a_{1,j}} & a_{1,j+1} & \cdots & a_{1n} \\ \vdots & & \vdots & \cancel{\vdots} & \vdots & & \vdots \\ a_{i-1,1} & \cdots & a_{i-1,j-1} & \cancel{a_{i-1,j}} & a_{i-1,j+1} & \cdots & a_{i-1,n} \\ \cancel{a_{i,1}} & \cancel{\cdots} & \cancel{a_{i,j-1}} & \cancel{a_{i,j}} & \cancel{a_{i,j+1}} & \cancel{\cdots} & \cancel{a_{i,n}} \\ a_{i+1,1} & \cdots & a_{i+1,j-1} & \cancel{a_{i+1,j}} & a_{i+1,j+1} & \cdots & a_{i+1,n} \\ \vdots & & \vdots & \cancel{\vdots} & \vdots & & \vdots \\ a_{n1} & \cdots & a_{n,j-1} & \cancel{a_{n,j}} & a_{n,j+1} & \cdots & a_{nn} \end{pmatrix}.$$

其中打叉的元素表示需要删除,删除这些元素之后,上式的右边就是一个 $(n-1)\times(n-1)$ 的矩阵了. 注意余子式和代数余子式都是一个数.

利用代数余子式,可以把高阶行列式的计算转化为低一阶的行列式的计算. 比如,对上面的 3 阶矩阵,可以得到

$$\boldsymbol{M}_{11}=\begin{pmatrix} a_{22} & a_{23} \\ a_{32} & a_{33} \end{pmatrix},\ \boldsymbol{M}_{12}=\begin{pmatrix} a_{21} & a_{23} \\ a_{31} & a_{33} \end{pmatrix},\ \boldsymbol{M}_{13}=\begin{pmatrix} a_{21} & a_{22} \\ a_{31} & a_{32} \end{pmatrix}.$$

因此有

$$A_{11}=\begin{vmatrix} a_{22} & a_{23} \\ a_{32} & a_{33} \end{vmatrix}, A_{12}=-\begin{vmatrix} a_{21} & a_{23} \\ a_{31} & a_{33} \end{vmatrix}, A_{13}=\begin{vmatrix} a_{21} & a_{22} \\ a_{31} & a_{32} \end{vmatrix}.$$

因此 3 阶行列式可以写成

$$\Delta=a_{11}A_{11}+a_{12}A_{12}+a_{13}A_{13}.$$

下面首先证明上述表达式可以推广到一般情况.

定理 2.1 一个 $n\times n$ 的方阵 $\boldsymbol{A}=(a_{ij})$,它的行列式为

$$\det(\boldsymbol{A})=a_{11}A_{11}+a_{12}A_{12}+\cdots+a_{1n}A_{1n},$$

其中 A_{ij} 是元素 a_{ij} 的代数余子式.

证明:将定义 2.1 中列矢量的性质(1)用于行矢量,有

$$\det\begin{pmatrix} \boldsymbol{a}^{\mathrm{T}}+\boldsymbol{b}^{\mathrm{T}} \\ \vdots \end{pmatrix}=\det\begin{pmatrix} \boldsymbol{a}^{\mathrm{T}} \\ \vdots \end{pmatrix}+\det\begin{pmatrix} \boldsymbol{b}^{\mathrm{T}} \\ \vdots \end{pmatrix}.$$

把行列式的第 1 行看成 n 个行矢量的和,

$$(a_{11},a_{12},\cdots,a_{1n})=(a_{11},0,\cdots,0)+(0,a_{12},\cdots,0)+\cdots+(0,0,\cdots,a_{1n}).$$

由此可以得到

$$\begin{vmatrix} a_{11} & a_{12} & \cdots & a_{1n} \\ a_{21} & a_{22} & \cdots & a_{2n} \\ \vdots & \vdots & & \vdots \\ a_{n1} & a_{n2} & \cdots & a_{nn} \end{vmatrix} = \begin{vmatrix} a_{11} & 0 & \cdots & 0 \\ a_{21} & a_{22} & \cdots & a_{2n} \\ \vdots & \vdots & & \vdots \\ a_{n1} & a_{n2} & \cdots & a_{nn} \end{vmatrix} + \begin{vmatrix} 0 & a_{12} & \cdots & 0 \\ a_{21} & a_{22} & \cdots & a_{2n} \\ \vdots & \vdots & & \vdots \\ a_{n1} & a_{n2} & \cdots & a_{nn} \end{vmatrix} + \cdots + \begin{vmatrix} 0 & 0 & \cdots & a_{1n} \\ a_{21} & a_{22} & \cdots & a_{2n} \\ \vdots & \vdots & & \vdots \\ a_{n1} & a_{n2} & \cdots & a_{nn} \end{vmatrix}.$$

根据 $\det\begin{pmatrix} \boldsymbol{A} & \boldsymbol{O} \\ \boldsymbol{B} & \boldsymbol{C} \end{pmatrix} = \det(\boldsymbol{A})\det(\boldsymbol{C})$，可以得到

$$\begin{vmatrix} a_{11} & 0 & \cdots & 0 \\ a_{21} & a_{22} & \cdots & a_{2n} \\ \vdots & \vdots & & \vdots \\ a_{n1} & a_{n2} & \cdots & a_{nn} \end{vmatrix} = a_{11}\begin{vmatrix} a_{22} & \cdots & a_{2n} \\ \vdots & & \vdots \\ a_{n2} & \cdots & a_{nn} \end{vmatrix} = a_{11}A_{11},$$

$$\begin{vmatrix} 0 & a_{12} & \cdots & 0 \\ a_{21} & a_{22} & \cdots & a_{2n} \\ \vdots & \vdots & & \vdots \\ a_{n1} & a_{n2} & \cdots & a_{nn} \end{vmatrix} = -\begin{vmatrix} a_{12} & 0 & \cdots & 0 \\ a_{22} & a_{21} & \cdots & a_{2n} \\ \vdots & \vdots & & \vdots \\ a_{n2} & a_{n1} & \cdots & a_{nn} \end{vmatrix} = -a_{12}\begin{vmatrix} a_{21} & \cdots & a_{2n} \\ \vdots & & \vdots \\ a_{n1} & \cdots & a_{nn} \end{vmatrix} = a_{12}A_{12}.$$

依此类推①，

$$\begin{vmatrix} 0 & 0 & \cdots & a_{1n} \\ a_{21} & a_{22} & \cdots & a_{2n} \\ \vdots & \vdots & & \vdots \\ a_{n1} & a_{n2} & \cdots & a_{nn} \end{vmatrix} = (-1)^{n-1}\begin{vmatrix} a_{1n} & 0 & \cdots & 0 \\ a_{2n} & a_{21} & \cdots & a_{2,n-1} \\ \vdots & \vdots & & \vdots \\ a_{nn} & a_{n1} & \cdots & a_{n,n-1} \end{vmatrix} = a_{1n}(-1)^{n-1}\begin{vmatrix} a_{21} & \cdots & a_{2,n-1} \\ \vdots & & \vdots \\ a_{n1} & \cdots & a_{n,n-1} \end{vmatrix} = a_{1n}A_{1n}.$$

代数余子式中的因子 $(-1)^{i+j}$ 恰好用来表示交换列引起的行列式符号的变化. 于是 $\det(\boldsymbol{A}) = a_{11}A_{11} + a_{12}A_{12} + \cdots + a_{1n}A_{1n}$.

我们可以把任意第 i 行通过 $i-1$ 次初等行变换交换到第 1 行而不改变其他行的相对顺序. 在这个过程中，每一次交换行都会为行列式贡献一个负号，于是 $|\boldsymbol{A}| = (-1)^{i-1}|\widetilde{\boldsymbol{A}}|$，其中 $\widetilde{\boldsymbol{A}}$ 是矩阵 $\boldsymbol{A}$ 的第 i 行交换到第 1 行后的形式，

$$\widetilde{\boldsymbol{A}} = \begin{pmatrix} a_{i1} & a_{i2} & \cdots & a_{in} \\ a_{11} & a_{12} & \cdots & a_{1n} \\ \vdots & \vdots & & \vdots \\ a_{i-1,1} & a_{i-1,2} & \cdots & a_{i-1,n} \\ a_{i+1,1} & a_{i+1,2} & \cdots & a_{i+1,n} \\ \vdots & \vdots & & \vdots \\ a_{n1} & a_{n2} & \cdots & a_{nn} \end{pmatrix}.$$

把 $|\widetilde{\boldsymbol{A}}|$ 按照第 1 行展开，得到

$$|\boldsymbol{A}| = (-1)^{i-1}|\widetilde{\boldsymbol{A}}| = a_{i1}(-1)^{i-1}\tilde{A}_{11} + a_{i2}(-1)^{i-1}\tilde{A}_{12} + \cdots + a_{in}(-1)^{i-1}\tilde{A}_{1n}.$$

其中 $\tilde{A}_{1j}$ 等于 $(-1)^{j+1}$ 乘以矩阵 $\widetilde{\boldsymbol{A}}$ 去掉第 1 行和第 j 列之后的行列式，即

① 如果直接交换第 1 列和第 n 列（$n>2$），则改变了其他列的相对顺序，因为这一操作会使 a_{21} 出现在 a_{22} 的右边.

$$\tilde{A}_{1j}=(-1)^{j+1}\begin{vmatrix} a_{11} & \cdots & a_{1,j-1} & a_{1,j+1} & \cdots & a_{1n} \\ \vdots & & \vdots & \vdots & & \vdots \\ a_{i-1,1} & \cdots & a_{i-1,j-1} & a_{i-1,j+1} & \cdots & a_{i-1,n} \\ a_{i+1,1} & \cdots & a_{i+1,j-1} & a_{i+1,j+1} & \cdots & a_{i+1,n} \\ \vdots & & \vdots & \vdots & & \vdots \\ a_{n1} & \cdots & a_{n,j-1} & a_{n,j+1} & \cdots & a_{nn} \end{vmatrix}.$$

不难发现

$$(-1)^{i-1}\tilde{A}_{1j}=(-1)^{i+j}\begin{vmatrix} a_{11} & \cdots & a_{1,j-1} & \xcancel{a_{1,j}} & a_{1,j+1} & \cdots & a_{1n} \\ \vdots & & \vdots & \xcancel{\vdots} & \vdots & & \vdots \\ a_{i-1,1} & \cdots & a_{i-1,j-1} & \xcancel{a_{i-1,j}} & a_{i-1,j+1} & \cdots & a_{i-1,n} \\ \xcancel{a_{i,1}} & \xcancel{\cdots} & \xcancel{a_{i,j-1}} & \xcancel{a_{i,j}} & \xcancel{a_{i,j+1}} & \xcancel{\cdots} & \xcancel{a_{i,n}} \\ a_{i+1,1} & \cdots & a_{i+1,j-1} & \xcancel{a_{i+1,j}} & a_{i+1,j+1} & \cdots & a_{i+1,n} \\ \vdots & & \vdots & \xcancel{\vdots} & \vdots & & \vdots \\ a_{n1} & \cdots & a_{n,j-1} & \xcancel{a_{n,j}} & a_{n,j+1} & \cdots & a_{nn} \end{vmatrix}=A_{ij},$$

因此可以得到如下结论.

定理 2.2 一个 $n\times n$ 的方阵 $\boldsymbol{A}=(a_{ij})$，它的行列式可以按照任意一行展开：

$$\det(\boldsymbol{A})=a_{i1}A_{i1}+a_{i2}A_{i2}+\cdots+a_{in}A_{in}.$$

其中 A_{ij} 是元素 a_{ij} 的代数余子式.

由于对行列式来说行和列具有相等的地位，于是又可得到如下结论.

定理 2.3 一个 $n\times n$ 的方阵 $\boldsymbol{A}=(a_{ij})$，它的行列式可以按照任意一列展开：

$$\det(\boldsymbol{A})=a_{1i}A_{1i}+a_{2i}A_{2i}+\cdots+a_{ni}A_{ni}.$$

其中 A_{ij} 是元素 a_{ij} 的代数余子式.

如果将某一列写成矢量，并且将代数余子式也写成矢量，

$$\boldsymbol{a}_i=\begin{pmatrix} a_{1i} \\ a_{2i} \\ \vdots \\ a_{ni} \end{pmatrix},\quad \boldsymbol{\delta}_i=\begin{pmatrix} A_{1i} \\ A_{2i} \\ \vdots \\ A_{ni} \end{pmatrix}, \tag{2.36}$$

则行列式可以写成这两个矢量的内积（点乘）：

$$\Delta=\boldsymbol{a}_i\cdot\boldsymbol{\delta}_i. \tag{2.37}$$

将行列式按照某一行或者某一列展开可以把行列式化为低一阶的行列式. 当行列式中某一行或者某一列 0 元素比较多的时候，这个方法可以简化行列式的计算.

例 2.8 计算下列行列式：

$$\begin{vmatrix} 1 & 0 & 3 & 0 \\ 2 & 1 & 2 & -1 \\ 0 & 0 & 2 & 0 \\ 4 & -1 & 0 & 2 \end{vmatrix}.$$

解:观察发现第 3 行只有一个非 0 元素,因此按照第 3 行展开:

$$\Delta = 2\times(-1)^{3+3}\begin{vmatrix}1 & 0 & 0\\2 & 1 & -1\\4 & -1 & 2\end{vmatrix}.$$

此时第 1 行只有一个非 0 元素,因此接着按照第 1 行展开:

$$\Delta = 2\times(-1)^{3+3}\times(-1)^{1+1}\begin{vmatrix}1 & -1\\-1 & 2\end{vmatrix} = 2\times(2-1) = 2.$$

例 2.9　计算下列行列式:

$$\begin{vmatrix}0 & 1 & 3 & 1\\1 & -2 & -2 & 2\\3 & 4 & 2 & -2\\4 & 3 & -1 & 1\end{vmatrix}.$$

解:综合运用前面的几种方法. 首先交换一下前两列:

$$\Delta = -\begin{vmatrix}1 & 0 & 3 & 1\\-2 & 1 & -2 & 2\\4 & 3 & 2 & -2\\3 & 4 & -1 & 1\end{vmatrix}.$$

然后利用初等列变换消去第 1 行的后 2 个元素,按照第 1 行展开:

$$\Delta = -\begin{vmatrix}1 & 0 & 0 & 0\\-2 & 1 & 4 & 4\\4 & 3 & -10 & -6\\3 & 4 & -10 & -2\end{vmatrix} = -\begin{vmatrix}1 & 4 & 4\\3 & -10 & -6\\4 & -10 & -2\end{vmatrix}.$$

最后利用初等列变换消去第 1 行的后 2 个元素,按照第 1 行展开:

$$\Delta = -\begin{vmatrix}1 & 0 & 0\\3 & -22 & -18\\4 & -26 & -18\end{vmatrix} = -\begin{vmatrix}-22 & -18\\-26 & -18\end{vmatrix} = 18\begin{vmatrix}-22 & 1\\-26 & 1\end{vmatrix} = 72.$$

从上面的计算可以总结出计算行列式的思路:选择适当的初等变换,将某行或者某列尽可能多的元素化为 0,再选择 0 元素最多的行或者列利用行列式展开将行列式降阶,重复上述操作,最终将行列式化简为可以直接计算的形式.

2.4　克莱默法则与逆矩阵

在前面的小节中,花费了大量的篇幅来讲解行列式的计算和性质,下面回到最初的问题:对一个一般的 n 元一次线性方程组

$$x_1\boldsymbol{a}_1 + x_2\boldsymbol{a}_2 + \cdots + x_n\boldsymbol{a}_n = \boldsymbol{b},$$

希望可以找到一组矢量 $\boldsymbol{\delta}_1,\boldsymbol{\delta}_2,\cdots,\boldsymbol{\delta}_n$,使得其和矢量 $\boldsymbol{a}_1,\boldsymbol{a}_2,\cdots,\boldsymbol{a}_n$ 的点乘满足

$$\boldsymbol{\delta}_i \cdot \boldsymbol{a}_j = \begin{cases} 0(i \neq j), \\ \det(\boldsymbol{a}_1, \boldsymbol{a}_2, \cdots, \boldsymbol{a}_n) = \Delta(i = j), \end{cases} \tag{2.38}$$

从而可以得出线性方程组的解

$$x_i = \frac{\boldsymbol{\delta}_i \cdot \boldsymbol{b}}{\Delta}.$$

从式(2.37)可以看出，对任意第 j 列($j = 1, 2, \cdots, n$)，用这一列的每一个元素的代数余子式定义一个矢量 $\boldsymbol{\delta}_j = (A_{1j}, A_{2j}, \cdots, A_{nj})^{\mathrm{T}}$，这样的 n 个矢量满足 $\boldsymbol{\delta}_j \cdot \boldsymbol{a}_i = \Delta$. 那么当 $i \neq j$ 的时候，是否有 $\boldsymbol{\delta}_j \cdot \boldsymbol{a}_i = 0$ 呢？答案是肯定的.

定理 2.4 一个 $n \times n$ 的方阵 $\boldsymbol{A} = (\boldsymbol{a}_1, \boldsymbol{a}_2, \cdots, \boldsymbol{a}_n)$，对任意 $i \neq j$ 都有

$$\boldsymbol{\delta}_j \cdot \boldsymbol{a}_i = a_{1i}A_{1j} + a_{2i}A_{2j} + \cdots + a_{ni}A_{nj} = 0,$$

其中 a_{ij} 是矩阵 $\boldsymbol{A}$ 第 i 行、第 j 列的元素，A_{ij} 是 a_{ij} 的代数余子式.

证明: 为了保持符号简单，假设 $i = 2$ 和 $j = 1$.

$$a_{12}A_{11} + a_{22}A_{21} + \cdots + a_{n2}A_{n1} = \begin{vmatrix} a_{12} & a_{12} & \cdots & a_{1n} \\ 0 & a_{22} & \cdots & a_{2n} \\ \vdots & \vdots & & \vdots \\ 0 & a_{n2} & \cdots & a_{nn} \end{vmatrix} + \begin{vmatrix} 0 & a_{12} & \cdots & a_{1n} \\ a_{22} & a_{22} & \cdots & a_{2n} \\ \vdots & \vdots & & \vdots \\ 0 & a_{n2} & \cdots & a_{nn} \end{vmatrix} + \cdots + \begin{vmatrix} 0 & a_{12} & \cdots & a_{1n} \\ 0 & a_{22} & \cdots & a_{2n} \\ \vdots & \vdots & & \vdots \\ a_{n2} & a_{n2} & \cdots & a_{nn} \end{vmatrix}$$

$$= \begin{vmatrix} a_{12} & a_{12} & \cdots & a_{1n} \\ a_{22} & a_{22} & \cdots & a_{2n} \\ \vdots & \vdots & & \vdots \\ a_{n2} & a_{n2} & \cdots & a_{nn} \end{vmatrix} = 0.$$

同样的证明过程对任意 $i \neq j$ 都成立.

至此，我们又提出了一种求解线性方程组的方法.

定理 2.5 如果 n 元一次线性方程组 $x_1\boldsymbol{a}_1 + x_2\boldsymbol{a}_2 + \cdots + x_n\boldsymbol{a}_n = \boldsymbol{b}$ 的系数矩阵的行列式非 0，则方程组的解可以表示为

$$x_i = \frac{\boldsymbol{\delta}_i \cdot \boldsymbol{b}}{\Delta}.$$

其中矢量 $\boldsymbol{\delta}_i$ 由式(2.36)给出.

下面来看看表达式 $\boldsymbol{\delta}_i \cdot \boldsymbol{b}$ 的含义. 如果把系数矩阵中的第 1 列换成 $\boldsymbol{b}$，则有

$$\boldsymbol{\delta}_1 \cdot \boldsymbol{b} = b_1A_{11} + b_2A_{21} + \cdots + b_nA_{n1} = \begin{vmatrix} b_1 & a_{12} & \cdots & a_{1n} \\ b_2 & a_{22} & \cdots & a_{2n} \\ \vdots & \vdots & & \vdots \\ b_n & a_{n2} & \cdots & a_{nn} \end{vmatrix},$$

因此

$$\boldsymbol{\delta}_1 \cdot \boldsymbol{b} = \det(\boldsymbol{b}, \boldsymbol{a}_2, \cdots, \boldsymbol{a}_n).$$

引入符号

$$\Delta_i = \det(\boldsymbol{a}_1, \boldsymbol{a}_2, \cdots, \boldsymbol{a}_{i-1}, \boldsymbol{b}, \boldsymbol{a}_{i+1}, \cdots, \boldsymbol{a}_n),$$

即用矢量 $\boldsymbol{b}$ 替代系数矩阵中的第 i 列之后得到的行列式. 可以发现当 $i > 1$ 的时候，

$$\boldsymbol{\delta}_i \cdot \boldsymbol{b} = (-1)^{i+1} \begin{vmatrix} b_1 & a_{11} & a_{12} & \cdots & a_{1,i-1} & a_{1,i+1} & \cdots & a_{1n} \\ b_2 & a_{21} & a_{22} & \cdots & a_{2,i-1} & a_{2,i+1} & \cdots & a_{2n} \\ \vdots & \vdots & \vdots & & \vdots & \vdots & & \vdots \\ b_n & a_{n1} & a_{n2} & \cdots & a_{n,i-1} & a_{n,i+1} & \cdots & a_{nn} \end{vmatrix},$$

$$= \begin{vmatrix} a_{11} & a_{12} & \cdots & a_{1,i-1} & b_1 & a_{1,i+1} & \cdots & a_{1n} \\ a_{21} & a_{22} & \cdots & a_{2,i-1} & b_2 & a_{2,i+1} & \cdots & a_{2n} \\ \vdots & \vdots & & \vdots & \vdots & \vdots & & \vdots \\ a_{n1} & a_{n2} & \cdots & a_{n,i-1} & b_n & a_{n,i+1} & \cdots & a_{nn} \end{vmatrix} = \Delta_i,$$

方程组的解就可以表示为

$$x_i = \frac{\Delta_i}{\Delta} (i = 1, 2, \cdots, n).$$

这个公式就是求解线性方程组的克莱默法则.

例 2.10　利用克莱默法则求解方程组

$$\begin{cases} x_1 - x_2 + x_3 = 0, \\ x_1 + x_2 - 2x_3 = 1, \\ x_1 + 2x_2 + x_3 = 6. \end{cases}$$

解:写出系数矩阵的行列式和 3 个相关的行列式:

$$\Delta = \begin{vmatrix} 1 & -1 & 1 \\ 1 & 1 & -2 \\ 1 & 2 & 1 \end{vmatrix}, \Delta_1 = \begin{vmatrix} 0 & -1 & 1 \\ 1 & 1 & -2 \\ 6 & 2 & 1 \end{vmatrix}, \Delta_2 = \begin{vmatrix} 1 & 0 & 1 \\ 1 & 1 & -2 \\ 1 & 6 & 1 \end{vmatrix}, \Delta_3 = \begin{vmatrix} 1 & -1 & 0 \\ 1 & 1 & 1 \\ 1 & 2 & 6 \end{vmatrix}.$$

计算得到

$$\Delta = 9, \Delta_1 = 9, \Delta_2 = 18, \Delta_3 = 9.$$

因此方程组的解为 $x_1 = 1, x_2 = 2, x_3 = 1$.

从例 2.10 不难看出,克莱默法则作为求解线性方程组的工具,其计算效率根本无法和高斯-约当消元法相比. 不过它将线性方程组的解用一种显式的形式表达出来了,因此在理论研究中具有重要价值.

下面回到定理 2.5 中的解的表达式,将其写成矩阵乘法的形式:

$$x_i = \frac{\boldsymbol{\delta}_i^{\mathrm{T}} \boldsymbol{b}}{\Delta}.$$

于是

$$\boldsymbol{x} = \begin{pmatrix} x_1 \\ x_2 \\ \vdots \\ x_n \end{pmatrix} = \Delta^{-1} \begin{pmatrix} \boldsymbol{\delta}_1^{\mathrm{T}} \\ \boldsymbol{\delta}_2^{\mathrm{T}} \\ \vdots \\ \boldsymbol{\delta}_n^{\mathrm{T}} \end{pmatrix} \boldsymbol{b}.$$

定义 2.4　假设 $\boldsymbol{A} = (a_{ij})$ 是一个 $n \times n$ 的方阵,定义一个由它的代数余子式组成的方阵

$$A^* = (\boldsymbol{\delta}_1, \boldsymbol{\delta}_2, \cdots, \boldsymbol{\delta}_n)^{\mathrm{T}} = \begin{pmatrix} A_{11} & A_{12} & \cdots & A_{1n} \\ A_{21} & A_{22} & \cdots & A_{2n} \\ \vdots & \vdots & & \vdots \\ A_{n1} & A_{n2} & \cdots & A_{nn} \end{pmatrix}^{\mathrm{T}},$$

叫作 $\boldsymbol{A}$ 的伴随矩阵（注意转置符号）. 其中 A_{ij} 是元素 a_{ij} 的代数余子式.

于是线性方程组的解可以进一步写成 $\boldsymbol{x} = \Delta^{-1}\boldsymbol{A}^*\boldsymbol{b}$. 如果系数矩阵为方阵 $\boldsymbol{A}$ 的线性方程组 $\boldsymbol{Ax} = \boldsymbol{b}$ 有唯一解，那么它的解一定可以表示为 $\boldsymbol{x} = \boldsymbol{A}^{-1}\boldsymbol{b}$. 这似乎暗示我们如果矩阵 $\boldsymbol{A}$ 可逆，它的逆矩阵可以表示为 $\boldsymbol{A}^{-1} = \boldsymbol{A}^*/\det(\boldsymbol{A})$. 下面对其进行证明.

根据定义 2.4 和式（2.38）可以得到如下关系：

$$\boldsymbol{A}^*\boldsymbol{A} = \begin{pmatrix} \boldsymbol{\delta}_1^{\mathrm{T}} \\ \boldsymbol{\delta}_2^{\mathrm{T}} \\ \vdots \\ \boldsymbol{\delta}_n^{\mathrm{T}} \end{pmatrix} (\boldsymbol{a}_1, \boldsymbol{a}_2, \cdots, \boldsymbol{a}_n) = \begin{pmatrix} \boldsymbol{\delta}_1^{\mathrm{T}}\boldsymbol{a}_1 & \boldsymbol{\delta}_1^{\mathrm{T}}\boldsymbol{a}_2 & \cdots & \boldsymbol{\delta}_1^{\mathrm{T}}\boldsymbol{a}_n \\ \boldsymbol{\delta}_2^{\mathrm{T}}\boldsymbol{a}_1 & \boldsymbol{\delta}_2^{\mathrm{T}}\boldsymbol{a}_2 & \cdots & \boldsymbol{\delta}_2^{\mathrm{T}}\boldsymbol{a}_n \\ \vdots & \vdots & & \vdots \\ \boldsymbol{\delta}_n^{\mathrm{T}}\boldsymbol{a}_1 & \boldsymbol{\delta}_n^{\mathrm{T}}\boldsymbol{a}_2 & \cdots & \boldsymbol{\delta}_n^{\mathrm{T}}\boldsymbol{a}_n \end{pmatrix}.$$

根据定理 2.4，上面的矩阵主对角线元素以外的元素都是 0，主对角线上的元素都是矩阵 $\boldsymbol{A}$ 的行列式. 因此可以得到如下结论.

定理 2.6　一个 $n \times n$ 的方阵 $\boldsymbol{A}$ 和它的伴随矩阵满足 $\boldsymbol{A}^*\boldsymbol{A} = \det(\boldsymbol{A})\boldsymbol{I}$.

因此，我们得到了另外一种求解逆矩阵的方法.

定理 2.7　如果一个 $n \times n$ 的方阵 $\boldsymbol{A}$ 是可逆的，那么 $\boldsymbol{A}^{-1} = \boldsymbol{A}^*/|\boldsymbol{A}|$.

下面用这种方法重新计算一下例 1.18 中的逆矩阵.

例 2.11　已知 $\boldsymbol{A} = \begin{pmatrix} 1 & 0 & 0 \\ 0 & 3 & 3 \\ 3 & 0 & 1 \end{pmatrix}$，计算 $\boldsymbol{A}^{-1}$.

解：首先计算 9 个元素的代数余子式，这需要计算 9 个 2×2 的行列式，还要计算矩阵 $\boldsymbol{A}$ 的行列式，一共需要计算 10 个行列式. 最终得到如下结果：

$$A_{11} = \begin{vmatrix} 3 & 3 \\ 0 & 1 \end{vmatrix} = 3,\ A_{12} = -\begin{vmatrix} 0 & 3 \\ 3 & 1 \end{vmatrix} = 9,\ A_{13} = \begin{vmatrix} 0 & 3 \\ 3 & 0 \end{vmatrix} = -9,\ A_{21} = -\begin{vmatrix} 0 & 0 \\ 0 & 1 \end{vmatrix} = 0, A_{22} = \begin{vmatrix} 1 & 0 \\ 3 & 1 \end{vmatrix} = 1,$$

$$A_{23} = -\begin{vmatrix} 1 & 0 \\ 3 & 0 \end{vmatrix} = 0, A_{31} = \begin{vmatrix} 0 & 0 \\ 3 & 3 \end{vmatrix} = 0, A_{32} = -\begin{vmatrix} 1 & 0 \\ 0 & 3 \end{vmatrix} = -3, A_{33} = \begin{vmatrix} 1 & 0 \\ 0 & 3 \end{vmatrix} = 3, |\boldsymbol{A}| = \begin{vmatrix} 3 & 3 \\ 0 & 1 \end{vmatrix} = 3.$$

$$\boldsymbol{A}^* = \begin{pmatrix} 3 & 0 & 0 \\ 9 & 1 & -3 \\ -9 & 0 & 3 \end{pmatrix},$$

于是得到 $\boldsymbol{A}$ 的逆矩阵

$$\boldsymbol{A}^{-1} = \begin{pmatrix} 1 & 0 & 0 \\ 3 & 1/3 & -1 \\ -3 & 0 & 1 \end{pmatrix}.$$

同样地，在实际计算中，当 n 比较大的时候，利用例 2.11 中的方法求解逆矩阵并不高效. 但和研究线性方程组的解一样，由于这种方法将逆矩阵用一种显式的形式表达出来了，因此在理论研究中具有重要价值.

2.5　行列式的应用举例

这一章从几何的角度出发研究了线性方程组的一种解法,由此引出了行列式这个重要的概念,并介绍了它在求解线性方程组和逆矩阵中的应用. 这一节将列举行列式在其他领域的几个重要的应用. 从这些应用可以看出,行列式作为一个有用的工具有广泛的应用.

1. 朗斯基行列式

下面探讨一下一组函数的线性无关性. 假设 $f_1(x), f_2(x), \cdots, f_n(x)$ 是定义在 $[a,b]$ 内的函数,如果存在一组不全为 0 的系数 $a_1, a_2, \cdots, a_n$ 使得对区间 $[a,b]$ 内的任意 x 都有

$$a_1 f_1(x) + a_2 f_2(x) + \cdots + a_n f_n(x) = 0, \tag{2.39}$$

就称这一组函数是线性相关的. 换句话说,如果这一组函数中至少有一个函数可以用其他函数线性叠加出来,就称这一组函数是线性相关的. 如果只有唯一一组系数 $a_1 = a_2 = \cdots = a_n = 0$ 使得式(2.39)成立,这一组函数就是线性无关的. 如何检验一组函数的线性无关性呢？假如这些函数足够可微(至少 $n-1$ 阶可导),就可以按照如下步骤检验. 对式(2.39)两侧同时求导 $n-1$ 次,得到 $n-1$ 个方程:$a_1 f_1^{(i)}(x) + a_2 f_2^{(i)}(x) + \cdots + a_n f_n^{(i)}(x) = 0 (i = 1, 2, \cdots, n-1)$. 这些方程可以用矩阵的形式表示:

$$\begin{pmatrix} f_1(x) & f_2(x) & \cdots & f_n(x) \\ f_1'(x) & f_2'(x) & \cdots & f_n'(x) \\ \vdots & \vdots & & \vdots \\ f_1^{(n-1)}(x) & f_2^{(n-1)}(x) & \cdots & f_n^{(n-1)}(x) \end{pmatrix} \begin{pmatrix} a_1 \\ a_2 \\ \vdots \\ a_n \end{pmatrix} = \begin{pmatrix} 0 \\ 0 \\ \vdots \\ 0 \end{pmatrix}.$$

如果记上式左侧的系数矩阵为 $\boldsymbol{W}(x)$,行列式 $\det(\boldsymbol{W}(x))$ 就称为函数 $f_1(x), f_2(x), \cdots, f_n(x)$ 的朗斯基行列式. 如果在区间 $[a,b]$ 内存在一个点 x_0 使得 $\det(\boldsymbol{W}(x)) \neq 0$,系数就能取 $a_1 = a_2 = \cdots = a_n = 0$. 因此,在区间 $[a,b]$ 内只要有一点使得朗斯基行列式非 0,函数 $f_1(x), f_2(x), \cdots, f_n(x)$ 在这个区间内就是线性无关的. 但是要注意如下两点:

(1)一组函数是否线性相关不仅取决于函数本身,还取决于选择的区间;

(2)一般情况而言,即便朗斯基行列式在所选区间内恒为 0,也不能说这些函数一定线性相关.

下面举一个例子. 考虑两个函数组 $F_1 = \{\sin(x), \cos(x)\}$ 和 $F_2 = \{f_1(x) = x^2, f_2(x) = x|x|\}$,看看它们在区间 $[-1,1]$ 内是不是线性相关的. 为此计算它们的朗斯基行列式:

$$W_1(x) = \begin{vmatrix} \sin(x) & \cos(x) \\ \cos(x) & -\sin(x) \end{vmatrix} = -1, W_2(x) = \begin{vmatrix} x^2 & x|x| \\ 2x & 2|x| \end{vmatrix} = 0.$$

可以看出 F_1 是线性无关的. 值得注意的是,虽然 F_2 的朗斯基行列式等于 0,但是它不是线性相关的. 如果 F_2 是线性相关的,在 $x \in [-1,1]$ 的时候就会存在不全为 0 的两个数 a_1 和 a_2 使得 $a_1 x^2 + a_2 x|x| = 0$. 取 $x = 1$ 得到 $a_1 + a_2 = 0$;取 $x = -1$ 得到 $a_1 - a_2 = 0$. 显然只有 $a_1 = a_2 = 0$ 一种解. 但是如果把区间限制在 $x \in [0,1]$,F_2 就是线性相关的了,因为这时 $F_2 = \{x^2, x^2\}$,函数组

中的两个函数是一样的.

如果函数$f_1(x), f_2(x), \cdots, f_n(x)$是$n$阶常微分方程

$$y^{(n)}+g_{n-1}(x)y^{(n-1)}+\cdots+g_1y'+g_0y=0$$

的解,就可以断言:$f_1(x), f_2(x), \cdots, f_n(x)$线性无关,当且仅当它们的朗斯基行列式等于0. 相关证明可以参阅常微分方程的相关教科书.

2.3 维空间中的叉乘（矢量积）

在物理课程中,经常遇到两个矢量相乘. 比如,力对物体做的功就用矢量的点乘（又叫内积、标量积）表示:$W=\boldsymbol{F}\cdot\boldsymbol{r}$,其中$\boldsymbol{r}$是物体在力的作用下发生的位移矢量. 除了矢量的点乘以外,在物理中还经常用到另外一种矢量的乘法——矢量的叉乘（又叫外积、矢量积）. 比如,物体相对于某一点O的角动量$\boldsymbol{L}$就由它的动量矢量$\boldsymbol{p}$和相对于参考点O的位移矢量$\boldsymbol{r}$给出:

$$\boldsymbol{L}=\boldsymbol{r}\times\boldsymbol{p}.$$

这个乘法的定义如下:它的大小为$|\boldsymbol{r}||\boldsymbol{p}|\sin\theta$,其中$\theta$是矢量$\boldsymbol{r}$和$\boldsymbol{p}$的夹角;它的方向垂直于矢量$\boldsymbol{r}$和$\boldsymbol{p}$张成的平面,并且满足右手法则. 特别地,对3个坐标轴的单位矢量$(\boldsymbol{i},\boldsymbol{j},\boldsymbol{k})$,有如下关系:

$$\boldsymbol{i}\times\boldsymbol{j}=-\boldsymbol{j}\times\boldsymbol{i}=\boldsymbol{k},\ \boldsymbol{j}\times\boldsymbol{k}=-\boldsymbol{k}\times\boldsymbol{j}=\boldsymbol{i},\ \boldsymbol{k}\times\boldsymbol{i}=-\boldsymbol{i}\times\boldsymbol{k}=\boldsymbol{j}.$$

在具体计算的时候,可以将两个矢量正交分解,

$$\boldsymbol{r}=r_1\boldsymbol{i}+r_2\boldsymbol{j}+r_3\boldsymbol{k},\ \boldsymbol{p}=p_1\boldsymbol{i}+p_2\boldsymbol{j}+p_3\boldsymbol{k}.$$

则

$$\boldsymbol{r}\times\boldsymbol{p}=(r_2p_3-r_3p_2)\boldsymbol{i}-(r_1p_3-r_3p_1)\boldsymbol{j}+(r_1p_2-r_2p_1)\boldsymbol{k}.$$

把这个式子和3阶行列式式（2.33）对比,可以发现

$$\boldsymbol{r}\times\boldsymbol{p}=\begin{vmatrix}\boldsymbol{i}&\boldsymbol{j}&\boldsymbol{k}\\r_1&r_2&r_3\\p_1&p_2&p_3\end{vmatrix}.$$

因此3阶行列式经常出现在各种包含矢量乘法的物理定律和公式中.

习题

1. 考虑一个4维坐标系中的4个自然坐标基矢,确定如下数值.

（1）$\det(\boldsymbol{e}_1,\boldsymbol{e}_3,\boldsymbol{e}_4,\boldsymbol{e}_2)$;（2）$\det(\boldsymbol{e}_3,\boldsymbol{e}_4,\boldsymbol{e}_2,\boldsymbol{e}_1)$;（3）$\det(\boldsymbol{e}_1,\boldsymbol{e}_2,\boldsymbol{e}_3,\boldsymbol{e}_1)$;（4）$\det(\boldsymbol{e}_4,\boldsymbol{e}_2,\boldsymbol{e}_1,\boldsymbol{e}_3)$.

2. 利用3阶行列式的图形记忆法计算下列矩阵的行列式.

（1）$\begin{pmatrix}1&0&0\\-1&1&2\\3&0&1\end{pmatrix}$;（2）$\begin{pmatrix}-1&0&1\\-1&1&2\\1&1&1\end{pmatrix}$;（3）$\begin{pmatrix}-1&1&1\\-1&0&2\\-1&3&1\end{pmatrix}$;（4）$\begin{pmatrix}1&2&3\\4&5&6\\7&8&9\end{pmatrix}$.

3. 证明矩阵$\begin{pmatrix}0&0&0&a\\0&0&b&0\\0&c&0&0\\d&0&0&0\end{pmatrix}$的行列式等于$abcd$.

4. 计算下列矩阵的行列式：

$$\begin{pmatrix} a_{11} & 0 & \cdots & 0 \\ a_{12} & a_{22} & \cdots & 0 \\ \vdots & \vdots & & \vdots \\ a_{n1} & a_{n2} & \cdots & a_{nn} \end{pmatrix}.$$

其中主对角线以上的元素全是 0.

5. 利用初等变换计算下列行列式.

$$(1)\begin{vmatrix} -1 & 2 & 3 & 4 \\ 1 & 1 & 0 & -2 \\ 0 & -1 & -1 & 0 \\ 1 & 0 & 2 & 1 \end{vmatrix};(2)\begin{vmatrix} 0 & 2 & 1 & 1 \\ 1 & 0 & 1 & -2 \\ 1 & 1 & -1 & 0 \\ 0 & 0 & 2 & -1 \end{vmatrix};(3)\begin{vmatrix} 1 & 1 & 1 & 1 \\ 1 & -1 & 1 & -1 \\ 1 & 2 & 3 & 4 \\ 1 & 3 & 5 & 9 \end{vmatrix}.$$

6. 对初等矩阵 $\boldsymbol{D}_i(\lambda)$ 和 $\boldsymbol{T}_{i,j}(\lambda)$，证明 $|\boldsymbol{D}_i(\lambda)\boldsymbol{A}|=|\boldsymbol{D}_i(\lambda)||\boldsymbol{A}|$ 和 $|\boldsymbol{T}_{i,j}(\lambda)\boldsymbol{A}|=|\boldsymbol{T}_{i,j}(\lambda)||\boldsymbol{A}|$.

7. 对可逆方阵 $\boldsymbol{A}$，证明 $|\boldsymbol{A}^{-1}|=|\boldsymbol{A}|^{-1}$.

8. 计算下列行列式.

$$(1)\begin{vmatrix} 2 & 0 & 2 & 0 \\ 1 & 3 & 1 & 2 \\ 0 & 1 & 2 & 1 \\ 0 & 3 & 1 & 4 \end{vmatrix};(2)\begin{vmatrix} 2 & 1 & -1 & 2 \\ 3 & 0 & 0 & 1 \\ 2 & 1 & 2 & 0 \\ 3 & 1 & 1 & 2 \end{vmatrix};(3)\begin{vmatrix} 1 & -1 & 1 & 2 \\ 1 & 0 & 1 & 3 \\ 0 & 0 & 2 & 4 \\ 1 & 1 & -1 & 1 \end{vmatrix};(4)\begin{vmatrix} 1 & 1 & 2 & 1 \\ 0 & 1 & 4 & 1 \\ 2 & 1 & 3 & 0 \\ 2 & 2 & 1 & 2 \end{vmatrix}.$$

9. 利用克莱默法则求解下列方程组.

$$(1)\begin{cases} x_1-2x_2+x_3=-1, \\ x_1+x_3=3, \\ x_1-2x_2=0; \end{cases}\quad(2)\begin{cases} x_1+x_2+x_3=2, \\ x_1+2x_2+x_3=2, \\ x_1+3x_2-x_3=-4; \end{cases}\quad(3)\begin{cases} 2x_1-x_2+x_3=1, \\ x_1+x_2=3, \\ x_2-x_3=1. \end{cases}$$

10. 对非奇异方阵 $\boldsymbol{A}$，证明 $\det(\boldsymbol{A}^*)=\det(\boldsymbol{A})^{n-1}$.

11. 对非奇异方阵 $\boldsymbol{A}$，证明 $(\boldsymbol{A}^*)^{-1}=\boldsymbol{A}/|\boldsymbol{A}|$.

12. 对非奇异方阵 $\boldsymbol{A}$，用 $(\boldsymbol{A}^{-1})^*$ 表示逆矩阵 $\boldsymbol{A}^{-1}$ 的伴随矩阵，证明 $(\boldsymbol{A}^{-1})^*=\boldsymbol{A}/|\boldsymbol{A}|$，结合上一题得到伴随矩阵的逆矩阵等于逆矩阵的伴随矩阵的结论.

（提示：将 $\boldsymbol{A}^{-1}$ 看作一个新的矩阵，研究它的逆矩阵）

13. 矩阵 $\boldsymbol{A}$ 是反对称的，如果 $\boldsymbol{A}^{\mathrm{T}}=-\boldsymbol{A}$，证明对一个 $n\times n$ 的反对称矩阵，如果 n 是奇数，那么 $|\boldsymbol{A}|=0$.

（提示：先证明 $|\boldsymbol{A}|=(-1)^n|\boldsymbol{A}|$）

14. 用行列式和伴随矩阵的方法计算下列矩阵的逆矩阵.

$$(1)\begin{pmatrix} 1 & 0 & -1 \\ 0 & 1 & 2 \\ 0 & 1 & 1 \end{pmatrix};(2)\begin{pmatrix} 1 & 3 \\ -1 & 1 \end{pmatrix};(3)\begin{pmatrix} 1 & 0 & -1 \\ 2 & 1 & 0 \\ 1 & 0 & 1 \end{pmatrix};(4)\begin{pmatrix} 0 & 0 & -4 \\ -1 & 0 & 0 \\ 0 & 2 & 0 \end{pmatrix}.$$

15. 对二阶线性常微分方程 $y''+q(x)y=0$，证明它的任意两个解 $y_1(x)$ 和 $y_2(x)$ 的朗斯基行列式等于常数.

第 3 章

$\mathbf{R}^n$中的矢量空间

通过前两章的学习，我们已经基本掌握求解线性方程组的一些方法和概念. 不过线性代数的核心并非只有求解线性方程组，还包括研究由矢量构成的线性空间和矢量之间的线性映射.

在物理和数学领域，矢量这个词被广泛地应用于各种对象. 在物理中，我们一般把既具有大小又具有方向的物理量称为矢量，如我们最早接触的两个典型的矢量——力和速度. 我们将这样的量直观地想象成空间中带一个具有一定长度的、指向某一个方向的箭头的点. 在后来学习静电场和静磁场的时候，我们又接触了矢量场的概念，此时我们将它直观地理解为空间中的每一点都带一个具有一定长度的、指向某一个方向的箭头. 这些矢量和矢量场最重要的一个性质就是可以按照矢量合成的方式做加法运算. 在这一章，我们将从 $\mathbf{R}^n$ 中的空间矢量开始，逐步把之前学习的各种矢量的性质抽象化，系统地研究它们的普遍性质.

3.1 矢量空间的基本性质

我们从 n 维的矢量空间开始讲起. 设 n 是正整数，由 n 个实数构成的有序数组的全体组成的集合称为 n 维点集或 n 维欧几里得空间，简称欧氏空间，记作 $\mathbb{R}^n$. 1 维欧氏空间 $\mathbb{R}$ 是一条数轴直线；2 维欧氏空间 $\mathbb{R}^2$ 是一个 2 维平面；3 维欧氏空间 $\mathbb{R}^3$ 则是现实中的 3 维立体空间. 需要注意的是，n 维欧氏空间 $\mathbb{R}^n$ 目前只是一些点的集合，在赋予它更多的“结构”（规则）之前，我们不能对其中的点做任何运算. 比如，我们打开并铺平一张地图，将其想象成一个 2 维欧氏空间，上面有两个地点——北京和上海. 那么它们之间的加法运算“北京+上海”是什么意思？一个数乘以一个地点，如“3× 北京”又是什么意思呢？为了使得这样的运算有意义，我们需要制定更多规则.

以 2 维欧氏空间为例. 假设有两个点 $A=(a,b)$ 和 $B=(c,d)$. 将 2 维欧氏空间中的点和平面直角坐标系中的点对应起来. 将点 A 想象成一个由坐标原点指向 A 点的有向线段的终点 $\overrightarrow{OA}$；将点 B 想象成一个由坐标原点指向 B 点的有向线段的终点 $\overrightarrow{OB}$. 由此定义它们的加法，即点 $A+$ 点 $B=$ 点 C，其中点 C 是以 OA 和 OB 为相邻两条边的平行四边形的第四个顶

点. 这样任意两个点就可以由这样的加法获得平面上一个新的点，如图 3.1 所示. 同时，定义点 A 和数 λ 的乘积 λA 为一个新的点 D，这个点的位置按照如下方式确定：如果 $\lambda>0$，则在 OA 所在的直线上沿着 $\overrightarrow{OA}$ 的方向寻找一点 D，使得 OD 的长度等于 OA 长度的 λ 倍；如果 $\lambda<0$，则在 OA 所在的直线上沿着与 $\overrightarrow{OA}$ 相反的方向寻找一点 D，使得 OD 的长度等于 OA 长度的 $|\lambda|$ 倍；如果 $\lambda=0$，则点 D 就是原点 O. 根据简单的几何知识，可以得到 C 和 D 对应的有序数组：

$$C=(a+c,b+d),D=(\lambda a,\lambda b).$$

不难发现，这相当于对 $\mathbb{R}^2$ 中的点定义了如下运算关系：

$$(a,b)+(c,d)=(a+c,b+d),\lambda(a,b)=(\lambda a,\lambda b).$$

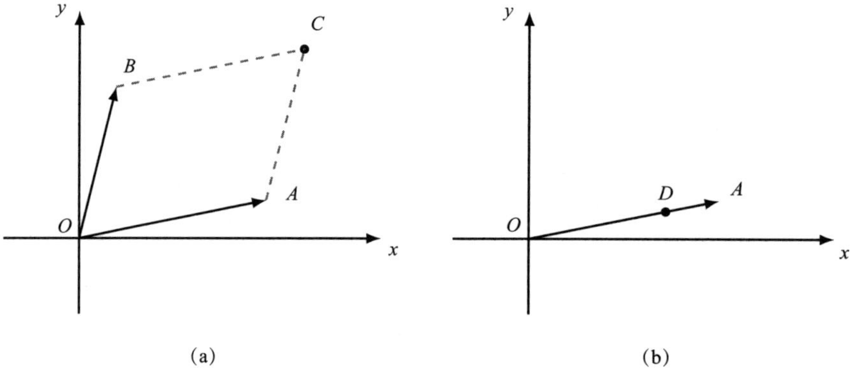

图 3.1　在 2 维欧氏空间中定义两个点的加法和一个点的数乘

（a）定义两个点的加法　（b）定义一个点的数乘

定义了这样的运算关系之后，2 维欧氏空间就不是一个普通的欧氏空间了，而是一个 2 维欧氏线性空间，用符号 $\mathbf{R}^2$ 表示. 此时 $\mathbf{R}^2$ 中的元素用列矢量来表示：

$$\boldsymbol{x}=\begin{pmatrix}a\\b\end{pmatrix}\in\mathbf{R}^2.$$

更一般地，把分量是实数的 n 维矢量的集合记为 $\mathbf{R}^n$，即

$$\mathbf{R}^n=\{\boldsymbol{x}=(x_1,x_2,\cdots,x_n)^{\mathrm{T}}\,|x_1,x_2,\cdots,x_n\in\mathbb{R}\}.$$

$\mathbf{R}^n$ 中的元素按照如下方式定义它们之间的加法和数乘：

$$\boldsymbol{x}=\begin{pmatrix}x_1\\x_2\\\vdots\\x_n\end{pmatrix},\ \boldsymbol{y}=\begin{pmatrix}y_1\\y_2\\\vdots\\y_n\end{pmatrix}\ \Rightarrow\ \boldsymbol{x}+\boldsymbol{y}=\begin{pmatrix}x_1+y_1\\x_2+y_2\\\vdots\\x_n+y_n\end{pmatrix},\ \lambda\boldsymbol{x}=\begin{pmatrix}\lambda x_1\\\lambda x_2\\\vdots\\\lambda x_n\end{pmatrix}.$$

在研究 $\mathbf{R}^n$ 的背景下，我们所指的数都是实数. 在这一章中，除非特殊说明，所指的数都是实数.

定理 3.1　根据上述 $\mathbf{R}^n$ 中的加法和数乘，对任意 $\mathbf{R}^n$ 中的 3 个矢量 $\boldsymbol{x}$, $\boldsymbol{y}$ 和 $\boldsymbol{z}$，以及 2 个实数 a 和 b，不难证明如下 3 大类共 10 条性质.

封闭性

(1) $\boldsymbol{x}+\boldsymbol{y}$ 也是 $\mathbf{R}^n$ 中的矢量.

(2) $a\boldsymbol{x}$ 也是 $\mathbf{R}^n$ 中的矢量.

加法性质

(3) $\boldsymbol{x}+\boldsymbol{y}=\boldsymbol{y}+\boldsymbol{x}$.

(4) $\boldsymbol{x}+(\boldsymbol{y}+\boldsymbol{z})=(\boldsymbol{x}+\boldsymbol{y})+\boldsymbol{z}$.

(5) $\mathbf{R}^n$ 包含零矢量 $\mathbf{0}$,它对任意矢量 $\boldsymbol{x}$ 都有 $\boldsymbol{x}+\mathbf{0}=\boldsymbol{x}$.

(6)对每一个元素 $\boldsymbol{x}$ 都存在唯一的元素 $\boldsymbol{\beta}$ 使得 $\boldsymbol{x}+\boldsymbol{\beta}=\mathbf{0}$.

数乘性质

(7) $a(b\boldsymbol{x})=(ab)\boldsymbol{x}$.

(8) $a(\boldsymbol{x}+\boldsymbol{y})=a\boldsymbol{x}+a\boldsymbol{y}$.

(9) $(a+b)\boldsymbol{x}=a\boldsymbol{x}+b\boldsymbol{x}$.

(10) $1\boldsymbol{x}=\boldsymbol{x}$.

这 3 大类共 10 条性质在 $\mathbf{R}^n$ 中非常直白,这里就不进行证明了. 在后面我们将看到它们是刻画一个线性空间最核心的性质.

例 3.1　证明 $\mathbf{R}^n$ 中的加法使得 $\mathbf{R}^n$ 也构成一个阿贝尔群.

证明:证明一个集合以及其中的二元运算构成一个群,需要证明其满足以下 4 条性质. 取 $\mathbf{R}^n$ 中的 3 个矢量 $\boldsymbol{x}$, $\boldsymbol{y}$ 和 $\boldsymbol{z}$,做如下验证.

(1)封闭性:$\boldsymbol{x}+\boldsymbol{y}$ 也是 $\mathbf{R}^n$ 中的矢量.

(2)存在恒元:$\mathbf{0}\in\mathbf{R}^n$,且 $\boldsymbol{x}+\mathbf{0}=\boldsymbol{x}$.

(3)存在逆元:$\boldsymbol{x}+(-\boldsymbol{x})=(-\boldsymbol{x})+\boldsymbol{x}=\mathbf{0}$.

(4)结合律:$\boldsymbol{x}+(\boldsymbol{y}+\boldsymbol{z})=(\boldsymbol{x}+\boldsymbol{y})+\boldsymbol{z}$.

$\mathbf{R}^n$ 中的加法使得 $\mathbf{R}^n$ 构成一个群. 此外,由于

$$\boldsymbol{x}+\boldsymbol{y}=\boldsymbol{y}+\boldsymbol{x},$$

因此这是一个阿贝尔群.

可以看到 $\mathbf{R}^n$ 中加法的性质使得它构成了一个群. 和一般的群不同,这个群的“群乘法”(也就是加法)满足交换律. 因此可以说 $\mathbf{R}^n$ 是一个定义了数乘的阿贝尔群.

在有些情况下,$\mathbf{R}^n$ 的一些子集也满足上述 10 条性质. 把这样的子集叫作 $\mathbf{R}^n$ 的子空间.

定义 3.1　把 $\mathbf{R}^n$ 的一个子集 W 称为 $\mathbf{R}^n$ 的一个子空间,如果用 W 代替 $\mathbf{R}^n$,定理 3.1 中的 10 条性质也成立.

比如,$W=\{\boldsymbol{x}=(x_1,x_2,0)^{\mathrm{T}}\mid x_1,x_2\in\mathbb{R}\}$ 是 $\mathbf{R}^3$ 的一个子空间. 从几何的角度看,W 就是 3 维笛卡儿坐标系中的 xy 平面. 很容易证明这个子空间满足上述 10 条性质. 实际上不必一一验证上面的 10 条性质,下面这个定理告诉我们,如果 $\mathbf{R}^n$ 的一个子集满足如下 3 条性质,那么也自动满足其他 7 条性质.

定理 3.2　$\mathbf{R}^n$ 的一个非空子集 W 是它的一个子空间当且仅当 W 满足如下 2 个要求:

(1)对加法封闭,即 $\forall\boldsymbol{w}_1,\boldsymbol{w}_2\in W$, $\boldsymbol{w}_1+\boldsymbol{w}_2\in W$;

(2)对数乘封闭,即 $\forall\boldsymbol{w}\in W,\forall\lambda\in\mathbb{R}$, $\lambda\boldsymbol{w}\in W$;

证明：我们需要验证 W 满足定理 3.1 中（3）~（10）共 8 条性质. 由于 W 中的元素也是 $\mathbf{R}^n$ 中的矢量，因此定理 3.1 中的性质（3）、（4）、（7）、（8）、（9）和（10）自动满足. 我们注意到 W 不是空集合，因此必然存在一个元素 $\boldsymbol{w}$. 如果 $\boldsymbol{w}=\mathbf{0}$，则 $\mathbf{0}\in W$. 如果 $\boldsymbol{w}\neq\mathbf{0}$，则根据 W 的第 2 个要求，$0\boldsymbol{w}=\mathbf{0}\in W$. 因此第（5）条成立. W 的第 2 个要求保证了 $(-1)\boldsymbol{w}=-\boldsymbol{w}\in W$，因此第（6）条成立.

例 3.2 假设 W 为 $\mathbf{R}^3$ 的一个子集，定义为

$$W=\left\{\boldsymbol{x}=\begin{pmatrix}x_1\\x_2\\x_3\end{pmatrix},x_1=x_2-x_3,x_2\in\mathbb{R},x_3\in\mathbb{R}\right\}.$$

证明 W 是 $\mathbf{R}^3$ 的一个子空间，并给 W 一个几何解释.

证明：显然 W 不是空集. 假设 $\boldsymbol{u}=(u_1,u_2,u_3)^{\mathrm{T}}$ 和 $\boldsymbol{v}=(v_1,v_2,v_3)^{\mathrm{T}}$ 是 W 中的元素，验证 W 满足定理 3.2 中的 2 个要求. 令 $\boldsymbol{a}=(a_1,a_2,a_3)^{\mathrm{T}}=\boldsymbol{u}+\boldsymbol{v}$，$\boldsymbol{b}=(b_1,b_2,b_3)^{\mathrm{T}}=\lambda\boldsymbol{u}$. 根据 W 的定义，有

$$u_1=u_2-u_3,v_1=v_2-v_3,$$

因此有

$$a_1=u_1+v_1=(u_2+v_2)-(u_3+v_3)=a_2-a_3,b_1=\lambda u_1=\lambda(u_2-u_3)=b_2-b_3.$$

这说明矢量 $\boldsymbol{x}=\boldsymbol{u}+\boldsymbol{v}$ 和矢量 $\boldsymbol{y}=\lambda\boldsymbol{u}$ 都是属于 W 的元素. 因此，W 是 $\mathbf{R}^3$ 的一个子空间.

对任意 $\boldsymbol{u}=(u_1,u_2,u_3)^{\mathrm{T}}\in W$，如果令 $x=u_1,y=u_2,z=u_3$，我们就会发现 $x-y+z=0$. 因此，W 代表 3 维欧氏空间中的一个平面，并且这个平面是过坐标原点的.

同样是一个平面，下面这个例子表明它可以不是一个子空间.

例 3.3 假设 W 为 $\mathbf{R}^3$ 的一个子集，定义为

$$W=\left\{\boldsymbol{x}=\begin{pmatrix}1\\x_2\\x_3\end{pmatrix},x_2\in\mathbb{R},x_3\in\mathbb{R}\right\}.$$

证明 W 不是 $\mathbf{R}^3$ 的一个子空间.

证明：显然 W 不是空集. 假设 $\boldsymbol{u}=(1,u_2,u_3)^{\mathrm{T}}$ 是 W 中的元素，将它乘以 2 得到

$$2\boldsymbol{u}=(2,2u_2,2u_3)^{\mathrm{T}}\notin W.$$

因此，W 不是 $\mathbf{R}^3$ 的一个子空间. 虽然没有必要，但是我们还可以验证它对加法也不封闭. 取 W 中的另外一个元素 $\boldsymbol{v}=(1,v_2,v_3)^{\mathrm{T}}$，$\boldsymbol{v}+\boldsymbol{u}=(2,v_2+u_2,v_3+u_3)^{\mathrm{T}}\notin W$.

例 3.4 假设 W 为 $\mathbf{R}^2$ 的一个子集，定义为

$$W=\left\{\boldsymbol{x}=\begin{pmatrix}x_1\\x_2\end{pmatrix},x_1x_2=0\right\}.$$

证明 W 不是 $\mathbf{R}^2$ 的一个子空间.

证明：显然 W 不是空集. 取 W 中的两个元素 $\boldsymbol{u}=(1,0)^{\mathrm{T}}$ 和 $\boldsymbol{v}=(0,1)^{\mathrm{T}}$，可以发现 W 在加法下不封闭：

$$\boldsymbol{u}+\boldsymbol{v}=\begin{pmatrix}1\\1\end{pmatrix}\notin W.$$

因此，W 不是 $\mathbf{R}^2$ 的一个子空间.

在一般情况下 $\mathbf{R}^n$ 的子集 W 并不总能构成子空间，这是因为子集中的元素通过加法和数乘得到的元素有可能不在 W 中. 原则上可以把这些元素添加进入直到无法再通过加法和数乘增加新的元素. 特别地，如果 W 中只包含有限个非零元素，那么 W 一定不是 $\mathbf{R}^n$ 的一个子空间. 对这样的子集，有如下定理.

定理 3.3　假设 $S=\{\boldsymbol{s}_1,\boldsymbol{s}_2,\cdots,\boldsymbol{s}_k\}$ 是 $\mathbf{R}^n$ 的一个包含有限个元素的子集，记 S 的所有元素的任意线性组合构成的集合为 $\mathrm{Span}(S)$，那么 $\mathrm{Span}(S)$ 是 $\mathbf{R}^n$ 的一个子空间.

证明：显然 $\mathrm{Span}(S)$ 不是空集. 假设 $\boldsymbol{x}$ 和 $\boldsymbol{y}$ 是 W 中的两个元素，那么必定存在两组实数 $\{a_1,a_2,\cdots,a_k\}$ 和 $\{b_1,b_2,\cdots,b_k\}$，使得

$$\boldsymbol{x}=a_1\boldsymbol{s}_1+a_2\boldsymbol{s}_2+\cdots+a_k\boldsymbol{s}_k,$$
$$\boldsymbol{y}=b_1\boldsymbol{s}_1+b_2\boldsymbol{s}_2+\cdots+b_k\boldsymbol{s}_k.$$

因此就有

$$\boldsymbol{x}+\boldsymbol{y}=(a_1+b_1)\boldsymbol{s}_1+(a_2+b_2)\boldsymbol{s}_2+\cdots+(a_k+b_k)\boldsymbol{s}_k.$$

这表明 $\boldsymbol{x}+\boldsymbol{y}$ 是 S 中元素的线性组合，因而属于 $\mathrm{Span}(S)$. 另外，对任意实数 λ，

$$\lambda\boldsymbol{x}=\lambda a_1\boldsymbol{s}_1+\lambda a_2\boldsymbol{s}_2+\cdots+\lambda a_k\boldsymbol{s}_k$$

也是 S 中元素的线性组合，因而也属于 $\mathrm{Span}(S)$. 因此，$\mathrm{Span}(S)$ 是 $\mathbf{R}^n$ 的一个子空间.

这种由子集 S 生成的子空间 $\mathrm{Span}(S)$ 叫作 S 的生成子空间，S 被称作 $\mathrm{Span}(S)$ 的生成集合. 这里有几个简单的例子. 考虑 $\mathbf{R}^3$ 中的一个非零矢量 $\boldsymbol{x}$，则 $\mathrm{Span}(\{\boldsymbol{x}\})$ 就是一条直线. 如果两个矢量 $\boldsymbol{u}$ 和 $\boldsymbol{v}$ 不共线，那么由这两个矢量生成的子空间就是 $\boldsymbol{u}$ 和 $\boldsymbol{v}$ 所在的平面，即

$$\mathrm{Span}(\{\boldsymbol{u},\boldsymbol{v}\})=\{a\boldsymbol{u}+b\boldsymbol{v},\ a,b\in\mathbb{R}\}=\boldsymbol{u}\text{和}\boldsymbol{v}\text{所在的平面}.$$

例 3.5　考虑空间直角坐标系中的 3 个点 $A=(1,1,1)$，$B=(2,1,5)$ 和 $C=(1,-3,4)$. 请问包括原点 O 在内的 4 个点 A,B,C,O 是否共面？

解：$\triangle AOB$ 确定了一个平面 P，矢量 $\overrightarrow{OA}$ 和 $\overrightarrow{OB}$ 不共线且正好落在 P 内. 因此就有

$$\mathrm{Span}(\{\overrightarrow{OA},\overrightarrow{OB}\})=P.$$

假设 C 点也落在 P 内，则矢量 $\overrightarrow{OB}$ 在平面 P 内，即 $\overrightarrow{OB}\in\mathrm{Span}(\{\overrightarrow{OA},\overrightarrow{OB}\})$. 于是就存在一组实数 x_1 和 x_2 使得

$$x_1\overrightarrow{OA}+x_2\overrightarrow{OB}=\overrightarrow{OC}.$$

即得到如下线性方程组：

$$\begin{cases}x_1+2x_2=1,\\ x_1+x_2=-3,\\ x_1+5x_3=4.\end{cases}$$

如果这个方程组有解，则 A,B,C,O 共面，否则就不共面. 考虑它的增广矩阵，并做初等变换：

$$\begin{pmatrix}1&2&1\\1&1&-3\\1&5&4\end{pmatrix}\sim\begin{pmatrix}1&2&1\\0&-1&-4\\0&3&3\end{pmatrix}\sim\begin{pmatrix}1&0&-7\\0&-1&-4\\0&0&-9\end{pmatrix}\sim\begin{pmatrix}1&0&-7\\0&1&4\\0&0&-9\end{pmatrix}.$$

可以看出增广矩阵的秩大于未知数的数目，因此方程组无解. 故 A,B,C,O 不共面.

3.2 矩阵的零空间和列空间

在实际的研究问题中，$\mathbf{R}^n$ 的子空间通常来自两种途径. 一种是齐次线性方程组的解集，另一种是某些给定的矢量的线性组合. 这两种途径都和线性方程组 $\boldsymbol{Ax}=\boldsymbol{b}$ 有着特殊的关系. 在这一节中，我们将对照着研究一下这两种情况.

先来看第一种情况，假设一个 $m\times n$ 维矩阵 $\boldsymbol{A}$，考虑它给出的齐次线性方程组 $\boldsymbol{Ax}=\boldsymbol{0}$. 我们给出以下定义.

定义 3.2 一个 $m\times n$ 维矩阵 $\boldsymbol{A}$ 的零空间（又称核）定义为齐次线性方程组 $\boldsymbol{Ax}=\boldsymbol{0}$ 的解集，记作 $\mathrm{Nul}(\boldsymbol{A})$，也就是

$$\mathrm{Nul}(\boldsymbol{A})=\{\boldsymbol{x}\,|\,\forall\boldsymbol{x}\in\mathbf{R}^n,\ \boldsymbol{Ax}=\boldsymbol{0}\}.$$

简而言之，一个矩阵 $\boldsymbol{A}$ 的零空间就是所有使得 $\boldsymbol{Ax}$ 为零的矢量的集合. 很多时候，我们也用符号 $\mathrm{Ker}(\boldsymbol{A})$（Ker 即英文单词 kernel（核）的缩写）来指代矩阵 $\boldsymbol{A}$ 的零空间. 下面来证明一个 $m\times n$ 维矩阵的零空间是 $\mathbf{R}^n$ 的子空间.

定理 3.4 一个 $m\times n$ 维矩阵 $\boldsymbol{A}$ 的零空间 $\mathrm{Nul}(\boldsymbol{A})$ 是 $\mathbf{R}^n$ 的子空间.

证明： 首先 $\mathrm{Nul}(\boldsymbol{A})$ 一定不是空集，因为它至少包含一个元素 $\boldsymbol{0}$. 取 $\mathrm{Nul}(\boldsymbol{A})$ 中的任意两个矢量 $\boldsymbol{x}_1$ 和 $\boldsymbol{x}_2$，它们都满足方程

$$\boldsymbol{Ax}=\boldsymbol{0}.$$

利用矩阵乘法的分配律，不难发现它们的和满足方程

$$\boldsymbol{A}(\boldsymbol{x}_1+\boldsymbol{x}_2)=\boldsymbol{0}.$$

根据矩阵乘法的关系，还可以发现对任意实数 λ，

$$\boldsymbol{A}(\lambda\boldsymbol{x})=\lambda\boldsymbol{Ax}=\boldsymbol{0}.$$

因此 $\lambda\boldsymbol{x}$ 也是方程 $\boldsymbol{Ax}=\boldsymbol{0}$ 的解. 由此可以证明 $\mathrm{Nul}(\boldsymbol{A})$ 构成了 $\mathbf{R}^n$ 的子空间.

例 3.6 假设 H 是 $\mathbf{R}^4$ 的一个子集. 它的每一个元素 $\boldsymbol{h}=\begin{pmatrix}a\\b\\c\\d\end{pmatrix}$ 都满足关系 $a+b-c=d$ 和 $2a+b-3c=0$. 请问 H 是不是 $\mathbf{R}^4$ 的一个子空间？

解： 根据题意，可以写出一个 2×4 维的矩阵

$$\boldsymbol{A}=\begin{pmatrix}1 & 1 & -1 & -1\\ 2 & 1 & -3 & 0\end{pmatrix},$$

使得 $\forall\boldsymbol{h}\in H$ 都有 $\boldsymbol{Ah}=\boldsymbol{0}$. 因此 $H=\mathrm{Nul}(\boldsymbol{A})$，这表明 H 是 $\mathbf{R}^4$ 的一个子空间.

一个矩阵的零空间是通过对它的元素提出一个要求来定义的. 这个定义并没有给出这个空间中的元素的列表或者具体描述，但是求解方程 $\boldsymbol{Ax}=\boldsymbol{0}$ 会自动地给出矩阵 $\boldsymbol{A}$ 的零空间的显式描述. 下面用一个例题来看看如何具体地求解一个矩阵的零空间.

例 3.7 找到一组矢量使得它们的生成子空间等于下列矩阵的零空间：

$$\boldsymbol{A}=\begin{pmatrix}-3 & 6 & -1 & 1 & -7\\ 1 & -2 & 2 & 3 & -1\\ 2 & -4 & 5 & 8 & -4\end{pmatrix}.$$

解：第一步，找到齐次方程组 $\boldsymbol{Ax}=\boldsymbol{0}$ 的解集. 写出增广矩阵

$$(\boldsymbol{A}\,|\,\boldsymbol{0})=\begin{pmatrix}-3 & 6 & -1 & 1 & -7 & 0\\ 1 & -2 & 2 & 3 & -1 & 0\\ 2 & -4 & 5 & 8 & -4 & 0\end{pmatrix},$$

然后通过初等行变换将它转化为最简阶梯矩阵（这一步可以通过计算机软件完成）

$$\begin{pmatrix}1 & -2 & 0 & -1 & 3 & 0\\ 0 & 0 & 1 & 2 & -2 & 0\\ 0 & 0 & 0 & 0 & 0 & 0\end{pmatrix},$$

于是得到对应的简化方程组：

$$\begin{cases}x_1-2x_2-x_4+3x_5=0,\\ x_3+2x_4-2x_5=0,\\ 0=0.\end{cases}$$

因此得到通解：

$$x_1=2x_2+x_4-3x_5,x_3=-2x_4+2x_5.$$

其中 x_2,x_4 和 x_5 是自由参数.

第二步，把通解写成矢量的形式：

$$\begin{pmatrix}x_1\\x_2\\x_3\\x_4\\x_5\end{pmatrix}=\begin{pmatrix}2x_2+x_4-3x_5\\x_2\\-2x_4+2x_5\\x_4\\x_5\end{pmatrix}=x_2\begin{pmatrix}2\\1\\0\\0\\0\end{pmatrix}+x_4\begin{pmatrix}1\\0\\-2\\1\\0\end{pmatrix}+x_5\begin{pmatrix}-3\\0\\2\\0\\1\end{pmatrix}.$$

令上式最后一个等号右边的三个矢量分别为 $\boldsymbol{u}$,$\boldsymbol{v}$ 和 $\boldsymbol{w}$，就得到了如下表示：

$$\mathrm{Nul}(\boldsymbol{A})=\{\boldsymbol{x}\in\mathbf{R}^5\,|\,x=x_2\boldsymbol{u}+x_4\boldsymbol{v}+x_5\boldsymbol{w},\text{其中}x_2,x_4,x_5\in\mathbb{R}\}.$$

或者写成

$$\mathrm{Nul}(\boldsymbol{A})=\mathrm{Span}(\{\boldsymbol{u},\boldsymbol{v},\boldsymbol{w}\}).$$

下面来看第二种情况，考虑由一个矩阵的所有列向量以及它们的线性组合构成的子空间. 和一个矩阵的零空间不同，这个空间可以通过矩阵自身显式地定义出来.

定义 3.3　一个矩阵 $\boldsymbol{A}$ 的列空间定义为它的列矢量的所有线性组合，记作 $\mathrm{Col}(\boldsymbol{A})$.

如果矩阵 $\boldsymbol{A}=(\boldsymbol{a}_1,\boldsymbol{a}_2,\cdots,\boldsymbol{a}_n)$，那么根据定义就有

$$\mathrm{Col}(\boldsymbol{A})=\mathrm{Span}(\{\boldsymbol{a}_1,\boldsymbol{a}_2,\cdots,\boldsymbol{a}_n\}).\qquad(3.1)$$

一个矩阵的列空间有如下重要的性质.

定理 3.5　一个 $m\times n$ 维矩阵 $\boldsymbol{A}$ 的列空间 $\mathrm{Col}(\boldsymbol{A})$ 就是矩阵 $\boldsymbol{A}$ 的值域，即

$$\mathrm{Col}(\boldsymbol{A})=\{\forall\boldsymbol{y}\in\mathbf{R}^m\,|\,\exists\boldsymbol{x}\in\mathbf{R}^n,\ \text{s.t.}\ \boldsymbol{Ax}=\boldsymbol{y}\}.$$

因此也称矩阵的列空间为矩阵的值域.

证明: 为了证明命题中的两个集合相等,记 $S=\{\forall \boldsymbol{y}\in\mathbf{R}^m \mid \exists \boldsymbol{x}\in\mathbf{R}^n,\ \text{s.t.}\ \boldsymbol{A}\boldsymbol{x}=\boldsymbol{y}\}$.

(1)任取一个元素 $\boldsymbol{y}\in S$,则根据 S 的定义,一定存在一个 $\boldsymbol{x}=(x_1,x_2,\cdots,x_n)^{\mathrm{T}}$ 使得 $\boldsymbol{A}\boldsymbol{x}=\boldsymbol{y}$,即有

$$x_1\boldsymbol{a}_1+x_2\boldsymbol{a}_2+\cdots+x_n\boldsymbol{a}_n=\boldsymbol{y}.$$

故矢量 $\boldsymbol{y}$ 是 $\{\boldsymbol{a}_1,\boldsymbol{a}_2,\cdots,\boldsymbol{a}_n\}$ 的一个线性组合,因此 $y\in\mathrm{Col}(\boldsymbol{A})$. 这说明 $S\subset\mathrm{Col}(\boldsymbol{A})$.

(2)任取一个元素 $y\in\mathrm{Col}(\boldsymbol{A})$,根据定义有一组系数 $\{x_1,x_2,\cdots,x_n\}$ 使得

$$x_1\boldsymbol{a}_1+x_2\boldsymbol{a}_2+\cdots+x_n\boldsymbol{a}_n=\boldsymbol{y}.$$

如果令 $\boldsymbol{x}=(x_1,x_2,\cdots,x_n)^{\mathrm{T}}$,则有 $\boldsymbol{A}\boldsymbol{x}=\boldsymbol{y}$. 因此,$\boldsymbol{y}\in S$. 这说明 $\mathrm{Col}(\boldsymbol{A})\subset S$. 因此就得到了 $S=\mathrm{Col}(\boldsymbol{A})$.

因为矩阵的列空间 $\mathrm{Col}(\boldsymbol{A})$ 就是矩阵 $\boldsymbol{A}$ 作为线性映射的值域,所以有时候也用符号 Rang($\boldsymbol{A}$)来标记. 对矩阵来说,符号 Col 更能直接体现这个空间是由矩阵的列矢量生成的,因此在讨论矩阵的时候更多地使用 Col,它既代指矩阵的列空间又代指矩阵的值域. 在后面的章节中,我们还将讨论一般的线性映射. 因为对一般非矩阵的线性映射类空间来说符号 Col 的意义不明确,所以我们将使用符号 Rang 来代指线性映射的值域.

对一个矩阵,我们很容易验证一个矢量是不是属于它的零空间,但是需要花费一点时间才能求解出它的零空间. 矩阵的列空间却正好与此相反:我们很容易根据矩阵的元素写出它的列空间,但是验证一个给定的矢量是不是它的列空间中的元素却困难一些. 下面这个例题将会给出一种验证一个矢量是不是给定矩阵的列空间中的元素的方法.

例 3.8 请问矢量 $\boldsymbol{b}=\begin{pmatrix}1\\0\\1\end{pmatrix}$ 是不是矩阵 $\boldsymbol{A}=\begin{pmatrix}1&1&3&1\\2&1&5&4\\1&2&4&-1\end{pmatrix}$ 的列空间中的元素?

解: 根据定义,矢量 $\boldsymbol{b}$ 是矩阵 $\boldsymbol{A}$ 的列空间中的元素当且仅当它给出的方程 $\boldsymbol{A}\boldsymbol{x}=\boldsymbol{b}$ 有解. 这就要求增广矩阵的秩等于系数矩阵的秩. 为此写出增广矩阵

$$\begin{pmatrix}1&1&3&1&1\\2&1&5&4&0\\1&2&4&-1&1\end{pmatrix},$$

对它进行初等行变换,得到最简阶梯矩阵

$$\begin{pmatrix}1&0&2&3&-1\\0&1&1&-2&2\\0&0&0&0&-2\end{pmatrix}.$$

可以看到增广矩阵的秩为 3,但是系数矩阵的秩为 2,因此方程 $\boldsymbol{A}\boldsymbol{x}=\boldsymbol{b}$ 是无解的. 这说明 $\boldsymbol{b}$ 不是矩阵 $\boldsymbol{A}$ 的列空间中的元素.

一个矩阵可以写成列向量的排列,也可以写成行向量的排列. 因此我们可以平行构建一个矩阵的行空间. 实际上矩阵的转置矩阵的列空间就是矩阵行空间的转置. 因此,我们可以先把一个矩阵转置,然后研究它的列空间,再把得到的列空间转置,这样我们就得到了一个矩阵的行空间. 矩阵的行空间和列空间具有许多类似的性质. 比如,矩阵的列空间在初等列

变换下保持不变(证明见习题);类似地,矩阵的行空间在初等行变换下保持不变.

3.3 线性相关

根据列空间的定义,我们似乎很容易对它进行描述. 比如,对矩阵 $\boldsymbol{A}=(\boldsymbol{u},\boldsymbol{v},\boldsymbol{w})$ 和 $\boldsymbol{B}=(\boldsymbol{u},\boldsymbol{v},\boldsymbol{z})$,其中

$$\boldsymbol{u}=\begin{pmatrix}1\\2\\1\end{pmatrix},\ \boldsymbol{v}=\begin{pmatrix}2\\1\\1\end{pmatrix},\ \boldsymbol{w}=\begin{pmatrix}2\\1\\1\end{pmatrix},\ \boldsymbol{z}=\begin{pmatrix}3\\3\\2\end{pmatrix},$$

它们的列空间“似乎”分别是 $\mathrm{Col}(\boldsymbol{A})=\mathrm{Span}(\{\boldsymbol{u},\boldsymbol{v},\boldsymbol{w}\})$和$\mathrm{Col}(\boldsymbol{B})=\mathrm{Span}(\{\boldsymbol{u},\boldsymbol{v},\boldsymbol{z}\})$. 不过我们注意到这样一个事实:$\boldsymbol{w}=\boldsymbol{v}$. 因此,$\mathrm{Col}(\boldsymbol{A})$ 只需要 2 个矢量就可以生成了:$\mathrm{Col}(\boldsymbol{A})=\mathrm{Span}(\{\boldsymbol{u},\boldsymbol{v}\})$. 第一眼看上去,$\boldsymbol{B}$ 的列矢量都不尽相同,因此似乎 3 个矢量 $\boldsymbol{u}$, $\boldsymbol{v}$, $\boldsymbol{w}$ 是必需的. 但是我们仔细观察发现:

$$\boldsymbol{z}=\boldsymbol{u}+\boldsymbol{v}.$$

因此任意 3 个矢量 $\boldsymbol{u},\boldsymbol{v},\boldsymbol{w}$ 的组合

$$x_1\boldsymbol{u}+x_2\boldsymbol{v}+x_3\boldsymbol{w}$$

都可以写成 2 个矢量的组合:

$$(x_1+x_3)\boldsymbol{u}+(x_2+x_3)\boldsymbol{v}.$$

这表明 $\mathrm{Col}(\boldsymbol{B})=\mathrm{Span}(\{\boldsymbol{u},\boldsymbol{v}\})$. 这就产生了一个问题:我们怎么知道一个矩阵的列空间并不需矩阵的所有列就可以得到呢?

和这个问题类似,我们看如下这个线性方程组:

$$\begin{cases}x_1+2x_2=3,\\2x_1+x_2=3,\\x_1+x_2=2.\end{cases}\tag{3.2}$$

这个方程组表面上具有 3 个方程,但是我们仔细观察发现第 3 个方程可以由前 2 个方程相加再除以 3 得到. 假如把第 3 个方程删除,方程组的解集完全没有变化! 因此,这个方程组实际上只包含 2 个方程. 在物理中,一个方程往往代表着一个物理规律或者一个条件. 如果某个方程可以写成其他方程的组合,那么这个方程所代表的物理规律或者条件就已经包含在了其他方程中,因此就没有提供任何真的“额外”信息,也就意味着可以把它从物理方程组中拿走. 因此在写物理方程组的时候,第一步就是除去那些“假的”方程. 可是在一般情况下我们如何知道一个方程组中是不是都是“真的”方程呢? 比如本书第 1 章讨论电路问题时涉及的方程组(1.3)和(1.7),它们都含有 5 个方程. 方程组(1.3)包含足够的物理约束使得我们得到唯一的解,但是方程组(1.7)却无法确定唯一的解. 这表明方程组(1.7)包含的物理信息没有方程组(1.3)多. 换句话说,方程组(1.7)中的真方程没有方程组(1.3)中的多. 然而第一眼看上去,方程组(1.3)和(1.7)不太容易辨别清楚到底哪些方程使用了独立的物理条件,而哪些方程没有使用. 因此,在更复杂的一般情况下,我们需要一种可靠的、普适的方

法来判断一个方程组中真正独立的方程有几个.

我们先回答上述问题的一部分：如何判断一个线性方程组中各个方程是不是相互独立的？为此引入线性代数中最重要的概念之一.

定义 3.4 我们说（行或者列）矢量 $\boldsymbol{a}_1,\boldsymbol{a}_2,\cdots,\boldsymbol{a}_n$ 是线性相关的，如果存在不全为 0 的实数 $c_1,c_2,\cdots,c_n$ 使得

$$c_1\boldsymbol{a}_1+c_2\boldsymbol{a}_2+\cdots+c_n\boldsymbol{a}_n=\boldsymbol{0}.$$

如果只有当 $c_1=c_2=\cdots=c_n=0$ 的时候上式才成立，就说矢量 $\boldsymbol{a}_1,\boldsymbol{a}_2,\cdots,\boldsymbol{a}_n$ 是线性无关（也叫线性独立）的.

这个定义有一个平庸的推论，即矢量 $\boldsymbol{a}_1,\boldsymbol{a}_2,\cdots,\boldsymbol{a}_n$ 线性相关等价于矢量 $\boldsymbol{a}_1^{\mathrm{T}},\boldsymbol{a}_2^{\mathrm{T}},\cdots,\boldsymbol{a}_n^{\mathrm{T}}$ 线性相关. 此外，根据这个定义我们可以得到如下结论.

定理 3.6 矢量 $\boldsymbol{a}_1,\boldsymbol{a}_2,\cdots,\boldsymbol{a}_n$ 是线性无关的，当且仅当矩阵 $\boldsymbol{A}=(\boldsymbol{a}_1,\boldsymbol{a}_2,\cdots,\boldsymbol{a}_n)$ 的秩满足 $R(\boldsymbol{A})=n$.

证明：根据定义 3.4，矢量 $\boldsymbol{a}_1,\boldsymbol{a}_2,\cdots,\boldsymbol{a}_n$ 线性无关就要求方程 $c_1\boldsymbol{a}_1+c_2\boldsymbol{a}_2+\cdots+c_n\boldsymbol{a}_n=\boldsymbol{0}$ 只有平庸解，也就是齐次方程

$$\boldsymbol{Ax}=\boldsymbol{0}$$

只有平庸解. 根据定理 1.7，我们知道上述齐次方程只有平庸解的充要条件是 $R(\boldsymbol{A})\geqslant n$. 但是根据定理 1.3 的第（1）条，我们知道 $R(\boldsymbol{A})\leqslant n$. 因此 $\boldsymbol{Ax}=\boldsymbol{0}$ 只有平庸解的充要条件是 $R(\boldsymbol{A})=n$.

在上面的证明中，我们假设矢量都是列矢量. 而行矢量可以排列成矩阵 $\boldsymbol{A}=\begin{pmatrix}\boldsymbol{a}_1\\ \vdots\\ \boldsymbol{a}_n\end{pmatrix}$，我们来考虑它的转置矩阵. 此时矢量 $\boldsymbol{a}_1^{\mathrm{T}},\boldsymbol{a}_2^{\mathrm{T}},\cdots,\boldsymbol{a}_n^{\mathrm{T}}$ 是线性无关的，当且仅当 $R(\boldsymbol{A}^{\mathrm{T}})=n$. 根据定理 1.3，有 $R(\boldsymbol{A})=R(\boldsymbol{A}^{\mathrm{T}})$，于是得到以下结论.

推论 3.1 行矢量 $\boldsymbol{a}_1,\boldsymbol{a}_2,\cdots,\boldsymbol{a}_n$ 是线性无关的，当且仅当矩阵 $\boldsymbol{A}=\begin{pmatrix}\boldsymbol{a}_1\\ \vdots\\ \boldsymbol{a}_n\end{pmatrix}$ 满足 $R(\boldsymbol{A})=n$.

进一步地，考虑 n 个 m 维列矢量 $\boldsymbol{a}_1,\boldsymbol{a}_2,\cdots,\boldsymbol{a}_n$. 如果将它们当成一个 $m\times n$ 维矩阵 $\boldsymbol{A}$ 的列矢量，根据定理 1.3 的第（1）条就有 $R(\boldsymbol{A})\leqslant\min\{m,n\}\leqslant m$. 对行矢量，也可以得到类似的结论. 因此可以得到如下推论.

推论 3.2 如果 $n>m$，则 n 个 m 维矢量 $\boldsymbol{a}_1,\boldsymbol{a}_2,\cdots,\boldsymbol{a}_n$ 是线性相关的.

例 3.9 矢量 $\boldsymbol{a}=\begin{pmatrix}1\\1\\1\end{pmatrix}$，$\boldsymbol{b}=\begin{pmatrix}2\\1\\5\end{pmatrix}$ 和 $\boldsymbol{c}=\begin{pmatrix}1\\-3\\4\end{pmatrix}$ 是不是线性相关的？如果再添加一个矢量 $\boldsymbol{d}=\begin{pmatrix}1\\0\\-3\end{pmatrix}$，这 4 个矢量是不是线性相关的？

解：根据定理 3.6，需要计算矩阵

$$\boldsymbol{A}=\begin{pmatrix}1 & 2 & 1\\ 1 & 1 & -3\\ 1 & 5 & 4\end{pmatrix}$$

的秩是否等于 3. 由于这是一个 3×3 方阵,我们就需要判定它是否为满秩的. 根据第 2.2 节中行列式的性质 6,需要验证 $|\boldsymbol{A}|$ 是否为 0. 利用初等变换得到

$$|\boldsymbol{A}|=\begin{vmatrix}1 & 2 & 1\\ 1 & 1 & -3\\ 1 & 5 & 4\end{vmatrix}=\begin{vmatrix}1 & 2 & 1\\ 0 & -1 & -4\\ 0 & 3 & 3\end{vmatrix}=\begin{vmatrix}-1 & -4\\ 3 & 3\end{vmatrix}=9\neq 0.$$

这表明方阵 $\boldsymbol{A}$ 是满秩的,即 $R(\boldsymbol{A})=3$. 因此 3 个矢量 $\boldsymbol{a},\boldsymbol{b}$ 和 $\boldsymbol{c}$ 是线性独立的. 由于 $\boldsymbol{a},\boldsymbol{b},\boldsymbol{c}$ 和 $\boldsymbol{d}$ 是 4 个 3 维矢量,因此它们必定是线性相关的.

例 3.10　如果 $\boldsymbol{w},\boldsymbol{u}$ 和 $\boldsymbol{v}$ 是 3 个线性无关的矢量,请问矢量组 $\{\boldsymbol{w}+\boldsymbol{u},\boldsymbol{w}-\boldsymbol{u},\boldsymbol{w}+\boldsymbol{u}+\boldsymbol{v}\}$ 是否是线性无关的?

解:(1)方法一.

假设存在一组系数 x_1,x_2 和 x_3 使得

$$x_1(\boldsymbol{w}+\boldsymbol{u})+x_2(\boldsymbol{w}-\boldsymbol{u})+x_3(\boldsymbol{w}+\boldsymbol{u}+\boldsymbol{v})=\boldsymbol{0},$$

于是可以得到

$$(x_1+x_2+x_3)\boldsymbol{w}+(x_1-x_2+x_3)\boldsymbol{u}+x_3\boldsymbol{v}=\boldsymbol{0}.$$

由于 $\boldsymbol{w},\boldsymbol{u}$ 和 $\boldsymbol{v}$ 是 3 个线性无关的矢量,因此有

$$x_1+x_2+x_3=x_1-x_2+x_3=x_3=0.$$

解之得到 $x_1=x_2=x_3=0$. 因此,矢量组 $\{\boldsymbol{w}+\boldsymbol{u},\boldsymbol{w}-\boldsymbol{u},\boldsymbol{w}+\boldsymbol{u}+\boldsymbol{v}\}$ 是线性无关的.

(2)方法二.

令矩阵 $\boldsymbol{B}=(\boldsymbol{w},\boldsymbol{u},\boldsymbol{v})$,矩阵 $\boldsymbol{A}=(\boldsymbol{w}+\boldsymbol{u},\boldsymbol{w}-\boldsymbol{u},\boldsymbol{w}+\boldsymbol{u}+\boldsymbol{v})$,

$$\boldsymbol{S}=\begin{pmatrix}1 & 1 & 1\\ 1 & -1 & 1\\ 0 & 0 & 1\end{pmatrix},$$

则有 $\boldsymbol{A}=\boldsymbol{BS}$. $\det(\boldsymbol{S})=(-1)^{3+3}\begin{vmatrix}1 & 1\\ 1 & -1\end{vmatrix}=-2\neq 0$, 因此方阵 $\boldsymbol{S}$ 是可逆的. 根据定理 1.24, 有 $R(\boldsymbol{A})=R(\boldsymbol{B})$. 又因为 $\boldsymbol{w},\boldsymbol{u}$ 和 $\boldsymbol{v}$ 是 3 个线性无关的矢量, 所以 $R(\boldsymbol{B})=3$. 于是就得到了 $R(\boldsymbol{A})=3$. 因此,矢量组 $\{\boldsymbol{w}+\boldsymbol{u},\boldsymbol{w}-\boldsymbol{u},\boldsymbol{w}+\boldsymbol{u}+\boldsymbol{v}\}$ 是线性无关的.

现在我们可以回答本节开始的问题了. 首先考虑矢量集合 $S=\{\boldsymbol{v}_1,\boldsymbol{v}_2,\cdots,\boldsymbol{v}_k\}$,问题是能否用 S 中少于 k 个矢量生成线性空间 Span(S). 假设可以用其中的 $p(p<k)$ 个矢量生成 Span(S). 不失一般性,假设这 p 个矢量为 $\boldsymbol{v}_1,\boldsymbol{v}_2,\cdots,\boldsymbol{v}_p$,那么它们一定也可以生成 $\boldsymbol{v}_k$,即存在一组系数 $\{c_1,c_2,\cdots,c_p\}$ 使得

$$c_1\boldsymbol{v}_1+c_2\boldsymbol{v}_2+\cdots+c_p\boldsymbol{v}_p=\boldsymbol{v}_k,$$

于是有

$$c_1\boldsymbol{v}_1+c_2\boldsymbol{v}_2+\cdots+c_p\boldsymbol{v}_p+0\boldsymbol{v}_{p+1}+0\boldsymbol{v}_{p+2}+\cdots+0\boldsymbol{v}_{k-1}+(-1\boldsymbol{v}_k)=\boldsymbol{0}.$$

由于 $\boldsymbol{v}_k$ 前面的系数不是 0，根据定义 3.4，我们发现矢量集合 $S=\{\boldsymbol{v}_1,\boldsymbol{v}_2,\cdots,\boldsymbol{v}_k\}$ 不是线性无关的. 根据定理 3.6，矩阵 $\boldsymbol{A}=(\boldsymbol{v}_1,\boldsymbol{v}_2,\cdots,\boldsymbol{v}_k)$ 的秩一定不等于 k. 换句话说，有如下结论.

定理 3.7 有由 k 个列（行）矢量组成的集合 $S=\{\boldsymbol{v}_1,\boldsymbol{v}_2,\cdots,\boldsymbol{v}_k\}$，矩阵 $\boldsymbol{A}$ 的列（行）矢量全部由 S 中的元素构成. 当 $R(\boldsymbol{A})=k$ 的时候，S 的任何真子集都无法生成 $\mathrm{Span}(S)$.

换句话说，上述定理表明：对由 k 个列（行）矢量组成的矩阵 $\boldsymbol{A}$ 来说，当 $R(\boldsymbol{A})=k$ 的时候，如果想用 $\boldsymbol{A}$ 的列（行）矢量生成它的列（行）空间，必须用上 $\boldsymbol{A}$ 的全部列（行）矢量.

对 $\boldsymbol{Ax}=\boldsymbol{b}$，问题是其中某一个方程能否通过其他方程进行初等变换得到. 为此，考虑增广矩阵 $\boldsymbol{C}=(\boldsymbol{A}\,|\,\boldsymbol{b})$. 如果线性方程组 $\boldsymbol{Ax}=\boldsymbol{b}$ 中的每一个方程都不能由其他方程通过初等变换得到，就说明增广矩阵 $\boldsymbol{C}$ 的每一个行矢量都无法用其他行矢量叠加得到. 因此，增广矩阵的行矢量必定线性独立. 而根据推论 3.1，任何一个矩阵的行矢量是线性无关的，当且仅当它的秩恰好等于行矢量的数目. 于是就有如下结论.

定理 3.8 假设一个线性方程组由 $\boldsymbol{Ax}=\boldsymbol{b}$ 给出，那么这个方程组中的方程是独立的，当且仅当 $R((\boldsymbol{C}\,|\,\boldsymbol{b}))=$ 方程的数目.

我们可以总结成如下一句话：判断一个线性方程组中的方程是不是相互独立的，仅需要判断它给出的增广矩阵的秩是否等于方程的数目.

3.4 空间的基

给定一组矢量的集合 S，总是可以生成一个生成子空间 $\mathrm{Span}(S)$. 如果 S 中的矢量是线性相关的，那么可以从 S 中拿掉一个元素，从而得到一个元素更少的集合. 如果剩下的元素还是线性相关的，可以接着去除其中一个元素. 一直到剩下的元素变为线性无关的，将剩下的元素的集合记为 S'. 虽然 $S'\not\subseteq S$，但是 $\mathrm{Span}(S')=\mathrm{Span}(S)$. 如果再从 S' 中去除一个元素，剩下的集合将无法再生成 $\mathrm{Span}(S)$ 了. 因此，集合 S' 就是刻画 $\mathrm{Span}(S)$ 最必要的信息. 为此，引入以下定义.

定义 3.5 假设 W 是 $\mathbf{R}^n$ 的一个子空间，W 的一个基就是它的一个线性无关的生成集合.

这个定义有两点需要注意. 第一，子空间可以没有基. 令 $W=\{\mathbf{0}\}$，这是 $\mathbf{R}^n$ 最小的子空间. 这个空间只有一个元素 $\mathbf{0}$，并且是线性相关的（自己和自己线性相关），因此存在非 0 的实数 x 使得 $x\mathbf{0}=\mathbf{0}$. 这个最小的子空间没有线性无关的元素，因此就没有基. 第二，定义里并没有要求 W 的基如果存在的话一定是唯一的. 实际上，一个子空间可以有许多组不相同的基.

假设集合 $B=\{\boldsymbol{v},\boldsymbol{v}_2,\cdots,\boldsymbol{v}_p\}$ 是 $\mathbf{R}^n$ 的一个子空间 W 的一个基. 根据定义 3.5 有 $\mathrm{Span}(B)=W$. 因此，对 W 中的任何一个矢量 $\boldsymbol{x}$，一定存在一组实数 $a_1,a_2,\cdots,a_p$ 使得

$$\boldsymbol{x}=a_1\boldsymbol{v}_1+a_2\boldsymbol{v}_2+\cdots+a_p\boldsymbol{v}_p.$$

因此，子空间 W 的基可以线性组合出这个子空间中的任意一个元素. 因为这个原因，我们也说 W 的一个基是它的完备的线性无关组. 对选定的一个基来说，是否还存在另外一组不尽

相同的实数使得上式成立呢？假设存在这样一组实数 $b_1,b_2,\cdots,b_p$，就有

$$\boldsymbol{x}=b_1\boldsymbol{v}_1+b_2\boldsymbol{v}_2+\cdots+b_p\boldsymbol{v}_p.$$

将 $\boldsymbol{x}$ 的这两个不同的表达式展开相减得到

$$\mathbf{0}=(a_1-b_1)\boldsymbol{v}_1+(a_2-b_2)\boldsymbol{v}_2+\cdots+(a_p-b_p)\boldsymbol{v}_p.$$

由于 $\boldsymbol{v}_1,\boldsymbol{v}_2,\cdots,\boldsymbol{v}_p$ 是线性独立的，因此上式表明 $a_1=b_1,a_2=b_2,\cdots,a_p=b_p$. 由此得到如下重要的结论.

定理 3.9　假设集合 $B=\{\boldsymbol{v}_1,\boldsymbol{v}_2,\cdots,\boldsymbol{v}_p\}$ 是 $\mathbf{R}^n$ 的一个子空间 W 的一个基，则对 W 中的任意一个元素 $\boldsymbol{x}$，存在唯一一组实数 $a_1,a_2,\cdots,a_p$ 使得

$$\boldsymbol{x}=a_1\boldsymbol{v}_1+a_2\boldsymbol{v}_2+\cdots+a_p\boldsymbol{v}_p.$$

$(a_1,a_2,\cdots,a_p)$ 被称作 $\boldsymbol{x}$ 在基 B 下的坐标.

考虑直角坐标系中的 3 个坐标基矢：$\boldsymbol{e}_1=(1,0,0)^{\mathrm{T}}$，$\boldsymbol{e}_2=(0,1,0)^{\mathrm{T}}$，$\boldsymbol{e}_3=(0,0,1)^{\mathrm{T}}$. 容易看出它们就构成了 $\mathbf{R}^3$ 的一个基. 更一般地，给出以下定义.

定义 3.6　$\mathbf{R}^n$ 的一个自然坐标基为 $\boldsymbol{e}_1=(1,0,0,\cdots,0)^{\mathrm{T}}$，$\boldsymbol{e}_2=(0,1,0,\cdots,0)^{\mathrm{T}}$，依此类推，直到 $\boldsymbol{e}_n=(0,0,0,\cdots,1)^{\mathrm{T}}$.

当然，对实际的 $\mathbf{R}^n$ 来说，除了上述特殊的基以外，还可以有很多不同的基.

例 3.11　证明 $\boldsymbol{v}_1=\begin{pmatrix}1\\0\\0\end{pmatrix}$，$\boldsymbol{v}_2=\begin{pmatrix}1\\1\\0\end{pmatrix}$ 和 $\boldsymbol{v}_3=\begin{pmatrix}1\\1\\1\end{pmatrix}$ 构成了 $\mathbf{R}^3$ 的一个基.

证明：首先，这 3 个矢量是线性无关的，因为很容易验证 $\det(\boldsymbol{v}_1,\boldsymbol{v}_2,\boldsymbol{v}_3)=1$. 其次，$\mathbf{R}^3$ 中的任意矢量 $\boldsymbol{x}=(x_1,x_2,x_3)^{\mathrm{T}}$ 都和 $\mathrm{Span}(\{\boldsymbol{v}_1,\boldsymbol{v}_2,\boldsymbol{v}_3\})$ 中的矢量

$$(x_1-x_2)\boldsymbol{v}_1+(x_2-x_3)\boldsymbol{v}_2+x_3\boldsymbol{v}_3$$

一一对应. 因此，$\boldsymbol{v}_1,\boldsymbol{v}_2$和$\boldsymbol{v}_3$ 构成了 $\mathbf{R}^3$ 的一个基.

在前文中我们介绍了与一个矩阵相关联的两个子空间——零空间和列空间. 下面我们通过两个例题讲解如何给出这两个空间的基.

例 3.12　设矩阵 $\boldsymbol{A}=\begin{pmatrix}1&1&3&1\\2&1&5&4\\1&2&4&-1\end{pmatrix}$，写出它的零空间的一个基.

解：求解一个矩阵的零空间的第一步就是求解齐次方程 $\boldsymbol{Ax}=\mathbf{0}$. 首先将它的增广矩阵化为最简阶梯矩阵：

$$\begin{pmatrix}1&0&2&3&0\\0&1&1&-2&0\\0&0&0&0&0\end{pmatrix}.$$

于是就得到了如下解集：

$$\boldsymbol{x}=\begin{pmatrix}-2x_3-3x_4\\-x_3+2x_4\\x_3\\x_4\end{pmatrix}=x_3\begin{pmatrix}-2\\-1\\1\\0\end{pmatrix}+x_4\begin{pmatrix}-3\\2\\0\\1\end{pmatrix}.$$

令上式最后一个等号右边的两个矢量分别为 $\boldsymbol{u}$ 和 $\boldsymbol{v}$，于是就发现了 $\mathrm{Nul}(\boldsymbol{A})$ 的一个生成集合：$B=\{\boldsymbol{u},\boldsymbol{v}\}$. 这两个矢量是线性独立的，因此 $\boldsymbol{x}=x_3\boldsymbol{u}+x_4\boldsymbol{v}=\boldsymbol{0}$ 只会发生在 $x_3=x_4=0$ 的情况下. 因此，$B=\{\boldsymbol{u},\boldsymbol{v}\}$ 就是 $\mathrm{Nul}(\boldsymbol{A})$ 的一个基.

例 3.12 的结论可以推广到一般情况. 根据定理 1.9，秩为 r 的矩阵 $\boldsymbol{A}$ 给出的齐次方程 $\boldsymbol{Ax}=\boldsymbol{0}$ 的解集可以写成 $(n-r)$ 个矢量 $\boldsymbol{v}_1,\boldsymbol{v}_2,\cdots,\boldsymbol{v}_{n-r}$ 叠加的形式，即

$$\boldsymbol{x}=x_{i_1}\boldsymbol{v}_1+x_{i_2}\boldsymbol{v}_2+\cdots+x_{i_{n-r}}\boldsymbol{v}_{n-r}.$$

其中 x_{i_1} 是矢量 $\boldsymbol{x}$ 的 i_1 分量，x_{i_2} 是矢量 $\boldsymbol{x}$ 的 i_2 分量，等等. 显然，只要系数 $x_{i_1},x_{i_2},\cdots,x_{i_{n-r}}$ 不全为 0，矢量 $\boldsymbol{x}$ 就必定含有非 0 的分量，即 $\boldsymbol{x}\neq\boldsymbol{0}$. 故这 $(n-r)$ 个矢量 $\boldsymbol{v}_1,\boldsymbol{v}_2,\cdots,\boldsymbol{v}_{n-r}$ 必定是线性无关的. 因此就有以下结论.

定理 3.10 对齐次方程 $\boldsymbol{Ax}=\boldsymbol{0}$，定理 1.9 中出现的矢量 $\boldsymbol{v}_1,\boldsymbol{v}_2,\cdots,\boldsymbol{v}_{n-r}$ 可以构成 $\mathrm{Nul}(\boldsymbol{A})$ 的一个基.

可以看到，在求解和描述 $\mathrm{Nul}(\boldsymbol{A})$ 的过程中会自动产生一个关于 $\mathrm{Nul}(\boldsymbol{A})$ 的基. 下面看看如何求一个矩阵的列空间或者说值域的一个基.

例 3.13 写出例 3.12 中矩阵 $\boldsymbol{A}$ 的列空间的一个基.

解：首先需要确定 $\boldsymbol{A}$ 的值域并给它一个描述. 取矢量 $\boldsymbol{b}=\begin{pmatrix}b_1\\b_2\\b_3\end{pmatrix}$，那么 $\boldsymbol{b}$ 属于 $\mathrm{Col}(\boldsymbol{A})$ 当且仅当 $\boldsymbol{Ax}=\boldsymbol{b}$ 有解. 考虑增广矩阵

$$(\boldsymbol{A}\,|\,\boldsymbol{b})=\begin{pmatrix}1&1&3&1&b_1\\2&1&5&4&b_2\\1&2&4&-1&b_3\end{pmatrix},$$

将它化为最简阶梯矩阵

$$\begin{pmatrix}1&0&2&3&b_2-b_1\\0&1&1&-2&2b_1-b_2\\0&0&0&0&-3b_1+b_2+b_3\end{pmatrix}.$$

方程要想有解，要求

$$-3b_1+b_2+b_3=0\Rightarrow b_3=3b_1-b_2.$$

于是得到

$$\mathrm{Col}(\boldsymbol{A})=\left\{\boldsymbol{b}=b_1\begin{pmatrix}1\\0\\3\end{pmatrix}+b_2\begin{pmatrix}0\\1\\-1\end{pmatrix},\ b_1,b_2\in\mathbb{R}\right\}.$$

可以验证矢量$\begin{pmatrix}1\\0\\3\end{pmatrix}$和$\begin{pmatrix}0\\1\\-1\end{pmatrix}$是线性独立的，因此它们构成了 Col($\boldsymbol{A}$) 的一个基.

注意：由于一个子空间的基不唯一，因此例 3.13 和例 3.12 基的表达式不具有唯一性. 比如，对例 3.13，也可以选择 $b_1=(b_2+b_3)/3$，因此就有 $\boldsymbol{b}=b_2(1/3,1,0)^{\mathrm{T}}+b_3(1/3,1,0)^{\mathrm{T}}$.

对任意一组给定的列矢量，都可以将它看成一个矩阵的列矢量. 因此上文实际上给出了一种求解任意列矢量的生成子空间的基的方法.

例 3.14　写出如下 4 个矢量的生成子空间的一个基：

$$\boldsymbol{v}_1=\begin{pmatrix}1\\2\\1\end{pmatrix},\ \boldsymbol{v}_2=\begin{pmatrix}1\\1\\2\end{pmatrix},\ \boldsymbol{v}_3=\begin{pmatrix}3\\5\\4\end{pmatrix},\boldsymbol{v}_4=\begin{pmatrix}1\\4\\-1\end{pmatrix}.$$

解：将问题转化为寻找矩阵

$$\boldsymbol{A}=\begin{pmatrix}1&1&3&1\\2&1&5&4\\1&2&4&-1\end{pmatrix}$$

的值域的一个基.

重复例 3.13 的计算可以发现矢量$\begin{pmatrix}1\\0\\3\end{pmatrix}$和$\begin{pmatrix}0\\1\\-1\end{pmatrix}$构成了 Span($\{\boldsymbol{v}_1,\boldsymbol{v}_2,\boldsymbol{v}_3,\boldsymbol{v}_4\}$) 的一个基.

在上述方法中，我们还需要求解一个非齐次方程才能确定矩阵列空间的一个基. 下面这个定理可以帮助我们直接由矢量组给出的矩阵来确定其生成子空间的基.

定理 3.11　如果一个非零矩阵 $\boldsymbol{A}$ 行等价于一个最简阶梯矩阵 $\boldsymbol{B}$，那么 $\boldsymbol{B}$ 的非零行就构成了 $\boldsymbol{A}$ 的行空间的一个基.

证明：对矩阵 $\boldsymbol{A}$ 进行初等行变换不会改变矩阵 $\boldsymbol{A}$ 的行空间. 如果 $\boldsymbol{A}$ 行等价于一个最简阶梯矩阵 $\boldsymbol{B}$，那么 $\boldsymbol{B}$ 的非零行可以生成 $\boldsymbol{B}$ 的行空间. 将 $\boldsymbol{B}$ 的非零行单独拿出来组成一个矩阵，则这个矩阵的秩等于它的行向量的数目，这就表明这些行向量是线性无关的. 因此，$\boldsymbol{B}$ 的非零行就构成了 $\boldsymbol{A}$ 的行空间的一个基.

定理 3.11 给出了求解行矢量构成的子空间的基的方法. 它也可以用于求解列矢量构成的子空间的基. 下面举例说明.

例 3.15　假设集合 S 由如下 5 个矢量组成：

$$\boldsymbol{v}_1=\begin{pmatrix}1\\1\\2\\-1\end{pmatrix},\boldsymbol{v}_2=\begin{pmatrix}1\\2\\1\\1\end{pmatrix},\boldsymbol{v}_3=\begin{pmatrix}1\\4\\-1\\5\end{pmatrix},\boldsymbol{v}_4=\begin{pmatrix}1\\0\\4\\-1\end{pmatrix},\boldsymbol{v}_5=\begin{pmatrix}2\\5\\0\\2\end{pmatrix}.$$

寻找它的生成子空间的一个基.

解：首先写出矩阵 $\boldsymbol{V}=(\boldsymbol{v}_1,\boldsymbol{v}_2,\boldsymbol{v}_3,\boldsymbol{v}_4,\boldsymbol{v}_5)$. 由于给出的矢量是列矢量，为了能够使用定理 3.11，考虑矩阵 $\boldsymbol{V}^{\mathrm{T}}$：

$$V^{\mathrm{T}}=\begin{pmatrix}1&1&2&-1\\1&2&1&1\\1&4&-1&5\\1&0&4&-1\\2&5&0&2\end{pmatrix}.$$

通过初等行变换，得到最简阶梯矩阵：

$$B^{\mathrm{T}}=\begin{pmatrix}1&0&0&-9\\0&1&0&4\\0&0&1&2\\0&0&0&0\\0&0&0&0\end{pmatrix}.$$

因此，$\boldsymbol{B}^{\mathrm{T}}$ 的非零行就构成了 $\boldsymbol{V}^{\mathrm{T}}$ 的行空间的一个基，从而

$$B=\begin{pmatrix}1&0&0&0&0\\0&1&0&0&0\\0&0&1&0&0\\-9&4&2&0&0\end{pmatrix}$$

的非零列就构成了 S 的生成子空间的一个基.

可以把这种方法总结如下：

(1)给定 $\mathbf{R}^n$ 的一个子空间的一个生成集合 $S=\{\boldsymbol{v}_1,\boldsymbol{v}_2,\cdots,\boldsymbol{v}_m\}$；

(2)设矩阵 $\boldsymbol{V}=(\boldsymbol{v}_1,\boldsymbol{v}_2,\cdots,\boldsymbol{v}_m)$，利用初等行变换把 $\boldsymbol{V}^{\mathrm{T}}$ 转化为最简阶梯矩阵 $\boldsymbol{B}^{\mathrm{T}}$；

(3)矩阵 $\boldsymbol{B}$ 的非零列就构成了 S 的生成子空间的一个基.

上述步骤给出了求解列矢量集合 S 的生成子空间的基的一般方法. 对行矢量，不需要进行转置操作，直接运用定理 3.11 即可. 需要注意的是基的选择不唯一，因此上述方法仅仅给出了一个可选的基.

$\mathbf{R}^n$ 中的任何一个矢量都需要 n 个坐标来描述，至少在直角坐标系中是这样的. 因此，用 $\mathbf{R}^n$ 的任何一个基描述一个矢量都需要 n 个坐标，也就是说 $\mathbf{R}^n$ 的任何一个基都有 n 个线性无关的矢量. 下面来证明这个看似显然但是严格来说需要证明的结论.

例 3.16 证明 $\mathbf{R}^n$ 的基一定含有 n 个线性无关的矢量.

证明：假设 $\mathbf{R}^n$ 有一个基为 $\{\boldsymbol{v}_1,\boldsymbol{v}_2,\cdots,\boldsymbol{v}_p\}$. 考虑矩阵 $\boldsymbol{V}=(\boldsymbol{v}_1,\boldsymbol{v}_2,\cdots,\boldsymbol{v}_p)$，由于 $\boldsymbol{v}_1,\boldsymbol{v}_2,\cdots,\boldsymbol{v}_p$ 是线性无关的，就有

$$R(\boldsymbol{V})=p.$$

又因为 $\dim(\boldsymbol{V})=n\times p$，因此 $R(\boldsymbol{V})=\min\{n,p\}$. 于是得到

$$n\geqslant p.$$

另外一方面，$\{\boldsymbol{v}_1,\boldsymbol{v}_2,\cdots,\boldsymbol{v}_p\}$ 是 $\mathbf{R}^n$ 的一个基，而 $\boldsymbol{e}_1=(1,0,\cdots,0)^{\mathrm{T}}\in\mathbf{R}^n$，因此一定存在一个矢量 $\boldsymbol{x}_1=(x_{11},x_{21},\cdots,x_{p1})^{\mathrm{T}}$ 使得

$$x_{11}\boldsymbol{v}_1+x_{21}\boldsymbol{v}_2+\cdots+x_{p1}\boldsymbol{v}_p=\boldsymbol{e}_1\Rightarrow \boldsymbol{V}\boldsymbol{x}_1=\boldsymbol{e}_1.$$

类似地，对 $\boldsymbol{e}_2=(0,1,\cdots,0)^{\mathrm{T}}\in\mathbf{R}^n$，一定存在一个矢量 $\boldsymbol{x}_2=(x_{12},x_{22},\cdots,x_{p2})^{\mathrm{T}}$ 使得 $\boldsymbol{V}\boldsymbol{x}_2=\boldsymbol{e}_2$. 依此类推，一直到 $\boldsymbol{e}_n=(0,0,\cdots,1)^{\mathrm{T}}$，一定存在一个矢量 $\boldsymbol{x}_n=(x_{1n},x_{2n},\cdots,x_{pn})^{\mathrm{T}}$ 使得 $\boldsymbol{V}\boldsymbol{x}_n=\boldsymbol{e}_n$. 由于 $(\boldsymbol{e}_1,\boldsymbol{e}_2,\cdots,\boldsymbol{e}_n)=\boldsymbol{I}_n$，因此一定存在一个 $p\times n$ 维的矩阵 $\boldsymbol{X}=(\boldsymbol{x}_1,\boldsymbol{x}_2,\cdots,\boldsymbol{x}_n)$ 使得

$$\boldsymbol{V}\boldsymbol{X}=\boldsymbol{I}_n.$$

这就表明 $R(\boldsymbol{V}\boldsymbol{X})=R(\boldsymbol{I}_n)=n$. 对 $\boldsymbol{V}\boldsymbol{X}$ 和 $\boldsymbol{V}$ 有秩不等式①

$$R(\boldsymbol{V}\boldsymbol{X})\leqslant R(\boldsymbol{V})=p,$$

因此就有

$$n\leqslant p.$$

则 $p=n$.

3.5　空间的维数

这一节把空间的维数从几何概念推广到代数概念. 如果把 $\mathbf{R}^3$ 想象成一个 3 维空间，那么很容易意识到 $\mathbf{R}^3$ 的维数是 3. 这个结论很容易推广到 $\mathbf{R}^n$，此时就说 $\mathbf{R}^n$ 的维数是 n. 实际上在前文中我们已经称呼 $\mathbf{R}^n$ 为 n 维向量空间了. 但是如果考虑的是 $\mathbf{R}^n$ 的一个子空间 W 呢？它的维数该如何确定呢？我们来看一个例子：

$$W=\left\{\forall\boldsymbol{x}\in\mathbf{R}^3\left|\,\boldsymbol{x}=\begin{pmatrix}x_2-2x_3\\x_2\\x_3\end{pmatrix}\right.\right\}.$$

从几何的角度看，W 是由方程 $x=y-2z$ 组成的平面，所以很自然地 W 的维数是 2. 另外，利用上一节的方法我们发现 W 有一个基 $\{\boldsymbol{v}_1,\boldsymbol{v}_2\}$，它包含两个矢量：

$$\boldsymbol{v}_1=(1,1,0)^{\mathrm{T}},\ \ \boldsymbol{v}_2=(-2,0,1)^{\mathrm{T}}.$$

在这个例子中，我们发现一个子空间的维数和它的一个基的矢量的数目相同.

基于上面的观察，一个很自然的想法是：我们可以把一个子空间的一个基包含的矢量的数目称为它的维数. 但是有一个问题，一个子空间的基可以有很多，为了使得这样定义的维数有意义，我们需要证明不同的基会给出相同的维数. 这一点可以由如下定理保证.

引理 3.1　假设 W 为 $\mathbf{R}^n$ 的一个子空间，它的一个基 $B=\{\boldsymbol{w}_1,\boldsymbol{w}_2,\cdots,\boldsymbol{w}_p\}$ 包含 p 个矢量，那么 W 的任何基都包含 p 个矢量.

证明： 这个命题可以看成例 3.16 的推广，因此证明的方法也类似. 考虑矩阵 $\boldsymbol{V}=(\boldsymbol{v}_1,\boldsymbol{v}_2,\cdots,\boldsymbol{v}_p)$，由于 $\boldsymbol{v}_1,\boldsymbol{v}_2,\cdots,\boldsymbol{v}_p$ 是线性无关的，就有

$$R(\boldsymbol{V})=p.$$

假设 W 还存在一个基 $\tilde{B}=\{\boldsymbol{u}_1,\boldsymbol{u}_2,\cdots,\boldsymbol{u}_k\}$，定义矩阵 $\boldsymbol{U}=(\boldsymbol{u}_1,\boldsymbol{u}_2,\cdots,\boldsymbol{u}_k)$，可以得到

$$R(\boldsymbol{U})=k.$$

由于基都是完备的，因此一定可以把 $\widetilde{B}$ 中的每一个矢量都用 B 中的矢量展开. 因此一定存在一个矢量 $\boldsymbol{x}_1=(x_{11},x_{21},\cdots,x_{p1})^{\mathrm{T}}$ 使得

① 见第 1 章习题 34.

$$Vx_1 = x_{11}v_1 + x_{21}v_2 + \cdots + x_{p1}v_p = u_1.$$

类似地，一定存在一个矢量 $x_2 = (x_{12}, x_{22}, \cdots, x_{p2})^T$ 使得 $Vx_2 = u_2$. 依此类推，一定存在一个矢量 $x_n = (x_{1k}, x_{2k}, \cdots, x_{pk})^T$ 使得 $Vx_k = u_k$. 因此就存在一个矩阵 $X = (x_1, x_2, \cdots, x_k)$ 使得

$$VX = U.$$

另一方面，根据秩不等式①

$$R(VX) \leqslant \min\{R(V), R(X)\},$$

得到

$$p = R(V) \geqslant R(VX) = R(U) = k.$$

我们也可以把展开反过来，把 B 中的每一个矢量都用 $\tilde{B}$ 中的矢量展开，这样就会得到 $k \geqslant p$. 因此必定有 $k = p$.

考虑到子空间的每一个基都有相同的矢量数目，我们就可以放心地引入下面的定义了.

定义 3.7 假设 W 为 $\mathbf{R}^n$ 的一个子空间，它的维数定义为它的任意一个基包含的矢量的数目，记为 $\dim(W)$.②

一个子空间可以有很多不同的基，但是这些基都具有一个相同的特性，那就是它们的矢量数目是一样的. 因此维数就是刻画子空间的一个重要的、和基的选择无关的参数. 集合 $\{\mathbf{0}\}$ 也是 $\mathbf{R}^n$ 的一个子空间，但是它却没有基，我们约定这样的零子空间的维数为 0.

因为 $\mathbf{R}^3$ 有一个单位长度的坐标基 $\{e_1, e_2, e_3\}$ 作为基，因此 $\dim(\mathbf{R}^3) = 3$；一般地，$\mathbf{R}^n$ 有一个单位长度的坐标基 $\{e_1, e_2, \cdots, e_n\}$ 作为基，因此 $\dim(\mathbf{R}^n) = n$. 通过基中向量的个数定义的维数和几何维数是一致的.

例 3.17 假设 W 为 $\mathbf{R}^3$ 的一个子空间，且 $W = \mathrm{Span}(\{u_1, u_2, u_3, u_4\})$，其中

$$u_1 = \begin{pmatrix} 1 \\ 1 \\ 2 \end{pmatrix},\ u_2 = \begin{pmatrix} 2 \\ 4 \\ 0 \end{pmatrix},\ u_3 = \begin{pmatrix} 3 \\ 5 \\ 2 \end{pmatrix},\ u_4 = \begin{pmatrix} 2 \\ 5 \\ -2 \end{pmatrix}.$$

请给出 W 的维数.

解：我们需要找到 W 的一个基，这里用两种不同的方法.

(1) 方法一.

首先写出矩阵 $U = (u_1, u_2, u_3, u_4)$. 然后考虑线性方程组 $Ux = b$，写出增广矩阵 $(U \mid b)$. 通过初等行变换，得到如下最简阶梯矩阵：

$$\begin{pmatrix} 1 & 0 & 1 & -1 & 2b_1 - b_2 \\ 0 & 1 & 1 & 3/2 & -b_1/2 + b_2/2 \\ 0 & 0 & 0 & 0 & -4b_1 + 2b_2 + b_3 \end{pmatrix}.$$

由此我们发现 $b_3 = 4b_1 - 2b_2$. 因此，就得到了所有可能的矢量 b 的形式，即 $b = b_1 v_1 + b_2 v_2$，其中

① 见第 1 章习题 34.

② 在前面讨论矩阵的维数的时候也用了符号“dim”，用以表示矩阵的行和列的数目，它和矢量空间的维数的含义并不相同.

$$\boldsymbol{v}_1=\begin{pmatrix}1\\0\\4\end{pmatrix},\quad \boldsymbol{v}_2=\begin{pmatrix}0\\1\\-2\end{pmatrix}.$$

因此,得到了 W 的一个基$\{\boldsymbol{v}_1,\boldsymbol{v}_2\}$,故 $\dim(W)=2$.

(2)方法二.

将矩阵 $\boldsymbol{U}^{\mathrm{T}}$ 化简为最简阶梯矩阵

$$\boldsymbol{C}^{\mathrm{T}}=\begin{pmatrix}1&0&4\\0&1&-2\\0&0&0\\0&0&0\end{pmatrix},$$

则

$$\boldsymbol{C}=\begin{pmatrix}1&0&0&0\\0&1&0&0\\4&-2&0&0\end{pmatrix}.$$

可以看到 $\boldsymbol{C}$ 包含两个非零的列,给出的基也是 $\{\boldsymbol{v}_1,\boldsymbol{v}_2\}$,因此 $\dim(W)=2$.

一个维数为 p 的子空间和 $\mathbf{R}^p$ 有着许多相似的性质,因此有如下结论.

定理 3.12　假设 W 为 $\mathbf{R}^n$ 的一个子空间,如果 $\dim(W)=p$,那么:

(1)W 中的任何多于 p 个矢量都是线性相关的;

(2)W 中的任何少于 p 个矢量都不能生成 W;

(3)W 中任何 p 个线性无关的矢量都是 W 的基;

(4)W 中任何能够生成 W 的 p 个矢量都是 W 的基.

证明:(1)取矩阵 $\boldsymbol{B}=(\boldsymbol{w}_1,\boldsymbol{w}_2,\cdots,\boldsymbol{w}_p)$,$\{\boldsymbol{w}_1,\boldsymbol{w}_2,\cdots,\boldsymbol{w}_p\}$ 是 W 的一个基. 因此就有 $R(\boldsymbol{B})=p$. 如果有 W 中的 k 个矢量,把它们作为矩阵 $\boldsymbol{V}$ 的列向量,那么就存在一个矩阵 $\boldsymbol{X}$ 使得

$$\boldsymbol{BX}=\boldsymbol{V}.$$

根据秩不等式

$$R(\boldsymbol{V})\leqslant\min\{R(\boldsymbol{B}),R(\boldsymbol{X})\}\leqslant R(\boldsymbol{B})=p,$$

如果 $k>p$,则 $k>R(\boldsymbol{V})$. 根据定理 3.6,矩阵 $\boldsymbol{V}$ 的 k 个列向量是线性相关的.

(2)如果少于 p 个矢量能生成 W,那么把它们排列成矩阵 $\boldsymbol{C}$. 由于 $\boldsymbol{C}$ 的行数少于 p,

$$R(\boldsymbol{C})<p.$$

因为这些矢量生成了整个 W,那么它们也可以生成矩阵 $\boldsymbol{B}$ 的所有列向量. 因此就存在一个矩阵 $\boldsymbol{Y}$ 使得

$$\boldsymbol{CY}=\boldsymbol{B}.$$

根据秩不等式

$$R(\boldsymbol{B})\leqslant\min\{R(\boldsymbol{C}),R(\boldsymbol{Y})\}\leqslant R(\boldsymbol{C})<p,$$

这与 $R(\boldsymbol{B})=p$ 矛盾.

(3)假设 $\boldsymbol{w}_1,\boldsymbol{w}_2,\cdots,\boldsymbol{w}_p$ 是线性无关的. 任取一个非零矢量 $\boldsymbol{w}_0\in W$,根据性质(1),矢量组

$(\boldsymbol{w}_0,\boldsymbol{w}_1,\boldsymbol{w}_2,\cdots,\boldsymbol{w}_p)$ 是线性相关的. 因此就有一组不全为 0 的数使得

$$x_0\boldsymbol{w}_0+x_1\boldsymbol{w}_1+x_2\boldsymbol{w}_2+\cdots+x_p\boldsymbol{w}_p=\boldsymbol{0}.$$

如果 $x_0=0$，上述方程就变成

$$x_1\boldsymbol{w}_1+x_2\boldsymbol{w}_2+\cdots+x_p\boldsymbol{w}_p=\boldsymbol{0}.$$

因为 $\boldsymbol{w}_1,\boldsymbol{w}_2,\cdots,\boldsymbol{w}_p$ 是线性无关的，这就导致

$$x_1=x_2=\cdots=x_p=x_0=0.$$

这和 $x_0,x_1,\cdots,x_p$ 不全为 0 矛盾. 因此 $x_0\neq 0$，就有

$$\boldsymbol{w}_0=-\frac{1}{x_0}(x_1\boldsymbol{w}_1+x_2\boldsymbol{w}_2+\cdots+x_p\boldsymbol{w}_p).$$

因此 $(\boldsymbol{w}_1,\boldsymbol{w}_2,\cdots,\boldsymbol{w}_p)$ 可以生成整个 W，故是 W 的一个基.

(4)证明留作作业.

定理 3.11 表明，与一个矩阵行等价的最简阶梯矩阵的非零行给出了行空间的一个基，而最简阶梯矩阵非零行的数目就是矩阵的秩，因此矩阵的秩就等于矩阵行空间的维数. 另外，矩阵行空间的维数和矩阵转置之后列空间的维数是一样的. 因此，我们就得到了

$$R(\boldsymbol{A})=\dim(\mathrm{Col}(\boldsymbol{A}^{\mathrm{T}})).$$

将上式中的 $\boldsymbol{A}$ 换成 $\boldsymbol{A}^{\mathrm{T}}$，就进一步得到了

$$R(\boldsymbol{A}^{\mathrm{T}})=\dim(\mathrm{Col}(\boldsymbol{A})).$$

由于矩阵的秩在矩阵转置操作下不变，于是我们就得到了一个关于矩阵的秩的理解.

定理 3.13 矩阵的秩等于其列空间的维数，也等于其行空间的维数，即 $R(\boldsymbol{A})=\dim(\mathrm{Col}(\boldsymbol{A}))=\dim(\mathrm{Col}(\boldsymbol{A}^{\mathrm{T}}))$.

将定理 3.13 和定理 3.12 结合，可以得到如下推论.

推论 3.3 矩阵的秩等于它线性无关的行矢量的最大数目，也等于它线性无关的列矢量的最大数目.

任何一组相同维数的矢量都可以构成一个矩阵. 因此推论 3.3 也可以理解为：在一组相同维数的矢量中，线性独立的矢量的最大数目等于由它们组成的矩阵的秩. 或者简单地说：秩就是矢量组中真正独立的矢量的数目. 这是秩的另外一个含义.

3.6 正交基

对 $\mathbf{R}^n$ 的一个子空间 W，我们已经知道它的基中矢量的数目都是一样的，但是我们依然可以选择许多不同的基. 比如 $\mathbf{R}^3$，它的任意 3 个线性独立的矢量都构成了它的一个基. 如果把 $\mathbf{R}^3$ 看成 3 维空间中过原点的有向线段的集合，这些基中有一类特殊的基：它们任意两个都是相互垂直的. “垂直”这个词具有明显的几何痕迹，为了在更一般的代数系统中去研究它，将其推广为正交. 两个矢量 $\boldsymbol{v}$ 和 $\boldsymbol{u}$ 是正交的，如果它们满足

$$\boldsymbol{v}^{\mathrm{T}}\boldsymbol{u}=0.$$

进一步地,我们说一个矢量集合是正交矢量组,如果其中的矢量都是两两正交的. 显然零矢量和任意矢量都是正交的. 我们知道 $\mathbf{R}^3$ 中 3 个非零的正交矢量可以被选为直角坐标系的 3 个坐标轴,因此它们是线性无关的. 这个结论可以推广到一般的情况.

定理 3.14　假设 $S=\{\boldsymbol{v}_1,\boldsymbol{v}_2,\cdots,\boldsymbol{v}_p\}$ 是 $\mathbf{R}^n$ 中一个不包含零矢量的正交矢量组,那么 S 中的矢量是线性无关的.

证明:假设存在一组系数 $c_1,c_2,\cdots,c_p$ 使得

$$c_1\boldsymbol{v}_1+c_2\boldsymbol{v}_2+\cdots+c_p\boldsymbol{v}_p=\mathbf{0}.$$

用矢量 $\boldsymbol{v}_1$ 乘以上式:

$$\boldsymbol{v}_1^{\mathrm{T}}(c_1\boldsymbol{v}_1+c_2\boldsymbol{v}_2+\cdots+c_p\boldsymbol{v}_p)=0.$$

因为 S 是正交矢量组,因此 $\boldsymbol{v}_1$ 和任意其他矢量的乘积等于 0. 于是

$$c_1\boldsymbol{v}_1^{\mathrm{T}}\boldsymbol{v}_1=0.$$

因为 S 中不包含零矢量,因此 $\boldsymbol{v}_1^{\mathrm{T}}\boldsymbol{v}_1\neq0$. 因而 $c_1=0$. 同理可证 $c_2=c_3=\cdots=c_p=0$. 因此,S 是一个线性无关的矢量组.

因此,对一个维数为 p 的子空间,如果找到了其中 p 个相互正交的矢量,这一组矢量就可以作为子空间的一个基.

推论 3.4　对 $\mathbf{R}^n$ 的一个 p 维子空间 W,假设 $S=\{\boldsymbol{v}_1,\boldsymbol{v}_2,\cdots,\boldsymbol{v}_p\}\subset W$ 且 $\mathbf{0}\notin S$,如果 S 中任意两个矢量都是正交的,则 S 构成 W 的一个基.

对 $\mathbf{R}^n$ 的一个 p 维子空间 W,如果它的一个基 $S=\{\boldsymbol{v}_1,\boldsymbol{v}_2,\cdots,\boldsymbol{v}_p\}$ 中任意两个矢量都是正交的,这个基就被称为正交基. 特别地,如果基中的每一个矢量都满足 $\boldsymbol{v}_i^{\mathrm{T}}\boldsymbol{v}_i=1$,就称 S 为正交归一基.

例 3.18　验证集合 $S=(\boldsymbol{u}_1,\boldsymbol{u}_2,\boldsymbol{u}_3)$ 构成 $\mathbf{R}^3$ 的一个正交基,其中

$$\boldsymbol{u}_1=\begin{pmatrix}1\\2\\1\end{pmatrix},\ \boldsymbol{u}_2=\begin{pmatrix}3\\-1\\-1\end{pmatrix},\ \boldsymbol{u}_3=\begin{pmatrix}1\\-4\\7\end{pmatrix}.$$

解:首先验证它们的正交性. 通过直接计算可以发现

$$\boldsymbol{u}_1^{\mathrm{T}}\boldsymbol{u}_2=3-2-1=0,\ \boldsymbol{u}_1^{\mathrm{T}}\boldsymbol{u}_3=1-8+7=0,\ \boldsymbol{u}_3^{\mathrm{T}}\boldsymbol{u}_2=3+4-7=0.$$

因此这三个矢量是相互正交的. 又因为 $\mathbf{R}^3$ 的维数为 3,因此集合 S 构成了 $\mathbf{R}^3$ 的一个正交基.

对子空间 W 的一个正交基 $S=\{\boldsymbol{v}_1,\boldsymbol{v}_2,\cdots,\boldsymbol{v}_p\}$,把其中的每一个元素都乘以一个非 0 的实数 a,那么得到的新的集合 $S'=\{a\boldsymbol{v}_1,a\boldsymbol{v}_2,\cdots,a\boldsymbol{v}_p\}$ 也是 W 的一个正交基. 利用这一点,可以把 W 的任意正交基变换为 W 的正交归一基,只需要做如下替换:

$$\boldsymbol{v}_i\to\boldsymbol{v}_i/\sqrt{\boldsymbol{v}_i^{\mathrm{T}}\boldsymbol{v}_i}\ .$$

正交基相对于非正交基的一个巨大的优点就是方便我们确定一个矢量在其所在的基下的坐标.

例 3.19　试确定矢量 $\boldsymbol{b}=(5,-5,-2)^{\mathrm{T}}$ 在例 3.18 中的基下的坐标.

解:根据给定基下矢量坐标的定义,我们需要确定一组系数使得

$$x_1\boldsymbol{u}_1+x_2\boldsymbol{u}_2+x_3\boldsymbol{u}_3=\boldsymbol{b}.$$

利用 S 中矢量的正交性可以方便地计算出 x_1,x_2 和 x_3：

$$x_1=\frac{\boldsymbol{u}_1^{\mathrm{T}}\boldsymbol{b}}{\boldsymbol{u}_1^{\mathrm{T}}\boldsymbol{u}_1}=-\frac{7}{6},\ x_2=\frac{\boldsymbol{u}_2^{\mathrm{T}}\boldsymbol{b}}{\boldsymbol{u}_2^{\mathrm{T}}\boldsymbol{u}_2}=2,\ x_3=\frac{\boldsymbol{u}_3^{\mathrm{T}}\boldsymbol{b}}{\boldsymbol{u}_3^{\mathrm{T}}\boldsymbol{u}_3}=\frac{1}{6}.$$

作为对比，我们来看看如何确定一个矢量在非正交基下的坐标.

例 3.20 集合 $S=(\boldsymbol{v}_1,\boldsymbol{v}_2,\boldsymbol{v}_3)$ 构成 $\mathbf{R}^3$ 的一个基，其中

$$\boldsymbol{v}_1=\begin{pmatrix}1\\1\\-1\end{pmatrix},\ \boldsymbol{v}_2=\begin{pmatrix}-1\\2\\1\end{pmatrix},\ \boldsymbol{v}_3=\begin{pmatrix}2\\-2\\1\end{pmatrix}.$$

试确定矢量 $\boldsymbol{b}=(5,-5,-2)^{\mathrm{T}}$ 在这个基下的坐标.

解：依然假设

$$x_1\boldsymbol{v}_1+x_2\boldsymbol{v}_2+x_3\boldsymbol{v}_3=\boldsymbol{b}.$$

由于基的非正交性，我们无法使用一个基和上式做乘法来直接解出坐标. 我们将上述方程看成一个线性方程组

$$\begin{pmatrix}1&-1&2\\1&2&-2\\-1&1&1\end{pmatrix}\begin{pmatrix}x_1\\x_2\\x_3\end{pmatrix}=\begin{pmatrix}5\\-5\\-2\end{pmatrix}$$

来获得 $\boldsymbol{b}=(5,-5,-2)^{\mathrm{T}}$ 在这个基下的坐标. 利用高斯消元法可以得到 $x_1=1,x_2=-2$ 和 $x_3=1$. 显然在这种情况下计算量比例 3.19 大了很多！

假设 W 为 $\mathbf{R}^n$ 的子空间，并且 $B=\{\boldsymbol{w}_1,\boldsymbol{w}_2,\cdots,\boldsymbol{w}_p\}$ 是 W 的一个正交基. 那么任意一个 W 中的矢量 $\boldsymbol{v}$ 在这个基下的坐标可以表示为

$$\boldsymbol{v}=a_1\boldsymbol{w}_1+a_2\boldsymbol{w}_2+\cdots+a_p\boldsymbol{w}_p.$$

其中

$$a_i=\boldsymbol{w}_i^{\mathrm{T}}\boldsymbol{v}/\boldsymbol{w}_i^{\mathrm{T}}\boldsymbol{w}_i.$$

但是在实际情况下，我们比较容易先找到一个子空间的非正交基. 比如对一个矩阵来说，我们计算得到它的零空间和列空间的基一般是非正交的. 那么有没有办法从这些非正交基中得到一个正交基呢？下面来看两个例子.

例 3.21 考虑子空间 $S=\mathrm{Span}(\{\boldsymbol{w}_1,\boldsymbol{w}_2\})$，其中

$$\boldsymbol{w}_1=\begin{pmatrix}1\\1\\2\end{pmatrix},\ \boldsymbol{w}_2=\begin{pmatrix}0\\2\\-4\end{pmatrix}.$$

试着构造一个正交基.

解：首先我们注意到生成 W 的两个矢量是线性无关的，因此 $\boldsymbol{w}_1,\boldsymbol{w}_2$ 就构成了 W 的一个非正交基. 我们可以选择正交基的第一个矢量 $\boldsymbol{u}_1$ 就是 $\boldsymbol{w}_1$，然后寻找一个矢量 $\boldsymbol{u}_2$ 使得 $\boldsymbol{u}_1^{\mathrm{T}}\boldsymbol{u}_2=0$. 令

$$\boldsymbol{u}_1=\boldsymbol{w}_1,\ \boldsymbol{u}_2=\boldsymbol{w}_1+a\boldsymbol{w}_2,$$

得到

$$\boldsymbol{u}_1^{\mathrm{T}}\boldsymbol{u}_2 = -6+6a = 0.$$

因此就得到一个正交基：$\boldsymbol{u}_1 = (1,1,2)^{\mathrm{T}}$，$\boldsymbol{u}_2 = \boldsymbol{w}_1 + \boldsymbol{w}_2 = (1,3,-2)^{\mathrm{T}}$.

例 3.22　考虑子空间 $S = \mathrm{Span}(\{\boldsymbol{w}_1, \boldsymbol{w}_2, \boldsymbol{w}_3\})$，其中

$$\boldsymbol{w}_1 = \begin{pmatrix} 0 \\ 1 \\ 2 \\ 1 \end{pmatrix},\ \boldsymbol{w}_2 = \begin{pmatrix} 0 \\ 1 \\ 3 \\ 1 \end{pmatrix},\ \boldsymbol{w}_3 = \begin{pmatrix} 1 \\ 1 \\ 1 \\ 0 \end{pmatrix}.$$

试着构造一个正交基.

解：首先我们注意到生成 W 的三个矢量是线性无关的，因此 $\boldsymbol{w}_1, \boldsymbol{w}_2, \boldsymbol{w}_3$ 就构成了 W 的一个非正交基. 我们依然选择正交基的第一个矢量 $\boldsymbol{u}_1$ 就是 $\boldsymbol{w}_1$，然后令

$$\boldsymbol{u}_1 = \boldsymbol{w}_1, \boldsymbol{u}_2 = \boldsymbol{w}_2 + a\boldsymbol{u}_1, \boldsymbol{u}_3 = \boldsymbol{w}_3 + b\boldsymbol{u}_1 + c\boldsymbol{u}_2.$$

根据 $\boldsymbol{u}_1^{\mathrm{T}}\boldsymbol{u}_2 = 0$ 可以得到 $8+6a=0$，因此 $a=-4/3$，从而得到

$$\boldsymbol{u}_2 = \boldsymbol{w}_2 - 4\boldsymbol{u}_1/3 = (0,-1/3,1/3,-1/3)^{\mathrm{T}}.$$

因为把一个矢量乘以一个非 0 的常数不会改变它和其他矢量的正交性，因此我们重新定义

$$\boldsymbol{u}_2 = (0,-1,1,-1)^{\mathrm{T}}.$$

根据 $\boldsymbol{u}_1^{\mathrm{T}}\boldsymbol{u}_3 = \boldsymbol{u}_2^{\mathrm{T}}\boldsymbol{u}_3 = 0$ 可以得到 $3+6b=0$，$c=0$，因此

$$\boldsymbol{u}_3 = \boldsymbol{w}_3 - \boldsymbol{u}_1/2 = (1,1/2,0,-1/2)^{\mathrm{T}}.$$

由此我们就得到了一个正交基：

$$\boldsymbol{u}_1 = \begin{pmatrix} 0 \\ 1 \\ 2 \\ 1 \end{pmatrix},\ \boldsymbol{u}_2 = \begin{pmatrix} 0 \\ -1 \\ 1 \\ -1 \end{pmatrix},\ \boldsymbol{u}_3 = \begin{pmatrix} 2 \\ 1 \\ 0 \\ -1 \end{pmatrix}.$$

这里同样扩大了 $\boldsymbol{u}_3$ 的元素，使之变为整数.

对子空间 W 给定的一个基 $B = \{\boldsymbol{w}_1, \boldsymbol{w}_2, \cdots, \boldsymbol{w}_p\}$，通过对上述方法的总结，可以按照如下步骤构造它的一个正交基 $\{\boldsymbol{u}_1, \boldsymbol{u}_2, \cdots, \boldsymbol{u}_p\}$.

（1）选择 B 中的第一个矢量 $\boldsymbol{w}_1$ 作为正交基的第一个矢量 $\boldsymbol{u}_1$.

（2）假设第二个正交矢量为 $\boldsymbol{u}_2 = \boldsymbol{w}_2 + a\boldsymbol{u}_1$，利用正交关系 $\boldsymbol{u}_1^{\mathrm{T}}\boldsymbol{u}_2 = 0$ 可以得到

$$\boldsymbol{u}_2 = \boldsymbol{w}_2 - \frac{\boldsymbol{w}_2^{\mathrm{T}}\boldsymbol{u}_1}{\boldsymbol{u}_1^{\mathrm{T}}\boldsymbol{u}_1}\boldsymbol{u}_1.$$

（3）假设第三个正交矢量为 $\boldsymbol{u}_3 = \boldsymbol{w}_3 + b\boldsymbol{u}_1 + c\boldsymbol{u}_2$，利用正交关系 $\boldsymbol{u}_1^{\mathrm{T}}\boldsymbol{u}_3 = \boldsymbol{u}_2^{\mathrm{T}}\boldsymbol{u}_3 = 0$ 可以得到

$$\boldsymbol{u}_3 = \boldsymbol{w}_3 - \frac{\boldsymbol{w}_3^{\mathrm{T}}\boldsymbol{u}_1}{\boldsymbol{u}_1^{\mathrm{T}}\boldsymbol{u}_1}\boldsymbol{u}_1 - \frac{\boldsymbol{w}_3^{\mathrm{T}}\boldsymbol{u}_2}{\boldsymbol{u}_2^{\mathrm{T}}\boldsymbol{u}_2}\boldsymbol{u}_2.$$

（4）依此类推，假设我们已经知道了前 $k-1$ 个正交矢量，第 k 个正交矢量为

$$\boldsymbol{u}_k = \boldsymbol{w}_k + x_1\boldsymbol{u}_1 + x_2\boldsymbol{u}_2 + \cdots + x_{k-1}\boldsymbol{u}_{k-1}.$$

由于前 $k-1$ 个正交矢量 $\boldsymbol{u}_1, \boldsymbol{u}_2, \cdots, \boldsymbol{u}_{k-1}$ 已经求得并且相互正交，我们就可以利用方程 $\boldsymbol{u}_i^{\mathrm{T}}\boldsymbol{u}_k = 0$（$i=1,2,\cdots,k-1$）得到系数方程

$$\boldsymbol{u}_i^{\mathrm{T}}(\boldsymbol{w}_k + x_1\boldsymbol{u}_1 + x_2\boldsymbol{u}_2 + \cdots + x_{k-1}\boldsymbol{u}_{k-1}) = \boldsymbol{u}_i^{\mathrm{T}}\boldsymbol{w}_k + x_i\boldsymbol{u}_i^{\mathrm{T}}\boldsymbol{u}_i = 0.$$

由此解出

$$x_i = -\frac{\boldsymbol{w}_k^{\mathrm{T}}\boldsymbol{u}_i}{\boldsymbol{u}_i^{\mathrm{T}}\boldsymbol{u}_i}.$$

因此

$$\boldsymbol{u}_k = \boldsymbol{w}_k - \frac{\boldsymbol{w}_k^{\mathrm{T}}\boldsymbol{u}_1}{\boldsymbol{u}_1^{\mathrm{T}}\boldsymbol{u}_1}\boldsymbol{u}_1 - \frac{\boldsymbol{w}_k^{\mathrm{T}}\boldsymbol{u}_2}{\boldsymbol{u}_2^{\mathrm{T}}\boldsymbol{u}_2}\boldsymbol{u}_2 - \cdots - \frac{\boldsymbol{w}_k^{\mathrm{T}}\boldsymbol{u}_{k-1}}{\boldsymbol{u}_{k-1}^{\mathrm{T}}\boldsymbol{u}_{k-1}}\boldsymbol{u}_{k-1} (1 \leqslant k \leqslant p).$$

由此我们就可以得到一个正交基 $\{\boldsymbol{u}_1, \boldsymbol{u}_2, \cdots, \boldsymbol{u}_p\}$. 这种方法叫作施密特正交化过程.

施密特正交化过程可以这样形象地理解. 首先选基 $B=\{\boldsymbol{w}_1, \boldsymbol{w}_2, \cdots, \boldsymbol{w}_p\}$ 中的第一个矢量作为起始. 表达式

$$\frac{\boldsymbol{w}_2^{\mathrm{T}}\boldsymbol{u}_1}{\boldsymbol{u}_1^{\mathrm{T}}\boldsymbol{u}_1}$$

代表 $\boldsymbol{w}_2$ 在 $\boldsymbol{u}_1$ 上的投影. 因此表达式

$$\frac{\boldsymbol{w}_2^{\mathrm{T}}\boldsymbol{u}_1}{\boldsymbol{u}_1^{\mathrm{T}}\boldsymbol{u}_1}\boldsymbol{u}_1$$

代表矢量 $\boldsymbol{w}_2$ 中包含第一个正交矢量 $\boldsymbol{u}_1$ 的成分. 把它从 $\boldsymbol{w}_2$ 中去除，得到

$$\boldsymbol{w}_2 - \frac{\boldsymbol{w}_2^{\mathrm{T}}\boldsymbol{u}_1}{\boldsymbol{u}_1^{\mathrm{T}}\boldsymbol{u}_1}\boldsymbol{u}_1,$$

自然就得到了一个和 $\boldsymbol{u}_1$ 正交的矢量. 于是我们就得到了两个相互正交的矢量 $\boldsymbol{u}_1$，$\boldsymbol{u}_2$. 把矢量 $\boldsymbol{w}_3$ 中包含 $\boldsymbol{u}_1$ 和 $\boldsymbol{u}_2$ 的成分去除，得到

$$\boldsymbol{w}_3 - \frac{\boldsymbol{w}_3^{\mathrm{T}}\boldsymbol{u}_1}{\boldsymbol{u}_1^{\mathrm{T}}\boldsymbol{u}_1}\boldsymbol{u}_1 - \frac{\boldsymbol{w}_3^{\mathrm{T}}\boldsymbol{u}_2}{\boldsymbol{u}_2^{\mathrm{T}}\boldsymbol{u}_2}\boldsymbol{u}_2,$$

自然就得到了一个和 $\{\boldsymbol{u}_1, \boldsymbol{u}_2\}$ 中的两个矢量都正交的矢量. 于是我们就得到了三个相互正交的矢量 $\boldsymbol{u}_1, \boldsymbol{u}_2, \boldsymbol{u}_3$. 依此类推，就可以得到 p 个相互正交的矢量.

下面来展示一下如何利用 Maple 求解一个矩阵的零空间、列空间以及它们的一个正交基（图 3.2）. 考虑矩阵

$$\begin{pmatrix} 1 & 0 & 1 & 3 & 1 \\ 3 & 1 & -1 & 5 & 2 \\ 5 & 1 & 1 & 11 & 4 \end{pmatrix}.$$

首先加载线性代数工具包 with(LinearAlgebra). 然后键入矩阵 $\boldsymbol{A}$，将其赋值到变量 $\boldsymbol{A}$ 中. 输入命令“K: = NullSpace(A)”得到矩阵 $\boldsymbol{A}$ 零空间的一个基，并存储在变量 K 中. 输入命令“W: = ColumnSpace(A)”得到矩阵 $\boldsymbol{A}$ 列空间的一个基，并存储在变量 W 中. 我们观察到 $\boldsymbol{A}$ 的列空间是 2 维的. 输入“Rank(A)”获得矩阵的秩，发现结果也是 2. 这是自然的，因为我们已经证明过一个矩阵的列空间的维数就是矩阵的秩. 进一步地，我们看到程序给出的两个空间的基都不是正交基. 我们可以利用命令“GramSchmidt(K)”和“GramSchmidt(W)”将它们施密特正交化. 从这个例子里，我们还可以观察到一个结果：$\dim(\mathrm{Nul}(\boldsymbol{A})) + \dim(\mathrm{Col}(\boldsymbol{A})) = 5$. 这个结果实际上具有普遍性：一个 $m \times n$ 维的矩阵，它的零空间的维数和列空间的维数之和等于 n. 这个结论的证明留作习题.

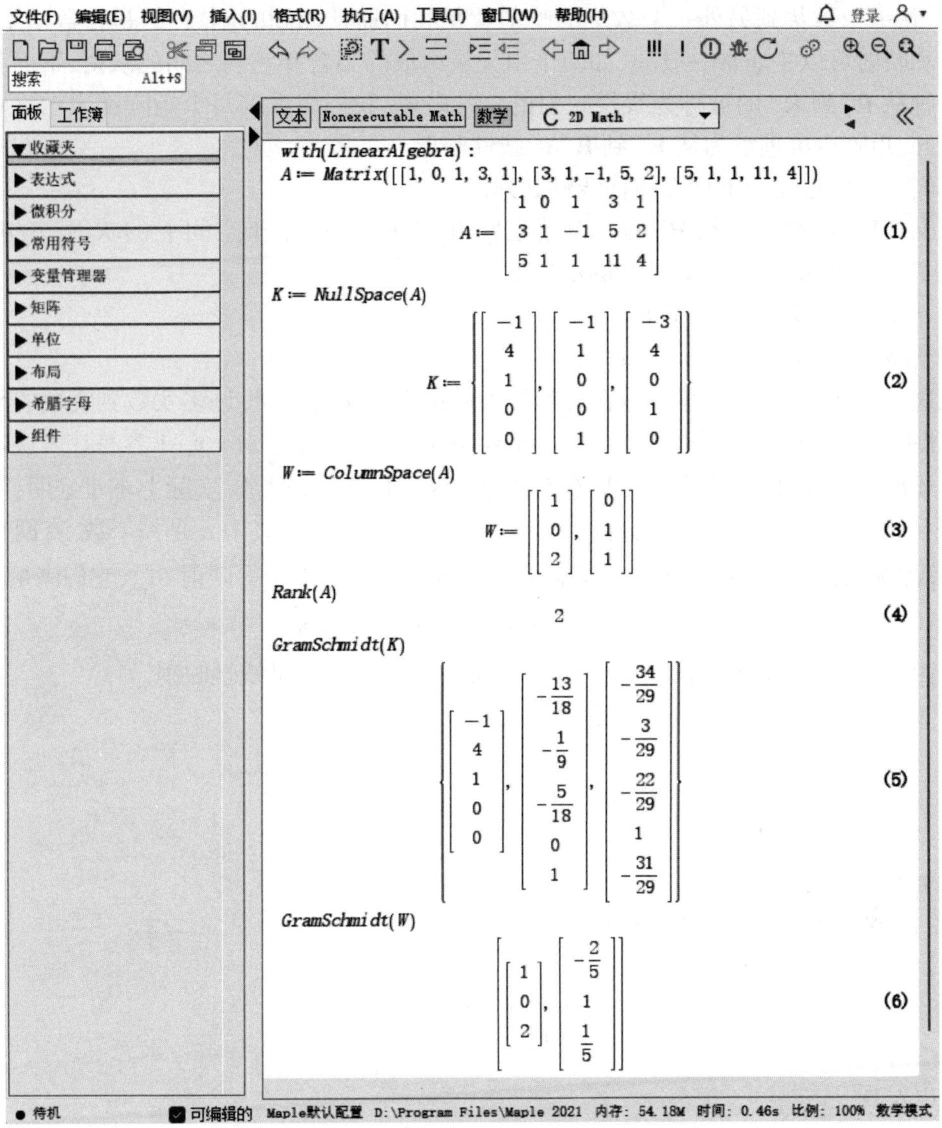

图 3.2　在 Maple 中求解一个矩阵的零空间、列空间以及它们的一个正交基

3.7　$\mathbf{R}^n$到$\mathbf{R}^m$的线性映射

我们之前将矩阵理解成描述线性方程组系数的数表. 现在我们尝试着从另外一个角度来理解矩阵. 我们首先回忆一下什么是映射. 在数学中,所谓映射就是指两个集合之间元素的相互对应的关系. 确切地讲,两个非空集合 A 与 B 间存在着对应关系 f,对 A 中的每一个元素 a,B 中总有唯一的元素 b 与它对应,这种对应为从 A 到 B 的映射,记作 $f: A \mapsto B$. 其中,b 称为元素 a 在映射 f 下的像,记作 $b = f(a)$,a 称为 b 关于映射 f 的原像. 当两个集合是数集时，从一个数集到另外一个数集的映射就是我们通常遇到的函数. 但是在数学中，这样的集合和映射可以是非常一般的，如两个由矢量组成的集合和它们之间的映射. 下面我们来研究一种从 $\mathbf{R}^n$ 到 $\mathbf{R}^m$ 的被称为线性映射的特殊映射. 我们将看到每个矩阵都表示这样一个映射，因此矩阵也可理解为从 $\mathbf{R}^n$ 到 $\mathbf{R}^m$ 的线性映射.

我们首先来定义一下什么叫作线性映射.

定义 3.8 假设 T 是从 $\mathbf{R}^n$ 的一个子空间 W 到 $\mathbf{R}^m$ 的一个子空间 V 的映射，$T:W\mapsto V$. 我们说 T 是一个线性映射，如果它满足如下两个性质：

（1）$\forall \boldsymbol{u},\boldsymbol{v}\in V, T(\boldsymbol{u}+\boldsymbol{v})=T(\boldsymbol{u})+T(\boldsymbol{v})$；

（2）$\forall \boldsymbol{u}\in V, \forall a\in\mathbb{R}, T(a\boldsymbol{u})=aT(\boldsymbol{u})$.

从这个定义可以看出，零矢量在任何线性映射下都是零矢量. 许多实数到实数的函数都不是线性映射，如函数 $f(x)=x^2$，$g(x)=\sin x$，$h(x)=\mathrm{e}^x$. 函数 $f(x)=x+1$ 容易让人误以为它是一个线性映射，但是容易验证它并不满足定义 3.8 中的两个性质. 实际上不难证明：一个函数 $f:\mathbb{R}\mapsto\mathbb{R}$ 是一个线性映射，当且仅当它具有形式 $f(x)=ax$，其中 a 是一个数. 有两个非常平庸的线性映射——从 $\mathbf{R}^n$ 到 $\mathbf{R}^m$ 的零变换 O 和从 $\mathbf{R}^n$ 到 $\mathbf{R}^n$ 的恒等映射 $\mathrm{id}_{\mathbf{R}^n}$，它们满足

$$\forall \boldsymbol{u}\in\mathbf{R}^n,\ O(\boldsymbol{u})=\mathbf{0}_m,\ \mathrm{id}_{\mathbf{R}^n}(\boldsymbol{u})=\boldsymbol{u}.$$

下面举两个非平庸的例子来说明如何验证一个映射是不是线性映射.

例 3.23 假设 $F:\mathbb{R}^3\mapsto\mathbb{R}^2$ 满足

$$F(\boldsymbol{x})=\begin{pmatrix}x_1-x_2\\x_2+x_3\end{pmatrix}，其中\boldsymbol{x}=\begin{pmatrix}x_1\\x_2\\x_3\end{pmatrix}.$$

请确定 F 是不是线性映射.

解：我们来验证 F 是否满足线性映射的两个要求. 取

$$\boldsymbol{x}=\begin{pmatrix}x_1\\x_2\\x_3\end{pmatrix},\ \boldsymbol{y}=\begin{pmatrix}y_1\\y_2\\y_3\end{pmatrix},$$

于是可以发现

$$\boldsymbol{x}+\boldsymbol{y}=(x_1+y_1,x_2+y_2,x_3+y_3)^{\mathrm{T}}.$$

因此

$$F(\boldsymbol{x}+\boldsymbol{y})=\begin{pmatrix}x_1+y_1-(x_2+y_2)\\x_2+y_2+x_3+y_3\end{pmatrix}=\begin{pmatrix}x_1-x_2\\x_2+x_3\end{pmatrix}+\begin{pmatrix}y_1-y_2\\y_2+y_3\end{pmatrix}=F(\boldsymbol{x})+F(\boldsymbol{y}).$$

另一方面，我们发现

$$F(a\boldsymbol{x})=\begin{pmatrix}ax_1-ax_2\\ax_2+ax_3\end{pmatrix}=a\begin{pmatrix}x_1-x_2\\x_2+x_3\end{pmatrix}=aF(\boldsymbol{x}).$$

因此，我们可以断言 F 是一个线性映射.

例 3.24 假设 $H:\mathbb{R}^2\mapsto\mathbb{R}^2$ 满足

$$H(\boldsymbol{x})=\begin{pmatrix}x_1-x_2+1\\3x_2\end{pmatrix}，其中\boldsymbol{x}=\begin{pmatrix}x_1\\x_2\end{pmatrix}.$$

请确定 H 是不是线性映射.

解: 我们来验证 H 是否满足线性映射的两个要求. 取

$$\boldsymbol{x}=\begin{pmatrix}x_1\\x_2\end{pmatrix},\ \boldsymbol{y}=\begin{pmatrix}y_1\\y_2\end{pmatrix},$$

于是可以发现

$$\boldsymbol{x}+\boldsymbol{y}=(x_1+y_1,x_2+y_2)^{\mathrm{T}}.$$

因此

$$H(\boldsymbol{x}+\boldsymbol{y})=\begin{pmatrix}x_1+y_1-(x_2+y_2)+1\\3(x_2+y_2)\end{pmatrix}=\begin{pmatrix}x_1-x_2+1\\3x_2\end{pmatrix}+\begin{pmatrix}y_1-y_2+1\\3y_2\end{pmatrix}-\begin{pmatrix}1\\0\end{pmatrix}\neq H(\boldsymbol{x})+H(\boldsymbol{y}).$$

因此,我们可以断言 H 不是一个线性映射. 虽然没有必要,但是我们也可以验证:如果 $a\neq 0$, $H(a\boldsymbol{x})\neq aH(\boldsymbol{x})$.

$\mathbf{R}^n$ 的子空间中的一些线性映射具有非常明显的几何意义.

拉伸/压缩变换

对矢量空间 $\mathbf{R}^n$ 的一个子空间,定义一个从自身到自身的函数 $T:W\mapsto W$ 为

$$T(\boldsymbol{x})=a\boldsymbol{x}.$$

容易验证这是一个线性映射. 当 $a>0$ 的时候,这个线性映射的含义是把原先的矢量沿着它自己的方向进行拉伸($a>1$)或者压缩($0<a<1$);当 $a<0$ 的时候,这个变换可以理解为先把矢量反向,然后进行拉伸或者压缩. 如果 $a=1$,这个变换就是 $\mathbf{R}^n$ 中的恒等映射;如果 $a=0$,则所有矢量都将变为零矢量,这个变换就是零变换.

投影变换

假设 W 是 $\mathbf{R}^n$ 的一个 p 维子空间,它的一个正交归一基为 $B=\{\boldsymbol{w}_1,\boldsymbol{w}_2,\cdots,\boldsymbol{w}_p\}$. 定义函数 $T:\mathbf{R}^n\mapsto W$ 为

$$T(\boldsymbol{x})=(\boldsymbol{x}^{\mathrm{T}}\boldsymbol{w}_1)\boldsymbol{w}_1+(\boldsymbol{x}^{\mathrm{T}}\boldsymbol{w}_2)\boldsymbol{w}_2+\cdots+(\boldsymbol{x}^{\mathrm{T}}\boldsymbol{w}_p)\boldsymbol{w}_p.$$

很容易验证

$$T(\boldsymbol{x}+\boldsymbol{y})=[(\boldsymbol{x}^{\mathrm{T}}+\boldsymbol{y}^{\mathrm{T}})\boldsymbol{w}_1)]\boldsymbol{w}_1+[(\boldsymbol{x}^{\mathrm{T}}+\boldsymbol{y}^{\mathrm{T}})\boldsymbol{w}_2]\boldsymbol{w}_2+\cdots+[(\boldsymbol{x}^{\mathrm{T}}+\boldsymbol{y}^{\mathrm{T}})\boldsymbol{w}_p]\boldsymbol{w}_p=T(\boldsymbol{x})+T(\boldsymbol{y})$$

和

$$T(a\boldsymbol{x})=aT(\boldsymbol{x}).$$

因此 T 是一个线性映射. 这种变换称作正交投影变换.

这个映射将原本属于 $\mathbf{R}^n$ 的矢量变成了其子空间 W 中的矢量,因此在一般情况下 $T(\boldsymbol{x})\neq\boldsymbol{x}$. 但是如果矢量 $\boldsymbol{x}\in W$,即

$$\boldsymbol{x}=x_1\boldsymbol{w}_1+x_2\boldsymbol{w}_2+\cdots+x_p\boldsymbol{w}_p,$$

由于 $\{\boldsymbol{w}_1,\boldsymbol{w}_2,\cdots,\boldsymbol{w}_p\}$ 是正交归一基,

$$\boldsymbol{x}^{\mathrm{T}}\boldsymbol{w}_1=x_1,\ \boldsymbol{x}^{\mathrm{T}}\boldsymbol{w}_2=x_2,\cdots,\ \boldsymbol{x}^{\mathrm{T}}\boldsymbol{w}_p=x_p.$$

因此就有

$$T(\boldsymbol{x})=\boldsymbol{x}.$$

也就是说,对 W 中的矢量来说,这个变换是一个恒等映射. 此外,我们还发现:对任意 $\mathbf{R}^n$ 中

的矢量，都有 $T(T(\boldsymbol{x}))=T(\boldsymbol{x})$. 换句话说，

$$T(\boldsymbol{x}-T(\boldsymbol{x}))=\boldsymbol{0}.$$

这进一步表明：矢量 $\boldsymbol{x}-T(\boldsymbol{x})$ 和 W 中的所有矢量都正交. 其证明留作习题.

正交投影映射这个名字可以从一个具体的例子中形象地看出. 比如，取 W 为 $\mathbf{R}^3$ 的子空间，它由所有形式为 $(x_1,x_2,0)^{\mathrm{T}}$ 的矢量构成. 取它的一个正交归一基：$\boldsymbol{e}_1=(1,0,0)^{\mathrm{T}}, \boldsymbol{e}_2=(0,1,0)^{\mathrm{T}}$. 不难验证

$$\forall \boldsymbol{x}=\begin{pmatrix}x_1\\x_2\\x_3\end{pmatrix}\in\mathbf{R}^3,\ T(\boldsymbol{x})=(\boldsymbol{x}^{\mathrm{T}}\boldsymbol{e}_1)\boldsymbol{e}_1+(\boldsymbol{x}^{\mathrm{T}}\boldsymbol{e}_2)\boldsymbol{e}_2=x_1\boldsymbol{e}_1+x_2\boldsymbol{e}_2=\begin{pmatrix}x_1\\x_2\\0\end{pmatrix}.$$

因此，它将一个 3 维 xyz 空间中的矢量投影到了 xy 平面内，如图 3.3 所示. 我们还可以通过观察得到

$$T(\boldsymbol{x})=\begin{pmatrix}1&0&0\\0&1&0\\0&0&0\end{pmatrix}\boldsymbol{x}.$$

因此投影变换 T 作用到 $\boldsymbol{x}$ 上可以写成一个矩阵作用到 $\boldsymbol{x}$ 上.

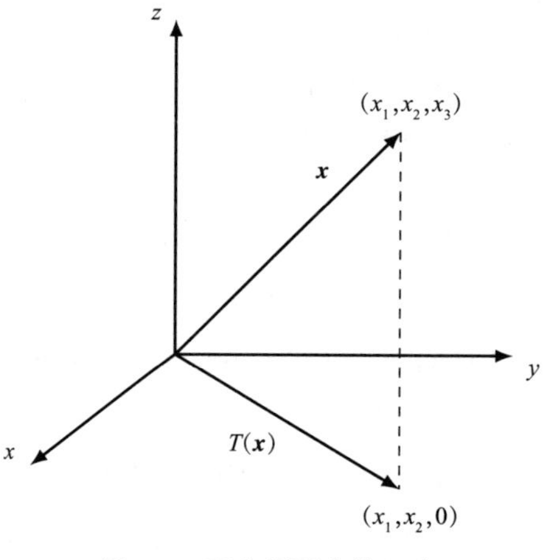

图 3.3　正交投影变换示意

从上面这个例子还可以观察到一个事实：任意一个 $m\times n$ 维的矩阵都可以生成一个从 $\mathbf{R}^n$ 到 $\mathbf{R}^m$ 的变换，即

$$\forall \boldsymbol{x}\in\mathbf{R}^n,\ T(\boldsymbol{x})=\boldsymbol{A}\boldsymbol{x}\in\mathbf{R}^m.$$

不难验证 $T(\boldsymbol{x}+\boldsymbol{y})=T(\boldsymbol{x})+T(\boldsymbol{y}), T(a\boldsymbol{x})=aT(\boldsymbol{x})$. 因此这个变换是一个线性映射. 下面这个定理表明它的逆定理也成立，因此一个从 $\mathbf{R}^n$ 到 $\mathbf{R}^m$ 的变换总是和一个 $m\times n$ 维的矩阵一一对应.

定理 3.15　假设 T 是从 $\mathbf{R}^n$ 到 $\mathbf{R}^m$ 的线性映射 $T:\mathbf{R}^n\mapsto\mathbf{R}^m$，设 $\{\boldsymbol{e}_1,\boldsymbol{e}_2,\cdots,\boldsymbol{e}_n\}$ 为 $\mathbf{R}^n$ 的一个自然坐标基，定义一个 $m\times n$ 的矩阵 $\boldsymbol{A}$ 为

$$\boldsymbol{A}=(T(\boldsymbol{e}_1),T(\boldsymbol{e}_2),\cdots,T(\boldsymbol{e}_n)).$$

则对 $\mathbf{R}^n$ 中的任意矢量 $\boldsymbol{x}$ 都有 $T(\boldsymbol{x})=\boldsymbol{A}\boldsymbol{x}$.

证明: $\mathbf{R}^n$ 中的任意矢量 $\boldsymbol{x}=(x_1,x_2,\cdots,x_n)^{\mathrm{T}}$ 都可以写成

$$\boldsymbol{x}=x_1\boldsymbol{e}_1+x_2\boldsymbol{e}_2+\cdots+x_n\boldsymbol{e}_n.$$

因此就有

$$T(\boldsymbol{x})=T(x_1\boldsymbol{e}_1+x_2\boldsymbol{e}_2+\cdots+x_n\boldsymbol{e}_n)=x_1T(\boldsymbol{e}_1)+x_2T(\boldsymbol{e}_2)+\cdots+x_nT(\boldsymbol{e}_n).$$

上述等式的最右边就是矩阵乘法 $\boldsymbol{A}\boldsymbol{x}$ 写成矩阵 $\boldsymbol{A}$ 的列矢量线性组合的形式.

例 3.25　假设线性映射 $T:\mathbb{R}^2\mapsto\mathbb{R}^2$ 满足

$$T(\boldsymbol{x})=\begin{pmatrix}x_1-x_2\\x_1+2x_2\end{pmatrix},\ \text{其中}\boldsymbol{x}=\begin{pmatrix}x_1\\x_2\end{pmatrix}.$$

求解一个矩阵 $\boldsymbol{A}$ 使得 $T(\boldsymbol{x})=\boldsymbol{A}\boldsymbol{x}$.

解: 取自然坐标基 $\boldsymbol{e}_1=(1,0)^{\mathrm{T}},\boldsymbol{e}_2=(0,1)^{\mathrm{T}}$. 可以计算得到

$$T(\boldsymbol{e}_1)=\begin{pmatrix}1\\1\end{pmatrix},\ T(\boldsymbol{e}_2)=\begin{pmatrix}-1\\2\end{pmatrix}.$$

因此就有

$$\boldsymbol{A}=\begin{pmatrix}1&-1\\1&2\end{pmatrix}.$$

因为从 $\mathbf{R}^n$ 到 $\mathbf{R}^m$ 的任意一个线性映射总是和唯一一个矩阵相对应,因此我们可以将矩阵的许多概念借用过来描述从 $\mathbf{R}^n$ 到 $\mathbf{R}^m$ 的线性映射. 有两个重要且有用的子空间和线性映射 T 相关. 一个称为 T 的零空间,记为 $\mathrm{Nul}(T)$(也称为 T 的核,记为 $\mathrm{Ker}(T)$);一个称为 T 的值域(或者称为 T 的像),记为 $\mathrm{Rang}(T)$. 它们的定义如下.

定义 3.9　假设 T 是从 $\mathbf{R}^n$ 到 $\mathbf{R}^m$ 的线性映射,它的零空间 $\mathrm{Nul}(T)$(又称核 $\mathrm{Ker}(T)$)和它的值域 $\mathrm{Rang}(T)$ 分别定义为

$$\mathrm{Nul}(T)=\{\forall\boldsymbol{x}\in\mathbf{R}^n\mid T(\boldsymbol{x})=\mathbf{0}\}$$

和

$$\mathrm{Rang}(T)=\{\forall\boldsymbol{y}\in\mathbf{R}^m\mid\exists\boldsymbol{x}\in\mathbf{R}^n,\ \text{使得}T(\boldsymbol{x})=\boldsymbol{y}\}.$$

线性映射 T 的秩记为 $R(T)$,定义为它的值域的维数,即 $R(T)=\dim(\mathrm{Rang}(T))$.

由于从 $\mathbf{R}^n$ 到 $\mathbf{R}^m$ 的线性映射都可以唯一对应一个矩阵,特别是一个线性映射 T 作用到一个矢量 $\boldsymbol{x}$ 上总是可以写成一个矩阵 $\boldsymbol{A}$ 乘以矢量 $\boldsymbol{x}$,因此得到如下定理.

定理 3.16　假设 T 是从 $\mathbf{R}^n$ 到 $\mathbf{R}^m$ 的线性映射,并且 $\boldsymbol{A}$ 是定理 3.15 中定义的和 T 相关的矩阵,就有

$$\mathrm{Nul}(T)=\mathrm{Nul}(\boldsymbol{A}),\ \mathrm{Rang}(T)=\mathrm{Col}(\boldsymbol{A}),\ R(T)=R(\boldsymbol{A}).$$

在定理 3.15 中我们采用一个自然坐标基把线性映射表达为一个矩阵. 实际上我们可以选择任意一个基. 在不同的基下,同一线性映射具有不同的矩阵表示. 这一点和矢量相似:同一个矢量在不同的基下具有不同的坐标. 但是线性映射本身以及它的零空间、值域和秩则和基的选择没有关系. 我们将在第 5.6 节中进一步展开讲解相关内容.

例 3.26　假设 $T:\mathbf{R}^3\mapsto\mathbf{R}^2$ 满足

$$T(\boldsymbol{x})=\begin{pmatrix}x_1-2x_2\\x_2+3x_3\end{pmatrix},\text{ 其中}\boldsymbol{x}=\begin{pmatrix}x_1\\x_2\\x_3\end{pmatrix}.$$

试确定 T 的值域、零空间和秩.

解：先在自然坐标基下求得 T 的矩阵表示：

$$\boldsymbol{A}=\begin{pmatrix}1&-2&0\\0&1&3\end{pmatrix}.$$

T 的值域可以通过求解 $\boldsymbol{A}$ 的列空间获得. 首先将 $\boldsymbol{A}$ 转置并做行约化：

$$\boldsymbol{A}^{\mathrm{T}}=\begin{pmatrix}1&0\\-2&1\\0&3\end{pmatrix}\sim\begin{pmatrix}1&0\\0&1\\0&3\end{pmatrix}\sim\begin{pmatrix}1&0\\0&1\\0&0\end{pmatrix}.$$

将上面的最简阶梯矩阵转置并取非零列就得到了 $\boldsymbol{A}$ 的列空间的一个基. 可以发现这个基可以张成整个 $\mathbf{R}^2$，因此 $\mathrm{Rang}(T)=\mathbf{R}^2$. 还可以发现 $R(T)=R(\boldsymbol{A})=R(\boldsymbol{A}^{\mathrm{T}})=2$.

T 的零空间可以由矩阵 $\boldsymbol{A}$ 的零空间获得，也可以直接从它的定义出发获得：

$$T(\boldsymbol{x})=\begin{pmatrix}x_1-x_2\\x_2+x_3\end{pmatrix}=\mathbf{0}.$$

于是就有

$$\mathrm{Nul}(T)=\{\boldsymbol{x}\in\mathbf{R}^3\mid x_1=x_2,x_3=-x_2,x_2\in\mathbb{R}\}=\mathrm{Span}\left(\left\{\begin{pmatrix}1\\1\\-1\end{pmatrix}\right\}\right).$$

利用线性映射的矩阵表示，我们可以将从 $\mathbf{R}^2$ 到 $\mathbf{R}^2$ 的线性映射可视化. 假设有一组矢量 $S=\{\boldsymbol{x}_1,\boldsymbol{x}_2,\cdots,\boldsymbol{x}_k\}$，每一个矢量都描述了 2 维平面中的一个点. 这些点首尾相连就形成了一个平面图像的轮廓. 考虑它们在线性映射 T 下的像 $S'=\{T(\boldsymbol{x}_1),T(\boldsymbol{x}_2),\cdots,T(\boldsymbol{x}_k)\}$. 将 S' 中的矢量首尾相连就得到了原先的图形在线性映射下的结果. 假设 $\boldsymbol{A}$ 是线性映射 T 的矩阵表示，即

$$T(\boldsymbol{x}_i)=\boldsymbol{A}\boldsymbol{x}_i(i=1,2,3,\cdots,k).$$

把 S 和 S' 中的矢量排列成矩阵 $\boldsymbol{X}$ 和矩阵 $\boldsymbol{X}'$，则可以发现如下关系：

$$\boldsymbol{X}'=\boldsymbol{A}\boldsymbol{X}.$$

这就给我们提供了一种打包化的方式，可以一次性获得整个 S 在线性映射下的结果.

图 3.4 从左到右分别展示了原始图形以及它在线性映射 $T(\boldsymbol{x})=2\boldsymbol{x}$，$T(\boldsymbol{x})=(\sin(1)x_1+\cos(1)x_2,-\cos(1)x_1+\sin(1)x_2)^{\mathrm{T}}$，$T(\boldsymbol{x})=(x_1+x_2,x_2)^{\mathrm{T}}$ 和 $T(\boldsymbol{x})=(x_1+2x_2,-x_1-2x_2)^{\mathrm{T}}$ 下的像. 可以看到，从 $\mathbf{R}^2$ 到 $\mathbf{R}^2$ 的线性映射可以使得图形产生缩放、转动、拉伸甚至压缩成一条直线的效果.

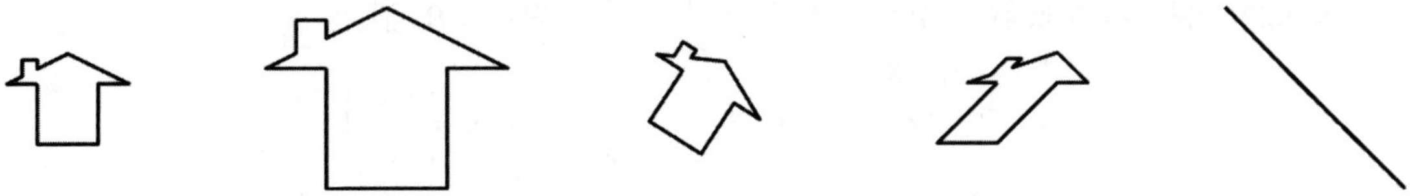

图 3.4　原始图形及其在 4 种线性映射下的结果

3.8　$\mathbf{R}^n$到$\mathbf{R}^m$的线性映射的运算

我们知道矩阵有与之相关的各种运算，如加法、数乘、矩阵乘法和求逆等. 由于矩阵和 $\mathbf{R}^n$ 到 $\mathbf{R}^m$ 的线性映射具有密切的联系，我们也可以考虑 $\mathbf{R}^n$ 到 $\mathbf{R}^m$ 的线性映射的运算.

线性映射的数乘是不言而喻的，可以从它的定义中看出. $\mathbf{R}^n$ 到 $\mathbf{R}^m$ 的线性映射的加法可以非常自然地定义. 假设 T_1 和 T_2 都是 $\mathbf{R}^n$ 到 $\mathbf{R}^m$ 的线性映射，定义它们的和 $T=T_1+T_2$ 为如下映射：

$$T(\boldsymbol{x})=T_1(\boldsymbol{x})+T_2(\boldsymbol{x}).$$

显然 T 也是从 $\mathbf{R}^n$ 到 $\mathbf{R}^m$ 的线性映射. 利用线性映射的加法和数乘，我们可以仿照矢量的线性相关定义线性映射的线性相关.

定义 3.10　我们说由 $\mathbf{R}^n$ 到 $\mathbf{R}^m$ 的线性映射组成的集合 $S=\{T_1,T_2,\cdots,T_n\}$ 是线性相关的，如果存在一组不全为 0 的实数 $\{a_1,a_2,\cdots,a_n\}$ 使得

$$a_1T_1+a_2T_2+\cdots+a_nT_n=O.$$

其中 O 代表零变换.

如果一组线性映射是线性相关的，那么其中某一些线性映射就可以写成其他线性映射的线性组合；相反地，如果一组线性映射是线性独立的，那么它们中的任何一个都不能用其他线性映射的线性叠加表示出来.

下面我们来考虑线性映射和线性映射的乘法. 假设 T 是 $\mathbf{R}^n$ 到 $\mathbf{R}^m$ 的线性映射，F 是 $\mathbf{R}^m$ 到 $\mathbf{R}^k$ 的线性映射，我们可以定义一个复合映射 $F\circ T$，即

$$\forall \boldsymbol{x}\in\mathbf{R}^n,\ \ F\circ T(\boldsymbol{x})=F(T(\boldsymbol{x})).$$

显然，复合映射也是线性映射. 根据定义，我们可以看到线性映射的复合满足结合律，并且满足分配律，即对任意能够使得下列等式两边合法的线性映射 T,F 和 G，都有

$$T\circ(F\circ G)=(T\circ F)\circ G$$

和

$$T\circ(F+G)=T\circ F+T\circ G.$$

进一步地，我们还可以得到以下结论.

定理 3.17　假设 T 是 $\mathbf{R}^n$ 到 $\mathbf{R}^m$ 的线性映射，F 是 $\mathbf{R}^m$ 到 $\mathbf{R}^k$ 的线性映射，它们根据定理 3.15 得到的对应矩阵分别为 $\boldsymbol{A}$ 和 $\boldsymbol{B}$，那么对任意 $\mathbf{R}^n$ 中的矢量 $\boldsymbol{x}$，都有

$$F\circ T(\boldsymbol{x})=\boldsymbol{BAx}.$$

这个定理表明，对线性映射来说，变换的复合扮演着类似于矩阵乘法的角色.

例 3.27 假设线性映射 $F:\mathbf{R}^2\mapsto\mathbf{R}^3$ 和线性映射 $T:\mathbf{R}^2\mapsto\mathbf{R}^2$ 满足

$$F(\boldsymbol{x})=\begin{pmatrix}x_1-x_2\\3x_2\\x_1+x_2\end{pmatrix},\ T(\boldsymbol{x})=\begin{pmatrix}x_1-x_2\\x_1+2x_2\end{pmatrix},\ \text{其中}\boldsymbol{x}=\begin{pmatrix}x_1\\x_2\end{pmatrix}.$$

求解一个矩阵 $\boldsymbol{A}$ 使得 $F\circ T(x)=\boldsymbol{A}\boldsymbol{x}$.

解：（1）方法一.

先分别求得线性映射 T 的矩阵表示 $\boldsymbol{B}$ 和线性映射 F 的矩阵表示 $\boldsymbol{C}$：

$$\boldsymbol{B}=\begin{pmatrix}1&-1\\1&2\end{pmatrix},\ \boldsymbol{C}=\begin{pmatrix}1&-1\\0&3\\1&1\end{pmatrix}.$$

因此

$$\boldsymbol{A}=\boldsymbol{C}\boldsymbol{B}=\begin{pmatrix}0&-3\\3&6\\2&1\end{pmatrix}.$$

（2）方法二.

先写出复合映射 $F\circ T$：

$$F\circ T(\boldsymbol{x})=F\left(\begin{pmatrix}x_1-x_2\\x_1+2x_2\end{pmatrix}\right)=\begin{pmatrix}-3x_2\\3x_1+6x_2\\2x_1+x_2\end{pmatrix}.$$

因此可以读出矩阵 $\boldsymbol{A}$：

$$\boldsymbol{A}=\begin{pmatrix}0&-3\\3&6\\2&1\end{pmatrix}.$$

线性映射的复合和矩阵乘法的关系使我们可以从另外一个角度来看矩阵乘法的定义. 假设矩阵 $\boldsymbol{A}$ 是线性映射 T 的矩阵表示，矩阵 $\boldsymbol{B}$ 是线性映射 F 的矩阵表示，复合映射 $F\circ T$ 的矩阵表示为 $\boldsymbol{C}$. 那么矩阵乘法的计算规则必须依照定义 1.14 才能保证 $\boldsymbol{C}=\boldsymbol{B}\boldsymbol{A}$. 也就是说，只有按照定义 1.14 给出的矩阵乘法才是和线性映射的复合相容的. 因此，定义 1.14 实际上可以理解为线性映射的复合运算.

下面来考虑一个线性映射的逆映射的存在性问题. 首先给出以下定义.

定义 3.11 假设 T 是 $\mathbf{R}^n$ 到 $\mathbf{R}^m$ 的线性映射，如果一个 $\mathbf{R}^m$ 到 $\mathbf{R}^n$ 的线性映射 F 满足

$$F\circ T=\mathrm{id}_{\mathbf{R}^n},\ T\circ F=\mathrm{id}_{\mathbf{R}^m},$$

也就是

$$\forall\boldsymbol{x}\in\mathbf{R}^n,\ F(T(\boldsymbol{x}))=\boldsymbol{x};\ \ \forall\boldsymbol{y}\in\mathbf{R}^m,\ T(F(\boldsymbol{y}))=\boldsymbol{y},$$

就称变换 T 是可逆的，F 就叫作 T 的一个逆映射.

这里补充说明一下：在上述逆映射的定义中，要求线性映射的定义域是整个 $\mathbf{R}^n$，并且要求它的逆映射（如果存在的话）的定义域也是整个 $\mathbf{R}^m$. 但这两个要求是可以放松的. 实际上我们可以对 $\mathbf{R}^n$ 的一个子集 W 到 $\mathbf{R}^m$ 的一个子集 V 的线性映射定义它的逆映射. 这一点将

在第 5 章中进一步详细讨论.

按照上述定义,显然不是所有的线性映射都存在逆映射,如零变换. 如果 T 是一个零变换,对任意非零矢量 $\boldsymbol{x}$ 都有 $F(T(\boldsymbol{x}))=F(\boldsymbol{0})=\boldsymbol{0}\neq\boldsymbol{x}$,因此零变换是不可逆的. 由于每一个 $\mathbf{R}^n$ 到 $\mathbf{R}^m$ 的线性映射都对应一个 $m\times n$ 的矩阵,假设 T 和 F 对应的矩阵分别是 $\boldsymbol{A}$ 和 $\boldsymbol{B}$,那么根据复合映射和矩阵乘法的关系,变换可逆的条件就等价于

$$\boldsymbol{AB}=\boldsymbol{I}_n,\ \boldsymbol{BA}=\boldsymbol{I}_m.$$

可以看到这就是矩阵可逆的定义(定义 1.17). 因此线性映射的可逆性完全等价于矩阵的可逆性. 由此我们很容易得到如下结论:假设 T 是 $\mathbf{R}^n$ 到 $\mathbf{R}^m$ 的线性映射,那么 T 是可逆的,当且仅当它根据定理 3.15 得到的矩阵是可逆的. 可逆的矩阵必定是一个满秩的方阵,并且具有唯一的逆矩阵. 因此我们得到以下结论.

定理 3.18　假设 T 是 $\mathbf{R}^n$ 到 $\mathbf{R}^m$ 的线性映射,那么 T 是可逆的,当且仅当 $R(T)=n=m$. 当 T 可逆的时候,逆映射是唯一的,记为 T^{-1}.

例 3.28　假设 T 是 $\mathbf{R}^n$ 到 $\mathbf{R}^n$ 的可逆线性映射,证明 $\mathrm{Rang}(T)=\mathbf{R}^n$.

证明: T 是 $\mathbf{R}^n$ 到 $\mathbf{R}^n$ 的可逆线性映射,因此线性映射 T 的值域一定是 $\mathbf{R}^n$ 的子集,即 $\mathrm{Rang}(T)\subset\mathbf{R}^n$. 因为 T 是可逆的,所以存在一个逆映射 T^{-1}. 因此对任意 $\mathbf{R}^n$ 中的元素 $\boldsymbol{x}$,有

$$\boldsymbol{x}=T(T^{-1}(\boldsymbol{x}))\in\mathrm{Rang}(T).$$

这表明 $\mathbf{R}^n\subset\mathrm{Rang}(T)$. 故 $\mathrm{Rang}(T)=\mathbf{R}^n$.

至此,我们可以发现矩阵和 $\mathbf{R}^n$ 到 $\mathbf{R}^m$ 的线性映射之间存在着非常密切的联系:每一个矩阵都对应着一个线性映射;每一个线性映射都对应着一个矩阵;两个矩阵的乘法对应着两个线性映射的复合映射;矩阵的逆矩阵对应着线性映射的逆映射. 因此,我们可以从以下两个不同的角度来理解矩阵:

(1)矩阵是线性方程组的系数列表;

(2)矩阵是线性映射的一个表达方式.

实际上我们也可以从线性映射的角度来理解线性方程组:给定一个像 $\boldsymbol{b}$,求解它在线性映射 $\boldsymbol{x}\mapsto T(\boldsymbol{x})=\boldsymbol{Ax}$ 下的原像.

3.9　$\mathbf{R}^n$中的正交变换群

假设 $\boldsymbol{A}$ 是一个 $n\times n$ 的矩阵,它的列矢量正好构成 $\mathbf{R}^n$ 的一个正交归一基,即 $\boldsymbol{A}=(\boldsymbol{a}_1,\boldsymbol{a}_2,\cdots,\boldsymbol{a}_n)$,且 $\boldsymbol{a}_i^{\mathrm{T}}\boldsymbol{a}_j=\delta_{ij}$. 此时我们可以发现

$$\boldsymbol{A}^{\mathrm{T}}\boldsymbol{A}=\boldsymbol{I}.\tag{3.3}$$

我们把满足这个性质的矩阵称为正交矩阵. 由一个正交矩阵我们可以定义一个 $\mathbf{R}^n$ 到 $\mathbf{R}^n$ 的线性映射:

$$T(\boldsymbol{x})=\boldsymbol{Ax}.$$

这种变换称为正交变换,因为这种变换是由正交矩阵给出来的. 正交变换有一个重要的特点——它不改变矢量的内积,即

$$T(\boldsymbol{x})\cdot T(\boldsymbol{y})=T(\boldsymbol{x})^{\mathrm{T}}T(\boldsymbol{y})=\boldsymbol{x}^{\mathrm{T}}\boldsymbol{A}^{\mathrm{T}}\boldsymbol{A}\boldsymbol{y}=\boldsymbol{x}^{\mathrm{T}}(\boldsymbol{A}^{\mathrm{T}}\boldsymbol{A})\boldsymbol{y}=\boldsymbol{x}^{\mathrm{T}}\boldsymbol{y}=\boldsymbol{x}\cdot\boldsymbol{y}.$$

作为一个推论，正交变换也不会改变矢量的长度. 很容易证明恒等映射也是正交变换. 进一步地，我们可以发现 $\mathbf{R}^n$ 中的所有正交变换组成一个群.

定理 3.19 假设 $\mathbb{T}$ 是 $\mathbf{R}^n$ 中的所有正交变换的集合，以映射复合"$\circ$"为群乘法，即将两个正交变换 T 和 F 的乘法定义为 $T\circ F$，那么 $(\mathbb{T},\circ)$ 构成一个群.

定理的证明留作作业.

我们把 $\mathbf{R}^n$ 中的所有正交变换构成的群称为 n 维正交群，记作 $\mathbb{O}(n)$. 为了理解它的几何意义，以一个 $\mathbf{R}^2$ 到 $\mathbf{R}^2$ 的正交变换为例. 假设这个正交变换由矩阵 $\boldsymbol{X}=(\boldsymbol{x}_1,\boldsymbol{x}_2)$ 给出，根据正交的定义可以得到 $\boldsymbol{X}^{\mathrm{T}}\boldsymbol{X}=\boldsymbol{I}$，于是有

$$|\boldsymbol{x}_1|^2=|\boldsymbol{x}_2|^2=1.$$

可以把它们参数化为

$$\boldsymbol{x}_1=(\cos\theta,\sin\theta)^{\mathrm{T}},\ \boldsymbol{x}_2=(\cos\phi,\sin\phi)^{\mathrm{T}}.$$

注意到它们具有正交性，即 $\boldsymbol{x}_1\cdot\boldsymbol{x}_2=0$，可以得到

$$\cos(\theta-\varphi)=0.$$

于是就有

$$\varphi=\theta+\pi/2+k\pi(k=0,\pm1,\pm2,\cdots).$$

因此我们就得到了正交矩阵 $\boldsymbol{X}$ 的两个解：

$$\boldsymbol{X}=\boldsymbol{A}(\theta)=\begin{pmatrix}\cos\theta & -\sin\theta\\ \sin\theta & \cos\theta\end{pmatrix},\text{或者 }\boldsymbol{X}=\boldsymbol{B}(\theta)=\begin{pmatrix}\cos\theta & \sin\theta\\ \sin\theta & -\cos\theta\end{pmatrix}. \tag{3.4}$$

下面分别考虑这两个解的含义.

首先考虑 $T_\theta(\boldsymbol{x})=\boldsymbol{A}(\theta)\boldsymbol{x}$. 可以验证矩阵 $\boldsymbol{A}(\theta)$ 的列矢量线性无关且构成 $\mathbf{R}^2$ 的一个正交归一基，并且

$$\det(\boldsymbol{A}(\theta))=1.$$

考虑 $\mathbf{R}^2$ 中的任意一个矢量 $\boldsymbol{x}$，它的长度为 ρ，和 x 轴正向的夹角为 α，于是有

$$\boldsymbol{x}=\begin{pmatrix}\rho\cos\alpha\\ \rho\sin\alpha\end{pmatrix}.$$

通过计算可以发现

$$T_\theta(\boldsymbol{x})=\boldsymbol{A}(\theta)\boldsymbol{x}=\begin{pmatrix}\cos\theta & -\sin\theta\\ \sin\theta & \cos\theta\end{pmatrix}\begin{pmatrix}\rho\cos\alpha\\ \rho\sin\alpha\end{pmatrix}=\begin{pmatrix}\rho\cos(\alpha+\theta)\\ \rho\sin(\alpha+\theta)\end{pmatrix},$$

即 T_θ 将长度为 ρ、和 x 轴正向的夹角为 α 的矢量变为同样长度但是和 x 轴正向的夹角为 $\alpha+\theta$ 的矢量. 也就是说，T_θ 将矢量 $\boldsymbol{x}$ 转动了一个角度 θ，如图 3.5（a）所示. 因此，我们将这样的正交变换称为转动变换.

下面考虑二维平面上的两个转动变换 T_{θ_1} 和 T_{θ_2} 的复合：$T_{\theta_1}\circ T_{\theta_2}$. 首先从数学意义上来考虑. 假设复合映射作用到任意一个矢量 $\boldsymbol{x}$ 上. 根据复合映射的计算方法，有 $T_{\theta_1}\circ T_{\theta_2}(\boldsymbol{x})=T_{\theta_1}(T_{\theta_2}(\boldsymbol{x}))$. 令 $y=T_{\theta_2}(\boldsymbol{x})$，就有 $T_{\theta_1}\circ T_{\theta_2}(\boldsymbol{x})=T_{\theta_1}(\boldsymbol{y})$. 矢量 $\boldsymbol{y}$ 是将矢量 $\boldsymbol{x}$ 旋转 θ_2 的角度得到的，而 $T_{\theta_1}(\boldsymbol{y})$ 将矢量 $\boldsymbol{y}$ 进一步转动了 θ_1 的角度. 于是最终的结果就是将原始的矢量 $\boldsymbol{x}$ 连续转动了 θ_1 和 θ_2 的角度. 这就暗示我们 $T_{\theta_1}\circ T_{\theta_2}=T_{\theta_1+\theta_2}$. 下面来证明这一点. 假设 T_{θ_1}

和 T_{θ_2} 的矩阵表示分别为 $\boldsymbol{A}(\theta_1)$ 和 $\boldsymbol{A}(\theta_2)$，那么复合映射 $T_{\theta_1}\circ T_{\theta_2}$ 的矩阵表示就是 $\boldsymbol{A}(\theta_1)\boldsymbol{A}(\theta_2)$. 根据方程(3.4)中的第一个式子，可以验证

$$\boldsymbol{A}(\theta_1)\boldsymbol{A}(\theta_2)=\boldsymbol{A}(\theta_1+\theta_2),$$

上式等号右边正是 $T_{\theta_1+\theta_2}$ 的矩阵表示. 因此我们可以确认：对二维平面上的转动变换，有 $T_{\theta_1}\circ T_{\theta_2}=T_{\theta_1+\theta_2}$.

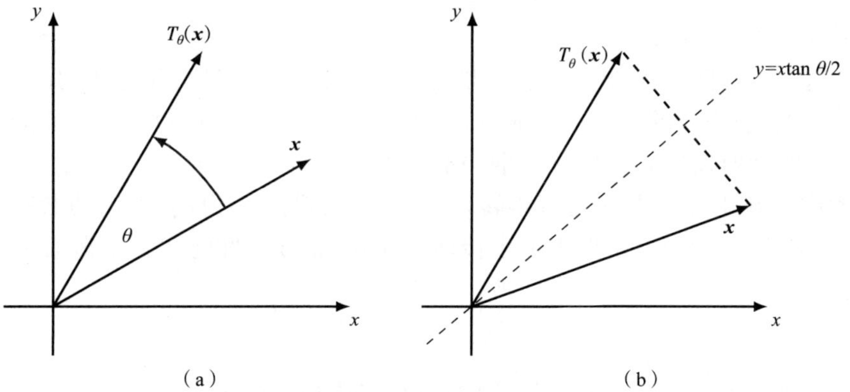

图 3.5　正交变换示意

(a) 转动变换　(b) 反射变换

再来考虑 $T_\theta(\boldsymbol{x})=\boldsymbol{B}(\theta)\boldsymbol{x}$. 可以验证 $\boldsymbol{B}(\theta)$ 的列矢量也构成 $\mathbf{R}^2$ 的一个正交归一基，但是矩阵 $\boldsymbol{B}$ 满足

$$\det(\boldsymbol{B}(\theta))=-1.$$

考虑它作用到一个矢量 $\boldsymbol{x}=\begin{pmatrix}\rho\cos\alpha\\ \rho\sin\alpha\end{pmatrix}$ 上的结果：

$$T_\theta(\boldsymbol{x})=\boldsymbol{B}(\theta)\boldsymbol{x}=\begin{pmatrix}\cos\theta & \sin\theta\\ \sin\theta & -\cos\theta\end{pmatrix}\begin{pmatrix}\rho\cos\alpha\\ \rho\sin\alpha\end{pmatrix}=\begin{pmatrix}\rho\cos(\theta-\alpha)\\ \rho\sin(\theta-\alpha)\end{pmatrix}.$$

如图 3.5 (b)所示，可以看出 $T_\theta(\boldsymbol{x})$ 和 $\boldsymbol{x}$ 关于直线 $y=x\tan\theta/2$ 对称. 也就是说，$T_\theta(\boldsymbol{x})$ 的端点是 $\boldsymbol{x}$ 关于直线 $y=x\tan\theta/2$ 的镜像对称点. 基于这个原因，把满足 $\det(\boldsymbol{B}(\theta))=-1$ 的正交矩阵给出的一般正交变换称为反射变换.

我们已经看到，$\mathbf{R}^2$ 中的正交变换可以根据它对应的矩阵的行列式分为两类：转动变换和反射变换. 对正交群 $\mathbb{O}(n)$ 中的任意一个群元 T，假设它对应的矩阵表示为 $\boldsymbol{A}$. 根据定义有

$$\boldsymbol{A}^{\mathrm{T}}\boldsymbol{A}=\boldsymbol{I}.$$

于是就得到

$$\det(\boldsymbol{A}^{\mathrm{T}}\boldsymbol{A})=\det(\boldsymbol{A})^2=\det(\boldsymbol{I})=1.$$

这表明

$$\det(\boldsymbol{A})=\pm 1.$$

因此正交群 $\mathbb{O}(n)$ 中的任意一个群元 T 对应的矩阵的行列式只有两个可能的数值，即 1 和−1. 对 $\mathbf{R}^2$ 中的正交群 $\mathbb{O}(2)$，我们看到对应的矩阵的行列式为 1 的变换是转动变换，对

应的矩阵的行列式为 –1 的变换是反射变换. 对更高维的情况，我们无法用上面所述的平面几何图形来展示对应的矩阵的行列式分别为 1 和 –1 的变换，但是可以按对应的矩阵的行列式将 $\mathbb{O}(n)$ 分为两个子集，其中对应的矩阵的行列式为 1 的子集具有如下特别的性质.

定理 3.20 正交群 $\mathbb{O}(n)$ 中由对应的矩阵的行列式为 1 的变换组成的集合构成它的一个子群.

定理的证明留作作业.

我们把这个子群称为特殊正交群，一般记为 $\mathbb{SO}(n)$. 作为对比，$\mathbb{O}(n)$ 中由对应的矩阵的行列式为 –1 的变换组成的集合不构成群，原因有二：①恒元不在其中；②两个行列式为 –1 的矩阵的乘积的行列式为 1，因此它对乘法不封闭.

下面考虑特殊正交群中的无穷小转动. 以 2 维转动变换为例. 当转动参数 $\theta=0$ 的时候，转动变换 T_θ 就是恒等映射. 取无穷小转动角度 $\theta=\varepsilon\to 0$，此时 T_ε 的矩阵表示可以写成

$$\boldsymbol{A}_\varepsilon=\begin{pmatrix}1 & 0\\ 0 & 1\end{pmatrix}+\varepsilon\begin{pmatrix}0 & -1\\ 1 & 0\end{pmatrix}+\mathcal{O}(\varepsilon^2).$$

令 $\mathfrak{g}$ 为反对称矩阵 $\begin{pmatrix}0 & -1\\ 1 & 0\end{pmatrix}$ 所对应的线性映射，忽略掉高阶无穷小量，无穷小转动就可以写成

$$T_\varepsilon=I+\varepsilon\mathfrak{g}.$$

根据群乘法和转动角度的关系，任意有限大小的转动都可以看成连续实施无穷多次相同的无限小转动. 因此，我们可以预期

$$T_\theta=\lim_{N\to\infty}\underbrace{T_{\theta/N}T_{\theta/N}\cdots T_{\theta/N}}_{N\text{个}T_{\theta/N}}=\lim_{N\to\infty}\left(I+\frac{\theta}{N}\mathfrak{g}\right)^N,$$

其中 I 是恒等映射. 事实上也正是如此：我们可以证明 $\lim\limits_{N\to\infty}(I+\theta\mathfrak{g}/N)^N$ 的矩阵表示恰好就是 $\boldsymbol{A}(\theta)$. 相关证明将在第 4.7 节中给出. 由此可见，任何二维的转动都可以按照上述方式由线性映射 $\mathfrak{g}$ 生成. 我们把线性映射 $\mathfrak{g}$ 称为转动变换 $\mathbb{SO}(2)$ 的一个生成元. 我们注意到

$$\lim_{N\to\infty}\left(I+\frac{\theta}{N}\lambda\mathfrak{g}\right)^N=\lim_{N\to\infty}\left(I+\frac{\lambda\theta}{N}\mathfrak{g}\right)^N=T_{\lambda\theta},$$

因此对任意实数 λ，$\lambda\mathfrak{g}$ 也是特殊正交群 $\mathbb{SO}(2)$ 的一个生成元.

定义 3.12 我们称从 $\mathbf{R}^n$ 到其自身的一个线性映射 $\mathfrak{g}_i$ 是 $\mathbf{R}^n$ 中的特殊正交群的一个无穷小生成元，如果

$$\lim_{N\to\infty}\left(I+\frac{\mathfrak{g}_i}{N}\right)^N\in\mathbb{SO}(n).$$

$\mathbf{R}^n$ 中的转动变换群的一个无穷小生成元的集合记为 $\mathfrak{so}(n)$.

二维平面 $\mathbf{R}^2$ 中的特殊正交群 $\mathbb{SO}(2)$ 具有两个特性：①它是一个阿贝尔群，因此它的群乘法是可交换的，这一点可以由 $T_{\theta_1}T_{\theta_2}=T_{\theta_1+\theta_2}$ 看出；②它的生成元集合 $\mathfrak{so}(2)$ 只有一个线性无关的元素 $\mathfrak{g}$，其他生成元都可以由一个实数乘以 $\mathfrak{g}$ 得到. 这两个特性对一般维数的特殊正

交群不成立. 假设 $\boldsymbol{A}$ 是一个无限接近于恒等映射的特殊正交变换对应的矩阵,其形式如下:

$$\boldsymbol{A}=\boldsymbol{I}+\varepsilon\boldsymbol{J}+\mathcal{O}(\varepsilon^2). \tag{3.5}$$

其中 ε 是一个无穷小量. 根据正交性条件 $\boldsymbol{A}^{\mathrm{T}}\boldsymbol{A}=\boldsymbol{I}$,可以得到

$$(\boldsymbol{I}+\varepsilon\boldsymbol{J}+\mathcal{O}(\varepsilon^2))^{\mathrm{T}}(\boldsymbol{I}+\varepsilon\boldsymbol{J}+\mathcal{O}(\varepsilon^2))=\boldsymbol{I}+\varepsilon(\boldsymbol{J}^{\mathrm{T}}+\boldsymbol{J})+\mathcal{O}(\varepsilon^2)=\boldsymbol{I}.$$

于是

$$\boldsymbol{J}^{\mathrm{T}}+\boldsymbol{J}=\boldsymbol{O}.$$

因此,每一个无限接近于恒元的正交矩阵都可以用一个反对称矩阵 $\boldsymbol{J}$ 按照式(3.5)表示. 对任意一个反对称矩阵 $\boldsymbol{J}$,令

$$\boldsymbol{A}=\lim_{N\to\infty}\left(\boldsymbol{I}+\frac{\boldsymbol{J}}{N}\right)^N. \tag{3.6}$$

由于式(3.6)的幂次运算是收敛的①,我们可以发现:

$$\boldsymbol{A}^{\mathrm{T}}\boldsymbol{A}=\lim_{N\to\infty}\left(\boldsymbol{I}+\frac{\boldsymbol{J}^{\mathrm{T}}}{N}\right)^N\left(\boldsymbol{I}+\frac{\boldsymbol{J}}{N}\right)^N=\lim_{N\to\infty}\left(\boldsymbol{I}+\frac{\boldsymbol{J}^{\mathrm{T}}+\boldsymbol{J}}{N}+\frac{\boldsymbol{J}^{\mathrm{T}}\boldsymbol{J}}{N^2}\right)^N.$$

由于 $\boldsymbol{J}^{\mathrm{T}}+\boldsymbol{J}=\boldsymbol{0}$,上式可以化简为②

$$\boldsymbol{A}^{\mathrm{T}}\boldsymbol{A}=\lim_{N\to\infty}\left(\boldsymbol{I}+\frac{\boldsymbol{J}^{\mathrm{T}}\boldsymbol{J}}{N^2}\right)^N=\boldsymbol{I}. \tag{3.7}$$

这表明每一个 n 阶反对称矩阵都对应一个 $\mathfrak{so}(n)$ 中的元素. 因此,我们得出以下结论.

定理 3.21　$\mathbf{R}^n$ 中的特殊正交群的一个无穷小生成元的集合 $\mathfrak{so}(n)$ 是由所有 n 阶反对称矩阵对应的线性映射组成的.

例 3.29　写出 $\mathfrak{so}(3)$ 中的所有元素的矩阵表示的集合.

解: 根据定理 3.21,$\mathfrak{so}(3)$ 的矩阵表示是由 3 阶反对称矩阵给出的. 因此最一般的形式是

$$\boldsymbol{J}=\begin{pmatrix}0 & a & b\\ -a & 0 & c\\ -b & -c & 0\end{pmatrix}=a\boldsymbol{J}_1+b\boldsymbol{J}_2+c\boldsymbol{J}_3,$$

其中

$$\boldsymbol{J}_1=\begin{pmatrix}0 & 1 & 0\\ -1 & 0 & 0\\ 0 & 0 & 0\end{pmatrix},\ \boldsymbol{J}_2=\begin{pmatrix}0 & 0 & 1\\ 0 & -1 & 0\\ 0 & 0 & 0\end{pmatrix},\ \boldsymbol{J}_3=\begin{pmatrix}0 & 0 & 0\\ 0 & 0 & 1\\ 0 & -1 & 0\end{pmatrix}.$$

一个有意思的问题是:$\mathfrak{so}(n)$ 中的元素也是由 $\mathbf{R}^n$ 到 $\mathbf{R}^n$ 的线性映射组成的,那么这些线性映射在映射复合作为乘法时是否还是 $\mathfrak{so}(n)$ 中的元素呢? 这就是等价地问:反对称矩阵相乘之后是否还是反对称矩阵? 答案显然是否定的. 比如可以验证,例 3.29 取 $\boldsymbol{J}_1$ 和它自己相乘:

① 这里的收敛是指矩阵的每一个分量都是收敛的. 如果令 $\boldsymbol{X}_N=(\boldsymbol{I}+\boldsymbol{J}/N)^N$,可以证明 $\boldsymbol{X}_N$ 的每一个分量在趋于无穷的时候都收敛.

② 目前证明式(3.7)稍显烦琐. 利用第 5 章的知识,这一结论将会变得很容易证明.

$$J_1^2=-\begin{pmatrix}1&0&0\\0&1&0\\0&0&0\end{pmatrix}.$$

这是一个对称矩阵,因此 $\mathfrak{so}(n)$ 在映射复合下一般不封闭. 但是利用复合映射可以定义一种称为李括号(又叫对易子)的运算:

$$[\mathfrak{g}_1,\mathfrak{g}_2]=\mathfrak{g}_1\circ\mathfrak{g}_2-\mathfrak{g}_2\circ\mathfrak{g}_1.$$

定理 3.22 $\mathfrak{so}(n)$ 在李括号运算下封闭,并且它的任意 3 个元素 $\mathfrak{g}_1,\mathfrak{g}_2$ 和 $\mathfrak{g}_3$ 都满足如下雅可比恒等式:

$$[[\mathfrak{g}_1,\mathfrak{g}_2],\mathfrak{g}_3]+[[\mathfrak{g}_2,\mathfrak{g}_3],\mathfrak{g}_1]+[[\mathfrak{g}_3,\mathfrak{g}_1],\mathfrak{g}_2]=O.$$

证明: 取 $\mathfrak{so}(n)$ 中的元素的 n 阶矩阵表示,只需验证相应的矩阵满足上述性质即可. 首先验证对易子的封闭性. 假设 $\mathfrak{g}_1,\mathfrak{g}_2$ 和 $\mathfrak{g}_3$ 对应的矩阵分别为 $\boldsymbol{J}_1$, $\boldsymbol{J}_2$ 和 $\boldsymbol{J}_3$,根据定义,线性映射 $\mathfrak{g}_1$ 和 $\mathfrak{g}_2$ 的对易子 $[\mathfrak{g}_1,\mathfrak{g}_2]$ 的矩阵表示就是它们的矩阵表示的对易子,即

$$[\boldsymbol{J}_1,\boldsymbol{J}_2]=\boldsymbol{J}_1\boldsymbol{J}_2-\boldsymbol{J}_2\boldsymbol{J}_1.$$

对上式左右两边同时取转置:

$$[\boldsymbol{J}_1,\boldsymbol{J}_2]^{\mathrm{T}}=(\boldsymbol{J}_1\boldsymbol{J}_2-\boldsymbol{J}_2\boldsymbol{J}_1)^{\mathrm{T}}=\boldsymbol{J}_2^{\mathrm{T}}\boldsymbol{J}_1^{\mathrm{T}}-\boldsymbol{J}_1^{\mathrm{T}}\boldsymbol{J}_2^{\mathrm{T}}=(-\boldsymbol{J}_2)(-\boldsymbol{J}_1)-(-\boldsymbol{J}_1)(-\boldsymbol{J}_2).$$

因此就有

$$[\boldsymbol{J}_1,\boldsymbol{J}_2]^{\mathrm{T}}=\boldsymbol{J}_2\boldsymbol{J}_1-\boldsymbol{J}_1\boldsymbol{J}_2=-(\boldsymbol{J}_1\boldsymbol{J}_2-\boldsymbol{J}_2\boldsymbol{J}_1)=-[\boldsymbol{J}_1,\boldsymbol{J}_2].$$

因此 $[\boldsymbol{J}_1,\boldsymbol{J}_2]$ 也是一个反对称矩阵,故 $[\mathfrak{g}_1,\mathfrak{g}_2]\in\mathfrak{so}(n)$.

$$[[\boldsymbol{J}_1,\boldsymbol{J}_2],\boldsymbol{J}_3]=\boldsymbol{J}_1\boldsymbol{J}_2\boldsymbol{J}_3-\boldsymbol{J}_2\boldsymbol{J}_1\boldsymbol{J}_3-\boldsymbol{J}_3\boldsymbol{J}_1\boldsymbol{J}_2+\boldsymbol{J}_3\boldsymbol{J}_2\boldsymbol{J}_1,$$

$$[[\boldsymbol{J}_2,\boldsymbol{J}_3],\boldsymbol{J}_1]=\boldsymbol{J}_2\boldsymbol{J}_3\boldsymbol{J}_1-\boldsymbol{J}_3\boldsymbol{J}_2\boldsymbol{J}_1-\boldsymbol{J}_1\boldsymbol{J}_2\boldsymbol{J}_3+\boldsymbol{J}_1\boldsymbol{J}_3\boldsymbol{J}_2,$$

$$[[\boldsymbol{J}_3,\boldsymbol{J}_1],\boldsymbol{J}_2]=\boldsymbol{J}_3\boldsymbol{J}_1\boldsymbol{J}_2-\boldsymbol{J}_1\boldsymbol{J}_3\boldsymbol{J}_2-\boldsymbol{J}_2\boldsymbol{J}_3\boldsymbol{J}_1+\boldsymbol{J}_2\boldsymbol{J}_1\boldsymbol{J}_3.$$

将上面 3 个等式相加就得到了

$$[[\boldsymbol{J}_1,\boldsymbol{J}_2],\boldsymbol{J}_3]+[[\boldsymbol{J}_2,\boldsymbol{J}_3],\boldsymbol{J}_1]+[[\boldsymbol{J}_3,\boldsymbol{J}_1],\boldsymbol{J}_2]=\boldsymbol{O}.$$

因此就有 $[[\mathfrak{g}_1,\mathfrak{g}_2],\mathfrak{g}_3]+[[\mathfrak{g}_2,\mathfrak{g}_3],\mathfrak{g}_1]+[[\mathfrak{g}_3,\mathfrak{g}_1],\mathfrak{g}_2]=O.$

上面讲述的 $\mathbf{R}^n$ 中的转动群和它的无穷小生成元实际上构成了物理中十分重要的两个结构——李群和李代数. 简单地讲,李群是可以被连续参数化的群,用以描述某些连续的对称性;李群的无穷小生成元在上面定义的李括号运算下封闭,并且满足定理 3.22 中提到的雅可比恒等式. 由这些无穷小生成元组成的集合就构成了李群的李代数. 由于物理中的很多问题、理论都和系统的连续对称性有着深刻的关系,因此李群和李代数在物理的众多方面都有着深远的应用. 限于本课程的教学目标和篇幅,无法进一步展开介绍,有兴趣的读者可以参阅相关专门的文献.

习题

1. 假设 W 为 $\mathbf{R}^2$ 的一个子集,定义为

$$W=\left\{\boldsymbol{x}=\begin{pmatrix}x_1\\x_2\end{pmatrix},x_1\text{和}x_2\text{都是整数}\right\}.$$

证明 W 不是 $\mathbf{R}^2$ 的一个子空间.

2. 假设 $\boldsymbol{a}$ 和 $\boldsymbol{b}$ 是 $\mathbf{R}^3$ 中两个不共线的矢量,定义两个集合:

$$U=\left\{\boldsymbol{x}\in\mathbf{R}^3 \mid \boldsymbol{x}^{\mathrm{T}}\boldsymbol{a}=0\right\},\ V=\left\{\boldsymbol{x}\in\mathbf{R}^3 \mid \boldsymbol{x}^{\mathrm{T}}\boldsymbol{b}=0\right\}.$$

证明:$U\cup V$ 不是 $\mathbf{R}^3$ 的一个子空间,但是 $U\cap V$ 是 $\mathbf{R}^3$ 的一个子空间.

3. 考虑空间直角坐标系中的三个点 $A=(1,1,1)$,$B=(2,1,5)$ 和 $C=(1,-3,a)$. 请问当 a 取何值的时候,包括原点 O 在内的四个点 A,B,C,O 是共面的?

4. 计算下面三个矩阵的零空间:

$$\begin{pmatrix}1&0&-1&-2\\0&1&2&3\end{pmatrix},\begin{pmatrix}1&0&-1&0&-1\\0&1&2&2&1\\0&0&0&1&1\end{pmatrix},\begin{pmatrix}1&1&3&1\\2&1&5&4\\1&2&4&-1\end{pmatrix}.$$

5. 证明一个 $n\times n$ 的满秩方阵的列空间就是 $\mathbf{R}^n$.

(提示:满秩方阵可逆)

6. 判断矢量 $\boldsymbol{w}$ 是不是矩阵 $\boldsymbol{A}$ 的列空间和零空间中的元素:

$$\boldsymbol{w}=\begin{pmatrix}1\\2\\1\\0\end{pmatrix},\ \boldsymbol{A}=\begin{pmatrix}-8&5&-2&0\\-5&2&1&-2\\10&-8&6&-3\\3&-2&1&0\end{pmatrix}.$$

7. 判断矢量 $\boldsymbol{b}=(1,2,4,0)$ 是不是矩阵 $\begin{pmatrix}1&1&3&1\\2&1&5&4\\1&2&4&-1\end{pmatrix}$ 的行空间中的元素.

8. 对任意矩阵 $\boldsymbol{A}$ 以及两个可逆方阵 $\boldsymbol{Q}$ 和 $\boldsymbol{S}$,证明:(1)$\mathrm{Nul}(\boldsymbol{A})=\mathrm{Nul}(\boldsymbol{QA})$;(2)$\mathrm{Col}(\boldsymbol{A})=\mathrm{Col}(\boldsymbol{AS})$. 并由此说明矩阵的零空间在初等行变换下不变;矩阵的列空间在初等列变换下不变.

9. 证明:n 个 n 维列矢量 $\boldsymbol{a}_1,\boldsymbol{a}_2,\cdots,\boldsymbol{a}_n$ 是线性相关的,当且仅当矩阵 $\boldsymbol{A}=(\boldsymbol{a}_1,\boldsymbol{a}_2,\cdots,\boldsymbol{a}_n)$ 的行列式等于 0.

10. 证明任何包含 $\mathbf{0}$ 的矢量集合都是线性相关的.

11. 用例 3.13 和例 3.15 展示的两种方法分别给出下列矩阵值域的基:

$$\begin{pmatrix}1&0&-1&0&-1\\0&1&2&2&1\\0&0&0&1&1\end{pmatrix}.$$

12. 判断下列集合是否能够构成 $\mathbf{R}^3$ 的一个基:

$$S_1=\left\{\begin{pmatrix}1\\-1\\-2\end{pmatrix},\begin{pmatrix}1\\1\\2\end{pmatrix},\begin{pmatrix}2\\-3\\-3\end{pmatrix}\right\},S_2=\left\{\begin{pmatrix}1\\0\\-2\end{pmatrix},\begin{pmatrix}1\\3\\2\end{pmatrix},\begin{pmatrix}2\\-1\\-1\end{pmatrix},\begin{pmatrix}1\\5\\2\end{pmatrix}\right\}.$$

13. 假设 W 为 $\mathbf{R}^n$ 的一个子空间,如果 $\dim(W)=p$,证明 W 中任何能够生成 W 的 p 个矢量都是 W 的基.

(提示:需要证明这 p 个矢量是线性无关的)

14. 假设 W 为 $\mathbf{R}^n$ 的子空间，定义为 $W=\{\boldsymbol{x}\in\mathbf{R}^n \mid \boldsymbol{a}^{\mathrm{T}}\boldsymbol{x}=\boldsymbol{b}^{\mathrm{T}}\boldsymbol{x}=\boldsymbol{c}^{\mathrm{T}}\boldsymbol{x}=0\}$，其中

$$\boldsymbol{a}=\begin{pmatrix}1\\-1\\0\\0\end{pmatrix},\ \boldsymbol{b}=\begin{pmatrix}1\\0\\-1\\0\end{pmatrix},\ \boldsymbol{c}=\begin{pmatrix}0\\1\\-1\\0\end{pmatrix}.$$

计算 $\dim(W)$.

15. 计算下列集合生成子空间的维数：

$$S_1=\left\{\begin{pmatrix}1\\1\\-2\end{pmatrix},\begin{pmatrix}-1\\-2\\3\end{pmatrix},\begin{pmatrix}1\\0\\-1\end{pmatrix},\begin{pmatrix}2\\-1\\0\end{pmatrix}\right\},S_2=\left\{\begin{pmatrix}1\\2\\-1\\1\end{pmatrix},\begin{pmatrix}3\\1\\1\\2\end{pmatrix},\begin{pmatrix}1\\-1\\-2\\2\end{pmatrix},\begin{pmatrix}0\\-2\\1\\2\end{pmatrix}\right\}.$$

16. 证明一个 $m\times n$ 维的矩阵的零空间的维数和列空间的维数之和等于 n.

（提示：利用定理 3.10 和定理 3.13，后者给出了零空间的维数）

17. 假设 W 和 V 是 $\mathbf{R}^n$ 的两个子空间，$W\cap V=\{\mathbf{0}\}$ 且 $W\cup V=\mathbf{R}^n$. 证明：如果 $\boldsymbol{v}+\boldsymbol{w}=\mathbf{0}$，其中 $\boldsymbol{v}\in V$ 而 $\boldsymbol{w}\in W$，那么 $\boldsymbol{v}=\mathbf{0},\boldsymbol{w}=\mathbf{0}$.

18. 证明 $\mathbf{R}^n$ 的任意一个子集中最多只能有 n 个相互正交的非零矢量.

19. 计算下列矩阵的零空间和列空间，然后利用施密特正交化方法找到这些空间的正交基：

$$\begin{pmatrix}1&3&10&11&9\\-1&2&5&4&1\\2&-1&-1&1&4\end{pmatrix}.$$

20. 利用 Maple 计算下列矩阵的零空间和列空间，然后利用施密特正交化方法找到这些空间的正交基：

$$\begin{pmatrix}1&3&10&11&9&3\\-1&2&5&4&1&-1\\2&-1&-1&1&4&2\\2&4&14&16&14&4\end{pmatrix}.$$

21. 假设 T 和 F 都是 $\mathbf{R}^n$ 的子空间 W 到 $\mathbf{R}^m$ 的子空间 U 的线性映射，如果定义 G 为 $G(\boldsymbol{x})=T(\boldsymbol{x})+F(\boldsymbol{x})$，证明 G 也是一个 W 到 U 的线性映射.

22. 假设 W 为 $\mathbf{R}^n$ 的 p 维子空间，T 为一个 $\mathbf{R}^n$ 到 W 的正交投影变换. 证明矢量 $\boldsymbol{x}-T(\boldsymbol{x})$ 和 W 中的所有矢量都正交.

（提示：只需证明这个矢量和 W 的正交归一基中的每一个基都正交即可）

23. 求出下列 $\mathbf{R}^2$ 到 $\mathbf{R}^3$ 的映射的对应矩阵：

$$T(\boldsymbol{x})=\begin{pmatrix}2x_1-x_2\\x_1+2x_2\\x_1-3x_2\end{pmatrix},S(\boldsymbol{x})=\begin{pmatrix}x_1+x_2\\0\\3x_1+2x_2\end{pmatrix}.$$

24. 已知 $\mathbf{R}^3$ 到 $\mathbf{R}^2$ 的映射 T 和 $\mathbf{R}^2$ 到 $\mathbf{R}^3$ 的映射 F 分别为

$$T\left(\begin{pmatrix} x_1 \\ x_2 \\ x_3 \end{pmatrix}\right)=\begin{pmatrix} -x_1+2x_2-4x_3 \\ 2x_1+5x_2+x_3 \end{pmatrix}, F\left(\begin{pmatrix} x_1 \\ x_2 \end{pmatrix}\right)=\begin{pmatrix} x_1-2x_2 \\ 3x_1+2x_2 \\ -x_1+x_2 \end{pmatrix}.$$

计算它们的秩,并给出它们的零空间和值域.

25. 考虑两个线性映射 T 和 F 的复合映射 $G=T\circ F$,证明当 T 和 F 都是可逆映射时 G 是可逆映射. 请问当 G 是可逆映射时,T 和 F 一定都是可逆映射吗?

26. 假设 T 是 $\mathbf{R}^n$ 到 $\mathbf{R}^m$ 的线性映射,集合 $S=\{\boldsymbol{x}_1,\boldsymbol{x}_2,\cdots,\boldsymbol{x}_k\}$ 是 $\mathbf{R}^n$ 的一个子集,并且使得 $\{T(\boldsymbol{x}_1),T(\boldsymbol{x}_2),\cdots,T(\boldsymbol{x}_k)\}$ 线性无关. 证明 S 是一个线性无关的集合.

27. 假设 T 是 $\mathbf{R}^n$ 到 $\mathbf{R}^m$ 的线性映射,并且满足 $\mathrm{Nul}(T)=\{\mathbf{0}\}$,集合 $S=\{\boldsymbol{x}_1,\boldsymbol{x}_2,\cdots,\boldsymbol{x}_k\}$ 是 $\mathbf{R}^n$ 的一个线性无关的子集. 证明 $\{T(\boldsymbol{x}_1),T(\boldsymbol{x}_2),\cdots,T(\boldsymbol{x}_k)\}$ 是一个线性无关的集合.

28. 假设 $\{\alpha_1,\alpha_2,\cdots,\alpha_k\}$ 是线性无关的线性映射,P 为一个可逆线性映射. 证明 $\{P^{-1}\circ\alpha_1\circ P,P^{-1}\circ\alpha_2\circ P,\cdots,P^{-1}\circ\alpha_k\circ P\}$ 也是线性无关的.

29. 假设 T 是 $\mathbf{R}^n$ 中的所有正交变换的集合. 以映射复合“$\circ$”为群乘法,即两个正交变换 T 和 F 的乘法定义为 $T\circ F$. 证明 $\{T,\circ\}$ 构成一个群.

第 4 章 矩阵的本征值问题及其应用

在这一章，我们来考虑另外一类方程求解问题以及由此衍生的数学内容.

种群模型 我们来考虑一个简单的种群增长问题，它不能完全描述现实的情况，但是却展示了这一类问题的主要思想. 假设在一个生态系统里，比如在草原上，有一群野狼. 把它们简单地划分为成年组和幼年组. 幼年的野狼需要一年成长为成年的野狼，但是在整个成长过程中夭折率为 b_1. 成年的野狼平均繁殖率为 b_2，每年因为天敌或者疾病等因素的死亡率为 d. 如果野狼的种群规模无限增大，它们会过度捕杀草原上的其他动物而引起严重的生态问题，甚至入侵城镇造成危害. 此时我们就需要对野狼进行适当的人工捕杀. 请问：当参数 b_1，b_2 和 d 满足什么条件的时候，需要对野狼进行人工捕杀来维持生态平衡？

我们来分析一下这个问题. 假设第 k 年成年野狼和幼年野狼的数目分别是 x_k 和 y_k. 下一年成年野狼的总数是上一年成年野狼存活的数目加上顺利长大的幼年野狼的数目，即

$$x_{k+1} = (1-d)x_k + (1-b_1)y_k. \tag{4.1}$$

幼年野狼来自成年野狼的繁殖，即

$$y_{k+1} = b_2 x_k.$$

将上述递推写成矢量的形式，令 $\boldsymbol{x}_k = \begin{pmatrix} x_k \\ y_k \end{pmatrix}$，于是有

$$\boldsymbol{A}\boldsymbol{x}_k = \boldsymbol{x}_{k+1}. \tag{4.2}$$

其中

$$\boldsymbol{A} = \begin{pmatrix} 1-d & 1-b_1 \\ b_2 & 0 \end{pmatrix}.$$

当 $\boldsymbol{x}_k$ 的分量趋于无穷大的时候，就需要对野狼进行人工捕杀了. 这就产生了一个问题：当矩阵 $\boldsymbol{A}$ 满足什么条件的时候，对非零的 $\boldsymbol{x}_0$ 来说，$\boldsymbol{x}_k$ 在 $k \to \infty$ 时有无穷大的分量呢？进一步地，我们如何求解方程（4.2）呢？

弹簧连接体模型 我们再来考虑一个力学模型. 两个质量为 m 的木块通过如图 4.1 所示的三根劲度系数都为 k 的轻质弹簧连接，置于光滑的水平面上；左右两根弹簧的两端固定在墙面上. 假设不计一切摩擦，那么系统在平衡位置做微小幅度的振动的规律是什么样

的呢？

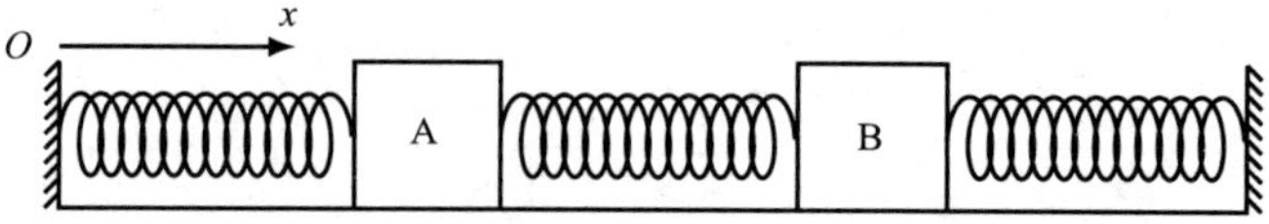

图 4.1　两个木块用三根弹簧连接，两端固定在墙面上

为了分析这个问题，以左侧墙面为原点、以向右为正方向建立一维坐标系. 令平衡的时候木块 A 和 B 的位置分别为 x_A 和 x_B，两个木块所受的水平合力为 0. 假设在做微小幅度的振动的某一时刻 t，木块 A 的位置变为 $x_A+x_1(t)$，木块 B 的位置变为 $x_B+x_2(t)$. 那么两个木块受到的弹簧的弹力变化如下：

（1）左边的弹簧长度增大了 $x_1(t)$，因此其对木块 A 向右的弹力减小了 $kx_1(t)$，也就是向右的弹力增大了 $-kx_1(t)$；

（2）中间的弹簧长度增大了 $x_2(t)-x_1(t)$，因此它对木块 A 向右的弹力增大了 $k[x_2(t)-x_1(t)]$，对木块 B 向右的弹力增大了 $-k[x_2(t)-x_1(t)]$；

（3）右边的弹簧长度减小了 $x_2(t)$，它对木块 B 向左的弹力就增大了 $kx_2(t)$，因此向右的弹力增大了 $-kx_2(t)$.

由此发现，木块 A 受到的合力相对于处于平衡位置的时候增大了

$$-kx_1(t)+k[x_2(t)-x_1(t)]=kx_2(t)-2kx_1(t),$$

木块 B 受到的合力相对于处于平衡位置的时候增大了

$$-kx_2(t)-k[x_2(t)-x_1(t)]=kx_1(t)-2kx_2(t).$$

由于处于平衡位置的时候木块 A 和 B 各自受的水平合力为 0，于是根据牛顿第二定律可以得到

$$-2\times\frac{k}{m}x_1+\frac{k}{m}x_2=\ddot{x}_1,$$

$$\frac{k}{m}x_1-2\times\frac{k}{m}x_2=\ddot{x}_2.$$

进一步引入矢量符号 $\boldsymbol{x}(t)=\begin{pmatrix}x_1(t)\\x_2(t)\end{pmatrix}$ 和 $\ddot{\boldsymbol{x}}(t)=\begin{pmatrix}\ddot{x}_1(t)\\\ddot{x}_2(t)\end{pmatrix}$，就有

$$\boldsymbol{A}\boldsymbol{x}(t)=\ddot{\boldsymbol{x}}(t), \tag{4.3}$$

其中

$$\boldsymbol{A}=\frac{k}{m}\begin{pmatrix}-2&1\\1&-2\end{pmatrix}.$$

那么如何求解微分方程（4.3）呢？

方程（4.2）和方程（4.3）跟我们之前学习的线性方程组 $\boldsymbol{Ax}=\boldsymbol{b}$ 有很大的相似之处：它们的右边都包含一个和未知量无关的矩阵，并且它们完全由这个矩阵给出. 但是方程（4.2）和方程（4.3）与线性方程组 $\boldsymbol{Ax}=\boldsymbol{b}$ 也有明显的不同：后者右边是一个常矢量，并且往往出现在静态问题的求解中；前者右边不是一个常矢量，并且往往出现在描述动态演化的模型中. 之

前讲的消元法无法帮助我们求解诸如方程(4.2)和方程(4.3)这样的方程. 这一章我们将学习新的技巧和概念来解决这样的问题,并由此引入和矩阵相关的两个重要量——本征值和本征矢量.

4.1 本征值问题

我们还是观察方程(4.2)和方程(4.3). 求解它们的一个困难是矢量 $\boldsymbol{x}$ 被矩阵 $\boldsymbol{A}$"作用"后会改变方向. 比如方程(4.2),如果矩阵 $\boldsymbol{A}$ 作用到初始值 $\boldsymbol{x}_0$ 上仅仅改变 $\boldsymbol{x}_0$ 的大小,方向保持不变或者正好反向,就有

$$\boldsymbol{x}_1 = \boldsymbol{A}\boldsymbol{x}_0 = \lambda\boldsymbol{x}_0. \tag{4.4}$$

进一步地,我们可以发现 $\boldsymbol{x}_2 = \boldsymbol{A}\boldsymbol{x}_1 = \lambda\boldsymbol{A}\boldsymbol{x}_0 = \lambda^2\boldsymbol{x}_0, x_3 = \boldsymbol{A}\boldsymbol{x}_2 = \lambda^3\boldsymbol{x}_0, \cdots\cdots$ 因此,我们很容易就写出了通解:

$$\boldsymbol{x}_k = \lambda^k\boldsymbol{x}_0.$$

当然,并不是所有的初值 $\boldsymbol{x}_0$ 都能满足方程(4.4)的要求. 但是满足这样要求的矢量对求解方程(4.2)和方程(4.3)具有重要的作用. 为此我们给出以下定义.

定义 4.1 对一个 $n \times n$ 的方阵 $\boldsymbol{A}$,如果数 λ 和一个非零的矢量 $\boldsymbol{x}$ 使得方程

$$\boldsymbol{A}\boldsymbol{x} = \lambda\boldsymbol{x} \tag{4.5}$$

成立,就称 λ 为矩阵 $\boldsymbol{A}$ 的本征值,称 $\boldsymbol{x}$ 为与之对应的本征矢量. 寻找一个给定方阵的本征值和本征矢量的问题被称为本征值问题.

这里强调一下:在方程(4.5)中数 λ 和矢量 $\boldsymbol{x}$ 都是未知的,它们需要被一起求解出来. 我们可以看到,如果 $\boldsymbol{x}$ 是方阵 $\boldsymbol{A}$ 对应的本征矢量,那么 $\boldsymbol{A}\boldsymbol{x}$ 就相当于矢量 $\boldsymbol{x}$ 乘以一个数 λ. 矢量 $\boldsymbol{x}$ 乘以一个数 c 得到的新的矢量 $\boldsymbol{y} = c\boldsymbol{x}$ 也是矩阵 $\boldsymbol{A}$ 的一个本征矢量,$\boldsymbol{y}$ 对应的本征值和 $\boldsymbol{x}$ 对应的本征值是一样的.

我们现在把方程(4.5)改写为一个齐次线性方程:

$$(\boldsymbol{A} - \lambda\boldsymbol{I})\boldsymbol{x} = \boldsymbol{0}. \tag{4.6}$$

寻找本征值 λ 的问题就是确定一些 λ 使得上述齐次线性方程有非平庸解. 根据齐次方程有非平庸解的条件,我们必须选择适当的 λ 使得行列式 $\det(\boldsymbol{A} - \lambda\boldsymbol{I}) = 0$. 对一个 $n \times n$ 的方阵 $\boldsymbol{A}$ 来说,$\det(\boldsymbol{A} - \lambda\boldsymbol{I})$ 是关于 λ 的 n 次多项式.

定义 4.2 假设 $\boldsymbol{A}$ 是一个 $n \times n$ 的方阵,行列式

$$p(\lambda) = (-1)^n \det(\boldsymbol{A} - \lambda\boldsymbol{I}) = \det(\lambda\boldsymbol{I} - \boldsymbol{A})$$

称为矩阵 $\boldsymbol{A}$ 的本征多项式.

寻找矩阵 $\boldsymbol{A}$ 的本征值就是寻找这个多项式的根. 假设 $p(\lambda)$ 的最高次数为 n,那么根据代数基本定理,任何 n 次多项式在复数域内都可以因式分解为

$$p(\lambda) = a(\lambda - r_1)(\lambda - r_2)\cdots(\lambda - r_n).$$

其中 $r_1, r_2, \cdots, r_n$ 就是 $p(\lambda)$ 的根,它们有可能有相同的. 相同的根的数目 n 称作根的代数重数($n=1$ 的时候称为单根). 比如,3 次多项式 $p(\lambda) = (\lambda - 1)^2(\lambda - 2)$ 有一个 2 重根 $r = 1$ 和一个

单根 $r=2$. 由上述基本代数结论，我们可以得到如下两个基本事实：

（1）一个 n 阶方阵最多可以有 n 个不同的本征值（可能是复数）；

（2）一个 n 阶方阵最少有 1 个本征值（可能是复数）.

对每一个本征值，我们可以发现矩阵 $\boldsymbol{A}-\lambda\boldsymbol{I}$ 的秩一定小于方阵 $\boldsymbol{A}$ 的阶数（因为此时矩阵的行列式等于 0），因此齐次方程 $(\boldsymbol{A}-\lambda\boldsymbol{I})\boldsymbol{x}=\boldsymbol{0}$ 在 λ 取本征值的时候一定有非零解. 因此，每一个不同的本征值至少有一个本征矢量. 求解本征值问题就等价于如下两个问题：

（1）通过求解方程 $\det(\lambda\boldsymbol{I}-\boldsymbol{A})=0$ 找到所有的本征值；

（2）对每一个本征值 λ，找到所有使得方程（4.6）成立的矢量 $\boldsymbol{x}$.

第一个问题主要涉及矩阵行列式的计算. 第 1 章中介绍的高斯消元法为求解第二个问题提供了方法. 下面来看一个例子.

例 4.1 求解矩阵 $\boldsymbol{A}=\begin{pmatrix}-1 & 1 & 0\\ -4 & 3 & 0\\ 1 & 0 & 2\end{pmatrix}$ 的本征值.

解： 矩阵 $\boldsymbol{A}$ 的本征多项式为

$$p(\lambda)=-\det(\boldsymbol{A}-\lambda\boldsymbol{I})=-\begin{vmatrix}-1-\lambda & 1 & 0\\ -4 & 3-\lambda & 0\\ 1 & 0 & 2-\lambda\end{vmatrix}=(\lambda-2)\begin{vmatrix}-1-\lambda & 1\\ -4 & 3-\lambda\end{vmatrix}=(\lambda-2)(\lambda-1)^2.$$

于是矩阵 $\boldsymbol{A}$ 的本征值为 $\lambda_1=2$ 和 $\lambda_2=\lambda_3=1$，其中后者是本征多项式的一个 2 重根.

考虑齐次方程 $(\boldsymbol{A}-\lambda\boldsymbol{I})\boldsymbol{x}=\boldsymbol{0}$. 本征值 λ_1 对应的齐次方程的增广矩阵为

$$\begin{pmatrix}-3 & 1 & 0 & 0\\ -4 & 1 & 0 & 0\\ 1 & 0 & 0 & 0\end{pmatrix},$$

做初等行变换 $(1)\leftrightarrow(3)$，$4\times(1)+(2)$，$3\times(1)+(3)$ 和 $-(2)+(3)$，得到最简阶梯矩阵

$$\begin{pmatrix}1 & 0 & 0 & 0\\ 0 & 1 & 0 & 0\\ 0 & 0 & 0 & 0\end{pmatrix},$$

从而得到方程的通解：

$$x_1=x_2=0, x_3\text{取任意值}.$$

将这个通解写成矩阵的形式：

$$\boldsymbol{x}=\begin{pmatrix}0\\ 0\\ x_3\end{pmatrix}=x_3\begin{pmatrix}0\\ 0\\ 1\end{pmatrix}.$$

本征值 $\lambda_2=\lambda_3=1$ 对应的齐次方程的增广矩阵为

$$\begin{pmatrix}-2 & 1 & 0 & 0\\ -4 & 2 & 0 & 0\\ 1 & 0 & 1 & 0\end{pmatrix},$$

做初等行变换 $(1)\leftrightarrow(3)$, $4\times(1)+(2)$, $2\times(1)+(3)$, $(2)\leftrightarrow(3)$ 和 $-2\times(2)+(3)$,得到最简阶梯矩阵

$$\begin{pmatrix} 1 & 0 & 1 & 0 \\ 0 & 1 & 2 & 0 \\ 0 & 0 & 0 & 0 \end{pmatrix},$$

从而得到方程的通解:

$$x_1 = -x_3, x_2 = -2x_3.$$

将这个通解写成矩阵的形式:

$$\boldsymbol{x} = \begin{pmatrix} -x_3 \\ -2x_3 \\ x_3 \end{pmatrix} = x_3 \begin{pmatrix} -1 \\ -2 \\ 1 \end{pmatrix}.$$

总结以上结论,就得到了如下本征值和本征矢量的解:

本征值 $\lambda_1 = 2$,本征矢量 $\boldsymbol{x} = a\begin{pmatrix} 0 \\ 0 \\ 1 \end{pmatrix}$,其中 a 是任意不等于 0 的数;

本征值 $\lambda_2 = \lambda_3 = 1$,本征矢量 $\boldsymbol{x} = a\begin{pmatrix} -1 \\ -2 \\ 1 \end{pmatrix}$,其中 a 是任意不等于 0 的数.

在例 4.1 中,每一个本征值对应的本征矢量都正比于一个矢量. 但是这并不是普遍情况,比如下面这个例子.

例 4.2　求解矩阵 $\boldsymbol{A} = \begin{pmatrix} -2 & 1 & 1 \\ 0 & 2 & 0 \\ -4 & 1 & 3 \end{pmatrix}$ 的本征值.

解:矩阵 $\boldsymbol{A}$ 的本征多项式为

$$p(\lambda) = -\det(\boldsymbol{A} - \lambda \boldsymbol{I}) = -\begin{vmatrix} -2-\lambda & 1 & 1 \\ 0 & 2-\lambda & 0 \\ -4 & 1 & 3-\lambda \end{vmatrix}$$

$$= -(-1)^{2+2}(2-\lambda)\begin{vmatrix} -2-\lambda & 1 \\ -4 & 3-\lambda \end{vmatrix} = (\lambda-2)^2(\lambda+1).$$

于是矩阵 $\boldsymbol{A}$ 的本征值为 $\lambda_1 = -1$ 和 $\lambda_2 = \lambda_3 = 2$,其中后者是本征多项式的一个 2 重根.

考虑齐次方程 $(\boldsymbol{A} - \lambda \boldsymbol{I})\boldsymbol{x} = \boldsymbol{0}$. 本征值 $\lambda_1 = -1$ 对应的齐次方程的增广矩阵为

$$\begin{pmatrix} -1 & 1 & 1 & 0 \\ 0 & 3 & 0 & 0 \\ -4 & 1 & 4 & 0 \end{pmatrix},$$

做初等行变换 $-(1)$, $4\times(1)+(3)$, $(2)/3$, $(2)+(1)$ 和 $3\times(2)+(3)$,得到最简阶梯矩阵

$$\begin{pmatrix} 1 & 0 & -1 & 0 \\ 0 & 1 & 0 & 0 \\ 0 & 0 & 0 & 0 \end{pmatrix},$$

从而得到方程的通解：

$$x_1 = x_3, x_2 = 0.$$

将这个通解写成矩阵的形式：

$$\boldsymbol{x} = \begin{pmatrix} x_3 \\ 0 \\ x_3 \end{pmatrix} = x_3 \begin{pmatrix} 1 \\ 0 \\ 1 \end{pmatrix}.$$

本征值 $\lambda_2 = \lambda_3 = 2$ 对应的齐次方程的增广矩阵为

$$\begin{pmatrix} -4 & 1 & 1 & 0 \\ 0 & 0 & 0 & 0 \\ -4 & 1 & 1 & 0 \end{pmatrix},$$

做初等行变换 $-(1)+(3)$ 和 $-(1)/4$，得到最简阶梯矩阵

$$\begin{pmatrix} 1 & -1/4 & -1/4 & 0 \\ 0 & 0 & 0 & 0 \\ 0 & 0 & 0 & 0 \end{pmatrix},$$

从而得到方程的通解：

$$x_1 = (x_2 + x_3)/4.$$

将这个通解写成矩阵的形式：

$$\boldsymbol{x} = \frac{x_2}{4}\begin{pmatrix} 1 \\ 4 \\ 0 \end{pmatrix} + \frac{x_3}{4}\begin{pmatrix} 1 \\ 0 \\ 4 \end{pmatrix}.$$

总结以上结论，就得到了如下本征值和本征矢量的解：

本征值 $\lambda_1 = -1$，本征矢量 $\boldsymbol{x} = a\begin{pmatrix} 1 \\ 0 \\ 1 \end{pmatrix}$，其中 a 是任意不等于 0 的数；

本征值 $\lambda_2 = \lambda_3 = 2$，本征矢量 $\boldsymbol{x} = a\begin{pmatrix} 1 \\ 4 \\ 0 \end{pmatrix} + b\begin{pmatrix} 1 \\ 0 \\ 4 \end{pmatrix}$，其中 a 和 b 不都等于 0.

在例 4.2 中，本征值 $\lambda = 2$ 对应的本征矢量是两个矢量的叠加.

很多时候计算一个矩阵的本征值是非常烦琐的，这时候我们可以利用计算机程序来完成计算. 对阶数比较低的矩阵，软件可以求解出它的本征值和本征矢量的解析结果. 图 4.2 展示了在 Maple 中计算例 4.2 中的矩阵的本征值和本征矢量. 首先利用"with(LinearAlgebra)："导入线性代数工具包. 然后输入矩阵 $\boldsymbol{A}$，用命令"v，e：=Eigenvectors(A)"计算得到矩阵 $\boldsymbol{A}$ 的本征值和本征矢量，分别存储到变量 $\boldsymbol{v}$ 和变量 $\boldsymbol{e}$ 中. 其中，变量 $\boldsymbol{e}$ 是一个矩阵，它的第 k 列是和 $\boldsymbol{v}$ 中第 k 个本征值相对应的本征矢量. 但是对阶数高于 4 的矩阵，由于 5 次及以上

的多项式一般没有求根公式,因此利用计算机浮点运算求解结果的近似值是比较明智的. 图 4.3 展示了采用浮点算法求解一个 5×5 的对称矩阵的本征值. 首先输入一个 5×5 的对称矩阵 $\boldsymbol{R}$,并将它存储为浮点型数据. 由于矩阵 $\boldsymbol{R}$ 是对称的,只需要存储它主对角线上和主对角线以上的数据就可以了. 命令“Matrix([...], shape = symmetric, scan = triangular[upper], datatype = float)”中的“shape=symmetric”告诉程序输入的是一个对称矩阵,“scan = triangular[upper]”声明数据是按照上三角的形式输入的(也就是仅仅包含主对角线上和主对角线以上的数据),“datatype = float”则表明我们希望把数据存储为浮点型数据. 由于矩阵 $\boldsymbol{R}$ 是一个浮点类型的矩阵,因此程序会按照浮点算法计算矩阵的本征值和本征矢量,返回的结果也是浮点类型的结果.

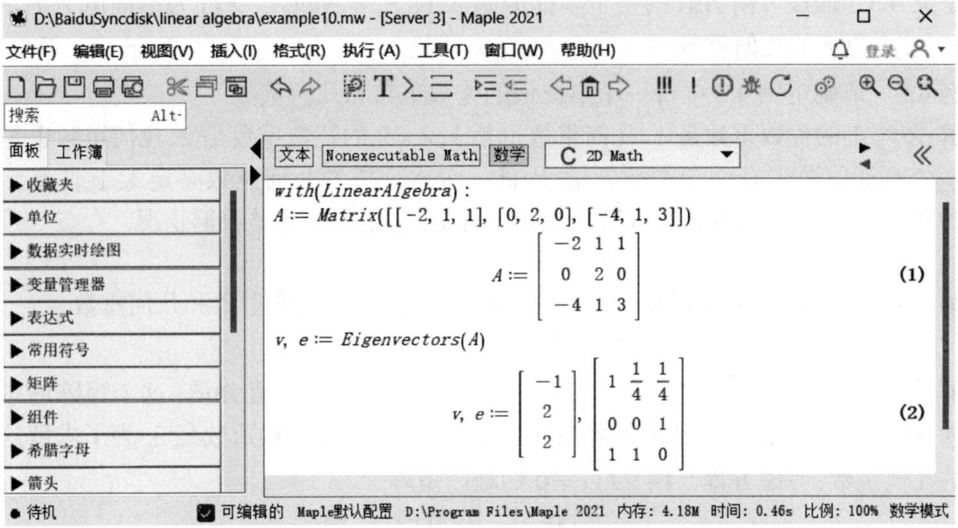

图 4.2　在 Maple 中计算一个 3×3 矩阵的本征值和本征矢量

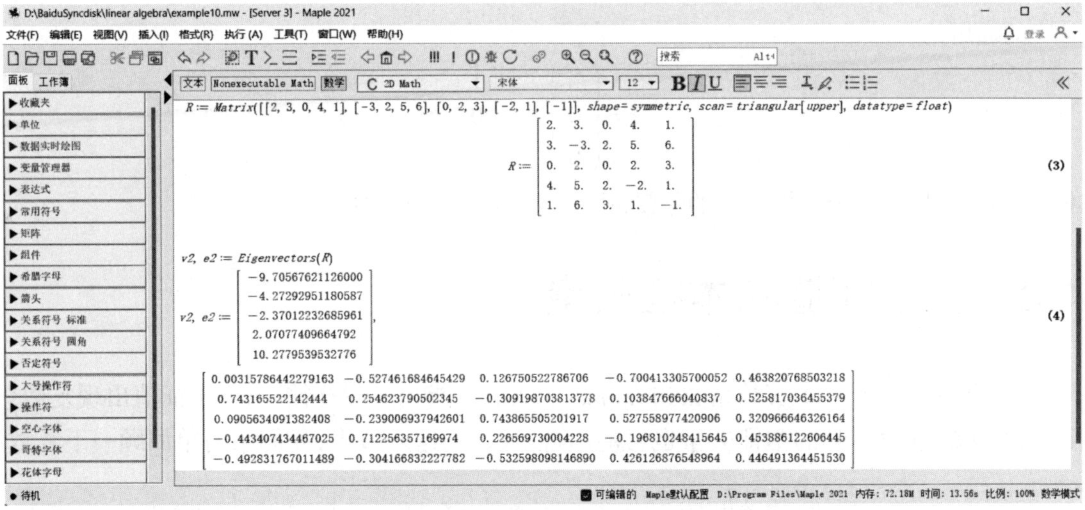

图 4.3　在 Maple 中采用浮点算法计算一个 5×5 矩阵的本征值和本征矢量

在前面求解本征矢量的例子中，我们注意到如下事实：如果方阵 $\boldsymbol{A}$ 的某一个本征值 λ 对应多个线性独立的本征矢量 $\boldsymbol{x}_1,\boldsymbol{x}_2,\cdots,\boldsymbol{x}_k$，就有

$$\boldsymbol{A}\boldsymbol{x}_i=\lambda\boldsymbol{x}_i(i=1,2,3,\cdots,k).$$

于是对任意一组不全为 0 的数 $c_1,c_2,\cdots,c_k$，有[①]

$$\boldsymbol{A}(c_1\boldsymbol{x}_1+c_2\boldsymbol{x}_2+\cdots+c_k\boldsymbol{x}_k)=\lambda(c_1\boldsymbol{x}+c_2\boldsymbol{x}_2+\cdots+c_k\boldsymbol{x}_k). \tag{4.7}$$

这说明如果一个本征值对应多个线性独立的本征矢量，这些本征矢量的线性叠加不是零矢量的话，就还是这个本征值对应的本征矢量. 把零矢量加进来，这些矢量就构成了一个线性空间. 从定义可以看出，矩阵 $\boldsymbol{A}$ 的和本征值 λ 对应的本征矢量就是矩阵 $\boldsymbol{A}-\lambda\boldsymbol{I}$ 的零空间中的非零元素. 为了方便表示，引入以下定义.

定义 4.3 假设 n 阶方阵的一个本征值是 λ，称 $E_\lambda=\mathrm{Nul}(\boldsymbol{A}-\lambda\boldsymbol{I})$ 为本征值 λ 的本征空间，$\dim(E_\lambda)$ 为 λ 的几何重数.

例 4.3 请确定例 4.2 中每一个本征值的代数重数和几何重数.

解：$\lambda=-1$ 的代数重数是 1，几何重数也是 1；$\lambda=2$ 的代数重数是 2，几何重数也是 2.

一个本征值至少有一个本征矢量，因此一个本征值的几何重数必定大于或等于 1. 在例 4.2 中，本征值的几何重数和代数重数是一样的. 但是这并不是普遍情况.

例 4.4 请确定矩阵 $\boldsymbol{A}=\begin{pmatrix}1&1&0\\0&1&1\\0&0&1\end{pmatrix}$ 的每一个本征值的代数重数和几何重数.

解：矩阵 $\boldsymbol{A}$ 是一个上三角矩阵，因此 $\lambda\boldsymbol{I}-\boldsymbol{A}$ 也是一个上三角矩阵. 这个矩阵的本征多项式为 $p(\lambda)=(\lambda-1)^3$. 因此这个矩阵只有一个本征值，它的代数重数是 3. 为了求解这个本征值的几何重数，考虑方程 $(\boldsymbol{A}-\lambda\boldsymbol{I})\boldsymbol{x}=\boldsymbol{0}$ 的增广矩阵

$$\begin{pmatrix}0&1&0&0\\0&0&1&0\\0&0&0&0\end{pmatrix},$$

对应的通解为

$$\boldsymbol{x}=\begin{pmatrix}x_1\\0\\0\end{pmatrix}=x_1\begin{pmatrix}1\\0\\0\end{pmatrix}.$$

本征空间 E_λ 只有一个线性独立的矢量. 因此，$\lambda=1$ 的几何重数为 1.

4.2 复本征值和本征矢量

前面已经提到，一个实数系数的方阵的本征值可能会出现复数. 一旦本征值出现复数，由方程（4.6）求解得到的本征矢量也可能出现复数. 在这一节中，我们来简单回顾一下复数

① 如果 $\boldsymbol{x}_1,\boldsymbol{x}_2,\cdots,\boldsymbol{x}_k$ 是不同本征值对应的本征矢量，那么方程（4.7）不成立. 也就是说不同本征值对应的本征矢量线性组合之后就不是本征矢量了.

的基本运算，并将实数域的矩阵运算和矩阵的本征值问题推广到复数域.

我们通常把一个复数 z 表示成

$$z=a+b\mathrm{i},$$

其中 a 和 b 都是实数，i 被称作单位虚根，定义为 $\mathrm{i}=\sqrt{-1}$. 在表达式 $z=a+b\mathrm{i}$ 中，a 被称为实部，通常记为 $a=\Re(z)$；b 被称为虚部，通常记为 $b=\Im(z)$. 由所有复数组成的集合记为 $\mathbb{C}$. 假设两个复数 $z=a+b\mathrm{i}$ 和 $w=c+d\mathrm{i}$，按照如下法则进行加法和乘法的运算.

加法：$z+w=(a+c)+(b+d)\mathrm{i}$.

乘法：$zw=(a+b\mathrm{i})(c+d\mathrm{i})=ac+ad\mathrm{i}+bc\mathrm{i}+bd\mathrm{i}^2=(ac-bd)+(ad+bc)\mathrm{i}$.

复数的正整数幂次运算可以由复数的乘法推导出来. 为了介绍复数的除法运算，先来介绍一个复数特有的运算——共轭. 对任意一个复数 $z=a+b\mathrm{i}$，它的共轭记为 $\bar{z}$，也是一个复数，定义为

$$\bar{z}=a-b\mathrm{i}.$$

复数的共轭满足以下几个基本性质：① $\overline{w+z}=\bar{z}+\bar{w}$；② $\overline{wz}=\bar{z}\bar{w}$；③ $z+\bar{z}=2\Re(z)$，$z-\bar{z}=2\mathrm{i}\Im(z)$；④ $z\bar{z}=a^2+b^2$. 利用复数的共轭可以定义如下关于复数的除法运算：

$$\frac{w}{z}=\frac{w\bar{z}}{z\bar{z}}=\frac{(ac+bd)+(ad-bc)\mathrm{i}}{a^2+b^2}.$$

复数和实数的一个重要不同在于复数无法比较大小. 但是我们注意到 $z\bar{z}$ 是一个非负的实数，因此定义一个模长作为实数绝对值的推广：

$$|z|=\sqrt{z\bar{z}}.$$

复数也可以进行非整数幂次运算或者诸如对数、指数、三角函数等函数运算. 详细讲解相关内容超过了本课程的教学需要，因此这里就不加以展开了.

例 4.5　已知 $z=2-3\mathrm{i}$ 和 $w=3+5\mathrm{i}$，计算 $2z+3\bar{w}z-z^2$ 和 w/z 的值.

解：

$$2z+3\bar{w}z-z^2=4-6\mathrm{i}+3(3-5\mathrm{i})(2-3\mathrm{i})+(2-3\mathrm{i})^2=-18-51\mathrm{i}.$$

$$\frac{w}{z}=\frac{w\bar{z}}{|z|^2}=-\frac{9}{13}+\frac{19}{13}\mathrm{i}.$$

我们可以将由实数构成的矢量和矩阵推广到复数. 把由 n 个复数给出的矢量的集合记为 $\mathbf{C}^n$. 所有关于线性空间 $\mathbf{R}^n$ 的结论都可以推广到 $\mathbf{C}^n$ 中来. 共轭运算经常被用于处理由复数组成的矩阵和矢量. 对一个矩阵，定义如下两种和共轭相关的运算.

定义 4.4　假设矩阵 $\boldsymbol{A}$ 第 i 行、第 j 列的元素为 a_{ij}，定义它的复共轭矩阵为 $\overline{\boldsymbol{A}}$，$\overline{\boldsymbol{A}}$ 第 i 行、第 j 列的元素为 $\overline{a_{ij}}$.

定义 4.5　矩阵 $\boldsymbol{A}$ 的厄米共轭（转置共轭）定义为 $\overline{\boldsymbol{A}^{\mathrm{T}}}$，记为 $\boldsymbol{A}^{\dagger}$.[①]

注意：对一个矩阵来说，复共轭和转置是可交换的，即 $\overline{\boldsymbol{A}^{\mathrm{T}}}=(\overline{\boldsymbol{A}})^{\mathrm{T}}$. 因此厄米共轭也可以定义为 $\boldsymbol{A}^{\dagger}=(\overline{\boldsymbol{A}})^{\mathrm{T}}$. 下面这个例子给出了一个 2×3 矩阵的共轭和厄米共轭：

① 注意本书中三个符号的区别：$\overline{\boldsymbol{A}}$ 表示把矩阵的每一个元素取共轭；$\boldsymbol{A}^{\dagger}$ 表示先把矩阵转置，然后取共轭；$\boldsymbol{A}^{*}$ 表示矩阵 $\boldsymbol{A}$ 的伴随矩阵.

$$A=\begin{pmatrix}2+\mathrm{i} & 3 & 1-\mathrm{i}\\ 4 & 1-2\mathrm{i} & 0\end{pmatrix},\ \overline{A}=\begin{pmatrix}2-\mathrm{i} & 3 & 1+\mathrm{i}\\ 4 & 1+2\mathrm{i} & 0\end{pmatrix},\ A^{\dagger}=\begin{pmatrix}2-\mathrm{i} & 4\\ 3 & 1+2\mathrm{i}\\ 1+\mathrm{i} & 0\end{pmatrix}.$$

利用厄米共轭，我们可以定义一个复数矢量的模长：

$$\|x\|=\sqrt{x^{\dagger}x}.$$

当矢量 x 是实数矢量的时候，上式就代表通常的矢量的模长 $\|x\|=\sqrt{x^{\mathrm{T}}x}$. 对由实数构成的矢量 x 和 y，当 $x^{\mathrm{T}}y=0$ 的时候就说它们两个是正交的. 对复数的情况，做如下推广.

定义 4.6 称列矢量 x 和 y 是正交的，如果它们满足 $x^{\dagger}y=0$.

用厄米共轭代替实矩阵的转置运算，可以将前文讲解的施密特正交化方法推广到复数矢量. 这里就不单独详细讲述了. 矩阵的复共轭和厄米共轭有如下几个基本的性质：

（1）$\overline{A+B}=\overline{A}+\overline{B}$, $(A+B)^{\dagger}=A^{\dagger}+B^{\dagger}$；

（2）$\overline{AB}=\overline{A}\,\overline{B}$, $(AB)^{\dagger}=B^{\dagger}A^{\dagger}$；

（3）$\overline{cA}=\overline{c}\,\overline{A}$, $(cA)^{\dagger}=\overline{c}A^{\dagger}$；

（4）$\overline{\overline{A}}=A$, $(A^{\dagger})^{\dagger}=A$.

当矩阵退化为数的时候，厄米共轭就是复共轭；当矩阵的元素都是实数的时候，矩阵的厄米共轭就是矩阵的转置.

例 4.6 对一个方阵 A，证明 $\det(\overline{A})=\overline{\det(A)}=\det(A^{\dagger})$.

证明：根据行列式的定义，有

$$\det(A)=\sum_{(i_1i_2\cdots i_n)}\sigma(i_1i_2i_3\cdots i_n)a_{i_11}a_{i_22}a_{i_33}\cdots a_{i_nn}.$$

同时

$$\begin{aligned}\det(\overline{A})&=\sum_{(i_1i_2\cdots i_n)}\sigma(i_1i_2i_3\cdots i_n)\overline{a_{i_11}}\,\overline{a_{i_22}}\,\overline{a_{i_33}}\cdots\overline{a_{i_nn}}=\sum_{(i_1i_2\cdots i_n)}\sigma(i_1i_2i_3\cdots i_n)\overline{a_{i_11}a_{i_22}a_{i_33}\cdots a_{i_nn}}\\&=\overline{\sum_{(i_1i_2\cdots i_n)}\sigma(i_1i_2i_3\cdots i_n)a_{i_11}a_{i_22}a_{i_33}\cdots a_{i_nn}}=\overline{\det(A)}.\end{aligned}$$

进一步地，有 $\det(A^{\dagger})=\det\left(\overline{A^{\mathrm{T}}}\right)=\overline{\det(A^{\mathrm{T}})}=\overline{\det(A)}$.

对实数取值的矩阵，我们曾经定义过两种特殊类型的矩阵——对称矩阵和反对称矩阵. 对复数取值的矩阵，我们可以给出类似的定义.

定义 4.7 矩阵 A 被称为厄米矩阵，如果它满足 $A^{\dagger}=A$；矩阵 A 被称为反厄米矩阵，如果它满足 $A^{\dagger}=-A$.

对由实数组成的矩阵来说，厄米矩阵就等价于对称矩阵，反厄米矩阵就等价于反对称矩阵. 厄米矩阵在物理中具有重要的应用. 一般而言，即便一个实数取值的矩阵，它的本征值也可能是复数. 如下定理使得厄米矩阵在量子力学中具有重要的应用.

定理 4.1 厄米矩阵的本征值都是实数.

证明：假设矩阵 A 是一个厄米矩阵，有如下本征值方程：

$$Ax=\lambda x.$$

上式两边同时乘以 $x^{\dagger}$，得到

$$\boldsymbol{x}^{\dagger}\boldsymbol{A}\boldsymbol{x}=\lambda\boldsymbol{x}^{\dagger}\boldsymbol{x}. \tag{4.8}$$

此时式(4.8)的左右两边都是一个数了. 由于矢量 $\boldsymbol{x}$ 不是零矢量,得到

$$\boldsymbol{x}^{\dagger}\boldsymbol{x}>0.$$

式(4.8)左右两边同时取厄米共轭:

$$(\boldsymbol{x}^{\dagger}\boldsymbol{A}\boldsymbol{x})^{\dagger}=(\lambda\boldsymbol{x}^{\dagger}\boldsymbol{x})^{\dagger}.$$

利用厄米共轭的性质,可以得到 $(\boldsymbol{x}^{\dagger}\boldsymbol{A}\boldsymbol{x})^{\dagger}=\boldsymbol{x}^{\dagger}\boldsymbol{A}^{\dagger}\boldsymbol{x}$ 和 $(\lambda\boldsymbol{x}^{\dagger}\boldsymbol{x})^{\dagger}=\bar{\lambda}\boldsymbol{x}^{\dagger}\boldsymbol{x}$. 因此就有

$$\boldsymbol{x}^{\dagger}\boldsymbol{A}^{\dagger}\boldsymbol{x}=\bar{\lambda}\boldsymbol{x}^{\dagger}\boldsymbol{x}.$$

因为 $\boldsymbol{A}$ 是厄米矩阵,因此 $\boldsymbol{A}=\boldsymbol{A}^{\dagger}$. 于是 $\boldsymbol{x}^{\dagger}\boldsymbol{A}^{\dagger}\boldsymbol{x}=\boldsymbol{x}^{\dagger}\boldsymbol{A}\boldsymbol{x}$,结合式(4.8)得到

$$\lambda\boldsymbol{x}^{\dagger}\boldsymbol{x}=\bar{\lambda}\boldsymbol{x}^{\dagger}\boldsymbol{x}.$$

由于 $\boldsymbol{x}^{\dagger}\boldsymbol{x}>0$,就得到了 $\lambda=\bar{\lambda}$. 因此厄米矩阵的本征值都是实数.

由此我们可以进一步得到一个推论:实对称矩阵的本征值都是实数. 需要指出的是,这个命题的逆命题不成立:本征值都是实数的矩阵不一定是厄米矩阵. 比如例 4.2 中的矩阵不是厄米矩阵,但是它的本征值都是实数. 量子力学的一个基本假设是系统的状态由复数域中的一个矢量表示,物理量可以由一个厄米矩阵表示. 同时量子力学还假设某一个物理量的可能实验观测值是表示它的矩阵的本征值.[①] 因此定理 4.1 保证了量子力学中的测量值是实数,从而和实验相符合.

例 4.7　假设方阵 $\boldsymbol{A}$ 的一个本征值为 λ,证明 $\bar{\lambda}$ 同时是 $\overline{\boldsymbol{A}}$ 和 $\boldsymbol{A}^{\dagger}$ 的本征值.

证明:首先写出本征值方程:$\boldsymbol{A}\boldsymbol{x}=\lambda\boldsymbol{x}$. 方程两边同时取共轭(不是厄米共轭),得到

$$\overline{\boldsymbol{A}\boldsymbol{x}}=\bar{\lambda}\bar{\boldsymbol{x}}\Rightarrow\overline{\boldsymbol{A}}\,\bar{\boldsymbol{x}}=\bar{\lambda}\bar{\boldsymbol{x}}.$$

即 $\bar{\lambda}$ 是矩阵 $\overline{\boldsymbol{A}}$ 的本征值. 因为 $\boldsymbol{A}^{\dagger}=(\overline{\boldsymbol{A}})^{\mathrm{T}}$,而一个矩阵和它的转置矩阵具有相同的本征值(证明留作习题),因此 $\bar{\lambda}$ 是矩阵 $\boldsymbol{A}^{\dagger}$ 的本征值.

尽管复数的出现给计算带来了一些复杂性,但是求解本征矢量的方法和之前求解实数的情况完全一样. 下面用一个具体的例子来说明.

例 4.8　求矩阵 $\boldsymbol{A}$ 的本征值和本征矢量,

$$\boldsymbol{A}=\begin{pmatrix}-2&-2&-9\\-1&1&-3\\1&1&4\end{pmatrix}.$$

解:首先写出本征多项式:$p(\lambda)=(\lambda-1)(\lambda^2-\lambda t+2)$. 因此矩阵 $\boldsymbol{A}$ 的本征值是 $\lambda=1,1+\mathrm{i}$ 和 $1-\mathrm{i}$. 再来考虑齐次方程 $(\boldsymbol{A}-\lambda\boldsymbol{I})\boldsymbol{x}=\boldsymbol{0}$.

对 $\lambda=1$,得到如下增广矩阵:

$$\left(\begin{array}{ccc|c}-3&-2&-9&0\\-1&0&-3&0\\1&1&3&0\end{array}\right).$$

通过初等行变换 $(2)\leftrightarrow(1),-(1),(3)\leftrightarrow(2),-(1)+(2),3\times(1)+(3)$ 和 $-2\times(2)+(3)$,将它化为最简阶梯矩阵

---

① 这里需要假设系统的状态可以由有限维的矢量表示. 系统的状态也可以由无限维复矢量表示. 无限维矢量空间有许多微妙的地方,将在第 6.6 节中简略讨论.

$$\begin{pmatrix}1&0&3&0\\0&1&0&0\\0&0&0&0\end{pmatrix}.$$

这个增广矩阵给出的通解为 $x_1=-3x_3,\ x_2=0$. 因此得到本征矢量 $\boldsymbol{x}=a\begin{pmatrix}-3\\0\\1\end{pmatrix}$,其中 a 是任意非 0 的数.

对 $\lambda=1+\mathrm{i}$,得到如下增广矩阵:

$$\begin{pmatrix}-3-\mathrm{i}&-2&-9&0\\-1&-\mathrm{i}&-3&0\\1&1&3-\mathrm{i}&0\end{pmatrix}\xrightarrow{(1)\leftrightarrow(3),\mathrm{i}\times(2)}\begin{pmatrix}1&1&3-\mathrm{i}&0\\-\mathrm{i}&1&-3\mathrm{i}&0\\-3-\mathrm{i}&-2&-9&0\end{pmatrix}.$$

再做初等行变换 $\mathrm{i}\times(1)+(2)$ 和 $(3+\mathrm{i})(1)$,得到

$$\begin{pmatrix}1&1&3-\mathrm{i}&0\\0&1+\mathrm{i}&1&0\\0&1+\mathrm{i}&1&0\end{pmatrix}.$$

接着做初等行变换 $-(2)+(1)$ 和 $(2)/(1+\mathrm{i})$,得到

$$\begin{pmatrix}1&1&3-\mathrm{i}&0\\0&1&1/(1+\mathrm{i})&0\\0&0&0&0\end{pmatrix}=\begin{pmatrix}1&1&3-\mathrm{i}&0\\0&1&\frac{1}{2}-\frac{\mathrm{i}}{2}&0\\0&0&0&0\end{pmatrix}\xrightarrow{-(2)+(1)}\begin{pmatrix}1&0&\frac{5}{2}-\frac{\mathrm{i}}{2}&0\\0&1&\frac{1}{2}-\frac{\mathrm{i}}{2}&0\\0&0&0&0\end{pmatrix}.$$

这个增广矩阵给出的通解为 $x_1=x_3(\mathrm{i}-5)/2,\ x_2=x_3(\mathrm{i}-1)/2$. 因此得到本征矢量 $\boldsymbol{x}=a\begin{pmatrix}\mathrm{i}-5\\\mathrm{i}-1\\2\end{pmatrix}$,其中 a 是任意非 0 的数.

对 $\lambda=1-\mathrm{i}$,不必再单独计算,因为我们可以证明对具有实数元素的矩阵,$\bar{\lambda}$ 的本征矢量和 λ 的本征矢量互为复共轭(见习题 7). 因此,$\lambda=1-\mathrm{i}$ 对应的本征矢量是 $\boldsymbol{x}=a\begin{pmatrix}-5-\mathrm{i}\\-1-\mathrm{i}\\2\end{pmatrix}$,其中 a 是任意非 0 的数.

4.3 本征值和本征矢量的基本性质

从本征值的定义可以发现它和矩阵的行列式密切相关. 除此之外,本征值还和矩阵的另外一个叫作迹的量密切相关.

定义 4.8 一个 $n\times n$ 的方阵 $\boldsymbol{A}$ 的迹记为 $\mathrm{tr}(\boldsymbol{A})$,定义为 $\boldsymbol{A}$ 的主对角线元素之和,即

$$\operatorname{tr}(\boldsymbol{A})=\sum_{i=1}^{n}a_{ii}.$$

矩阵的迹是一个线性运算，即 $\operatorname{tr}(c_1\boldsymbol{A}+c_2\boldsymbol{B})=c_1\operatorname{tr}(\boldsymbol{A})+c_2\operatorname{tr}(\boldsymbol{B})$. 除此之外，迹还具有两个简单的性质.

定理 4.2　(1) $\operatorname{tr}(\boldsymbol{A})=\operatorname{tr}(\boldsymbol{A}^{\mathrm{T}})$；(2) $\operatorname{tr}(\boldsymbol{AB})=\operatorname{tr}(\boldsymbol{BA})$.

证明：(1)这是因为转置不会改变主对角线元素.

(2)令 $\boldsymbol{C}=\boldsymbol{AB}$ 和 $\boldsymbol{D}=\boldsymbol{BA}$. 根据矩阵乘法的定义，有

$$c_{ij}=\sum_{k=1}^{n}a_{ik}b_{kj},d_{ij}=\sum_{k=1}^{n}b_{ik}a_{kj}.$$

根据迹的定义，有

$$\operatorname{tr}(\boldsymbol{C})=\sum_{i=1}^{n}c_{ii}=\sum_{i=1}^{n}\sum_{k=1}^{n}a_{ik}b_{ki},$$

$$\operatorname{tr}(\boldsymbol{D})=\sum_{i=1}^{n}d_{ii}=\sum_{i=1}^{n}\sum_{k=1}^{n}b_{ik}a_{ki}=\sum_{i=1}^{n}\sum_{k=1}^{n}a_{ki}b_{ik}.$$

可以看出上面两个求和是相等的，因此 $\operatorname{tr}(\boldsymbol{AB})=\operatorname{tr}(\boldsymbol{BA})$.

注意：矩阵的迹的上述两个性质和行列式是相似的，对行列式有 $\det(\boldsymbol{A})=\det(\boldsymbol{A}^{\mathrm{T}})$ 和 $\det(\boldsymbol{AB})=\det(\boldsymbol{BA})$. 但是迹和行列式有两个重要的不同：① $\det(c_1\boldsymbol{A}+c_2\boldsymbol{B})\neq c_1\det(\boldsymbol{A})+c_2\det(\boldsymbol{B})$；② $\operatorname{tr}(\boldsymbol{AB})\neq\operatorname{tr}(\boldsymbol{A})\operatorname{tr}(\boldsymbol{B})$.

方阵的迹和行列式与它的本征值有如下关系.

定理 4.3　一个 n 阶方阵 $\boldsymbol{A}$ 的 n 个本征值 $\lambda_1,\lambda_2,\cdots,\lambda_n$(可能有相同的)满足：

(1) $\det(\boldsymbol{A})=\lambda_1\lambda_2\cdots\lambda_n$；

(2) $\operatorname{tr}(\boldsymbol{A})=\lambda_1+\lambda_2+\cdots+\lambda_n$.

证明：首先写出矩阵 $\boldsymbol{A}$ 的本征多项式：

$$p(\lambda)=\det(\lambda\boldsymbol{I}-\boldsymbol{A})=\lambda^n+b_{n-1}\lambda^{n-1}+\cdots+b_1\lambda+b_0.$$

根据本征值被定义为本征多项式的根，有

$$p(\lambda)=(\lambda-\lambda_1)(\lambda-\lambda_2)\cdots(\lambda-\lambda_n).$$

令 $\lambda=0$，就有 $\det(-\boldsymbol{A})=(-\lambda_1)(-\lambda_2)\cdots(-\lambda_n)$，即

$$(-1)^n\det(\boldsymbol{A})=(-1)^n\lambda_1\lambda_2\cdots\lambda_n.$$

根据根和系数的关系可以得到

$$b_{n-1}=-(\lambda_1+\lambda_2+\cdots+\lambda_n).$$

令 $\boldsymbol{C}=\lambda\boldsymbol{I}-\boldsymbol{A}$，$\boldsymbol{C}$ 只有主对角线上的元素才会包含 λ. 根据行列式的定义，有

$$p(\lambda)=\sum_{(i_1i_2\cdots i_n)}\sigma(i_1i_2\cdots i_n)c_{i_11}c_{i_22}\cdots c_{i_nn}.$$

对上述求和公式中的每一项来说，如果它想对 λ^{n-1} 的系数有所贡献，那么它至少要包含 $n-1$ 个主对角线元素，剩下的元素也一定是主对角线元素. 这就表明 λ^{n-1} 的系数只能来自行列式求和公式中的这一项：

$$c_{11}c_{22}\cdots c_{nn}=(\lambda-a_{11})(\lambda-a_{22})\cdots(\lambda-a_{nn}).$$

因此

$$b_{n-1}=-(a_{11}+a_{22}+\cdots+a_{nn}),$$

就有 $\operatorname{tr}(\boldsymbol{A})=\lambda_1+\lambda_2+\cdots+\lambda_n$.

对一个给定的方阵来说，计算它的迹是很容易的. 因此，在手动计算矩阵的本征值时，定理 4.3 可以帮助我们检查计算结果是否正确. 另外，我们还可以得到如下这个简单的推论.

推论 4.1 一个 n 阶方阵 $\boldsymbol{A}$ 可逆的充要条件是它所有的本征值都不等于 0.

当我们得到了一个矩阵的本征值和对应的本征矢量之后，我们也得到了和这个矩阵相关的一些矩阵的本征值和本征矢量.

定理 4.4 假设方阵 $\boldsymbol{A}$ 的一个本征值为 λ，对应的本征矢量为 $\boldsymbol{x}$，那么：

(1) 对任意正整数 k，λ^k 是矩阵 $\boldsymbol{A}^k$ 的本征值，$\boldsymbol{x}$ 是对应的本征矢量；

(2) 对任意复数 α，$\lambda+\alpha$ 是矩阵 $\boldsymbol{A}+\alpha\boldsymbol{I}$ 的本征值，$\boldsymbol{x}$ 是对应的本征矢量；

(3) 如果矩阵 $\boldsymbol{A}$ 可逆，则 λ^{-1} 是矩阵 $\boldsymbol{A}^{-1}$ 的本征值，$\boldsymbol{x}$ 是对应的本征矢量；

(4) λ 也是矩阵 $\boldsymbol{A}^{\mathrm{T}}$ 的本征值.（但是 $\boldsymbol{x}$ 不一定是对应的本征矢量）

证明：(1) 可以验证：$\boldsymbol{A}^k\boldsymbol{x}=\boldsymbol{A}^{k-1}\boldsymbol{A}\boldsymbol{x}=\lambda\boldsymbol{A}^{k-1}\boldsymbol{x}=\cdots=\lambda^k\boldsymbol{x}$.

(2) 直接验证可以发现：$(\boldsymbol{A}+\alpha\boldsymbol{I})\boldsymbol{x}=\boldsymbol{A}\boldsymbol{x}+\alpha\boldsymbol{x}=(\lambda+\alpha)\boldsymbol{x}$.

(3) 根据定义有 $\boldsymbol{A}\boldsymbol{x}=\lambda\boldsymbol{x}$. 由于 $\boldsymbol{A}$ 可逆，因此两边同时乘以 $\boldsymbol{A}$ 的逆矩阵得到 $\boldsymbol{x}=\lambda\boldsymbol{A}^{-1}\boldsymbol{x}$. 因为 $\boldsymbol{x}$ 是一个非零的矢量，因此 $\lambda\neq 0$. 于是就可以得到 $\boldsymbol{A}^{-1}\boldsymbol{x}=\lambda^{-1}\boldsymbol{x}$. 这表明 λ^{-1} 是矩阵 $\boldsymbol{A}^{-1}$ 的本征值，$\boldsymbol{x}$ 是对应的本征矢量.

(4) 证明留作习题.

定理 4.4 中的(1)和(2)可以进一步推广，为此给出以下定义.

定义 4.9 对多项式 $\varphi(x)=a_0+a_1x+\cdots+a_nx^n$，定义矩阵多项式 $\phi(\boldsymbol{A})=a_0\boldsymbol{I}+a_1\boldsymbol{A}+\cdots+a_n\boldsymbol{A}^n$.

对一个方阵 $\boldsymbol{A}$ 和它的本征矢量 $\boldsymbol{x}$，可以发现：

$$\phi(\boldsymbol{A})\boldsymbol{x}=a_0\boldsymbol{x}+a_1\boldsymbol{A}\boldsymbol{x}+\cdots+a_n\boldsymbol{A}^n\boldsymbol{x}=(a_0+a_1\lambda+\cdots+a_n\lambda^n)\boldsymbol{x}=\phi(\lambda)\boldsymbol{x}.$$

因此可以得到以下推论.

推论 4.2 假设方阵 $\boldsymbol{A}$ 的一个本征值为 λ，对应的本征矢量为 $\boldsymbol{x}$. 对任意一个多项式 $\varphi(x)$，$\varphi(\lambda)$ 是矩阵 $\phi(\boldsymbol{A})$ 的本征值，$\boldsymbol{x}$ 是对应的本征矢量.

例 4.9 已知 $\boldsymbol{A}=\begin{pmatrix}-2&1&1\\0&3&0\\-4&1&3\end{pmatrix}$，求矩阵 $\boldsymbol{B}=\boldsymbol{A}^3+2\boldsymbol{A}^2-3\boldsymbol{I}$ 的本征值.

解：对这一类问题，先计算矩阵 $\boldsymbol{A}$ 的本征值. 矩阵 $\boldsymbol{A}$ 的本征多项式为

$$p(\lambda)=-\begin{vmatrix}-2-\lambda&1&1\\0&3-\lambda&0\\-4&1&3-\lambda\end{vmatrix}=-(-1)^{2+2}(3-\lambda)\begin{vmatrix}-2-\lambda&1\\-4&3-\lambda\end{vmatrix}=(3-\lambda)(2-\lambda)(\lambda+1).$$

于是矩阵 $\boldsymbol{A}$ 的本征值为 $\lambda_1=-1$，$\lambda_2=2$ 和 $\lambda_3=3$. 对矩阵 $\boldsymbol{A}$ 的本征值 λ，$\varphi(\lambda)=\lambda^3+2\lambda^2-3$ 是矩阵 $\boldsymbol{B}$ 的本征值，即

$$\varphi(\lambda_1)=-2,\varphi(\lambda_2)=13,\varphi(\lambda_3)=42$$

是矩阵 $\boldsymbol{B}$ 的本征值. 因为矩阵 $\boldsymbol{B}$ 最多有 3 个不同的本征值，因此矩阵 $\boldsymbol{B}$ 的本征值就是 -2，13 和 42.

一些特殊的多项式 $\varphi(x)$ 会使得不是零矩阵的矩阵 $\boldsymbol{A}$ 满足 $\phi(\boldsymbol{A})=\boldsymbol{O}$. 由于零矩阵作用于任意矢量结果都是 0，根据推论 4.2 可得出以下结论.

推论 4.3　如果多项式 $\varphi(x)$ 使得 $\phi(\boldsymbol{A})=\boldsymbol{O}$，那么矩阵 $\boldsymbol{A}$ 的本征值一定是多项式 $\varphi(x)$ 的根.

例 4.10　已知 $\boldsymbol{A}$ 满足 $\boldsymbol{A}^2=\boldsymbol{A}$，证明它的本征值只能是 0 或者 1.

证明：构造多项式 $\varphi(x)=x^2-1$. 因为 $\phi(\boldsymbol{A})=\boldsymbol{O}$，因此矩阵 $\boldsymbol{A}$ 的本征值必定是 $\varphi(x)$ 的根. 因此 $\boldsymbol{A}$ 的本征值只能是 0 或者 1.

例 4.11　已知一个 3×3 的矩阵 $\boldsymbol{A}$ 的本征值是 1，2，3，求 $\det(2\boldsymbol{A}^2+\boldsymbol{I})$.

解：$2\boldsymbol{A}^2+\boldsymbol{I}$ 的本征值一定包含 3，9，19. 因为 $2\boldsymbol{A}^2+\boldsymbol{I}$ 最多有 3 个本征值，因此 3，9，19 就是 $2\boldsymbol{A}^2+\boldsymbol{I}$ 的全部本征值. 于是 $\det(2\boldsymbol{A}^2+\boldsymbol{I})=513$.

反过来考虑推论 4.3. 在一般情况下，矩阵 $\boldsymbol{A}$ 的本征值都是 $\varphi(x)$ 的根并不能保证 $\phi(\boldsymbol{A})=\boldsymbol{O}$（请自己思考一下为什么）. 其中一种特别的情况是取多项式为矩阵 $\boldsymbol{A}$ 的本征多项式 $p(\lambda)$，此时矩阵 $\boldsymbol{A}$ 的本征值一定是多项式 $p(\lambda)$ 的根，那么是否会有 $p(\boldsymbol{A})=\boldsymbol{O}$ 呢？比如例 4.9 中矩阵的本征多项式为

$$p(\lambda)=(\lambda-3)(\lambda-2)(\lambda+1),$$

利用计算软件可以验证

$$p(\boldsymbol{A})=(\boldsymbol{A}-3\boldsymbol{I})(\boldsymbol{A}-2\boldsymbol{I})(\boldsymbol{A}+\boldsymbol{I})=\boldsymbol{O}.$$

实际上，这个结论具有一般性.

定理 4.5　如果多项式 $p(\lambda)$ 是 n 阶方阵 $\boldsymbol{A}$ 的本征多项式，那么 $p(\boldsymbol{A})=\boldsymbol{O}$.

证明：取 $\boldsymbol{B}$ 是矩阵 $\lambda\boldsymbol{I}-\boldsymbol{A}$ 的伴随矩阵. 根据定义 2.4，$\boldsymbol{B}$ 的每一个元素都是矩阵 $\lambda\boldsymbol{I}-\boldsymbol{A}$ 的代数余子式，因此矩阵 $\boldsymbol{B}$ 的每一个元素都是 λ 的不超过 $n-1$ 次的多项式. 如果按照 λ 的幂次合并同类项，可以得到展开式

$$\boldsymbol{B}=\lambda^{n-1}\boldsymbol{B}_0+\lambda^{n-2}\boldsymbol{B}_1+\cdots+\lambda\boldsymbol{B}_{n-2}+\boldsymbol{B}_{n-1},$$

其中 $\boldsymbol{B}_0,\boldsymbol{B}_1,\cdots,\boldsymbol{B}_{n-1}$ 都是由常数组成的 n 阶方阵. 比如考虑矩阵

$$\boldsymbol{A}=\begin{pmatrix}1&0&0\\0&3&3\\3&0&1\end{pmatrix},$$

通过计算可以得到矩阵 $\lambda\boldsymbol{I}-\boldsymbol{A}$ 的伴随矩阵 $\boldsymbol{B}$：

$$\boldsymbol{B}=\begin{pmatrix}\lambda^2-4\lambda+3&0&0\\9&\lambda^2-2\lambda+1&3\lambda-3\\3\lambda-9&0&\lambda^2-4\lambda+3\end{pmatrix}.$$

可以看到 $\boldsymbol{B}$ 的每一个元素都是 λ 的不超过 2 次的多项式. 进一步地，可以把它写成

$$\boldsymbol{B}=\lambda^2\begin{pmatrix}1&0&0\\0&1&0\\0&0&1\end{pmatrix}+\lambda\begin{pmatrix}-4&0&0\\0&-2&3\\3&0&-4\end{pmatrix}+\begin{pmatrix}3&0&0\\9&1&-3\\-9&0&3\end{pmatrix}.$$

下面回到一般情况下的证明. 根据伴随矩阵的性质定理 2.6，有

$$\boldsymbol{B}(\lambda\boldsymbol{I}-\boldsymbol{A})=\det(\lambda\boldsymbol{I}-\boldsymbol{A})\boldsymbol{I}=p(\lambda)\boldsymbol{I}.$$

把 $\boldsymbol{B}$ 的展开式代入上式的左边有

$$\lambda^n\boldsymbol{B}_0+\lambda^{n-1}(\boldsymbol{B}_1-\boldsymbol{B}_0\boldsymbol{A})+\cdots+\lambda^2(\boldsymbol{B}_{n-2}-\boldsymbol{B}_{n-3}\boldsymbol{A})+\lambda(\boldsymbol{B}_{n-1}-\boldsymbol{B}_{n-2}\boldsymbol{A})-\boldsymbol{B}_{n-1}\boldsymbol{A}=p(\lambda)\boldsymbol{I}.$$

另一方面，本征多项式可以写成 $p(\lambda)=\lambda^n+c_1\lambda^{n-1}+\cdots+c_{n-1}\lambda+c_n$. 对比 λ 的幂次的系数有

$$\boldsymbol{B}_0=\boldsymbol{I},\boldsymbol{B}_1-\boldsymbol{B}_0\boldsymbol{A}=c_1\boldsymbol{I},\cdots,\boldsymbol{B}_{n-1}-\boldsymbol{B}_{n-2}\boldsymbol{A}=c_{n-1}\boldsymbol{I},\ -\boldsymbol{B}_{n-1}\boldsymbol{A}=c_n\boldsymbol{I}.$$

将上式分别右乘 $\boldsymbol{A}^n,\boldsymbol{A}^{n-1},\cdots,\boldsymbol{A},\boldsymbol{I}$，得到

$$\begin{aligned}\boldsymbol{B}_0\boldsymbol{A}^n&=\boldsymbol{A}^n,\\ \boldsymbol{B}_1\boldsymbol{A}^{n-1}-\boldsymbol{B}_0\boldsymbol{A}^n&=c_1\boldsymbol{A}^{n-1},\\ &\vdots\\ \boldsymbol{B}_{n-1}\boldsymbol{A}-\boldsymbol{B}_{n-2}\boldsymbol{A}^2&=c_{n-1}\boldsymbol{A},\\ -\boldsymbol{B}_{n-1}\boldsymbol{A}&=c_n\boldsymbol{I}.\end{aligned}$$

将上述方程相加可以发现左边完全抵消，而右边正好就是 $p(\boldsymbol{A})$. 因此就有 $p(\boldsymbol{A})=\boldsymbol{O}$.

例 4.12 已知 $\boldsymbol{A}$ 可逆，证明存在一个多项式 $\varphi(x)$ 使得 $\boldsymbol{A}^{-1}=\phi(\boldsymbol{A})$.

证明：取 $\boldsymbol{A}$ 的本征多项式 $p(x)=x^n+c_1x^{n-1}+\cdots+c_{n-1}x+c_n$. 因为 $\boldsymbol{A}$ 可逆，所以 $c_n=(-1)^n|\boldsymbol{A}|\neq 0$. 另一方面，

$$p(\boldsymbol{A})=\boldsymbol{A}^n+c_1\boldsymbol{A}^{n-1}+\cdots+c_{n-1}\boldsymbol{A}+c_n\boldsymbol{I}=\boldsymbol{O}.$$

因此有

$$\boldsymbol{A}c_n^{-1}(-\boldsymbol{A}^{n-1}-c_1\boldsymbol{A}^{n-2}-\cdots-c_{n-1}\boldsymbol{I})=\boldsymbol{I}.$$

于是有

$$\boldsymbol{A}^{-1}=c_n^{-1}(-\boldsymbol{A}^{n-1}-c_1\boldsymbol{A}^{n-2}-\cdots-c_{n-1}\boldsymbol{I}).$$

由此得到多项式

$$\varphi(x)=-c_n^{-1}(x^{n-1}+c_1x^{n-2}+\cdots+c_{n-1}).$$

例 4.12 给出了一种避免求解代数余子式的方法来求解逆矩阵. 首先计算得到矩阵 $\boldsymbol{A}$ 的本征多项式：

$$p(x)=x^n+c_1x^{n-1}+\cdots+c_{n-1}x+c_n.$$

然后就可以得到 $\boldsymbol{A}$ 的逆矩阵：

$$\boldsymbol{A}^{-1}=-c_n^{-1}(\boldsymbol{A}^{n-1}+c_1\boldsymbol{A}^{n-2}+\cdots+c_{n-2}\boldsymbol{A}+c_{n-1}\boldsymbol{I}).$$

在前面几个计算本征矢量的例题中，我们可以发现：不同的本征值对应的本征矢量都是线性无关的. 实际上这个结论可以一般化，从而得到以下定理.

定理 4.6 假设 $\boldsymbol{x}_1,\boldsymbol{x}_2,\cdots,\boldsymbol{x}_k$ 是矩阵 $\boldsymbol{A}$ 的 k 个不同的本征值对应的本征矢量，则 $\boldsymbol{x}_1,\boldsymbol{x}_2,\cdots,\boldsymbol{x}_k$ 是线性无关的.

证明：采用反证法. 假设 $\boldsymbol{x}_1,\boldsymbol{x}_2,\cdots,\boldsymbol{x}_k$ 是线性相关的，那么就存在一组不全为 0 的系数 $c_1,c_2,\cdots,c_k$ 使得

$$c_1\boldsymbol{x}_1+c_2\boldsymbol{x}_2+\cdots+c_k\boldsymbol{x}_k=\boldsymbol{0}. \tag{4.9}$$

不妨假设 $c_1\neq 0$. 将式（4.9）乘以矩阵 $\boldsymbol{A}$ 得到

$$\lambda_1 c_1 \boldsymbol{x}_1 + \lambda_2 c_2 \boldsymbol{x}_2 + \cdots + \lambda_k c_k \boldsymbol{x}_k = \boldsymbol{0}. \tag{4.10}$$

将式(4.9)乘以 λ_k 后和式(4.10)相减，得到

$$(\lambda_1 - \lambda_k)c_1\boldsymbol{x}_1 + (\lambda_2 - \lambda_k)c_2\boldsymbol{x}_2 + \cdots + (\lambda_{k-1} - \lambda_k)c_{k-1}\boldsymbol{x}_{k-1} = \boldsymbol{0}. \tag{4.11}$$

将式(4.11)写成如下形式：

$$\beta_1\boldsymbol{x}_1 + \beta_2\boldsymbol{x}_2 + \cdots + \beta_{k-1}\boldsymbol{x}_{k-1} = \boldsymbol{0}. \tag{4.12}$$

其中 $\beta_1 = c_1(\lambda_1 - \lambda_k) \neq 0$. 我们看到矢量 $\boldsymbol{x}_k$ 被消去了. 我们可以重复以上步骤，先后消去矢量 $\boldsymbol{x}_{k-1}, \boldsymbol{x}_{k-2}, \cdots, \boldsymbol{x}_2$，最后得到

$$\tilde{c}\boldsymbol{x}_1 = \boldsymbol{0}(\tilde{c} \neq 0).$$

这和 $\boldsymbol{x}_1$ 作为本征矢量必须非零矛盾.

4.4　相似变换和对角化

在第 1 章中我们看到，如果两个增广矩阵行等价，那么这两个增广矩阵给出的线性方程组的解就是一样的. 对本征值问题，我们也关心什么样的矩阵具有相同的本征值(包括重数). 根据定义，一个矩阵的本征值完全由它的本征多项式给出. 由于本征多项式的最高阶系数被约定为 1，因此两个矩阵有相同的本征值当且仅当它们有相同的本征多项式. 那么什么样的矩阵有相同的本征多项式呢？

对任意给定的方阵 $\boldsymbol{A}$，我们很容易写出一个和它不同但是具有相同的本征多项式的矩阵. 比如 $\boldsymbol{P}$ 是一个可逆矩阵，我们可以发现在一般情况下 $\boldsymbol{P}^{-1}\boldsymbol{A}\boldsymbol{P} \neq \boldsymbol{A}$，但是

$$|\lambda\boldsymbol{I} - \boldsymbol{P}^{-1}\boldsymbol{A}\boldsymbol{P}| = |\boldsymbol{P}^{-1}(\lambda\boldsymbol{I} - \boldsymbol{A})\boldsymbol{P}| = |\boldsymbol{P}^{-1}||\lambda\boldsymbol{I} - \boldsymbol{A}||\boldsymbol{P}| = |\lambda\boldsymbol{I} - \boldsymbol{A}|. \tag{4.13}$$

因此，$\boldsymbol{P}^{-1}\boldsymbol{A}\boldsymbol{P}$ 和 $\boldsymbol{A}$ 具有相同的本征多项式. 于是可以得到如下这个定义.

定义 4.10　两个相同维数的方阵 $\boldsymbol{A}$ 和 $\boldsymbol{B}$ 是相似的，如果存在一个可逆矩阵 $\boldsymbol{P}$ 使得 $\boldsymbol{B} = \boldsymbol{P}^{-1}\boldsymbol{A}\boldsymbol{P}$. 利用可逆矩阵 $\boldsymbol{P}$ 将矩阵 $\boldsymbol{A}$ 变为矩阵 $\boldsymbol{B}$ 的操作叫作相似变换.

根据这个定义可以得到如下结论.

定理 4.7　如果两个矩阵是相似的，那么它们就具有相同的本征值，并且它们每一对相同的本征值都具有相同的代数重数和几何重数.

证明：前面已经证明了相似矩阵具有相同的本征值和代数重数，下面来证明它们也有相同的几何重数. 假设方阵 $\boldsymbol{A}$ 和 $\boldsymbol{B}$ 是相似的，此时就存在一个可逆矩阵 $\boldsymbol{P}$ 使得 $\boldsymbol{B} = \boldsymbol{P}^{-1}\boldsymbol{A}\boldsymbol{P}$. $\boldsymbol{A}$ 的本征值 λ 对应的本征矢量为 $\boldsymbol{x}$，则

$$\boldsymbol{A}\boldsymbol{x} = \lambda\boldsymbol{x}.$$

上式两边分别乘以矩阵 $\boldsymbol{P}^{-1}$ 和 $\boldsymbol{P}$，得到

$$\boldsymbol{P}^{-1}\boldsymbol{A}\boldsymbol{x}\boldsymbol{P} = \lambda\boldsymbol{P}^{-1}\boldsymbol{x}\boldsymbol{P}.$$

进一步把上式写成

$$\boldsymbol{P}^{-1}\boldsymbol{A}\boldsymbol{P}\boldsymbol{P}^{-1}\boldsymbol{x}\boldsymbol{P} = \lambda\boldsymbol{P}^{-1}\boldsymbol{x}\boldsymbol{P}.$$

于是得到

$$\boldsymbol{B}\boldsymbol{P}^{-1}\boldsymbol{x}\boldsymbol{P} = \lambda\boldsymbol{P}^{-1}\boldsymbol{x}\boldsymbol{P}.$$

这表明方阵 $\boldsymbol{A}$ 和 $\boldsymbol{B}$ 的本征矢量是一一对应的. 取方阵 $\boldsymbol{A}$ 的本征空间 E_λ 的一组基矢 $\{\boldsymbol{\alpha}_1,\boldsymbol{\alpha}_2,\cdots,\boldsymbol{\alpha}_k\}$，则方阵 $\boldsymbol{B}$ 的本征空间 E_λ 可以由 $\{\boldsymbol{P}^{-1}\boldsymbol{\alpha}_1\boldsymbol{P},\boldsymbol{P}^{-1}\boldsymbol{\alpha}_2\boldsymbol{P},\cdots,\boldsymbol{P}^{-1}\boldsymbol{\alpha}_k\boldsymbol{P}\}$ 张成. $\{\boldsymbol{P}^{-1}\boldsymbol{\alpha}_1\boldsymbol{P},\boldsymbol{P}^{-1}\boldsymbol{\alpha}_2\boldsymbol{P},\cdots,\boldsymbol{P}^{-1}\boldsymbol{\alpha}_k\boldsymbol{P}\}$ 是线性独立的，因此 E_λ 的维数和 E_λ 一样.

对一个一般的方阵 $\boldsymbol{A}$，如果能够找到一个比较简单的和它相似的矩阵，那么矩阵的很多涉及乘法和行列式的运算就可以变得简单. 特别地，对一个对角矩阵 $\boldsymbol{D}$ 来说，计算它的行列式和幂次是很简单的事情. 如果一个矩阵 $\boldsymbol{A}$ 和对角矩阵 $\boldsymbol{D}$ 相似，即 $\boldsymbol{D}=\boldsymbol{P}^{-1}\boldsymbol{A}\boldsymbol{P}$，那么可以这样来计算它的幂次：

$$\boldsymbol{A}^k=(\boldsymbol{P}\boldsymbol{D}\boldsymbol{P}^{-1})^k=\boldsymbol{P}\boldsymbol{D}^k\boldsymbol{P}^{-1}.$$

上式只涉及两次矩阵乘法，因而可以加速计算. 对给定的方阵 $\boldsymbol{A}$，寻找一个可逆矩阵 $\boldsymbol{P}$ 使得 $\boldsymbol{P}^{-1}\boldsymbol{A}\boldsymbol{P}$ 是一个对角矩阵，这种做法叫作把方阵 $\boldsymbol{A}$ 对角化. 那么是不是所有的方阵都可以对角化呢？

例 4.13 请问矩阵 $\boldsymbol{A}=\begin{pmatrix}1&2&3\\0&1&-2\\0&0&1\end{pmatrix}$ 是否相似于一个对角矩阵？

解：$\boldsymbol{A}$ 是一个上三角矩阵，可以发现它只有一个三重本征值 $\lambda=1$. 假设它相似于一个对角矩阵，那么这个对角矩阵的本征值也只能是三个 1，也就是这个对角矩阵是单位矩阵 $\boldsymbol{I}$. 因此就存在一个可逆矩阵 $\boldsymbol{P}$ 使得

$$\boldsymbol{I}=\boldsymbol{P}^{-1}\boldsymbol{A}\boldsymbol{P},$$

即 $\boldsymbol{A}=\boldsymbol{P}\boldsymbol{I}\boldsymbol{P}^{-1}=\boldsymbol{I}$. 但是 $\boldsymbol{A}$ 不是单位矩阵，因此矩阵 $\boldsymbol{A}$ 不可能相似于一个对角矩阵.

可见不是所有的方阵都能对角化.

定理 4.8 一个 n 阶方阵 $\boldsymbol{A}$ 可以通过相似变换对角化的充要条件是它具有 n 个线性无关的本征矢量.

证明：假设 $\boldsymbol{A}$ 的 n 个线性无关的本征矢量分别是 $\boldsymbol{u}_1,\boldsymbol{u}_2,\cdots,\boldsymbol{u}_{n-1},\boldsymbol{u}_n$，它们满足本征方程

$$\boldsymbol{A}\boldsymbol{u}_k=\lambda_k\boldsymbol{u}_k.$$

取一个 n 阶方阵 $\boldsymbol{P}=(\boldsymbol{u}_1,\boldsymbol{u}_2,\cdots,\boldsymbol{u}_{n-1},\boldsymbol{u}_n)$. 因为 $\boldsymbol{u}_1,\boldsymbol{u}_2,\cdots,\boldsymbol{u}_{n-1},\boldsymbol{u}_n$ 是线性无关的，根据定理 3.6 有 $R(\boldsymbol{P})=n$，即矩阵 $\boldsymbol{P}$ 是满秩的，因此是可逆的. 进一步地，根据本征方程有

$$\boldsymbol{A}\boldsymbol{P}=\boldsymbol{A}(\boldsymbol{u}_1,\boldsymbol{u}_2,\cdots,\boldsymbol{u}_n)=(\lambda_1\boldsymbol{u}_1,\lambda_2\boldsymbol{u}_2,\cdots,\lambda_n\boldsymbol{u}_n).$$

如果定义一个对角矩阵

$$\boldsymbol{\Lambda}=\mathrm{diag}(\lambda_1,\lambda_2,\cdots,\lambda_n),$$

则根据矩阵乘法有

$$(\lambda_1\boldsymbol{u}_1,\lambda_2\boldsymbol{u}_2,\cdots,\lambda_n\boldsymbol{u}_n)=\boldsymbol{P}\boldsymbol{\Lambda}.$$

因此可以得到

$$\boldsymbol{A}\boldsymbol{P}=\boldsymbol{P}\boldsymbol{\Lambda}\Rightarrow\boldsymbol{\Lambda}=\boldsymbol{P}^{-1}\boldsymbol{A}\boldsymbol{P}.$$

下面来证明命题的另外一个方向. 假设矩阵 $\boldsymbol{A}$ 相似于对角矩阵 $\boldsymbol{D}=\mathrm{diag}(d_1,d_2,\cdots,d_n)$，即 $\boldsymbol{D}=\boldsymbol{C}^{-1}\boldsymbol{A}\boldsymbol{C}$. 将 $\boldsymbol{C}$ 写成列矢量的形式：

$$\boldsymbol{C}=(\boldsymbol{c}_1,\boldsymbol{c}_2,\cdots,\boldsymbol{c}_{n-1},\boldsymbol{c}_n).$$

因为 $\boldsymbol{C}$ 可逆，因此矩阵 $\boldsymbol{C}$ 必定满秩，从而 $\boldsymbol{c}_1,\boldsymbol{c}_2,\cdots,\boldsymbol{c}_{n-1},\boldsymbol{c}_n$ 线性无关. 由 $\boldsymbol{D}=\boldsymbol{C}^{-1}\boldsymbol{A}\boldsymbol{C}$ 可以得到

$\boldsymbol{AC}=\boldsymbol{CD}$,从而有

$$\boldsymbol{A}c_k=d_k c_k.$$

由此可知,$\boldsymbol{c}_1,\boldsymbol{c}_2,\cdots,\boldsymbol{c}_{n-1},\boldsymbol{c}_n$ 是矩阵 $\boldsymbol{A}$ 的本征矢量.

由于不同本征值对应的本征矢量是线性无关的,而且每一个本征值至少具有一个本征矢量,因此如果一个 n 阶方阵具有 n 个不同的本征值,那么这个方阵就具有 n 个线性无关的本征矢量. 于是可以得到如下推论.

推论 4.4　假设 n 阶方阵具有 n 个不同的本征值,那么它一定是可对角化的.

定理 4.8 的证明实际上给出了对角化一个矩阵的方法. 如果 n 阶方阵 $\boldsymbol{A}$ 有 n 个线性无关的本征矢量 $\boldsymbol{u}_1,\boldsymbol{u}_2,\cdots,\boldsymbol{u}_{n-1},\boldsymbol{u}_n$,那么矩阵 $\boldsymbol{P}=(\boldsymbol{u}_1,\boldsymbol{u}_2,\cdots,\boldsymbol{u}_{n-1},\boldsymbol{u}_n)$ 就可以对角化矩阵 $\boldsymbol{A}$.

例 4.14　找到可逆矩阵将矩阵 $\boldsymbol{A}=\begin{pmatrix}2&1&1\\1&2&1\\1&1&2\end{pmatrix}$ 对角化.

解:第一步,求解本征值. 考虑行列式 $\begin{vmatrix}2-\lambda&1&1\\1&2-\lambda&1\\1&1&2-\lambda\end{vmatrix}$,先做初等行变换 $(2)+(1)$ 和 $(3)+(1)$,得到

$$\begin{vmatrix}4-\lambda&4-\lambda&4-\lambda\\1&2-\lambda&1\\1&1&2-\lambda\end{vmatrix}=(4-\lambda)\begin{vmatrix}1&1&1\\1&2-\lambda&1\\1&1&2-\lambda\end{vmatrix},$$

再做初等行变换 $-(1)+(2)$ 和 $-(1)+(3)$,得到

$$(4-\lambda)\begin{vmatrix}1&1&1\\0&1-\lambda&1\\0&0&1-\lambda\end{vmatrix}.$$

由此读出本征值 $\lambda_1=4$ 和 $\lambda_2=\lambda_3=1$.

第二步,求解本征矢量. 对本征值 $\lambda_1=4$,有增广矩阵

$$\begin{pmatrix}-2&1&1&0\\1&-2&1&0\\1&1&-2&0\end{pmatrix},$$

先做初等行变换 $(2)+(1)$ 和 $(3)+(1)$,得到行等价矩阵

$$\begin{pmatrix}0&0&0&0\\0&-2&1&0\\1&1&-2&0\end{pmatrix},$$

进一步得到最简阶梯矩阵

$$\begin{pmatrix}1&0&-1&0\\0&1&-1&0\\0&0&0&0\end{pmatrix}.$$

因此得到通解 $x_1=x_2=x_3$. 由这个通解得到一个对应的本征矢量：$\boldsymbol{u}_1=\begin{pmatrix}1\\1\\1\end{pmatrix}$.

对本征值 $\lambda_2=\lambda_3=1$，有增广矩阵

$$\begin{pmatrix}1&1&1&0\\1&1&1&0\\1&1&1&0\end{pmatrix},$$

做初等行变换 $-(1)+(2)$ 和 $-(1)+(3)$，得到最简阶梯矩阵

$$\begin{pmatrix}1&1&1&0\\0&0&0&0\\0&0&0&0\end{pmatrix}.$$

可以得到一组通解：

$$\boldsymbol{x}=\begin{pmatrix}-x_2-x_3\\x_2\\x_3\end{pmatrix}=-x_2\begin{pmatrix}1\\-1\\0\end{pmatrix}-x_3\begin{pmatrix}1\\0\\-1\end{pmatrix}.$$

因此可以取另外两个线性独立的本征矢量为

$$\boldsymbol{u}_2=\begin{pmatrix}1\\-1\\0\end{pmatrix},\ \boldsymbol{u}_3=\begin{pmatrix}1\\0\\-1\end{pmatrix}.$$

由此可以取 $\boldsymbol{P}=\begin{pmatrix}1&1&1\\1&-1&0\\1&0&-1\end{pmatrix}$ 使得 $\boldsymbol{P}^{-1}\boldsymbol{AP}=\mathrm{diag}(4,1,1)$.

对给定的矩阵来说，可以对角化它的可逆矩阵有可能不唯一. 比如，取 $\boldsymbol{u}_1=(2,2,2)^{\mathrm{T}}$，$\boldsymbol{u}_2=(1,-1,0)^{\mathrm{T}}$ 和 $\boldsymbol{u}_3=(-2,1,1)^{\mathrm{T}}$，就可以得到一个新的可逆矩阵

$$\tilde{\boldsymbol{P}}=\begin{pmatrix}2&1&-2\\2&-1&1\\2&0&1\end{pmatrix}\neq\boldsymbol{P},$$

它也可以将例 4.14 中的矩阵 $\boldsymbol{A}$ 对角化为相同的对角矩阵.

对给定的方阵来说，它的本征值和本征矢量是完全确定的. 那么如果一个 n 阶方阵的本征值和本征矢量给定后，这个矩阵是否可以被唯一确定呢？如果线性独立的本征矢量的数目恰好等于 n，那么答案是肯定的.

定理 4.9 假设 n 阶方阵 $\boldsymbol{A}$ 的本征值是 $\lambda_1,\lambda_2,\cdots,\lambda_n$（可能会有相同的），对应的 n 个线性独立的本征矢量是 $\boldsymbol{u}_1,\boldsymbol{u}_2,\cdots,\boldsymbol{u}_n$. 取 $\boldsymbol{P}=(\boldsymbol{u}_1,\boldsymbol{u}_2,\cdots,\boldsymbol{u}_n)$，令 $\boldsymbol{P}^{-1}$ 的行矢量分别为 $\boldsymbol{w}_1,\boldsymbol{w}_2,\cdots,\boldsymbol{w}_n$. 那么

$$\boldsymbol{A}=\lambda_1\boldsymbol{u}_1\boldsymbol{w}_1+\lambda_2\boldsymbol{u}_2\boldsymbol{w}_2+\cdots+\lambda_n\boldsymbol{u}_n\boldsymbol{w}_n. \tag{4.14}$$

证明：因为 $\boldsymbol{A}$ 可以对角化，因此 $\boldsymbol{P}=(\boldsymbol{u}_1,\boldsymbol{u}_2,\cdots,\boldsymbol{u}_n)$ 和一个由矩阵 $\boldsymbol{A}$ 的本征值组成的对角矩阵 $\boldsymbol{\Lambda}=\mathrm{diag}(\lambda_1,\lambda_2,\cdots,\lambda_n)$ 使得 $\boldsymbol{P}^{-1}\boldsymbol{AP}=\boldsymbol{\Lambda}$. 将这个方程两边分别左乘 $\boldsymbol{P}$ 和右乘 $\boldsymbol{P}^{-1}$，可以

得到

$$A = P\Lambda P^{-1} = \lambda_1 u_1 w_1 + \lambda_2 u_2 w_2 + \cdots + \lambda_n u_n w_n.$$

这个定理被称作谱分解定理. 它表明一个可对角化的矩阵可以完全由它的本征值和本征矢量确定.

例 4.15　假设一个 3 阶方阵 A 的 3 个本征值分别为-1,2,2,对应的本征矢量分别为

$$u_1 = \begin{pmatrix} 1 \\ 0 \\ 1 \end{pmatrix},\ u_2 = \begin{pmatrix} 1 \\ 4 \\ 0 \end{pmatrix},\ u_3 = \begin{pmatrix} 1 \\ 0 \\ 4 \end{pmatrix},$$

求此方阵.

解: 首先将本征矢量排列成矩阵 $P = (u_1, u_2, u_3)$,然后求解逆矩阵

$$P^{-1} = \begin{pmatrix} \frac{4}{3} & -\frac{1}{3} & -\frac{1}{3} \\ 0 & \frac{1}{4} & 0 \\ -\frac{1}{3} & \frac{1}{12} & \frac{1}{3} \end{pmatrix}.$$

由此就得到了

$$w_1 = \begin{pmatrix} \frac{4}{3} & -\frac{1}{3} & -\frac{1}{3} \end{pmatrix}, w_2 = \begin{pmatrix} 0 & \frac{1}{4} & 0 \end{pmatrix}, w_3 = \begin{pmatrix} -\frac{1}{3} & \frac{1}{12} & \frac{1}{3} \end{pmatrix}.$$

于是根据定理 4.9 有

$$A = -u_1 w_1 + 2u_2 w_2 + 2u_3 w_3 = \begin{pmatrix} -2 & 1 & 1 \\ 0 & 2 & 0 \\ -4 & 1 & 3 \end{pmatrix}.$$

此矩阵正是例 4.2 中求解本征值的矩阵.

为了展示谱分解定理 4.9 的特点并给读者一个直观的印象,我们介绍一个它在图像(矩阵)压缩问题中的应用. 一张 n 像素 $\times n$ 像素的灰度图像本质上是一个 n 阶方阵. 它的每一个矩阵元的下标代表一个像素点的位置,数值则是该像素点的灰度值. 假设某一张图片对应的矩阵 A 满足谱分解定理的条件,那么对其按照式(4.14)进行分解. 把本征值 $\lambda_1, \lambda_2, \cdots, \lambda_n$ 按照绝对值从大到小排列. 在很多时候,前 k 个本征值远远大于后面所有的本征值. 此时就可以对式(4.14)中的求和做一个截断:

$$A \approx \lambda_1 u_1 w_1 + \lambda_2 u_2 w_2 + \cdots + \lambda_k u_k w_k.$$

这样当我们需要存储矩阵 A 的时候,就可以仅仅存储 k 个数 $\lambda_1, \lambda_2, \cdots, \lambda_k$, k 个 n 维列矢量 $u_1, u_2, \cdots, u_k$ 和 k 个 n 维行矢量 $w_1, w_2, \cdots, w_k$. 当需要再次使用矩阵 A 的时候,我们再利用上述截断后的展开式近似地表达出矩阵 A. 原先存储矩阵 A 需要存储 n^2 个数据,但是截断后只需要存储 $2k \times (n + 1/2) \approx 2kn$ 个数据(假设 $n \gg 1$). 此时就可以定义一个内存的压缩率

$$\eta = 2kn/n^2 = 2k/n.$$

图 4.4 展示了一个 420 像素 ×420 像素的原始图像,以及用前 2 个本征值重构的图像,用前 5 个本征值重构的图像和用前 21 个本征值重构的图像. 随着选取的本征值数量的增

加，重构后的图像逐渐接近原始图像. 可以看出，用前 21 个本征值重构的图像保留了原始图像的大部分信息. 此时图片占用的内存已经压缩到 10%，但是完全可以看出原始图像是两个乒乓球拍和一个乒乓球放在桌面上. 因此，矩阵的谱分解定理可以用于压缩图像.

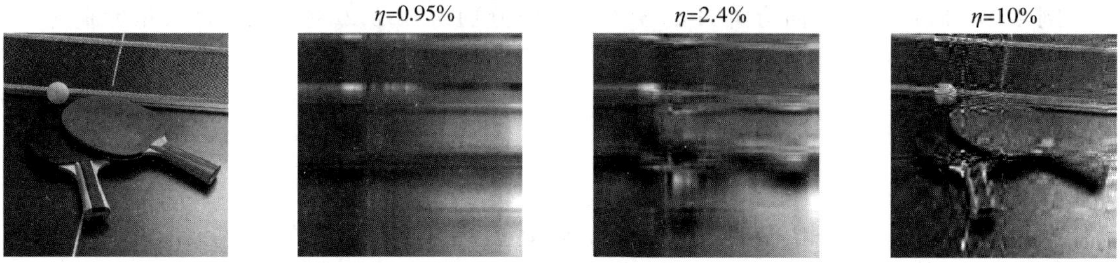

图 4.4　利用前 k 个本征矢量和本征值对图像进行压缩

（从左到右依次是原始图像和 $k=2,5,21$ 的时候重构的图像）

需要指出的是，矩阵的谱分解是一种用于分析矩阵的数学工具，它要求矩阵是方阵而且具有一组和维数一样多的线性无关的本征矢量. 然而这一方法并不总是适用于图像压缩任务，因为图像对应的矩阵不一定是方阵，也不一定具有足够多线性无关的本征矢量. 上面的例子主要用于加深对矩阵的本征值和本征矢量的理解和印象. 在实际应用中，奇异值分解（SVD）是一种更通用的矩阵压缩方法，它不仅适用于方阵，还可以用于非方阵的矩阵，它提供了一种有效的压缩图像数据的方法，可以保留矩阵的重要特征. 限于本课程的教学内容，这里无法进一步展开. 关于矩阵的奇异值分解以及相关的应用可以参阅其他的相关教材.

4.5　幺正对角化

对一般矩阵，要想判断它是否可以对角化需要找到它的全部本征矢量，这需要非常庞大的工作量. 但是对一类特殊的矩阵，仅仅凭借它的矩阵元就可以直接确认它是否可以对角化. 在物理中，这一类矩阵有着十分广泛的应用，它就是定义 4.5 给出的厄米矩阵.

定理 4.10　厄米矩阵的不同本征值对应的本征矢量相互正交.

证明：考虑厄米矩阵 $\boldsymbol{A}$ 的两个不同的本征值 λ_1 和 λ_2 以及它们的本征方程

$$\boldsymbol{A}\boldsymbol{x}=\lambda_1\boldsymbol{x},\ \boldsymbol{A}\boldsymbol{y}=\lambda_2\boldsymbol{y}.$$

将第一个和第二个方程分别乘以 $\boldsymbol{y}^\dagger$ 和 $\boldsymbol{x}^\dagger$ 得到

$$\boldsymbol{y}^\dagger\boldsymbol{A}\boldsymbol{x}=\lambda_1\boldsymbol{y}^\dagger\boldsymbol{x},\ \boldsymbol{x}^\dagger\boldsymbol{A}\boldsymbol{y}=\lambda_2\boldsymbol{x}^\dagger\boldsymbol{y}. \tag{4.15}$$

将上面的第一个方程取厄米共轭得到

$$(\boldsymbol{y}^\dagger\boldsymbol{A}\boldsymbol{x})^\dagger=\overline{\lambda_1}(\boldsymbol{y}^\dagger\boldsymbol{x})^\dagger.$$

利用厄米共轭的性质得到

$$\boldsymbol{x}^\dagger\boldsymbol{A}^\dagger\boldsymbol{y}=\overline{\lambda_1}\boldsymbol{x}^\dagger\boldsymbol{y}.$$

由于矩阵 $\boldsymbol{A}$ 是厄米矩阵，它的本征值都是实数，因此有

$$A^\dagger = A,\ \overline{\lambda_1} = \lambda_1.$$

于是得到

$$x^\dagger A y = \lambda_1 x^\dagger y.$$

将上式和式(4.15)中的第二个方程相减得到

$$(\lambda_1 - \lambda_2) x^\dagger y = 0.$$

因为 $\lambda_1 \neq \lambda_2$,所以 $x^\dagger y = 0$.

我们看到厄米矩阵的本征值是实数,不同本征值对应的本征矢量相互正交. 此外,厄米矩阵在数学上还有一个重要特性:它的对角化可以通过一种特殊的矩阵来完成,这种矩阵叫作幺正矩阵.

定义 4.11　一个复数方阵 U 称为幺正矩阵,如果它满足 $U^\dagger U = I$.

定义 4.11 可以视为正交矩阵的推广,因为由实数组成的幺正矩阵就是正交矩阵. 幺正矩阵都是可逆矩阵,并且它的逆矩阵等于它的厄米共轭矩阵:$U^{-1} = U^\dagger$. 幺正矩阵也可以用另外一种形式来定义. 把矩阵 U 写成列矢量的形式 $U = (u_1, u_2, \cdots, u_n)$,那么由矩阵 U 和它的厄米共轭矩阵的乘法得到

$$U^\dagger U \text{的第}i\text{行、第}j\text{列的元素为} u_i^\dagger u_j = \delta_{ij}.$$

因此,矩阵 U 是一个幺正矩阵当且仅当它的列矢量构成一组单位正交基.

例 4.16　验证下面的矩阵都是幺正矩阵:

$$U_1 = \frac{1}{\sqrt{2}} \begin{pmatrix} 1 & 0 & -\mathrm{i} \\ 0 & \sqrt{2} & 0 \\ \mathrm{i} & 0 & 1 \end{pmatrix},\ U_2 = \begin{pmatrix} 0 & 0 & 1 \\ 1 & 0 & 0 \\ 0 & 1 & 0 \end{pmatrix}.$$

解:计算发现 $U_1^\dagger = U_1$,则

$$U_1^\dagger U_1 = \frac{1}{2} \begin{pmatrix} 1 & 0 & -\mathrm{i} \\ 0 & \sqrt{2} & 0 \\ \mathrm{i} & 0 & 1 \end{pmatrix} \begin{pmatrix} 1 & 0 & -\mathrm{i} \\ 0 & \sqrt{2} & 0 \\ \mathrm{i} & 0 & 1 \end{pmatrix} = I.$$

因此,U_1 不仅是一个幺正矩阵,而且是一个厄米矩阵.

矩阵 U_2 是实矩阵,因此仅需要验证

$$U_2^{\mathrm{T}} U_2 = \begin{pmatrix} 0 & 1 & 0 \\ 0 & 0 & 1 \\ 1 & 0 & 0 \end{pmatrix} \begin{pmatrix} 0 & 0 & 1 \\ 1 & 0 & 0 \\ 0 & 1 & 0 \end{pmatrix} = I.$$

因此,矩阵 U_2 不仅是一个幺正矩阵,而且是一个正交矩阵.

定理 4.11　任何一个厄米矩阵 A 一定可以通过一个幺正矩阵 U 对角化,且主对角线上的元素为该厄米矩阵的全部本征值.

证明:采用数学归纳法证明. 当 $n=1$ 的时候, 定理显然成立. 假设对所有 $n-1$ 阶厄米矩阵定理都成立, 下面证明对 n 阶厄米矩阵定理也成立.

设 λ_1 是 A 的一个本征值,u_1 是属于本征值 λ_1 的一个本征矢量. 显然对任意数 c,cu_1 也是属于本征值 λ_1 的一个本征矢量. 因此,不失一般性地,我们总可以取 u_1 的模长为 1. 下面

以 $\boldsymbol{u}_1$ 为第一个矢量取一组正交归一基 $\{\boldsymbol{u}_1,\boldsymbol{q}_1,\boldsymbol{q}_2,\cdots,\boldsymbol{q}_{n-1}\}$. 令

$$\boldsymbol{Q}=(\boldsymbol{q}_1,\boldsymbol{q}_2,\cdots,\boldsymbol{q}_{n-1}),$$

因为 $\{\boldsymbol{u}_1,\boldsymbol{q}_1,\boldsymbol{q}_2,\cdots,\boldsymbol{q}_{n-1}\}$ 是正交归一基，因此有

$$\boldsymbol{Q}^\dagger\boldsymbol{Q}=\boldsymbol{I}_{n-1}, \tag{4.16}$$

$$\boldsymbol{Q}^\dagger\boldsymbol{u}_1=\boldsymbol{0}_{1\times(n-1)},\ \boldsymbol{u}_1^\dagger\boldsymbol{Q}=\boldsymbol{0}_{(n-1)\times 1}.$$

将 $\boldsymbol{u}_1$ 和 $\boldsymbol{Q}$ 组成方阵 $\boldsymbol{P}=(\boldsymbol{u}_1,\boldsymbol{Q})$，然后计算

$$\boldsymbol{P}^\dagger\boldsymbol{A}\boldsymbol{P}=\begin{pmatrix}\boldsymbol{u}_1^\dagger\\ \boldsymbol{Q}^\dagger\end{pmatrix}\boldsymbol{A}(\boldsymbol{u}_1,\boldsymbol{Q})=\begin{pmatrix}\boldsymbol{u}_1^\dagger\\ \boldsymbol{Q}^\dagger\end{pmatrix}(\lambda_1\boldsymbol{u}_1,\boldsymbol{A}\boldsymbol{Q})=\begin{pmatrix}\lambda_1\boldsymbol{u}_1^\dagger\boldsymbol{u} & \boldsymbol{u}_1^\dagger\boldsymbol{A}\boldsymbol{Q}\\ \lambda_1\boldsymbol{Q}^\dagger\boldsymbol{u}_1 & \boldsymbol{Q}^\dagger\boldsymbol{A}\boldsymbol{Q}\end{pmatrix}.$$

由于矩阵 $\boldsymbol{A}$ 是厄米矩阵，因此

$$\boldsymbol{u}_1^\dagger\boldsymbol{A}=\boldsymbol{u}_1^\dagger\boldsymbol{A}^\dagger=(\boldsymbol{A}\boldsymbol{u}_1)^\dagger=\overline{\lambda_1}\boldsymbol{u}_1^\dagger=\lambda_1\boldsymbol{u}_1^\dagger.$$

于是得到

$$\boldsymbol{P}^\dagger\boldsymbol{A}\boldsymbol{P}=\begin{pmatrix}\lambda_1\boldsymbol{u}_1^\dagger\boldsymbol{u} & \lambda_1\boldsymbol{u}_1^\dagger\boldsymbol{Q}\\ \lambda_1\boldsymbol{Q}^\dagger\boldsymbol{u}_1 & \boldsymbol{Q}^\dagger\boldsymbol{A}\boldsymbol{Q}\end{pmatrix}=\begin{pmatrix}\lambda_1 & \boldsymbol{0}\\ \boldsymbol{0} & \boldsymbol{Q}^\dagger\boldsymbol{A}\boldsymbol{Q}\end{pmatrix}.$$

由于 $\boldsymbol{Q}^\dagger\boldsymbol{A}\boldsymbol{Q}$ 是 $n-1$ 阶厄米矩阵，根据假设，存在一个 $n-1$ 阶幺正矩阵 $\boldsymbol{S}$ 使得

$$\boldsymbol{S}^\dagger\boldsymbol{Q}^\dagger\boldsymbol{A}\boldsymbol{Q}\boldsymbol{S}=\boldsymbol{D},$$

其中 $\boldsymbol{D}=\mathrm{diag}(\lambda_2,\lambda_3,\cdots,\lambda_n)$. 取一个矩阵

$$\boldsymbol{U}=(\boldsymbol{u}_1,\boldsymbol{Q}\boldsymbol{S}),$$

即将 $\boldsymbol{P}$ 中的 $\boldsymbol{Q}$ 用 $\boldsymbol{Q}\boldsymbol{S}$ 代替. 重复上面的推导得到

$$\boldsymbol{U}^\dagger\boldsymbol{A}\boldsymbol{U}=\begin{pmatrix}\lambda_1 & \boldsymbol{0}\\ \boldsymbol{0} & (\boldsymbol{Q}\boldsymbol{S})^\dagger\boldsymbol{A}\boldsymbol{Q}\boldsymbol{S}\end{pmatrix}=\begin{pmatrix}\lambda_1 & \boldsymbol{0}\\ \boldsymbol{0} & \boldsymbol{D}\end{pmatrix}=\mathrm{diag}(\lambda_1,\lambda_2,\cdots,\lambda_n).$$

因此 $\boldsymbol{U}^\dagger\boldsymbol{A}\boldsymbol{U}$ 是一个对角矩阵. 可以验证

$$\boldsymbol{U}^\dagger\boldsymbol{U}=\begin{pmatrix}1 & \boldsymbol{0}\\ \boldsymbol{0} & (\boldsymbol{Q}\boldsymbol{S})^\dagger\boldsymbol{Q}\boldsymbol{S}\end{pmatrix}=\begin{pmatrix}1 & \boldsymbol{0}\\ \boldsymbol{0} & \boldsymbol{S}^\dagger\boldsymbol{Q}^\dagger\boldsymbol{Q}\boldsymbol{S}\end{pmatrix}=\begin{pmatrix}1 & \boldsymbol{0}\\ \boldsymbol{0} & \boldsymbol{S}^\dagger\boldsymbol{S}\end{pmatrix}=\begin{pmatrix}1 & \boldsymbol{0}\\ \boldsymbol{0} & \boldsymbol{I}_{n-1}\end{pmatrix}=\boldsymbol{I}_n.$$

于是得到一个结论：如果对所有 $n-1$ 阶厄米矩阵定理都成立，那么对任意 n 阶厄米矩阵定理也成立.

进而可以得到以下推论.

推论 4.5 n 阶厄米矩阵有且仅有 n 个线性无关的本征矢量.

推论 4.6 一个实对称矩阵可以通过正交矩阵对角化.

我们注意到对角矩阵的几何重数和代数重数是一样的，因此根据定理 4.7 可以得到以下推论.

推论 4.7 厄米矩阵本征值的代数重数等于几何重数.

寻找一个幺正矩阵将一个厄米矩阵对角化的方法如下. 一个 n 阶厄米矩阵 $\boldsymbol{A}$ 如果有 n 个不同的本征值，那么它就有 n 个相互正交的本征矢量 $\boldsymbol{u}_1,\boldsymbol{u}_2,\cdots,\boldsymbol{u}_n$. 这些本征矢量是线性无关的. 把这些本征矢量每一个都归一化，得到 $\tilde{\boldsymbol{u}}_1,\tilde{\boldsymbol{u}}_2,\cdots,\tilde{\boldsymbol{u}}_n$. 如果有一些本征值对应的几何重数大于 1，那么可以在每一个几何重数大于 1 的本征子空间中重新选择一个正交基作为本征矢量. 这总是可以做到的，因为 $\mathbf{C}^n$ 的任意子空间都存在正交归一基. 由于不同本征空间的

矢量已经是正交的了,就可以得到 n 个相互正交且长度归一的本征矢量 $\tilde{\boldsymbol{u}}_1,\tilde{\boldsymbol{u}}_2,\cdots,\tilde{\boldsymbol{u}}_n$. 取矩阵 $\boldsymbol{U}=(\tilde{\boldsymbol{u}}_1,\tilde{\boldsymbol{u}}_2,\cdots,\tilde{\boldsymbol{u}}_n)$, $\boldsymbol{U}$ 中的所有矢量都相互正交归一,因此 $\boldsymbol{U}$ 是一个幺正矩阵. 这些矢量都是 $\boldsymbol{A}$ 的线性独立的本征矢量,因此 $\boldsymbol{U}^{-1}\boldsymbol{A}\boldsymbol{U}=\boldsymbol{U}^{\dagger}\boldsymbol{A}\boldsymbol{U}$ 是对角矩阵. 下面用两个例子来解释这种方法.

例 4.17　将下面的矩阵通过相似变换对角化:

$$\boldsymbol{A}=\begin{pmatrix}1 & 0 & -\mathrm{i}\\ 0 & 2 & 0\\ \mathrm{i} & 0 & 1\end{pmatrix}.$$

解: 可以看出 $\boldsymbol{A}$ 是一个厄米矩阵,将它对角化的第一步是求解出它的本征值. 它的本征多项式为

$$p(\lambda)=(-1)\begin{vmatrix}1-\lambda & 0 & -\mathrm{i}\\ 0 & 2-\lambda & 0\\ \mathrm{i} & 0 & 1-\lambda\end{vmatrix}=(\lambda-2)\begin{vmatrix}1-\lambda & -\mathrm{i}\\ \mathrm{i} & 1-\lambda\end{vmatrix}=\lambda(\lambda-2)^2.$$

于是得到了本征值 0 和 2,其中后者为一个 2 重根. 可以看到矩阵 $\boldsymbol{A}$ 是一个由复数组成的矩阵,它的本征值是实数. 这正是厄米矩阵的特性之一. 下面对每一个本征值求解相应的本征矢量.

对本征值 0,可以得到相应的增广矩阵并做行约化:

$$\begin{pmatrix}1 & 0 & -\mathrm{i}\\ 0 & 2 & 0\\ \mathrm{i} & 0 & 1\end{pmatrix}\xrightarrow[-\mathrm{i}\times(1)+(3)]{}\begin{pmatrix}1 & 0 & -\mathrm{i}\\ 0 & 1 & 0\\ 0 & 0 & 0\end{pmatrix}.$$

于是得到了它的一个本征矢量 $\boldsymbol{u}_1=\begin{pmatrix}\mathrm{i}\\ 0\\ 1\end{pmatrix}$. 对本征值 2,可以得到相应的增广矩阵并做行约化:

$$\begin{pmatrix}-1 & 0 & -\mathrm{i}\\ 0 & 0 & 0\\ \mathrm{i} & 0 & -1\end{pmatrix}\xrightarrow[\mathrm{i}\times(1)+(3),-(1)]{}\begin{pmatrix}1 & 0 & \mathrm{i}\\ 0 & 0 & 0\\ 0 & 0 & 0\end{pmatrix}.$$

于是得到了它的本征矢量(也就是齐次方程的)通解: $\boldsymbol{w}=x_2\boldsymbol{u}_2+x_3\boldsymbol{u}_3$. 其中

$$\boldsymbol{u}_2=\begin{pmatrix}-\mathrm{i}\\ 0\\ 1\end{pmatrix},\ \boldsymbol{u}_3=\begin{pmatrix}0\\ 1\\ 0\end{pmatrix}.$$

因此 $\lambda=2$ 的几何重数是 2,它的本征空间为

$$E_2=\mathrm{Span}(\{\boldsymbol{u}_2,\boldsymbol{u}_3\}).$$

可以验证 $\boldsymbol{u}_1^{\dagger}\boldsymbol{u}_2=\boldsymbol{u}_1^{\dagger}\boldsymbol{u}_3=0$. 这是因为厄米矩阵不同本征值对应的本征矢量是相互正交的. 由于 $\lambda=2$ 的几何重数是 2,我们还需从它的本征空间中挑选两个相互正交的矢量. 巧合的是我们所选的两个矢量 $\boldsymbol{u}_2$ 和 $\boldsymbol{u}_3$ 正好正交. 这样我们就得到了三个正交矢量 $\boldsymbol{u}_1$, $\boldsymbol{u}_2$ 和 $\boldsymbol{u}_3$. 进一步地,我们把这三个矢量的模长归一,写出矩阵

$$U=\left(\frac{u_1}{\sqrt{2}},\frac{u_2}{\sqrt{2}},u_3\right)=\begin{pmatrix}\frac{i}{\sqrt{2}} & \frac{-i}{\sqrt{2}} & 0\\ 0 & 0 & 1\\ \frac{1}{\sqrt{2}} & \frac{1}{\sqrt{2}} & 0\end{pmatrix}.$$

矩阵 U 是一个幺正矩阵,并且可以将矩阵 A 对角化.

例 4.18 能否找到一个正交矩阵将矩阵 $A=\begin{pmatrix}2 & 1 & 1\\ 1 & 2 & 1\\ 1 & 1 & 2\end{pmatrix}$ 对角化?

解:这个矩阵是例 4.14 中的矩阵,它是实对称矩阵,因此一定可以通过正交矩阵对角化. 我们已经通过求解本征值获得了它的三个线性独立的本征矢量:

$$u_1=\begin{pmatrix}1\\1\\1\end{pmatrix},\ u_2=\begin{pmatrix}1\\-1\\0\end{pmatrix},\ u_3=\begin{pmatrix}1\\0\\-1\end{pmatrix}.$$

由于 A 是厄米矩阵(更确切地说是实对称矩阵),u_1 和 $\{u_2,u_3\}$ 为属于不同本征值的本征矢量,因此

$$u_1^{\mathrm{T}}u_2=u_1^{\mathrm{T}}u_3=0,$$

但是 $u_2^{\mathrm{T}}u_3\neq 0$. 为了得到一组正交本征矢量,需要在 $\{u_2,u_3\}$ 张成的子空间中选择一个正交基. 这样的正交基有很多,我们可以任意选择其中一个作为起点,采用施密特正交化方法获得一个正交基. 但是对这样简单的情况,我们可以直接写出一个正交基,比如

$$\tilde{u}_2=u_2+u_3=\begin{pmatrix}2\\-1\\-1\end{pmatrix},\ \tilde{u}_3=u_2-u_3=\begin{pmatrix}0\\-1\\1\end{pmatrix}.$$

矢量 $\tilde{u}_2$ 和 $\tilde{u}_3$ 也是本征值 $\lambda=1$ 对应的两个线性无关的本征矢量,它们相互正交. 这样我们就得到了三个正交矢量 u_1, $\tilde{u}_2$ 和 $\tilde{u}_3$. 进一步地,我们把这三个矢量的模长归一,写出矩阵

$$U=\left(\frac{u_1}{\sqrt{3}},\frac{\tilde{u}_2}{\sqrt{6}},\frac{\tilde{u}_3}{\sqrt{2}}\right)=\begin{pmatrix}\frac{1}{\sqrt{3}} & \frac{2}{\sqrt{6}} & 0\\ \frac{1}{\sqrt{3}} & -\frac{1}{\sqrt{6}} & -\frac{1}{\sqrt{2}}\\ \frac{1}{\sqrt{3}} & -\frac{1}{\sqrt{6}} & \frac{1}{\sqrt{2}}\end{pmatrix}.$$

矩阵 U 是一个正交矩阵,并且可以将矩阵 A 对角化.

定理 4.11 的逆定理也成立.

定理 4.12 如果矩阵 A 可以通过一个幺正矩阵 U 对角化为实对角矩阵,那么这个矩阵一定是厄米矩阵.

证明:假设存在一个幺正矩阵 U 和一个实对角矩阵 D 使得 $U^{\dagger}AU=D$. 将这个方程两边分别左乘 U 和右乘 $U^{\dagger}$,可以得到

$$A = UDU^{\dagger}, \tag{4.17}$$

因此得到

$$A^{\dagger} = UD^{\dagger}U^{\dagger}.$$

因为 D 是一个实对角矩阵,所以它也是一个厄米矩阵,即 $D^{\dagger} = D$. 因此就有

$$A^{\dagger} = UDU^{\dagger} = A.$$

故 A 一定是厄米矩阵.

根据定理 4.4、定理 4.11 和定理 4.12:一个方阵可以通过幺正矩阵对角化为一个实矩阵,当且仅当这个矩阵是厄米矩阵. 如果不要求本征值为实数,那么非厄米矩阵也可以通过幺正矩阵对角化. 下面来看看这样的矩阵必须满足什么样的条件. 假设一个矩阵 A 可以通过幺正矩阵对角化:

$$A = U^{\dagger}DU.$$

其中 $D = \mathrm{diag}(\lambda_1, \lambda_2, \cdots, \lambda_n)$. 那么

$$AA^{\dagger} = U^{\dagger}DUU^{\dagger}D^{\dagger}U = U^{\dagger}DD^{\dagger}U = D^{\dagger}\mathrm{diag}(|\lambda_1|^2, |\lambda_2|^2, \cdots, |\lambda_n|^2)D.$$

同理可以得到

$$A^{\dagger}A = D^{\dagger}\mathrm{diag}(|\lambda_1|^2, |\lambda_2|^2, \cdots, |\lambda_n|^2)D.$$

因此,A 可以被幺正矩阵对角化的必要条件是 $AA^{\dagger} = A^{\dagger}A$.

定义 4.12　满足 $AA^{\dagger} = A^{\dagger}A$ 的矩阵称为正规矩阵.

因此我们发现:一个矩阵能够被幺正矩阵对角化的必要条件是它是一个正规矩阵. 实际上,我们可以证明这也是充分条件.

定理 4.13　一个方阵可以通过幺正矩阵对角化当且仅当它是正规矩阵.

这个定理的充分性的证明较复杂,这里略去. 显然厄米矩阵对角化和实对称矩阵对角化都是这个定理的特例. 需要注意的是,非正规矩阵也可能被对角化,但是不能通过幺正矩阵对角化. 将定理 4.13 和谱分解定理结合可以得到如下推论.

推论 4.8　一个 n 阶正规矩阵可以由它的一组正交归一的本征矢量 $\{u_1, u_2, \cdots, u_n\}$ 和对应的本征值 $\{\lambda_1, \lambda_2, \cdots, \lambda_n\}$ 展开:

$$A = \lambda_1 u_1 u_1^{\dagger} + \lambda_2 u_2 u_2^{\dagger} + \cdots + \lambda_n u_n u_n^{\dagger}.$$

因此一个正规矩阵完全由它的本征值和本征矢量决定. 和谱分解定理相比,这里不必求解由本征矢量组成的矩阵的逆矩阵. 特别地,对厄米矩阵,可以利用它的本征值和正交的本征矢量组进行展开:

$$A = \lambda_1 u_1 u_1^{\dagger} + \lambda_2 u_2 u_2^{\dagger} + \cdots + \lambda_n u_n u_n^{\dagger}.$$

需要注意的是:本征矢量 $\{u_1, u_2, \cdots, u_n\}$ 是正交归一的.

例 4.19　假设一个 3 阶方阵的三个本征值分别为 4,1,1,对应的本征矢量分别为

$$u_1 = \begin{pmatrix} 1 \\ 1 \\ 1 \end{pmatrix}, u_2 = \begin{pmatrix} 2 \\ -1 \\ -1 \end{pmatrix}, u_3 = \begin{pmatrix} 0 \\ -1 \\ 1 \end{pmatrix}.$$

求 A.

解:通过观察可以发现三个矢量相互正交,但是没有归一. 因此先计算它们的归一化

因子：

$$|\boldsymbol{u}_1|=\sqrt{3},\ |\boldsymbol{u}_2|=\sqrt{6},\ |\boldsymbol{u}_3|=2.$$

于是根据推论 4.8 有

$$\boldsymbol{A}=4\times\frac{\boldsymbol{u}_1\boldsymbol{u}_1^\dagger}{3}+\frac{\boldsymbol{u}_2\boldsymbol{u}_2^\dagger}{6}+\frac{1}{2}\boldsymbol{u}_3\boldsymbol{u}_3^\dagger=\begin{pmatrix}2&1&1\\1&2&1\\1&1&2\end{pmatrix}.$$

4.6 线性常系数递推方程

作为本征值问题和矩阵对角化的一个重要应用，在这一节中我们考虑形如方程（4.2）的线性常系数递推方程. 假设 $\boldsymbol{A}$ 为一个 n 阶方阵，线性常系数递推方程一般为如下形式：

$$\boldsymbol{A}\boldsymbol{x}_k=\boldsymbol{x}_{k+1}. \tag{4.18}$$

这个方程在给定一个初始矢量 $\boldsymbol{x}_0$ 后可以生成一个矢量序列 $\{\boldsymbol{x}_k\}$. 这种数学模型出现在许多不同的问题（如人口增长、生态系统、化学控制等）中. 研究这些模型的目标之一就是定性或者定量地描述序列 $\{\boldsymbol{x}_k\}$ 的特性. 方程（4.18）和线性方程组 $\boldsymbol{A}\boldsymbol{x}=\boldsymbol{b}$ 有一些相似之处，但是我们感兴趣的问题不再是解的存在性和唯一性. 这是因为在给定初始矢量 $\boldsymbol{x}_0$ 的情况下，方程（4.18）给出的序列总是存在且唯一的. 许多实际问题常常和序列 $\{\boldsymbol{x}_k\}$ 的两个特性相关.

（1）是否可以找到一个快速计算 $\boldsymbol{x}_k$ 的通项公式？

（2）对一个给定的初值 $\boldsymbol{x}_0$ 来说，当 $k\to\infty$ 的时候，$\boldsymbol{x}_k$ 是否存在极限，是否有界？

对第一个问题，我们很容易得到答案.

$$\boldsymbol{x}_1=\boldsymbol{A}\boldsymbol{x}_0,\ \boldsymbol{x}_2=\boldsymbol{A}\boldsymbol{x}_1=\boldsymbol{A}^2\boldsymbol{x}_0,\cdots$$

因此我们很容易写出一个通项公式：

$$\boldsymbol{x}_k=\boldsymbol{A}^k\boldsymbol{x}_0. \tag{4.19}$$

然而这个表达式有两个令人不满意的地方. 第一个是它的计算量非常大. 对一个 n 阶方阵，需要计算 n^3 量级的乘法. 因此为了得到 $\boldsymbol{x}_k$，需要计算 kn^3 量级的乘法. 对较大的 n 和 k 来说，这个运算将会花费大量的时间. 第二个是很难由它读出序列 $\{\boldsymbol{x}_k\}$ 的趋势，比如当 $k\to\infty$ 的时候，$\boldsymbol{x}_k$ 是否存在极限，是否有界等.

如果矩阵 $\boldsymbol{A}$ 可以对角化，我们就可以得到一个非常高效的递推公式，并且能够快速地判断序列 $\{\boldsymbol{x}_k\}$ 的趋势. 假设可逆矩阵 $\boldsymbol{P}$ 可以对角化矩阵 $\boldsymbol{A}$，即

$$\boldsymbol{P}^{-1}\boldsymbol{A}\boldsymbol{P}=\boldsymbol{D},\ \boldsymbol{D}=\mathrm{diag}(\lambda_1,\lambda_2,\cdots,\lambda_n),$$

其中 $\lambda_1,\lambda_2,\cdots,\lambda_n$ 是矩阵 $\boldsymbol{A}$ 的本征值. 将方程（4.18）改写为

$$\boldsymbol{P}^{-1}\boldsymbol{A}\boldsymbol{P}\boldsymbol{P}^{-1}\boldsymbol{x}_k=\boldsymbol{P}^{-1}\boldsymbol{x}_{k+1}. \tag{4.20}$$

令 $\boldsymbol{y}_k=\boldsymbol{P}^{-1}\boldsymbol{x}_k$，就得到了

$$\boldsymbol{D}\boldsymbol{y}_k=\boldsymbol{y}_{k+1}. \tag{4.21}$$

因此得到了通项公式 $\boldsymbol{y}_k=\boldsymbol{D}^k\boldsymbol{y}_0$. 由于矩阵 $\boldsymbol{D}$ 是对角矩阵，很容易计算出 $\boldsymbol{D}^k$：

$$\boldsymbol{D}^k=\mathrm{diag}(\lambda_1^k,\lambda_2^k,\cdots,\lambda_n^k).$$

因此就得到了序列 $\{\boldsymbol{x}_k\}$ 的一个通项公式：

$$\boldsymbol{x}_k = \boldsymbol{P}\boldsymbol{D}^k \boldsymbol{y}_0 = \boldsymbol{P}\boldsymbol{D}^k \boldsymbol{P}^{-1}\boldsymbol{x}_0. \tag{4.22}$$

采用此方法，对任意大的 k，先通过对角化矩阵 $\boldsymbol{A}$ 找到矩阵 $\boldsymbol{P}$ 和它的本征值，然后计算 4 次矩阵乘法.

方程(4.22)非常适合利用计算机进行数值和解析计算. 在手动计算和分析的时候，可以采用一个稍微不同的步骤. 如果矩阵 $\boldsymbol{A}$ 是可对角化的，那么根据定理 4.8，它必定含有 n 个线性无关的本征矢量 $\boldsymbol{u}_1,\boldsymbol{u}_2,\cdots,\boldsymbol{u}_n$. 根据定理 3.12，这 n 个线性无关的矢量可以构成 $\mathbf{R}^n$ 的一个基. 于是可以将初始矢量 $\boldsymbol{x}_0$ 唯一地展开为

$$\boldsymbol{x}_0 = a_1\boldsymbol{u}_1 + a_2\boldsymbol{u}_2 + \cdots + a_n\boldsymbol{u}_n. \tag{4.23}$$

其中系数 $a_1,a_2,\cdots,a_3$ 就是矢量 $\boldsymbol{x}_0$ 在基 $\{\boldsymbol{u}_1,\boldsymbol{u}_2,\cdots,\boldsymbol{u}_n\}$ 下的坐标. 如果令

$$\boldsymbol{P} = (\boldsymbol{u}_1,\boldsymbol{u}_2,\cdots,\boldsymbol{u}_n),\ \boldsymbol{a} = (a_1,a_2,\cdots,a_n)^{\mathrm{T}},$$

那么方程(4.23)中的系数 $a_1,a_2,\cdots,a_n$ 可以由如下线性方程组给出：

$$\boldsymbol{P}\boldsymbol{a} = \boldsymbol{x}_0. \tag{4.24}$$

假设 $\boldsymbol{u}_i$ 对应的本征值是 λ_i，则

$$\boldsymbol{x}_k = \boldsymbol{A}^k\boldsymbol{x}_0 = \boldsymbol{A}^k(a_1\boldsymbol{u}_1 + a_2\boldsymbol{u}_2 + \cdots + a_n\boldsymbol{u}_n) = a_1\lambda_1^k\boldsymbol{u}_1 + a_2\lambda_2^k\boldsymbol{u}_2 + \cdots + a_n\lambda_n^k\boldsymbol{u}_n. \tag{4.25}$$

这样递推方程的求解就转化为求解矩阵 $\boldsymbol{A}$ 的本征和线性方程组(4.24).

注意：通项公式式(4.19)对任意方阵 $\boldsymbol{A}$ 都适用，但是式(4.22)和式(4.24)仅适用于方阵 $\boldsymbol{A}$ 可对角化的情况.

例 4.20　斐波那契(Fibonacci)数列：假设数列 F_n 在 $n\geqslant 3$ 的时候满足递推公式 $F_n = F_{n-1} + F_{n-2}$，并且 $F_1 = F_2 = 1$. 求 F_n 的通项公式.

解：首先将该数列写为线性常系数递推方程的形式. 令 $\boldsymbol{x}_{n-2} = \begin{pmatrix} F_n \\ F_{n-1} \end{pmatrix}$，则

$$\boldsymbol{x}_{n-2} = \begin{pmatrix} F_n \\ F_{n-1} \end{pmatrix} = \begin{pmatrix} 1 & 1 \\ 1 & 0 \end{pmatrix}\begin{pmatrix} F_{n-1} \\ F_{n-2} \end{pmatrix} = \boldsymbol{A}\boldsymbol{x}_{n-3},$$

其中

$$\boldsymbol{A} = \begin{pmatrix} 1 & 1 \\ 1 & 0 \end{pmatrix}.$$

然后求解矩阵 $\boldsymbol{A}$ 的本征值，发现它有两个不同的本征值：$\lambda_1 = (1-\sqrt{5})/2$ 和 $\lambda_2 = (1+\sqrt{5})/2$. 进一步地，求解得到它们对应的两个不同的本征矢量：

$$\boldsymbol{u}_1 = \begin{pmatrix} 1 \\ -\dfrac{\sqrt{5}+1}{2} \end{pmatrix} = \begin{pmatrix} 1 \\ -\lambda_2 \end{pmatrix},\quad \boldsymbol{u}_2 = \begin{pmatrix} 1 \\ \dfrac{\sqrt{5}-1}{2} \end{pmatrix} = \begin{pmatrix} 1 \\ -\lambda_1 \end{pmatrix}.$$

将初始矢量 $\boldsymbol{x}_0 = \begin{pmatrix} 1 \\ 1 \end{pmatrix}$ 展开为这两个本征矢量的叠加. 注意到上述两个本征矢量是正交的，因此可以快速计算出叠加系数：

$$\boldsymbol{x}_0 = \frac{\boldsymbol{u}_1^{\mathrm{T}}\boldsymbol{x}_0}{\boldsymbol{u}_1^{\mathrm{T}}\boldsymbol{u}_1}\boldsymbol{u}_1 + \frac{\boldsymbol{u}_2^{\mathrm{T}}\boldsymbol{x}_0}{\boldsymbol{u}_2^{\mathrm{T}}\boldsymbol{u}_2}\boldsymbol{u}_2 = -\frac{\lambda_1^2}{\sqrt{5}}\boldsymbol{u}_1 + \frac{\lambda_2^2}{\sqrt{5}}\boldsymbol{u}_2.$$

根据方程（4.25）就得到了如下通项公式：

$$x_{n-2} = -\lambda_1^{n-2}\frac{\lambda_1^2}{\sqrt{5}}u_1 + \lambda_2^{n-2}\frac{\lambda_2^2}{\sqrt{5}}u_2 = \frac{1}{\sqrt{5}}\left(\lambda_2^n u_2 - \lambda_1^n u_1\right).$$

于是

$$F_n = \frac{1}{\sqrt{5}}\left(\lambda_2^n - \lambda_1^n\right).$$

下面来回答本章最开始研究的种群模型中提出的问题：对递推方程

$$Ax_k = x_{k+1},\ A = \begin{pmatrix} 1-d & 1-b_1 \\ b_2 & 0 \end{pmatrix}, \tag{4.26}$$

当参数 b_1，b_2 和 d 满足什么条件的时候，需要对野狼进行人工捕杀来维持生态平衡？这在数学上要求我们回答递推方程的解式（4.25）在 $k\to\infty$ 时的渐进行为. 假设 A 可以对角化，将式（4.25）的展开系数 $a_1,a_2,\cdots,a_n$ 中不等于 0 的项对应的本征值取出来，按照绝对值大小排列：

$$\left|\lambda_{s_1}\right| \geqslant \left|\lambda_{s_2}\right| \geqslant \cdots.$$

根据不同情况可以得到如下结论：

（1）如果 $\left|\lambda_{s_1}\right|<1$，那么随着 k 增大，x_k 将逐渐趋于零矢量；

（2）如果 $\left|\lambda_{s_1}\right|=1$，那么序列 $\{x_k\}$ 是有界的，即存在一个正数 M 使得 $x^\dagger x \leqslant M$；

（3）如果 $\lambda_{s_1}=1$ 且 $\left|\lambda_{s_2}\right|<1$，那么序列 $\{x_k\}$ 将收敛于 $x_* = a_{s_1}u_{s_1}$；

（4）如果 $\left|\lambda_{s_1}\right|>1$，那么序列 $\{x_k\}$ 是无界的.

例 4.21 对种群模型，假设 $b_1=0.2$，$b_2=0.5$，试确定在一般情况（即 x_0 不是 A 的本征矢量的情况）下需要人工捕杀野狼的时候 d 的取值范围.

解：首先需要求本征值，为此写出对应的本征多项式

$$p(\lambda) = \begin{vmatrix} \lambda+d-1 & -0.8 \\ -0.5 & \lambda \end{vmatrix} = \lambda^2 + (d-1)\lambda - 0.4.$$

其图像是一个开口向上的抛物线，由于 $p(0)=-0.4<0$，因此它必定有一正一负两个实根. 根据推论 4.4，矩阵 A 必定可以对角化. 当 x_0 不是 A 的本征矢量的时候，由于模型是 2 维的，x_0 在由 A 的本征矢量构成的基下的两个坐标必定都不是 0. 此时要想野狼数目有界，A 的本征值的绝对值必须都小于 1. 因此，$p(\lambda)$ 的一正一负两个实根必须落在 $[-1,1]$ 内. 根据图 4.5，不难发现这个要求等价于 $p(-1)\geqslant 0$ 且 $p(1)\geqslant 0$. 因此我们就得到了如下不等式组：

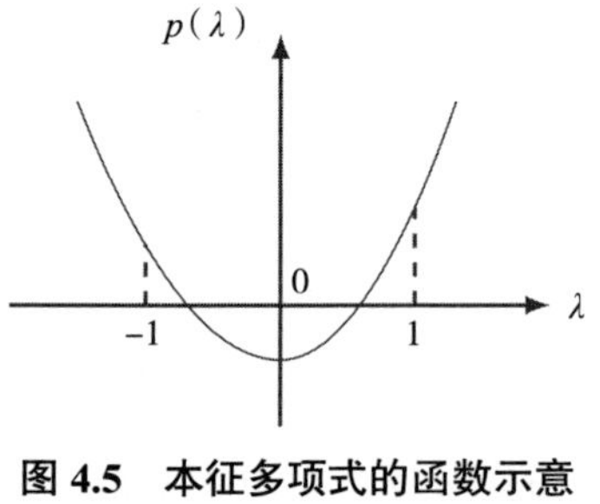

图 4.5 本征多项式的函数示意

$$d-0.4\geqslant 0, 1.6-d\geqslant 0.$$

考虑到 d 代表死亡率，应该限定 $0\leqslant d\leqslant 1$. 因此，当 $d\in[0.4,1]$ 的时候，野狼数目才有界. 这说明当 $d\in[0,\ 0.4)$ 的时候，野狼数目会无限增加，此时就需要进行人工捕杀了.

对线性递推方程 $x_{n+1}=Ax_n$，一旦 A 无法对角化，上述采用对角化方法计算通项的方法

就失效了. 对这种情况,我们依然有办法避免直接计算矩阵 $\boldsymbol{A}^k$. 不过此时的处理方法较复杂,本课程不展开讲述,仅简单提一下常见的处理思路. 我们可以证明:对任意一个 n 阶方阵 $\boldsymbol{A}$,总是可以将其分解为 $\boldsymbol{A}=\boldsymbol{D}+\boldsymbol{N}$. 其中 $\boldsymbol{D}$ 是一个可对角化的矩阵且满足 $\boldsymbol{DN}=\boldsymbol{ND}$,并且存在一个小于或等于 n 的正数 r 使得 $\boldsymbol{N}^r=\boldsymbol{O}$. 相关的证明较复杂,这里略去. 利用这个结果可以极大地简化矩阵幂次的计算. 因为 $\boldsymbol{A}^k=(\boldsymbol{D}+\boldsymbol{N})^k$,并且 $\boldsymbol{N}$ 和 $\boldsymbol{D}$ 可以交换乘法次序,就有如下二项式定理:

$$\boldsymbol{A}^k=(\boldsymbol{D}+\boldsymbol{N})^k=\sum_{l=0}^{k}\mathrm{C}_k^l\boldsymbol{D}^{k-l}\boldsymbol{N}^l.$$

其中 $\mathrm{C}_k^l=k!/[l!(k-l)!]$ 是组合数. $\boldsymbol{D}$ 的幂次可以通过对角化的方法来计算. 由于 $\boldsymbol{N}^r=\boldsymbol{O}$,对 $k>r$ 的情况有

$$\boldsymbol{A}^k=(\boldsymbol{D}+\boldsymbol{N})^k=\sum_{l=0}^{r-1}\mathrm{C}_k^l\boldsymbol{D}^{k-l}\boldsymbol{N}^l.$$

可以看到仅需要计算 $\boldsymbol{N}$ 的小于 r 次幂即可. 由于 $\boldsymbol{D}$ 是可对角化的,因此 $\boldsymbol{D}$ 的幂次可以通过对角化的方法来计算. 当 $k>r$ 的时候,$\boldsymbol{A}^k$ 的计算中和矩阵相关的计算的复杂度不再随着 k 增大而增加.

4.7　矩阵的函数

在这一节,我们将尝试把自变量为一个数(实数或者复数)的函数推广为自变量为一个方阵的矩阵函数. 在前面我们定义了矩阵多项式. 如果一个多项式为 $\varphi(x)=a_0+a_1x+\cdots+a_nx^n$,那么我们定义矩阵多项式为 $\varphi(\boldsymbol{A})=a_0\boldsymbol{I}+a_1\boldsymbol{A}+\cdots+a_n\boldsymbol{A}^n$. 这样的定义可以推广到用无穷级数表示的一些函数.

定义 4.13　假设一个函数 $f(x)$ 在收敛域 $|x|<R$ 内具有一个无穷级数展开

$$f(x)=f_0+f_1x+f_2x^2+\cdots+f_nx^n+\cdots$$

那么对方阵 $\boldsymbol{A}$,在形式上可以定义一个矩阵函数

$$f(\boldsymbol{A})=f_0\boldsymbol{I}+f_1\boldsymbol{A}+f_2\boldsymbol{A}^2+\cdots+f_n\boldsymbol{A}^n+\cdots \tag{4.27}$$

由这个定义能得到一个结论:$f(\boldsymbol{A})^{\mathrm{T}}=f(\boldsymbol{A}^{\mathrm{T}})$. 定义 4.13 中说“在形式上”是因为对一般的方阵,定义中的无穷级数求和可能不收敛. 一般来说,讨论无穷级数的收敛性是一个比较复杂的问题. 但是对可对角化的方阵,可以得到一个很简单的结果.

定理 4.14　如果矩阵 $\boldsymbol{A}$ 可以通过一个可逆矩阵 $\boldsymbol{P}$ 对角化为 $\boldsymbol{D}=\mathrm{diag}(\lambda_1,\lambda_2,\cdots,\lambda_n)$ 且 $\boldsymbol{A}$ 的所有本征值都落在 $f(x)$ 的收敛域内,那么无穷级数式(4.27)收敛且 $f(\boldsymbol{A})=\boldsymbol{P}f(\boldsymbol{D})\boldsymbol{P}^{-1}$,其中 $f(\boldsymbol{D})=\mathrm{diag}(f(\lambda_1),f(\lambda_2),\cdots,f(\lambda_n))$.

证明: 由命题条件可知,存在可逆矩阵 $\boldsymbol{P}$ 使得

$$\boldsymbol{P}^{-1}\boldsymbol{AP}=\boldsymbol{D},\ \boldsymbol{D}=\mathrm{diag}(\lambda_1,\lambda_2,\cdots,\lambda_n).$$

那么

$$\boldsymbol{A}=\boldsymbol{PDP}^{-1}.$$

因为 $\lambda_1,\lambda_2,\cdots,\lambda_n$ 落在 $f(x)$ 的收敛域内，因此求和公式

$$f_0+f_1\lambda_i+f_2\lambda_i^2+\cdots+f_n\lambda_i^n+\cdots$$

对每一个 λ_i 都收敛于 $f(\lambda_i)$. 由求和公式

$$f_0\boldsymbol{I}+f_1\boldsymbol{D}+f_2\boldsymbol{D}^2+\cdots+f_n\boldsymbol{D}^n+\cdots=\operatorname{diag}\left(\sum_{k=0}^{\infty}f_k\lambda_1^k,\sum_{k=0}^{\infty}f_k\lambda_2^k,\cdots,\sum_{k=0}^{\infty}f_k\lambda_n^k\right) \tag{4.28}$$

所得矩阵的每一个元素都收敛. 故

$$f_0\boldsymbol{I}+f_1\boldsymbol{D}+f_2\boldsymbol{D}^2+\cdots+f_n\boldsymbol{D}^n+\cdots=\operatorname{diag}(f(\lambda_1),f(\lambda_2),\cdots,f(\lambda_n)).$$

另一方面，根据定义

$$f(\boldsymbol{D})=f_0\boldsymbol{I}+f_1\boldsymbol{D}+f_2\boldsymbol{D}^2+\cdots+f_n\boldsymbol{D}^n+\cdots$$

可以发现

$$f(\boldsymbol{D})=\operatorname{diag}(f(\lambda_1),f(\lambda_2),\cdots,f(\lambda_n)).$$

为了将这个结果和矩阵 $\boldsymbol{A}$ 联系起来，我们注意到

$$\boldsymbol{A}^k=(\boldsymbol{PDP}^{-1})^k=\boldsymbol{PD}^k\boldsymbol{P}^{-1}.$$

另外无穷级数式(4.28)收敛使得

$$\boldsymbol{P}(f_0\boldsymbol{I}+f_1\boldsymbol{D}+f_2\boldsymbol{D}^2+\cdots+f_n\boldsymbol{D}^n+\cdots)\boldsymbol{P}^{-1}=f_0\boldsymbol{I}+f_1\boldsymbol{PDP}^{-1}+f_2\boldsymbol{PD}^2\boldsymbol{P}^{-1}+\cdots+f_n\boldsymbol{PD}^n\boldsymbol{P}^{-1}+\cdots$$

的左侧收敛，因此上式的右侧也收敛. $\boldsymbol{PD}^n\boldsymbol{P}^{-1}=\boldsymbol{A}^n$，这就表明级数

$$f_0\boldsymbol{I}+f_1\boldsymbol{A}+f_2\boldsymbol{A}^2+\cdots+f_n\boldsymbol{A}^n+\cdots$$

是收敛的. 因此得到

$$f(\boldsymbol{A})=\boldsymbol{P}f(\boldsymbol{D})\boldsymbol{P}^{-1},$$

其中 $f(\boldsymbol{D})=\operatorname{diag}(f(\lambda_1),f(\lambda_2),\cdots,f(\lambda_n))$.

我们仔细观察一下上式. 对某些函数 $f(x)$，方阵 $\boldsymbol{A}$ 的本征值可能不落在 $f(x)$ 在 $x=0$ 处的幂级数的收敛域内. 但是 $\boldsymbol{A}$ 的所有本征值都落在 $f(x)$ 的定义域内. 因此

$$f(\boldsymbol{D})=\operatorname{diag}(f(\lambda_1),f(\lambda_2),\cdots,f(\lambda_n))$$

是定义良好的. 此时矩阵 $\boldsymbol{P}f(\boldsymbol{D})\boldsymbol{P}^{-1}$ 也是可以定义的. 在这种情况下可以直接把它作为 $f(\boldsymbol{A})$ 的定义. 因此，我们就得到了可对角化矩阵的矩阵函数的另外一种定义.

定义 4.14 假设一个方阵 $\boldsymbol{A}$ 可以通过矩阵 $\boldsymbol{P}$ 对角化为一个对角矩阵 $\boldsymbol{D}=\operatorname{diag}(\lambda_1,\lambda_2,\cdots,\lambda_n)$，则定义

$$f(\boldsymbol{A})=\boldsymbol{P}f(\boldsymbol{D})\boldsymbol{P}^{-1},f(\boldsymbol{D})=\operatorname{diag}(f(\lambda_1),f(\lambda_2),\cdots,f(\lambda_n)). \tag{4.29}$$

定义 4.13 和定义 4.14 是两个不同方式的矩阵函数的定义，对它们做如下说明：①定义 4.13 和定义 4.14 的使用范围互不包含，定义 4.14 只能用于可对角化的方阵，而定义 4.13 可以用于不可对角化但能使幂级数收敛的方阵；②在定义 4.13 和定义 4.14 都能使用的情况下，定理 4.14 表明这两个定义给出的结果是一样的；③存在定义 4.13 和定义 4.14 都无法使用的情况，本课程暂不讨论这种情况下的矩阵函数的问题.

例 4.22 已知 $\boldsymbol{A}=\begin{pmatrix}2&1&1\\1&2&1\\1&1&2\end{pmatrix}$，计算 $\exp(\boldsymbol{A})$.

解: 在例 4.14 中我们已经得到 $\boldsymbol{P}^{-1}\boldsymbol{AP}=\mathrm{diag}(4,1,1)$，其中 $\boldsymbol{P}=\begin{pmatrix}1&1&1\\1&-1&0\\1&0&-1\end{pmatrix}$. 因此

$$\exp(\boldsymbol{A})=\frac{1}{3}\begin{pmatrix}1&1&1\\1&-1&0\\1&0&-1\end{pmatrix}\begin{pmatrix}\mathrm{e}^4&0&0\\0&\mathrm{e}&0\\0&0&\mathrm{e}\end{pmatrix}\begin{pmatrix}1&1&1\\1&-2&1\\1&1&-2\end{pmatrix}=\frac{1}{3}\begin{pmatrix}2\mathrm{e}+\mathrm{e}^4&\mathrm{e}^4-\mathrm{e}&\mathrm{e}^4-\mathrm{e}\\\mathrm{e}^4-\mathrm{e}&2\mathrm{e}+\mathrm{e}^4&\mathrm{e}^4-\mathrm{e}\\\mathrm{e}^4-\mathrm{e}&\mathrm{e}^4-\mathrm{e}&2\mathrm{e}+\mathrm{e}^4\end{pmatrix}.$$

需要注意的是，由于矩阵乘法的不可交换性，一些实数的函数公式在矩阵函数中不再成立. 比如，对实数(假设运算有意义)

$$x^a y^b x^c = x^{a+c} y^b = y^b x^{a+c};$$

但是对矩阵，一般而言如果 $\boldsymbol{AB}\neq\boldsymbol{BA}$，那么

$$\boldsymbol{A}^a\boldsymbol{B}^b\boldsymbol{A}^c\neq\boldsymbol{A}^{a+c}\boldsymbol{B}^b\neq\boldsymbol{B}^b\boldsymbol{A}^{a+c}.$$

特别地，如果 $\boldsymbol{AB}\neq\boldsymbol{BA}$，那么

$$\exp(\boldsymbol{A})\exp(\boldsymbol{B})\neq\exp(\boldsymbol{A}+\boldsymbol{B}).$$

对一些特殊的矩阵 $\boldsymbol{A}$ 和 $\boldsymbol{B}$，如果它们的乘法是可交换的，那么就完全不用在乎它们的次序，可以像普通数一样交换乘法的次序. 于是很容易得到以下结论.

定理 4.15　如果 $\boldsymbol{AB}=\boldsymbol{BA}$，那么 $\exp(\boldsymbol{A})\exp(\boldsymbol{B})=\exp(\boldsymbol{A}+\boldsymbol{B})$.

证明: 由于已经定义了矩阵函数，下面来证明 $\mathbf{R}^2$ 中的正交变换 T_θ 和它的无穷小生成元 $\mathfrak{g}$ 满足

$$T_\theta=\lim_{N\to\infty}\left(I+\frac{\theta}{N}\mathfrak{g}\right)^N.$$

为此需要验证它们对应的矩阵表示满足方程

$$\boldsymbol{A}(\theta)=\lim_{N\to\infty}\left(\boldsymbol{I}+\frac{\theta}{N}\boldsymbol{G}\right)^N. \tag{4.30}$$

其中 $\boldsymbol{A}(\theta)$ 和 $\boldsymbol{G}$ 为正交变换和它的生成元的矩阵表示，即

$$\boldsymbol{A}(\theta)=\begin{pmatrix}\cos\theta&-\sin\theta\\\sin\theta&\cos\theta\end{pmatrix},\ \boldsymbol{G}=\begin{pmatrix}0&-1\\1&0\end{pmatrix}.$$

为了验证式(4.30)，把等号的右边写成

$$\lim_{N\to\infty}\left[\boldsymbol{I}+\frac{\mathrm{i}\theta}{N}(-\mathrm{i}\boldsymbol{G})\right]^N=f(-\mathrm{i}\boldsymbol{G}).$$

其中

$$f(x)=\lim_{N\to\infty}\left(1+\frac{\mathrm{i}\theta}{N}x\right)^N=\mathrm{e}^{\mathrm{i}\theta x}.$$

由于矩阵 $-\mathrm{i}\boldsymbol{G}$ 是厄米矩阵，因此它可以幺正对角化. 它的本征值为 -1 和 1，相应的幺正矩阵为

$$\boldsymbol{U}=\frac{1}{\sqrt{2}}\begin{pmatrix}-\mathrm{i}&\mathrm{i}\\1&1\end{pmatrix}.$$

根据定理 4.14 有

$$f(-\mathrm{i}\boldsymbol{G})=\boldsymbol{U}\begin{pmatrix}\mathrm{e}^{-\mathrm{i}\theta x} & 0\\ 0 & \mathrm{e}^{\mathrm{i}\theta x}\end{pmatrix}\boldsymbol{U}^{\dagger}=\begin{pmatrix}\cos\theta & -\sin\theta\\ \sin\theta & \cos\theta\end{pmatrix}.$$

则完成了式(4.30)的验证.

对任意一个反对称矩阵 $\boldsymbol{J}$,定义矩阵

$$\boldsymbol{A}=\lim_{N\to\infty}\left(\boldsymbol{I}+\frac{\boldsymbol{J}}{N}\right)^{N}.$$

由于已经定义了矩阵函数,因此上式就可以写成 $\boldsymbol{A}=\exp(\boldsymbol{J})$. 下面直接验证 $\exp(\boldsymbol{J})$ 确实给出了一个正交矩阵.

例 4.23 已知 $\boldsymbol{J}$ 是一个反对称矩阵,证明 $\exp(\boldsymbol{J})$ 是一个正交矩阵.

证明:$f(\boldsymbol{A})^{\mathrm{T}}=f(\boldsymbol{A}^{\mathrm{T}})$,则

$$\exp(\boldsymbol{J})^{\mathrm{T}}=\exp(\boldsymbol{J}^{\mathrm{T}})=\exp(-\boldsymbol{J}).$$

就有

$$\exp(\boldsymbol{J})^{\mathrm{T}}\exp(\boldsymbol{J})=\exp(-\boldsymbol{J})\exp(\boldsymbol{J}).$$

因为 $(-\boldsymbol{J})\boldsymbol{J}=\boldsymbol{J}(-\boldsymbol{J})$,故

$$\exp(\boldsymbol{J})^{\mathrm{T}}\exp(\boldsymbol{J})=\exp(-\boldsymbol{J}+\boldsymbol{J})=\boldsymbol{I}.$$

因此 $\exp(\boldsymbol{J})$ 是一个正交矩阵.

例 4.23 表明,可以将特殊正交变换群 $\mathbb{SO}(n)$ 和它的生成元集合 $\mathfrak{so}(n)$ 的关系简单地表示为

$$\mathbb{SO}(n)=\exp(\mathfrak{so}(n)).$$

因此特殊正交群中的每一个群元素都和它的李代数中的元素一一对应.

对一般的函数,我们可以定义它的导数. 我们也可以针对矩阵函数定义它的导数. 特别地,如果矩阵 $\boldsymbol{A}$ 光滑地依赖于某一个参数 t,我们可以定义一个矩阵的导数.

定义 4.15 如果矩阵 $\boldsymbol{A}$ 中的每一个元素都是参数 t 的可导函数,定义

$$\frac{\mathrm{d}}{\mathrm{d}t}\boldsymbol{A}(t)=\lim_{\delta\to 0}\frac{\boldsymbol{A}(t+\delta)-\boldsymbol{A}(t)}{\delta}.$$

例 4.24 已知 $\boldsymbol{A}(t)=\begin{pmatrix}t & t^2\\ 2 & -t\end{pmatrix}$,计算表达式

$$\frac{\mathrm{d}}{\mathrm{d}t}\boldsymbol{A}(t)^2,\ 2\boldsymbol{A}(t)\frac{\mathrm{d}}{\mathrm{d}t}\boldsymbol{A}(t),\ 2\left[\frac{\mathrm{d}}{\mathrm{d}t}\boldsymbol{A}(t)\right]\boldsymbol{A}(t)$$

的值.

解:

$$\boldsymbol{A}(t)^2=\begin{pmatrix}3t^2 & 0\\ 0 & 3t^2\end{pmatrix},\ \frac{\mathrm{d}}{\mathrm{d}t}\boldsymbol{A}(t)=\begin{pmatrix}1 & 2t\\ 0 & -1\end{pmatrix}.$$

因此

$$\frac{\mathrm{d}}{\mathrm{d}t}\boldsymbol{A}(t)^2=\begin{pmatrix}6t & 0\\ 0 & 6t\end{pmatrix},\ 2\boldsymbol{A}(t)\frac{\mathrm{d}}{\mathrm{d}t}\boldsymbol{A}(t)=\begin{pmatrix}2t & 2t^2\\ 4 & 10t\end{pmatrix},\ 2\left[\frac{\mathrm{d}}{\mathrm{d}t}\boldsymbol{A}(t)\right]\boldsymbol{A}(t)=\begin{pmatrix}10t & -2t^2\\ -4 & 2t\end{pmatrix}.$$

从例 4.24 中可以发现,在一般情况下,

$$\frac{\mathrm{d}}{\mathrm{d}t}\boldsymbol{A}(t)^k \neq k\boldsymbol{A}(t)^{k-1}\frac{\mathrm{d}}{\mathrm{d}t}\boldsymbol{A}(t),\ \frac{\mathrm{d}}{\mathrm{d}t}\boldsymbol{A}(t)^k \neq k\left[\frac{\mathrm{d}}{\mathrm{d}t}\boldsymbol{A}(t)\right]\boldsymbol{A}(t)^{k-1}.$$

这和普通函数的求导公式

$$\frac{\mathrm{d}}{\mathrm{d}t}[f(x(t))]^k = k[f(x(t))]^{k-1}\frac{\mathrm{d}}{\mathrm{d}t}x(t)$$

有很大的区别. 如果令

$$\boldsymbol{A}'(t) = \frac{\mathrm{d}}{\mathrm{d}t}\boldsymbol{A}(t),$$

通过简单的计算可以发现

$$\frac{\mathrm{d}}{\mathrm{d}t}\boldsymbol{A}(t)^k = \boldsymbol{A}'(t)\boldsymbol{A}(t)^{k-1} + \boldsymbol{A}(t)\boldsymbol{A}'(t)\boldsymbol{A}(t)^{k-2} + \boldsymbol{A}(t)^2\boldsymbol{A}'(t)\boldsymbol{A}(t)^{k-3} + \cdots + \boldsymbol{A}(t)^{k-1}\boldsymbol{A}'(t).$$

如果可以将 $\boldsymbol{A}'(t)$ 都移动到最左侧或者最右侧,上式等号右边的 k 个不同的项就可以合并同类项了. 但是因为 $\boldsymbol{A}(t)$ 和 $\boldsymbol{A}'(t)$ 是两个不同的矩阵,而矩阵的乘法不满足交换律,也就是在一般情况下,

$$\boldsymbol{A}'(t)\boldsymbol{A}(t) \neq \boldsymbol{A}(t)\boldsymbol{A}'(t).$$

因此,在一般情况下无法移动 $\boldsymbol{A}'(t)$ 的位置,也就无法合并同类项. 进一步地,在一般情况下,

$$\frac{\mathrm{d}}{\mathrm{d}t}f(\boldsymbol{A}(t)) \neq f'(\boldsymbol{A}(t))\frac{\mathrm{d}}{\mathrm{d}t}\boldsymbol{A}(t). \tag{4.31}$$

由于任意两个对角矩阵的乘法都是可交换的,因此对一个元素依赖于 t 的对角矩阵 $\boldsymbol{D}(t)$ 而言,总是有

$$\frac{\mathrm{d}}{\mathrm{d}t}f(\boldsymbol{D}(t)) = f'(\boldsymbol{D}(t))\frac{\mathrm{d}}{\mathrm{d}t}\boldsymbol{D}(t) = \left[\frac{\mathrm{d}}{\mathrm{d}t}\boldsymbol{D}(t)\right]f'(\boldsymbol{D}(t)).$$

有一种特殊情况经常出现在物理问题中:矩阵具有形式 $\boldsymbol{A}t$,其中 t 为复数,矩阵 $\boldsymbol{A}$ 和参数 t 无关. 如果矩阵 $\boldsymbol{P}$ 可以对角化矩阵 $\boldsymbol{A}$,那么它也可以对角化矩阵 $\boldsymbol{A}t$. 取由 $\boldsymbol{A}$ 的本征值组成的对角矩阵为 $\boldsymbol{D}$,则有 $\boldsymbol{A}t = \boldsymbol{P}\boldsymbol{D}t\boldsymbol{P}^{-1}$,其中 $\boldsymbol{P}$ 和 t 无关. 因此就有

$$f(\boldsymbol{A}t) = \boldsymbol{P}f(\boldsymbol{D}t)\boldsymbol{P}^{-1}.$$

进一步地,可以计算出矩阵函数对参数 t 的导数:

$$\frac{\mathrm{d}}{\mathrm{d}t}f(\boldsymbol{A}t) = \boldsymbol{P}f'(\boldsymbol{D}t)\boldsymbol{D}\boldsymbol{P}^{-1} = \boldsymbol{P}f'(\boldsymbol{D}t)\boldsymbol{P}^{-1}\boldsymbol{P}\boldsymbol{D}\boldsymbol{P}^{-1} = f'(\boldsymbol{A}t)\boldsymbol{A} = \boldsymbol{A}f'(\boldsymbol{A}t).$$

也就是说,式(4.31)的两边虽然在一般情况下不相等,但是当 $\boldsymbol{A}(t)$ 正比于 t 的时候式(4.31)的两边相等.

4.8　微分方程组的求解

利用矩阵的函数、导数和本征值,现在可以回答本章开始时提到的另一个问题:如何求解一个齐次线性常微分方程组. 一般有 n 个未知数的线性常微分方程组具有以下形式:

$$\begin{cases} a_{11}x_1+a_{12}x_2+\cdots+a_{1n}x_n=\dot{x}_1, \\ a_{21}x_1+a_{22}x_2+\cdots+a_{2n}x_n=\dot{x}_2, \\ \qquad\vdots \\ a_{n1}x_1+a_{n2}x_2+\cdots+a_{nn}x_n=\dot{x}_n. \end{cases} \tag{4.32}$$

遵循物理中的书写习惯，在本书中 $\dot{x}$ 代表对变量 t 求导. 在一般情况下 t 仅仅是一个参数，并不代表物理中真实的时间. 这里考虑的是一阶线性常微分方程组，对高阶线性常微分方程组，总是可以通过引入更多的变量将它化为一阶的. 比如微分方程组

$$\begin{cases} a_{11}x_1+a_{12}x_2=\dot{x}_1, \\ a_{21}x_1+a_{22}x_2=\ddot{x}_2, \end{cases}$$

令 $x_3=\dot{x}_2$，就得到一个 3×3 的一阶微分方程组

$$\begin{cases} a_{11}x_1+a_{12}x_2=\dot{x}_1, \\ x_3=\dot{x}_2, \\ a_{21}x_1+a_{22}x_2=\dot{x}_3. \end{cases}$$

因此任何一个齐次线性常微分方程组都可以写成一阶齐次线性常微分方程组（4.32）的形式.

根据矩阵的导数的定义，模仿线性方程组的写法，可以将方程组（4.32）写成矩阵的形式：

$$\boldsymbol{A}\boldsymbol{x}=\dot{\boldsymbol{x}}. \tag{4.33}$$

其中矩阵 $\boldsymbol{A}$ 是一个和变量 t、未知变量 $\boldsymbol{x}$ 无关的方阵. 这样不仅大大简化了线性常微分方程组的书写，更重要的是可以彻底解决线性常微分方程组的求解问题.

定理 4.16 线性常微分方程组 $\boldsymbol{A}\boldsymbol{x}=\dot{\boldsymbol{x}}$ 在给定初值 $\boldsymbol{x}(0)=\boldsymbol{x}_0$ 下的特解为 $\boldsymbol{x}(t)=\exp(\boldsymbol{A}t)\boldsymbol{x}_0$.

证明：可以验证 $\boldsymbol{x}(t)=\exp(\boldsymbol{A}t)\boldsymbol{x}_0$ 满足初始条件 $\boldsymbol{x}(0)=\exp(\boldsymbol{O})\boldsymbol{x}_0=\boldsymbol{I}\boldsymbol{x}_0=\boldsymbol{x}_0$ 和微分方程

$$\frac{\mathrm{d}}{\mathrm{d}t}\boldsymbol{x}(t)=\frac{\mathrm{d}}{\mathrm{d}t}\exp(\boldsymbol{A}t)\boldsymbol{x}_0=\boldsymbol{A}\exp(\boldsymbol{A}t)\boldsymbol{x}_0=\boldsymbol{A}\boldsymbol{x}(t).$$

根据常微分方程组解的存在性和唯一性定理，$\boldsymbol{x}(t)=\exp(\boldsymbol{A}t)\boldsymbol{x}_0$ 就是满足要求的唯一特解.

下面对定理 4.16 做几点额外的说明. ①定理 4.16 可以运用于任意方阵，包括可以对角化的和不可以对角化的方阵. ②矩阵 $\boldsymbol{A}$ 必须是一个和参数 t 无关的矩阵. ③对可以对角化的情况，可以采用求解本征值的方法快速地计算出矩阵函数 $\exp(\boldsymbol{A}t)$.

定理 4.16 用一种非常紧凑和直观的形式把方程组（4.33）在给定初值下的解表示出来，因此非常适合抽象的理论研究. 但是在很多时候，对可对角化的矩阵 $\boldsymbol{A}$，运用下面这个结论更方便一些.

定理 4.17 如果线性常微分方程组 $\boldsymbol{A}\boldsymbol{x}=\dot{\boldsymbol{x}}$ 中的 n 阶方阵 $\boldsymbol{A}$ 可对角化，那么在给定初值 $\boldsymbol{x}(0)=\boldsymbol{x}_0$ 下的特解为

$$\boldsymbol{x}(t)=\sum_{k=1}^{n}c_k\mathrm{e}^{\lambda_k t}\boldsymbol{v}_k,$$

其中 $\{\boldsymbol{v}_1,\boldsymbol{v}_2,\cdots,\boldsymbol{v}_n\}$ 是 $\boldsymbol{A}$ 的一组线性独立的本征矢量，$\{\lambda_1,\lambda_2,\cdots,\lambda_n\}$ 是对应的本征值，$\{c_1,c_2,\cdots,c_n\}$ 是初值 $\boldsymbol{x}_0$ 在基 $\{\boldsymbol{v}_1,\boldsymbol{v}_2,\cdots,\boldsymbol{v}_n\}$ 下的坐标.

证明:因为 $\boldsymbol{A}$ 可以对角化,因此它的线性独立的本征矢量构成了 $\mathbf{C}^n$ 的一个基. 于是对任意矢量 $\boldsymbol{x}(t)\in\mathbf{C}^n$,都有

$$\boldsymbol{x}(t)=\sum_{k=1}^{n}y_k(t)\boldsymbol{v}_k.$$

将其代入微分方程 $\boldsymbol{A}\boldsymbol{x}=\dot{\boldsymbol{x}}$ 中有

$$\dot{\boldsymbol{x}}(t)=\sum_{k=1}^{n}\dot{y}_k(t)\boldsymbol{v}_k=\boldsymbol{A}\boldsymbol{x}=\boldsymbol{A}\sum_{k=1}^{n}y_k(t)\boldsymbol{v}_k=\sum_{k=1}^{n}y_k(t)\boldsymbol{A}\boldsymbol{v}_k=\sum_{k=1}^{n}y_k(t)\lambda_k\boldsymbol{v}_k,$$

于是就有

$$\sum_{k=1}^{n}[\dot{y}_k(t)-y_k(t)\lambda_k]\boldsymbol{v}_k=\mathbf{0}.$$

因为 $\{\boldsymbol{v}_1,\boldsymbol{v}_2,\cdots,\boldsymbol{v}_n\}$ 是线性独立的,则

$$\dot{y}_k(t)-y_k(t)\lambda_k=0.$$

解之得到 $y_k(t)=c_k\mathrm{e}^{\lambda_k t}$,其中 c_k 是待定常数. 因此就有

$$\boldsymbol{x}(t)=\sum_{k=1}^{n}c_k\mathrm{e}^{\lambda_k t}\boldsymbol{v}_k.$$

将初值条件 $\boldsymbol{x}(0)=\boldsymbol{x}_0$ 代入得到

$$\sum_{k=1}^{n}c_k\boldsymbol{v}_k=\boldsymbol{x}_0.$$

这表明 $\{c_1,c_2,\cdots,c_n\}$ 是初值 $\boldsymbol{x}_0$ 在基 $\{\boldsymbol{v}_1,\boldsymbol{v}_2,\cdots,\boldsymbol{v}_n\}$ 下的坐标.

需要注意的是,定理 4.16 可以应用于任意方阵 $\boldsymbol{A}$,但是定理 4.17 仅仅可以运用于方阵 $\boldsymbol{A}$ 可对角化的情况. 下面通过几个例子展示如何利用上述定理求解齐次线性常微分方程组.

例 4.25　求如下初值问题:

$$\dot{u}=3u+4v,u(0)=1,$$
$$\dot{v}=4u-3v,v(0)=0.$$

解:写出系数矩阵 $\boldsymbol{A}=\begin{pmatrix}3&4\\4&-3\end{pmatrix}$. 这是一个实对称矩阵,必定可以利用正交矩阵对角化.

可以发现 $\det(\boldsymbol{A})=-25$, $\operatorname{tr}(\boldsymbol{A})=0$,因此 $\boldsymbol{A}$ 的两个本征值是 ±5. 考虑齐次方程 $(\boldsymbol{A}-\lambda\boldsymbol{I})\boldsymbol{x}=\mathbf{0}$. 对 $\lambda=5$,得到如下增广矩阵:

$$\begin{pmatrix}-2&4&0\\4&-8&0\end{pmatrix}.$$

通过初等行变换 $2\times(1)+(2)$ 将它化为最简阶梯矩阵:

$$\begin{pmatrix}-2&4&0\\0&0&0\end{pmatrix}.$$

因此得到一个本征矢量 $\boldsymbol{u}_1=(2,1)^{\mathrm{T}}$.

对 $\lambda=-5$,得到如下增广矩阵:

$$\begin{pmatrix}8&4&0\\4&2&0\end{pmatrix}.$$

通过初等行变换 $-\frac{1}{2}\times(1)+(2)$ 将它化为最简阶梯矩阵：

$$\begin{pmatrix} 8 & 4 & 0 \\ 0 & 0 & 0 \end{pmatrix}.$$

因此得到一个本征矢量 $\boldsymbol{u}_2=(1,-2)^{\mathrm{T}}$. 下面用两种方法求得最终的解.

（1）第一种方法. 先写出将矩阵 $\boldsymbol{A}$ 对角化的变换矩阵：

$$\boldsymbol{P}=\begin{pmatrix} 2 & -1 \\ 1 & 2 \end{pmatrix},\ \boldsymbol{P}^{-1}=\frac{1}{5}\begin{pmatrix} 2 & 1 \\ -1 & 2 \end{pmatrix}.$$

因此有

$$\exp(\boldsymbol{A}t)=\boldsymbol{P}\mathrm{diag}(\mathrm{e}^{5t},\mathrm{e}^{-5t})\boldsymbol{P}^{-1}=\frac{1}{5}\begin{pmatrix} 4\mathrm{e}^{5t}+\mathrm{e}^{-5t} & 2\mathrm{e}^{5t}-2\mathrm{e}^{-5t} \\ 2\mathrm{e}^{5t}-2\mathrm{e}^{-5t} & \mathrm{e}^{5t}+4\mathrm{e}^{-5t} \end{pmatrix}.$$

从而得到初值问题的解：

$$\boldsymbol{y}(t)=\exp(\boldsymbol{A}t)\boldsymbol{y}(0)=\frac{1}{5}\begin{pmatrix} 2 & -1 \\ 1 & 2 \end{pmatrix}\begin{pmatrix} \mathrm{e}^{5t} & 0 \\ 0 & \mathrm{e}^{-5t} \end{pmatrix}\begin{pmatrix} 2 & 1 \\ -1 & 2 \end{pmatrix}\begin{pmatrix} 1 \\ 0 \end{pmatrix}=\frac{1}{5}\begin{pmatrix} 4\mathrm{e}^{5t}+\mathrm{e}^{-5t} \\ 2\mathrm{e}^{5t}-2\mathrm{e}^{-5t} \end{pmatrix}.$$

因此 $u(t)=(4\mathrm{e}^{5t}+\mathrm{e}^{-5t})/5, v(t)=2(\mathrm{e}^{5t}-\mathrm{e}^{-5t})/5$.

（2）第二种方法. 先求出初值在本征矢量组 $\{\boldsymbol{u}_1,\boldsymbol{u}_2\}$ 下的坐标：

$$\boldsymbol{y}_0=(1,0)^{\mathrm{T}}=(2\boldsymbol{u}_1+\boldsymbol{u}_2)/5.$$

因此就得到了特解：

$$\boldsymbol{y}(t)=\frac{2}{5}\mathrm{e}^{5t}\boldsymbol{u}_1+\frac{1}{5}\mathrm{e}^{-5t}\boldsymbol{u}_2=\frac{1}{5}\begin{pmatrix} 4\mathrm{e}^{5t}+\mathrm{e}^{-5t} \\ 2\mathrm{e}^{5t}-2\mathrm{e}^{-5t} \end{pmatrix}.$$

例 4.26 求解图 4.1 所示的连接体问题在初始条件 $x_1(0)=x_2(0)=\dot{x}_1=0$ 和 $\dot{x}_2(0)=1$ 下的解.

解：我们已经分析得到描述系统运动的微分方程组：

$$\begin{cases} -2\times\dfrac{k}{m}x_1+\dfrac{k}{m}x_2=\ddot{x}_1, \\ \dfrac{k}{m}x_1-2\times\dfrac{k}{m}x_2=\ddot{x}_2. \end{cases}$$

不过这个方程组不是一阶常微分方程组. 我们首先要把它降为一阶的，为此引入 $y_1(t)=x_1(t)$，$y_2(t)=x_2(t)$，$y_3(t)=\dot{x}_1(t)$，$y_4(t)=\dot{x}_2(t)$. 因此就得到了如下微分方程：

$$\frac{\mathrm{d}}{\mathrm{d}t}\boldsymbol{y}=\boldsymbol{A}\boldsymbol{y},\ \ \boldsymbol{A}=\begin{pmatrix} 0 & 0 & 1 & 0 \\ 0 & 0 & 0 & 1 \\ -2\omega^2 & \omega^2 & 0 & 0 \\ \omega^2 & -2\omega^2 & 0 & 0 \end{pmatrix}.$$

其中 $\omega=\sqrt{k/m}$. 初始条件为

$$\boldsymbol{y}(0)=(0,0,0,1)^{\mathrm{T}}.$$

此问题的通解为 $\boldsymbol{y}(t)=\exp(\boldsymbol{A}t)\boldsymbol{y}(0)$. 经验算 $\boldsymbol{A}$ 具有 4 个不同的本征值，因此可以对角化. 我们直接利用软件来计算 $\exp(\boldsymbol{A}t)\boldsymbol{y}(0)$. 要计算一个矩阵的指数函数，需要调用函数“MatrixExponential(...)”. 结果如图 4.6 所示. 因此我们得到了问题的解：

$$x_1(t)=\frac{\sqrt{3}}{6\omega}[\sqrt{3}\sin(\omega t)-\sin(\sqrt{3}\omega t)],x_2(t)=\frac{\sqrt{3}}{6\omega}[\sqrt{3}\sin(\omega t)+\sin(\sqrt{3}\omega t)].$$

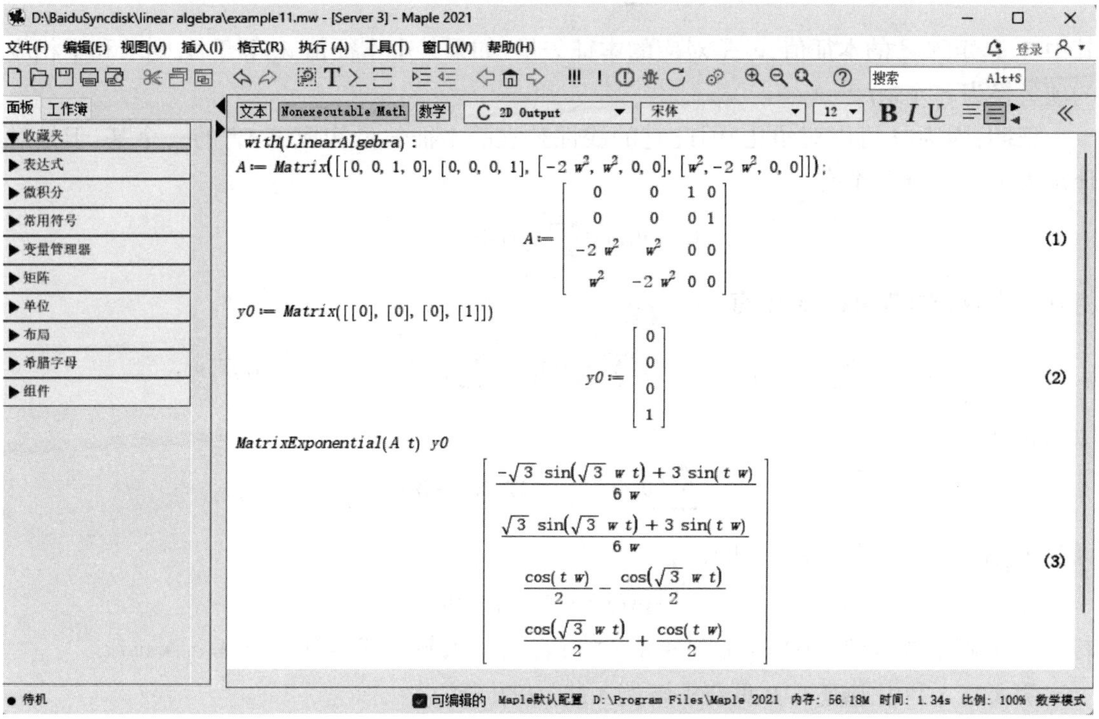

图 4.6　在 Maple 中计算例 4.26 中的 $\exp(\boldsymbol{A}t)\boldsymbol{y}(0)$

在一般情况下，当矩阵 $\boldsymbol{A}$ 可以对角化时，利用定理 4.17 求解问题比利用定理 4.16 更高效. 不过定理 4.16 解的形式更紧凑，因此在理论分析中更方便. 但是如果矩阵 $\boldsymbol{A}$ 无法对角化，就无法利用定理 4.17 来计算了. 根据矩阵函数的定义（定义 4.13），$\exp(\boldsymbol{A}t)$ 原则上可以用级数展开来计算，并且级数对任意由有限大小的元素组成的方阵 $\boldsymbol{A}$ 和有限的 t 都是收敛的. 因此，将定理 4.16 中的指数函数展开为无穷级数，就得到了方程 $\dot{\boldsymbol{x}}=\boldsymbol{A}\boldsymbol{x}$ 解的一个无穷级数表达式. 在方阵 $\boldsymbol{A}$ 无法对角化的情况下，除了使用无穷级数表达式，另外一种适用的计算矩阵函数 $\exp(\boldsymbol{A}t)$ 的方法是将矩阵 $\boldsymbol{A}$ 通过相似变换转化为约当（Jordan）标准型. 这部分内容超出了本课程的教学范围，有兴趣的读者可以参阅高等代数的相关教程.

在物理中描述动力学问题的微分方程组的一种常见形式是由牛顿第二定律 $\ddot{\boldsymbol{x}}=\boldsymbol{F}/m$ 给出的二阶微分方程组. 物体受到的力 $\boldsymbol{F}$ 常常是一个和位置 $\boldsymbol{x}$ 相关的矢量函数. 在许多场合，这个力可以近似表示为位置矢量的线性函数 $\boldsymbol{F}/m=\boldsymbol{A}\boldsymbol{x}$，其中 $\boldsymbol{A}$ 是一个可对角化的常数方阵. 因此我们就得到了如下类型的线性微分方程组：

$$\ddot{\boldsymbol{x}}=\boldsymbol{A}\boldsymbol{x}.$$

这种类型的方程组总是可以按照例 4.26 中的方法转化为维数扩大一倍的一阶微分方程组. 不过由于这种类型的问题经常出现在物理研究中，我们给出一个单独的更简便的解法.

定理 4.18 由一个 n 阶可对角化方阵 $\boldsymbol{A}$ 给出的线性常微分方程组 $\ddot{\boldsymbol{x}}=\boldsymbol{A}\boldsymbol{x}$ 的通解可以写成

$$\boldsymbol{x}(t)=\sum_{k=1}^{n}(c_k\mathrm{e}^{\sqrt{\lambda_k}t}+w_k\mathrm{e}^{-\sqrt{\lambda_k}t})\boldsymbol{v}_k.$$

其中 λ_k 是矩阵 $\boldsymbol{A}$ 的本征值，$\boldsymbol{v}_k$ 是对应的本征矢量. 如果某个本征值 λ_k 等于 0，则求和中相应的项替换为 c_k+w_kt.①

证明： 因为 $\boldsymbol{A}$ 可以对角化，因此它的线性独立的本征矢量构成了 $\mathbf{C}^n$ 的一个基. 于是对任意矢量 $\boldsymbol{x}(t)\in\mathbf{C}^n$，都有

$$\boldsymbol{x}(t)=\sum_{k=1}^{n}y_k(t)\boldsymbol{v}_k.$$

将其代入微分方程 $\boldsymbol{A}\boldsymbol{x}=\ddot{\boldsymbol{x}}$ 中有

$$\ddot{\boldsymbol{x}}(t)=\sum_{k=1}^{n}\ddot{y}_k(t)\boldsymbol{v}_k=\boldsymbol{A}\boldsymbol{x}=\boldsymbol{A}\sum_{k=1}^{n}y_k(t)\boldsymbol{v}_k=\sum_{k=1}^{n}y_k(t)\boldsymbol{A}\boldsymbol{v}_k=\sum_{k=1}^{n}y_k(t)\lambda_k\boldsymbol{v}_k,$$

于是就有

$$\sum_{k=1}^{n}[\ddot{y}_k(t)-y_k(t)\lambda_k]\boldsymbol{v}_k=\boldsymbol{0}.$$

因为 $\{\boldsymbol{v}_1,\boldsymbol{v}_2,\cdots,\boldsymbol{v}_n\}$ 是线性独立的，则

$$\ddot{y}_k(t)-y_k(t)\lambda_k=0.$$

若 $\lambda_k\neq0$，解上式得到 $y_k(t)=c_k\mathrm{e}^{\sqrt{\lambda_k}t}+w_k\mathrm{e}^{-\sqrt{\lambda_k}t}$；若 $\lambda_k=0$，解上式得到 $y_k(t)=c_k+w_kt$.

例 4.27 利用定理 4.18 重新求解例 4.26 中的问题.

解： 需要求解的微分方程为 $\ddot{\boldsymbol{x}}=\boldsymbol{A}\boldsymbol{x}$，其中

$$\boldsymbol{A}=\omega^2\begin{pmatrix}-2&1\\1&-2\end{pmatrix}.$$

这是一个实对称矩阵，它可以对角化. 对应的本征值和本征矢量为

$$\lambda_1=-\omega^2,\ \boldsymbol{u}_1=\begin{pmatrix}1\\1\end{pmatrix},\ \lambda_2=-3\omega^2,\ \boldsymbol{u}_2=\begin{pmatrix}-1\\1\end{pmatrix}.$$

因此通解可以写成

$$\boldsymbol{x}(t)=(c_1\mathrm{e}^{\mathrm{i}\omega t}+w_1\mathrm{e}^{-\mathrm{i}\omega t})\begin{pmatrix}1\\1\end{pmatrix}+(c_2\mathrm{e}^{\sqrt{3}\mathrm{i}\omega t}+w_2\mathrm{e}^{-\sqrt{3}\mathrm{i}\omega t})\begin{pmatrix}-1\\1\end{pmatrix}.$$

使用初值条件

$$\boldsymbol{x}(0)=(c_1+w_1)\begin{pmatrix}1\\1\end{pmatrix}+(c_2+w_2)\begin{pmatrix}-1\\1\end{pmatrix}=\boldsymbol{0}$$

和

$$\dot{\boldsymbol{x}}(0)=\mathrm{i}\omega(c_1-w_1)\begin{pmatrix}1\\1\end{pmatrix}+\mathrm{i}\omega\sqrt{3}(c_2-w_2)\begin{pmatrix}-1\\1\end{pmatrix}=\begin{pmatrix}0\\1\end{pmatrix},$$

---

① 当 $\lambda_k<0$ 的时候，$\sqrt{\lambda_k}$ 为纯虚数.

就得到了

$$\begin{cases} c_1 + w_1 - c_2 - w_2 = 0, \\ c_1 + w_1 + c_2 + w_2 = 0, \\ c_1 - w_1 - \sqrt{3}(c_2 - w_2) = 0, \\ c_1 - w_1 + \sqrt{3}(c_2 - w_2) = \dfrac{1}{\mathrm{i}\omega}. \end{cases}$$

由此可以解出

$$c_1 = -w_1 = \sqrt{3}c_2, c_2 = -w_2 = \frac{\sqrt{3}}{12\mathrm{i}\omega}.$$

最终得到问题的解：

$$x_1(t) = \frac{\sqrt{3}}{6\omega}[\sqrt{3}\sin(\omega t) - \sin(\sqrt{3}\omega t)], x_2(t) = \frac{\sqrt{3}}{6\omega}[\sqrt{3}\sin(\omega t) + \sin(\sqrt{3}\omega t)].$$

4.9 二次型和正定矩阵

在这一节中，我们来介绍本征值的第三个重要的应用. 在实际问题中我们经常遇到定义在 $\mathbb{R}^n$ 中的形如下式的多元函数：

$$q(x_1, x_2, \cdots, x_n) = \sum_{i,j=1}^{n} a_{ij} x_i x_j. \tag{4.34}$$

其中系数 a_{ij} 和变量 $\{x_1, x_2, \cdots, x_n\}$ 无关. 这种函数一般称为二次型.

定义 4.16 我们称函数 $q(x) = \sum_{i,j=1}^{n} a_{ij} x_i x_j$ 为 $\mathbb{R}^n$ 中的一个二次型.

利用矩阵乘法，我们可以将二次型表示为更简洁的形式：

$$q(\boldsymbol{x}) = \boldsymbol{x}^{\mathrm{T}} \boldsymbol{A} \boldsymbol{x}.$$

对式(4.34)，如果用一个新的系数 $b_{ij} = (a_{ij} + a_{ji})/2$ 代替原先的系数 a_{ij}，可以得到

$$\sum_{i,j=1}^{n} b_{ij} x_i x_j = \frac{1}{2}\sum_{i,j=1}^{n} a_{ij} x_i x_j + \frac{1}{2}\sum_{i,j=1}^{n} a_{ji} x_i x_j = \frac{1}{2}\sum_{i,j=1}^{n} a_{ij} x_i x_j + \frac{1}{2}\sum_{i,j=1}^{n} a_{ji} x_j x_i.$$

可以发现最后一个等号右边的两个求和项是相等的，因此

$$\sum_{i,j=1}^{n} b_{ij} x_i x_j = \sum_{i,j=1}^{n} a_{ij} x_i x_j = q(x_1, x_2, \cdots, x_n).$$

于是得到如下结论.

定理 4.19 对一个实矩阵 $\boldsymbol{A}$，$\boldsymbol{x}^{\mathrm{T}}\boldsymbol{A}\boldsymbol{x}$ 和 $\frac{1}{2}\boldsymbol{x}^{\mathrm{T}}(\boldsymbol{A}^{\mathrm{T}} + \boldsymbol{A})\boldsymbol{x}$ 给出一个相同的二次型.

因此，在利用矩阵指定二次型的时候，只有它的对称部分 $(\boldsymbol{A}^{\mathrm{T}} + \boldsymbol{A})/2$ 是有意义的. 对一个非对称矩阵给出的实二次型，总是可以通过上述方式将它改写为一个实对称矩阵给出的二次型. 因为这个原因，我们可以将一个实二次型和一个实对称矩阵对应起来：

$$q(\boldsymbol{x})=\boldsymbol{x}^{\mathrm{T}}\boldsymbol{A}\boldsymbol{x}.$$

其中 $\boldsymbol{A}$ 是一个实对称矩阵. 在物理中我们有时候也会考虑二次型在复数域中的推广，这个时候我们给出如下定义.

定义 4.17 我们称函数 $q(\boldsymbol{x})=\boldsymbol{x}^{\dagger}\boldsymbol{A}\boldsymbol{x}$ 为 $\mathbf{C}^n$ 中的一个厄米型，其中 $\boldsymbol{A}$ 为一个厄米矩阵.

厄米型是将对称矩阵替换为厄米矩阵，将转置矩阵替换为厄米共轭. 实数域中的二次型的绝大多数结论都可以通过这种替换推广到复数域中的厄米型. 因此，在本节的以下讨论中，我们仅讨论实数域中的二次型. 一个实二次型可以看成一个从 $\mathbf{R}^n$ 到 $\mathbb{R}$ 的函数. 对这样的函数，我们关心如下几个问题.

（1）这个函数是否有最大值或者最小值?

（2）对一个非零矢量来说，这个函数可否恒为正或者恒为负?

为此，我们将实二次型分为如下 5 种.

正定的：对任意 $\mathbf{R}^n$ 中的非零矢量 $\boldsymbol{x}$，$q(\boldsymbol{x})$ 总是大于 0；

半正定的：对任意 $\mathbf{R}^n$ 中的非零矢量 $\boldsymbol{x}$，$q(\boldsymbol{x})$ 总是大于或等于 0；

负定的：对任意 $\mathbf{R}^n$ 中的非零矢量 $\boldsymbol{x}$，$q(\boldsymbol{x})$ 总是小于 0；

半负定的：对任意 $\mathbf{R}^n$ 中的非零矢量 $\boldsymbol{x}$，$q(\boldsymbol{x})$ 总是小于或等于 0；

不定的：对任意 $\mathbf{R}^n$ 中的非零矢量 $\boldsymbol{x}$，$q(\boldsymbol{x})$ 可能出现正值，也可能出现负值.

定义 4.18 一个实对称矩阵 $\boldsymbol{A}$ 是正定的，如果它给出的二次型 $q(\boldsymbol{x})=\boldsymbol{x}^{\mathrm{T}}\boldsymbol{A}\boldsymbol{x}$ 是正定的.

类似地，可以定义半正定、负定、半负定和不定矩阵.

二次型是自变量的 2 次齐次函数，即 $q(s\boldsymbol{x})=s^2q(\boldsymbol{x})$. 因此，在自变量取遍 $\mathbf{R}^n$ 中所有非零矢量的时候，正定二次型的值可以取遍所有正数；半正定二次型的值可以取遍所有正数和 0；负定二次型的值可以取遍所有负数；半负定二次型的值可以取遍所有负数和 0；不定二次型的值域是全体实数. 容易观察到：一个二次型要想是正定的，它的对应矩阵的对角元必须是正定的. 这是因为对任意 a_{kk}，总是可以取 $x_k=1$，$\boldsymbol{x}$ 的其他分量等于 0，于是 $q(\boldsymbol{x})=a_{kk}$. 因此就有以下结论.

定理 4.20 一个正（负）定实对称矩阵 $\boldsymbol{A}$ 的对角元必定都是正（负）的.

一个实二次型总是可以由一个实对称矩阵给出，而实对称矩阵总是可以对角化的. 下面这个定理表明这个矩阵的本征值完全刻画了它给出的二次型的上述 5 种分类.

定理 4.21 一个实对称矩阵 $\boldsymbol{A}$ 给出的二次型 $q(\boldsymbol{x})=\boldsymbol{x}^{\mathrm{T}}\boldsymbol{A}\boldsymbol{x}$ 是正（负）定的，当且仅当 $\boldsymbol{A}$ 的所有本征值都大于（小于）0；$q(\boldsymbol{x})$ 是半正（负）定的，当且仅当 $\boldsymbol{A}$ 的所有本征值都大于（小于）或等于 0；如果 $\boldsymbol{A}$ 的本征值既有大于 0 的又有小于 0 的，则 $q(\boldsymbol{x})$ 是不定的.

证明：由于 $\boldsymbol{A}$ 是对称矩阵，于是存在一个正交矩阵 $\boldsymbol{P}$ 使得

$$\boldsymbol{P}^{\mathrm{T}}\boldsymbol{A}\boldsymbol{P}=\boldsymbol{D},\ \boldsymbol{D}=\mathrm{diag}(\lambda_1,\lambda_2,\cdots,\lambda_n).$$

其中 $\lambda_1,\lambda_2,\cdots,\lambda_n$ 是矩阵 $\boldsymbol{A}$ 的本征值. 上式表明 $\boldsymbol{A}=\boldsymbol{P}\boldsymbol{D}\boldsymbol{P}^{\mathrm{T}}$，于是可以把二次型写成

$$q(\boldsymbol{x})=\boldsymbol{x}^{\mathrm{T}}\boldsymbol{P}\boldsymbol{D}\boldsymbol{P}^{\mathrm{T}}\boldsymbol{x}.$$

令 $\boldsymbol{y}=(y_1,y_2,\cdots,y_n)^{\mathrm{T}}=\boldsymbol{P}^{\mathrm{T}}\boldsymbol{x}$，就有 $q(\boldsymbol{x})=\boldsymbol{y}^{\mathrm{T}}\boldsymbol{D}\boldsymbol{y}$. 将其展开就得到

$$q(\boldsymbol{x})=\lambda_1y_1^2+\lambda_2y_2^2+\cdots+\lambda_ny_n^2.$$

由于 $\boldsymbol{P}^{\mathrm{T}}$ 是可逆矩阵，因此对任意非零矢量 $\boldsymbol{x}$ 来说，$\boldsymbol{y}$ 也是非零矢量；并且如果 $\boldsymbol{x}$ 取遍 $\mathbf{R}^n$ 中

所有非零矢量,那么 $\boldsymbol{y}$ 也取遍 $\mathbf{R}^n$ 中所有非零矢量. 因此可以得出以下结论:

(1)如果所有本征值都大于 0,那么 $q(\boldsymbol{x})$ 一定大于 0;

(2)如果所有本征值都小于 0,那么 $q(\boldsymbol{x})$ 一定小于 0;

(3)如果所有本征值都大于或等于 0,那么 $q(\boldsymbol{x})$ 一定大于或等于 0;

(4)如果所有本征值都小于或等于 0,那么 $q(\boldsymbol{x})$ 一定小于或等于 0;

(5)如果本征值中既有大于 0 的也有小于 0 的,那么 $q(\boldsymbol{x})$ 既可能大于 0 也可能小于 0.

例 4.28　求如下函数的值域,并判定是否有最大值或者最小值:

$$q(x,y,z)=x^2+y^2+z^2+4xy-6xz-4yz.$$

解:函数 $q(x,y,z)$ 是一个二次型. 取 $\boldsymbol{x}=(x,y,z)^{\mathrm{T}}$,然后读出二次型对应的矩阵

$$\boldsymbol{A}=\begin{pmatrix}1&2&-3\\2&1&-2\\-3&-2&1\end{pmatrix}.$$

计算得到它的本征值

$$\lambda_1=-2,\lambda_2=\frac{5-\sqrt{41}}{2},\lambda_3=\frac{5+\sqrt{41}}{2}.$$

因为本征值中有正的也有负的,因此矩阵 $\boldsymbol{A}$ 给出一个不定二次型,故函数 $q(x,y,z)$ 的值域为全体实数,没有最大值也没有最小值.

定理 4.22　一个实对称矩阵 $\boldsymbol{A}$ 是正定的,当且仅当存在一个可逆矩阵 $\boldsymbol{B}$ 使得 $\boldsymbol{A}=\boldsymbol{B}^{\mathrm{T}}\boldsymbol{B}$.

证明:把证明 $\boldsymbol{A}=\boldsymbol{B}^{\mathrm{T}}\boldsymbol{B}\Rightarrow$ 矩阵 $\boldsymbol{A}$ 是正定的留作作业,下面来证明命题的另外一个方向. 假设 $\boldsymbol{A}$ 是正定的,就可以利用正交矩阵将其对角化:

$$\boldsymbol{P}^{\mathrm{T}}\boldsymbol{AP}=\boldsymbol{D},\ \boldsymbol{D}=\mathrm{diag}(\lambda_1,\lambda_2,\cdots,\lambda_n),\ \boldsymbol{PP}^{\mathrm{T}}=\boldsymbol{I}.$$

其中 $\lambda_1,\lambda_2,\cdots,\lambda_n$ 是矩阵 $\boldsymbol{A}$ 的本征值,它们都是大于 0 的数. 因此我们就可以定义一个新的对角矩阵

$$\boldsymbol{V}=\mathrm{diag}(\sqrt{\lambda_1},\sqrt{\lambda_2},\cdots,\sqrt{\lambda_n}).$$

我们可以发现

$$\boldsymbol{V}^{\mathrm{T}}\boldsymbol{V}=\boldsymbol{V}^2=\boldsymbol{D}.$$

令 $\boldsymbol{B}=\boldsymbol{PVP}^{\mathrm{T}}$,于是得到

$$\boldsymbol{B}^{\mathrm{T}}\boldsymbol{B}=\boldsymbol{PV}^{\mathrm{T}}\boldsymbol{P}^{\mathrm{T}}\boldsymbol{PVP}^{\mathrm{T}}=\boldsymbol{PV}^2\boldsymbol{P}^{\mathrm{T}}=\boldsymbol{PDP}^{\mathrm{T}}=\boldsymbol{A}.$$

作为上述命题的一个推论,我们很容易发现正定矩阵的行列式是大于 0 的. 但行列式大于 0 的矩阵不一定都是正定的. 实际上正定矩阵 $\boldsymbol{A}=(a_{ij})_{n\times n}$ 不仅行列式大于 0,而且由它的任意前 k 行和前 k 列组成的子方阵

$$\boldsymbol{A}_k=\begin{pmatrix}a_{11}&a_{12}&\cdots&a_{1k}\\a_{21}&a_{22}&\cdots&a_{2k}\\\vdots&\vdots&&\vdots\\a_{k1}&a_{k2}&\cdots&a_{kk}\end{pmatrix}$$

的行列式也是大于 0 的. 我们把这种子矩阵称为 $\boldsymbol{A}$ 的第 k 个顺序主子矩阵,它的行列式 $\det(\boldsymbol{A}_k)$ 叫作矩阵 $\boldsymbol{A}$ 的第 k 个顺序主子式.

定理 4.23 一个实对称矩阵 $\boldsymbol{A}$ 是正定的，当且仅当它的所有顺序主子式都是正的.

证明：这个定理的充分性在这里不予证明，仅给出必要性的证明. 假设实对称矩阵 $\boldsymbol{A}$ 是正定的，那么对任意非零矢量 $\boldsymbol{x}$ 都有 $\boldsymbol{x}^{\mathrm{T}}\boldsymbol{A}\boldsymbol{x}>0$. 取 $\boldsymbol{x}=(x_1,0,0,\cdots,0)^{\mathrm{T}}$，就可以得到

$$\boldsymbol{x}^{\mathrm{T}}\boldsymbol{A}\boldsymbol{x}=a_{11}x_1^2>0.$$

这表明 $a_{11}>0$. 接着取 $\boldsymbol{x}=(x_1,x_2,0,\cdots,0)^{\mathrm{T}}$，于是

$$\boldsymbol{x}^{\mathrm{T}}\boldsymbol{A}\boldsymbol{x}=\begin{pmatrix}x_1 & x_2\end{pmatrix}\begin{pmatrix}a_{11} & a_{12}\\ a_{21} & a_{22}\end{pmatrix}\begin{pmatrix}x_1\\ x_2\end{pmatrix}>0.$$

上式等号的右边是由 $\boldsymbol{A}$ 的第 2 个顺序主子矩阵 $\boldsymbol{A}_2$ 组成的二次型. 由于 $\boldsymbol{x}^{\mathrm{T}}\boldsymbol{A}\boldsymbol{x}>0$ 对任意不全为 0 的 x_1 和 x_2 都成立，因此 $\boldsymbol{A}_2$ 是正定的，故 $|\boldsymbol{A}_2|>0$. 依此类推，可以证明：如果矩阵 $\boldsymbol{A}$ 是正定的，那么它的所有顺序主子式都是大于 0 的.

定理 4.23 中的“所有顺序主子式都是正的”放宽为“所有顺序主子式都大于或等于 0”则不能保证矩阵是半正定的. 比如考虑二次型 $f=x_1^2+x_2^2+x_3^2+2x_1x_2+4x_1x_3+4x_2x_3$，它对应的对称矩阵为

$$\begin{pmatrix}1 & 1 & 2\\ 1 & 1 & 2\\ 2 & 2 & 1\end{pmatrix}.$$

可以计算得到它的顺序主子式的值分别为 1，0，0，但是 $f=(x_1+x_2+2x_3)^2-3x_3^2$ 是不定的.

因为一个实对称矩阵 $\boldsymbol{A}$ 是负定的当且仅当 $-\boldsymbol{A}$ 是正定的，因此定理 4.23 也可以用于判定负定矩阵. 进一步地，如果 $-\boldsymbol{A}$ 是正定的，那么 $-\boldsymbol{A}$ 的顺序主子式都是大于 0 的. 这说明 $\boldsymbol{A}$ 的偶数阶顺序主子式都是正的，奇数阶顺序主子式都是负的. 于是就得到了如下推论.

推论 4.9 如果 $\boldsymbol{A}$ 的偶数阶顺序主子式都是正的，奇数阶顺序主子式都是负的，那么 $\boldsymbol{A}$ 是负定的.

利用定理 4.23 和推论 4.9，可以在不必求出所有本征值的情况下判定一个矩阵是不是正定矩阵或者负定矩阵. 在理论分析中，这有时候是一种更方便的判定方法，因为高阶矩阵的本征值很难解析求解.

例 4.29 利用定理 4.23 判定二次型 $q(x,y,z)=x^2+y^2+z^2+4xy-6xz-4yz$ 是不是正定或者负定二次型.

解：二次型对应的矩阵为

$$\boldsymbol{A}=\begin{pmatrix}1 & 2 & -3\\ 2 & 1 & -2\\ -3 & -2 & 1\end{pmatrix}.$$

它的第 2 个顺序主子式为

$$\begin{vmatrix}1 & 2\\ 2 & 1\end{vmatrix}<0.$$

因此它不是正定二次型.

要想知道矩阵 $\boldsymbol{A}$ 是不是负定的，只需要验证 $-\boldsymbol{A}$ 是不是正定的. 由于 $-\boldsymbol{A}$ 的对角元不是正的，因此 $-\boldsymbol{A}$ 不是正定的，故 $\boldsymbol{A}$ 不是负定的.

二次型正定(负定)的一个重要的应用是判定多元函数的极值点. 比如考虑一个二元函数 $f(x,y)$,如果它的一阶偏导在 (x_0,y_0) 处存在且都是 0,那么 $f(x_0,y_0)$ 是否为极大值点或者极小值点需要用它的二阶微分来判定. 为此做泰勒展开:

$$f(x_0+\delta x,y_0+\delta y)=f(x_0,y_0)+\frac{1}{2}\left(\left.\frac{\partial^2 f}{\partial x^2}\right|_{(x_0,y_0)}\delta x^2+2\left.\frac{\partial^2 f}{\partial x\partial y}\right|_{(x_0,y_0)}\delta x\delta y+\left.\frac{\partial^2 f}{\partial y^2}\right|_{(x_0,y_0)}\delta y^2\right)+\cdots.$$

如果上式中的二阶小量对任意不全为 0 的 δx 和 δy 都是正的(或者负的),那么 $f(x_0,y_0)$ 就是一个局部的极小值(或者极大值). 由于上面的展开式中的二阶小量组成一个二次型

$$\frac{1}{2}(\delta x\quad \delta y)\left.\begin{pmatrix}\dfrac{\partial^2 f}{\partial x^2} & \dfrac{\partial^2 f}{\partial x\partial y}\\ \dfrac{\partial^2 f}{\partial x\partial y} & \dfrac{\partial^2 f}{\partial y^2}\end{pmatrix}\right|_{(x_0,y_0)}\begin{pmatrix}\delta x\\ \delta y\end{pmatrix},$$

就可以用二次型正定或者负定的判定方法来判定 $f(x_0,y_0)$ 是否为极值点. 这个思路可推广到一般情况. 假设 $f(\boldsymbol{x})$ 是一个 n 元函数,它在 $\boldsymbol{x}=\boldsymbol{x}_0$ 处的一阶偏导数都是 0,引入矩阵 $\boldsymbol{H}$(称作海森(Hessian)矩阵):

$$\boldsymbol{H}=\left.\begin{pmatrix}\partial_{x_1}^2 f & \partial_{x_1}\partial_{x_2}f & \cdots & \partial_{x_1}\partial_{x_n}f\\ \partial_{x_2}\partial_{x_1}f & \partial_{x_2}^2 f & \cdots & \partial_{x_2}\partial_{x_n}f\\ \vdots & \vdots & & \vdots\\ \partial_{x_n}\partial_{x_1}f & \partial_{x_n}\partial_{x_2}f & \cdots & \partial_{x_n}^2 f\end{pmatrix}\right|_{x=x_0}.$$

在 $\boldsymbol{x}_0$ 点附近就有 $f(\boldsymbol{x}_0+\delta\boldsymbol{x})=f(\boldsymbol{x}_0)+\dfrac{1}{2}\delta\boldsymbol{x}^{\mathrm{T}}\boldsymbol{H}\delta\boldsymbol{x}+\cdots$. 此时有如下结论.

定理 4.24　假设 $f(\boldsymbol{x})$ 是一个 n 元函数,$\boldsymbol{x}_0$ 是它的一个稳定点(又叫鞍点,即对任意自变量一阶偏导数都为 0)且在 $\boldsymbol{x}_0$ 处至少二阶可导. 如果矩阵 $\boldsymbol{H}$ 是正定的,那么 $\boldsymbol{x}=\boldsymbol{x}_0$ 是 $f(\boldsymbol{x})$ 的一个极小值点;如果矩阵 $\boldsymbol{H}$ 是负定的,那么 $\boldsymbol{x}=\boldsymbol{x}_0$ 是 $f(\boldsymbol{x})$ 的一个极大值点;如果矩阵 $\boldsymbol{H}$ 是不定的,那么 $\boldsymbol{x}=\boldsymbol{x}_0$ 不是 $f(\boldsymbol{x})$ 的极值点.

注意: 对半正定和半负定的情况,上述方法无法判断所给极值点的极大或者极小特性,此时需要考虑更高阶的导数来判定.

例 4.30　在物理中,质点在某一个恒稳保守空间力场中能够稳定平衡的条件是势能达到极小值. 对一个单位质量的质点,假设某一个保守力场给出的势能函数是 $U(x,y,z)=x^2+2y^2+z^2-2xy-2zy-2\cos y$.

(1)证明 $x=y=z=0$ 点是一个稳定平衡点;

(2)如果在上述稳定平衡点沿着方向 $\boldsymbol{v}=(1,0,-1)^{\mathrm{T}}/\sqrt{2}$ 做一个微小扰动,证明质点将做简谐振动并求出周期.

证明:(1)当 $x=y=z=0$ 时,先计算得到 $\partial_x U=\partial_y U=\partial_z U=0$. 然后计算在 $x=y=z=0$ 点的 Hessian 矩阵:

$$\boldsymbol{H}=\begin{pmatrix}2&-2&0\\-2&6&-2\\0&-2&2\end{pmatrix}.\tag{4.35}$$

它的 3 个顺序主子式分别为

$$2>0,\begin{vmatrix}2&-2\\-2&6\end{vmatrix}>0,\begin{vmatrix}2&-2&0\\-2&6&-2\\0&-2&2\end{vmatrix}=8>0.$$

因此 $x=y=z=0$ 点是一个势能的极小值点，故是一个稳定平衡点.

（2）为了分析在稳定平衡位置附近受到扰动后的运动，先写出质点受力的表达式：

$$\boldsymbol{f}=-\nabla U=-\begin{pmatrix}\partial_x U\\\partial_y U\\\partial_z U\end{pmatrix}.$$

假设质点在 x，y 和 z 三个方向受到的力的分量分别是 f_1，f_2 和 f_3，它们三个都是空间坐标的函数. 于是就有

$$f_1(x,y,z)=-\partial_x U,f_2(x,y,z)=-\partial_y U,f_3(x,y,z)=-\partial_z U.$$

在稳定平衡位置 $x=y=z=0$ 处，$\boldsymbol{f}=\boldsymbol{0}$，即

$$f_1(0,0,0)=f_2(0,0,0)=f_3(0,0,0)=0.$$

假设在扰动下质点的位移为 $\delta\boldsymbol{x}=(\delta x,\delta y,\delta z)^{\mathrm{T}}=\boldsymbol{v}\varepsilon$，其中 $|\varepsilon|\ll 1$. 根据多元函数偏导数的定义，质点受到的力在 x 方向的分量就变为

$$f_1(\delta x,\delta y,\delta z)=f_1(0,0,0)+\partial_x f_1\delta x+\partial_y f_1\delta y+\partial_z f_1\delta z=-(\partial_x\partial_x U\delta x+\partial_y\partial_x U\delta y+\partial_z\partial_x U\delta z).$$

另外两个方向的分力也有类似的性质. 于是

$$f=\begin{pmatrix}f_1\\f_2\\f_3\end{pmatrix}=-\begin{pmatrix}\dfrac{\partial^2 U}{\partial x^2}&\dfrac{\partial^2 U}{\partial x\partial y}&\dfrac{\partial^2 U}{\partial x\partial z}\\\dfrac{\partial^2 U}{\partial x\partial y}&\dfrac{\partial^2 U}{\partial^2 y}&\dfrac{\partial^2 U}{\partial y\partial z}\\\dfrac{\partial^2 U}{\partial x\partial z}&\dfrac{\partial^2 U}{\partial z\partial y}&\dfrac{\partial^2 U}{\partial^2 z}\end{pmatrix}\begin{pmatrix}\delta x\\\delta y\\\delta z\end{pmatrix}.$$

换句话说，质点在稳定平衡位置被扰动后受到的力可以写成 Hessian 矩阵和扰动位移矢量的乘积再乘以 -1：

$$\boldsymbol{f}=-\boldsymbol{H}\delta\boldsymbol{x}.\tag{4.36}$$

将式（4.35）和 $\delta\boldsymbol{x}=\boldsymbol{v}\varepsilon$ 代入，经过验算可以发现 $\boldsymbol{v}$ 是 Hessian 矩阵的一个本征矢量，对应的本征值是 2. 因此就有

$$\boldsymbol{f}=-\boldsymbol{H}\boldsymbol{v}\varepsilon=-2\boldsymbol{v}\varepsilon=-2\delta\boldsymbol{x}.$$

这说明质点受到一个正比于扰动位移的回复力. 根据力学知识可以知道：此单位质量的质点将做简谐振动，振动的周期 $T=2\pi\sqrt{1/2}=\sqrt{2}\pi$.

例 4.30 中的式（4.36）具有一般性：在一个保守力场中，一个质点在（稳定或者不稳定）

平衡位置被扰动后受到的力总是可以写成式(4.36)的形式. 进一步地,对稳定平衡位置,如果扰动沿着 Hessian 矩阵的某一个本征矢量的方向,那么物体将会沿着这个方向做简谐振动.

习题

1. 计算下列矩阵的本征值和本征矢量:

$$\begin{pmatrix} -6 & -1 & 2 \\ 3 & 2 & 0 \\ -14 & -2 & 5 \end{pmatrix}, \begin{pmatrix} -2 & -1 & 0 \\ 0 & 1 & 1 \\ -2 & -2 & -1 \end{pmatrix}, \begin{pmatrix} 3 & -1 & -1 \\ -12 & 0 & 5 \\ 4 & -2 & -1 \end{pmatrix}, \begin{pmatrix} 2 & 4 & 4 \\ 0 & 1 & -1 \\ 0 & 1 & 3 \end{pmatrix}, \begin{pmatrix} 1 & 2 & 3 \\ 2 & 1 & 3 \\ 3 & 3 & 6 \end{pmatrix}.$$

2. 确定下列矩阵的每一个本征值的几何重数:

$$\begin{pmatrix} 1 & 2 & 1 \\ 0 & 1 & 2 \\ 0 & 0 & 1 \end{pmatrix}, \begin{pmatrix} -1 & 6 & 2 \\ 0 & 5 & -6 \\ 1 & 0 & -2 \end{pmatrix}.$$

3. 已知 $z = 4 + 3\mathrm{i}$ 和 $w = 5 + 2\mathrm{i}$,计算 $w^2\bar{z}^2 - 2wz$ 和 w^2/z 的值.

4. 对任意复数矩阵 $\boldsymbol{Q}$ 和复数矢量 $\boldsymbol{x}$,证明 $\boldsymbol{x}^{\dagger}\boldsymbol{Q}^{\dagger}\boldsymbol{Q}\boldsymbol{x} \geqslant 0$.

5. 假设 $p(\lambda)$ 为习题 1 中矩阵的本征多项式,利用 Maple 计算 $p(\boldsymbol{A})$.

6. 证明反厄米矩阵的本征值都是纯虚数.

7. 假设 $\boldsymbol{A}$ 的元素都是实数,λ 是 $\boldsymbol{A}$ 的一个本征值,$\boldsymbol{x}$ 是对应的本征矢量. 证明:$\bar{\lambda}$ 也是 $\boldsymbol{A}$ 的一个本征值,对应的本征矢量是 $\bar{\boldsymbol{x}}$.

8. 对可逆矩阵 $\boldsymbol{A}$,取 $\boldsymbol{A}^*$ 为 $\boldsymbol{A}$ 的伴随矩阵. 证明:如果 $\boldsymbol{x}$ 是 $\boldsymbol{A}$ 的本征矢量,则 $\boldsymbol{x}$ 也是 $\boldsymbol{A}^*$ 的本征矢量.

9. 假设方阵 $\boldsymbol{A}$ 的一个本征值为 λ. 证明 λ 也是 $\boldsymbol{A}^{\mathrm{T}}$ 的本征值.

(提示:$\boldsymbol{A}$ 和 $\boldsymbol{A}^{\mathrm{T}}$ 有相同的本征多项式)

10. 考虑定理 4.4 中命题(1)的逆命题:如果 $\boldsymbol{x}$ 是矩阵 $\boldsymbol{A}^k$ 的本征矢量(k 是大于 1 的正整数),那么 $\boldsymbol{x}$ 一定也是 $\boldsymbol{A}$ 的本征矢量吗? 如果是,请给出证明;如果不是,请给出反例.

11. 证明:如果一个由复数组成的方阵 $\boldsymbol{A}$ 满足 $\boldsymbol{A}^{\dagger}\boldsymbol{A} = \boldsymbol{I}$,那么 $\boldsymbol{A}$ 的任意本征值都满足 $|\lambda| = 1$.

12. 如果矩阵 $\boldsymbol{A}$ 和矩阵 $\boldsymbol{B}$ 相似,证明 $\mathrm{tr}(\boldsymbol{A}) = \mathrm{tr}(\boldsymbol{B})$.

13. 已知矩阵 $\begin{pmatrix} 1 & -2 & -4 \\ -2 & x & -2 \\ -4 & -2 & 1 \end{pmatrix}$ 和矩阵 $\begin{pmatrix} 5 & 0 & 0 \\ 0 & -4 & 0 \\ 0 & 0 & y \end{pmatrix}$ 相似,求 x 和 y.

14. 一个矩阵有没有可能相似于两个不同的对角矩阵? 如果可能,请举出例子;如果不可能,请给出证明.

15. 假设可逆矩阵 $\boldsymbol{P}$ 可以对角化矩阵 $\boldsymbol{A}$. 证明:对任意多项式 $\varphi(x)$,矩阵 $\boldsymbol{P}$ 都可以对角化矩阵 $\varphi(\boldsymbol{A})$.

(提示:先证明对任意正整数 k,矩阵 $\boldsymbol{P}$ 都可以对角化矩阵 $\boldsymbol{A}^k$)

16. 如果矩阵 $\boldsymbol{A}$ 可逆，证明 $\boldsymbol{A}$ 可对角化等价于 $\boldsymbol{A}^{-1}$ 可对角化.

17. 为下面两个矩阵分别找到一个正交矩阵将其对角化：

$$\boldsymbol{A}=\begin{pmatrix}0 & -1 & 1\\ -1 & 0 & 1\\ 1 & 1 & 0\end{pmatrix},\ \boldsymbol{B}=\begin{pmatrix}2 & -2 & 0\\ -2 & 1 & -2\\ 0 & -2 & 0\end{pmatrix}.$$

18. 已知一个 3 阶实对称矩阵的本征值为 1，−1 和 0，其中 1 和 −1 对应的本征矢量分别为 $\boldsymbol{u}_1=(1,2,2)^{\mathrm{T}}$ 和 $\boldsymbol{u}_2=(2,1,-2)^{\mathrm{T}}$. 求矩阵 $\boldsymbol{A}$.

（提示：根据谱分解定理，本征值 0 对应的本征矢量不会贡献到求和项中）

19. 已知一个 3 阶实对称矩阵的本征值为 1，−1 和 2，其中 1 和 −1 对应的本征矢量分别为 $\boldsymbol{u}_1=(1,2,2)^{\mathrm{T}}$ 和 $\boldsymbol{u}_2=(2,1,-2)^{\mathrm{T}}$. 求矩阵 $\boldsymbol{A}$.

（提示：先求 $\boldsymbol{A}-2\boldsymbol{I}$）

20. 假设数列 F_n 在 $n\geqslant 3$ 的时候满足递推公式 $F_n=2F_{n-1}+F_{n-2}$，并且 $F_1=0$，$F_2=1$. 求 F_n 的通项公式.

21. 已知 $\boldsymbol{A}=\begin{pmatrix}0 & 2 & 3\\ 0 & 0 & -2\\ 0 & 0 & 0\end{pmatrix}$，计算 $\tan\boldsymbol{A}$.

（提示：将 $\tan\boldsymbol{A}$ 展开为泰勒级数，利用定理 4.5 证明 $\boldsymbol{A}^3=\boldsymbol{O}$，因此对 $k\geqslant 3$ 有 $\boldsymbol{A}^k=\boldsymbol{O}$）

22. 已知 $\boldsymbol{A}=\begin{pmatrix}0 & 1 & 0\\ 1 & 0 & 0\\ 0 & 0 & 1\end{pmatrix}$，计算 $\exp(\boldsymbol{A})$ 和 $\sin\boldsymbol{B}$.

23. 求解初值问题：

$$\dot{u}=-2u+v+w,u(0)=1;$$
$$\dot{v}=u-2v+w,v(0)=3;$$
$$\dot{w}=u+v-2w,w(0)=-1.$$

24. 求解图 4.7 所示的连接体问题，其中两个木块的质量都是 1，木块 A 和墙之间的弹簧的劲度系数是 3，木块 B 和 A 之间的弹簧的劲度系数是 2. 初值条件为，木块 A 在平衡位置静止，木块 B 从平衡位置向右偏离 10 且初速度为 0.

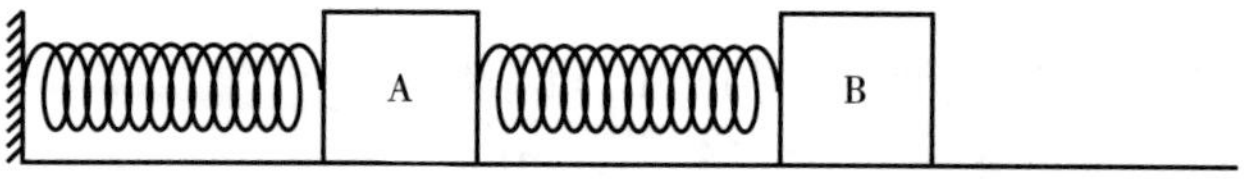

图 4.7　两个木块用两根弹簧连接，一端固定在墙面上

25. 写出下列二次型对应的对称矩阵：

（1）$f=x_1^2+x_2^2+x_3^2-2x_1x_2+6x_1x_3$；

（2）$f=x_1^2+x_3^2+2x_1x_2-2x_1x_3$.

26. 假设 $\boldsymbol{A}=\boldsymbol{B}^{\mathrm{T}}\boldsymbol{B}$，其中 $\boldsymbol{B}$ 是实可逆矩阵. 证明 $\boldsymbol{A}$ 是正定矩阵.

27. 判定下列二次型的正定性或者负定性：

（1）$f=-2x_1^2-6x_2^2-4x_3^2+2x_1x_2+2x_1x_3$；

(2) $f = x_1^2 + 3x_2^2 + 9x_3^2 - 2x_1x_2 + 4x_1x_3$.

28. 假设 $\boldsymbol{A}$ 是 n 阶实对称方阵，$\boldsymbol{S}$ 是 n 阶实可逆矩阵，定义矩阵 $\boldsymbol{B} = \boldsymbol{S}^{\mathrm{T}}\boldsymbol{A}\boldsymbol{S}$. 证明：

(1) $\boldsymbol{B}$ 是对称矩阵；

(2) 矩阵 $\boldsymbol{A}$ 是正定的当且仅当 $\boldsymbol{B}$ 是正定的.

29. 证明函数 $f(x,y) = 2\cos x\cos y + xy + 2$ 在 $x = y = 0$ 处有极大值.

第 5 章 矢量空间与线性映射

在第 3 章中我们把通常 3 维空间中的向量推广到了一般的矢量空间 $\mathbf{R}^n$，研究了它的子空间的性质，介绍了 $\mathbf{R}^n$ 的子空间的基、维数和线性映射. 本章将进一步把矢量的概念推广到更一般的对象，包括矩阵、多项式、函数、无穷序列等. 我们将尝试在一般和抽象的集合中定义矢量空间，进行矢量空间之间的线性映射.

我们来回顾一下，为了由点集合 $\mathbb{R}^n$ 得到矢量空间 $\mathbf{R}^n$，给集合 $\mathbb{R}^n$ 中的任意两个元素定义了加法和数乘运算，并且这两种运算满足定理 3.1 中的 10 条性质. 除了 $\mathbf{R}^n$ 以外，还有很多集合也可以定义加法和数乘运算. 比如把由实数组成的全体 $m\times n$ 矩阵放到一个集合中，记为 $\mathbb{R}^{n\times n}$，如果按照矩阵的加法和数乘赋予它加法和数乘，并且约定只用实数数乘矩阵，那么这两种运算也满足定理 3.1 中的 10 条性质. 我们把被赋予这样的额外运算的矩阵集合记为 $\mathbf{R}^{n\times n}$. 我们可以完全按照第 3 章的思路来研究 $\mathbf{R}^{n\times n}$ 的性质，不过在本章中我们不具体地一个一个去研究这样的集合，而是抽象地研究它们的共有性质.

5.1 矢量空间

考虑一个抽象的集合 V，这个集合可能是由一些数、一些矩阵、一些函数或者一些多项式等组成的. 先来思考要让集合 V 成为一个矢量空间，它还应该包含哪些其他的要素. 模仿第 3 章对矢量空间 $\mathbf{R}^n$ 的定义，首先为这个集合中的元素定义加法运算，使得任意两个元素相加之后的结果依然在集合 V 中. 然后为这个集合中的元素定义数乘运算，因此需要指定参与数乘的数的集合 S. 在数学中这个数集可以非常广泛，但并不是广泛到没有任何要求. 为此我们引入一个概念——数域.

定义 5.1 假设 $\mathbb{C}$ 的一个子集 F 包括 0 与 1，如果 F 中任意两个数进行加、减、乘、除（除数不为 0）运算的结果仍是 F 中的数，就称数集 F 构成了一个数域.

显然全体实数集 $\mathbb{R}$ 就构成了一个数域，叫作实数域. 全体复数集 $\mathbb{C}$ 也构成了一个数域，叫作复数域. 根据定义，一个数域 F 至少要包含 0 和 1. 但是集合 $\{0,1\}$ 不构成数域，因为 1 与 1 的和等于 2，不在集合 $\{0,1\}$ 中，并且 0 与 1 的差 -1 也不在 $\{0,1\}$ 中. 因此一个数域至少得包含 1 与它自身的任意次和，以及 0 与 1 的任意次差，也就是说至少需要包含全体整数. 因此有如下结论：

$$\mathbb{N} \subset F.$$

进一步地，任意两个非 0 整数的商也必须在 F 中. 因此 F 必须包含所有有理数，于是可以得到如下结论.

定理 5.1 任何一个数域必定包含全体有理数.

由于全体有理数集 $\mathbb{Q}$ 构成一个数域，因此有理数是最小的数域.

例 5.1 定义数集 $\mathbb{Q}\left(\sqrt{2}\right)=\{a+b\sqrt{2} \mid a\in\mathbb{Q}, b\in\mathbb{Q}\}$. 请问 $\mathbb{Q}\left(\sqrt{2}\right)$ 是否构成一个数域？

解： 取 $\mathbb{Q}\left(\sqrt{2}\right)$ 中的任意两个元素 $a+b\sqrt{2}$ 和 $x+y\sqrt{2}$，可以验证：

$$a+b\sqrt{2}\pm(x+y\sqrt{2})=(a\pm x)+(b\pm y)\sqrt{2}\in\mathbb{Q}\left(\sqrt{2}\right),$$

$$(a+b\sqrt{2})(x+y\sqrt{2})=ax+2by+(bx+ay)\sqrt{2}\in\mathbb{Q}\left(\sqrt{2}\right).$$

下面来验证除法的封闭性. 当 $x+y\sqrt{2}\neq 0$ 的时候，x 和 y 不能同时为 0. 而对两个不同时为 0 的有理数 x 和 y 来说，$x-y\sqrt{2}\neq 0$. 于是

$$\frac{a+b\sqrt{2}}{x+y\sqrt{2}}=\frac{(a+b\sqrt{2})(x-y\sqrt{2})}{(x+y\sqrt{2})(x-y\sqrt{2})}=\frac{(a+b\sqrt{2})(x-y\sqrt{2})}{x^2-2y^2}\in\mathbb{Q}\left(\sqrt{2}\right).$$

故 $\mathbb{Q}\left(\sqrt{2}\right)$ 构成一个数域.

下面给出一般数域中矢量空间的抽象定义.

定义 5.2 设 V 是一个定义了加法运算的非空集合，并且和数域 F 中的元素定义了数乘运算，如果对 V 中的任意 3 个元素 $\boldsymbol{x},\boldsymbol{y}$ 和 $\boldsymbol{z}$，以及 F 中的任意 2 个数 a 和 b，如下 3 大类 10 条性质成立，就称 V 构成了数域 F 中的一个矢量空间. 满足这些性质的加法和数乘运算被称为线性运算.

封闭性

（1）$\boldsymbol{x}+\boldsymbol{y}$ 也是 V 中的元素；

（2）$a\boldsymbol{x}$ 也是 V 中的元素；

加法性质

（3）$\boldsymbol{x}+\boldsymbol{y}=\boldsymbol{y}+\boldsymbol{x}$；

（4）$\boldsymbol{x}+(\boldsymbol{y}+\boldsymbol{z})=(\boldsymbol{x}+\boldsymbol{y})+\boldsymbol{z}$；

（5）存在零元素 $\boldsymbol{\theta}$，它对任意元素 $\boldsymbol{x}$ 都有 $\boldsymbol{x}+\boldsymbol{\theta}=\boldsymbol{x}$；

（6）加法存在逆元：对每一个元素 $\boldsymbol{x}$，都存在一个元素 $\boldsymbol{w}$ 使得 $\boldsymbol{x}+\boldsymbol{w}=\boldsymbol{\theta}$；

数乘性质

（7）$a(b\boldsymbol{x})=(ab)\boldsymbol{x}$；

（8）$a(\boldsymbol{x}+\boldsymbol{y})=a\boldsymbol{x}+a\boldsymbol{y}$；

（9）$(a+b)\boldsymbol{x}=a\boldsymbol{x}+b\boldsymbol{x}$；

（10）$1\boldsymbol{x}=\boldsymbol{x}$.

在本章关于矢量空间的讨论中，若未加声明，都假设所选的数域是实数域或者复数

域. 下面对定义 5.2 进行几点简单的说明. 使用符号 $\boldsymbol{\theta}$ 代表零元素,是为了表明一般的矢量空间中的零元素和数 0 没有任何直接关联. 需要指出的是,在定义的第(5)条性质中并没有直接要求零元素是唯一的;在第(6)条性质中也没有直接要求每一个元素的加法逆元都是唯一的. 后面将证明以上 10 条性质可以保证它们的唯一性. 在第(5)条性质中,并没有要求 $\boldsymbol{\theta}+\boldsymbol{x}=\boldsymbol{x}$,只有结合第(3)条性质才能得到 $\boldsymbol{\theta}+\boldsymbol{x}=\boldsymbol{x}$. 在定义 5.2 中,我们略去了数和数之间的乘法符号. 此外,为了书写简单,数和数之间的加法和集合 V 中元素的加法都用了符号"+". 但是读者需要理解,在这两种情景中,加法的含义是不相同的. 数和数的加法是非常明了的,但是 V 中元素的加法除了需要满足上述 10 条性质外,并没有指定具体的运算规则. 可以看出 $\mathbf{R}^n$ 就是一个矢量空间,但是这里的一般的矢量空间和 $\mathbf{R}^n$ 有了很大的推广:①矢量不一定是有序数组;②矢量的加法不一定具有平行四边形法则那样的几何图像. 下面来举一些例子.

记集合 P_n 为全体关于 x 的次数不超过 n 次的多项式的集合. 取普通多项式的加法为加法,数乘多项式的乘法为数乘. 这里加法性质、数乘性质是自然满足的. 因为任何 n 次多项式相加或者与一个数相乘之后次数都不会超过 n 次(但是可能小于 n 次),因此 P_n 对加法和数乘是封闭的. 则 P_n 构成了实数域中的一个矢量空间. 但是全体 n 次多项式的集合 Q_n 在同样的加法和数乘下却不构成矢量空间. 这是因为两个 n 次多项式相加(或者相减)有可能得到一个 $n-1$ 次多项式,因此 Q_n 在加法运算下不封闭.

记集合 $C[a,b]$ 为定义在区间 $[a,b]$ 内的全体连续函数,那么 $C[a,b]$ 进行普通的加法和数乘运算可以满足上述 10 条性质,因此构成了实数域中的一个线性空间.

记 $\mathbf{R}^{m\times n}$ 为实数域中的全体 $m\times n$ 维的矩阵,并配以矩阵的加法和数乘,那么 $\mathbf{R}^{m\times n}$ 可以满足上述 10 条性质,因此构成了实数域中的一个线性空间.

下面来考虑一个稍微复杂一点的情况.

例 5.2　在全体正实数集合 $\mathbb{R}^+$ 中定义如下加法"⊕"和数乘"∘"运算:

$$\forall a,b\in\mathbb{R}^+,\forall\lambda\in\mathbb{R},a\oplus b=ab,\lambda\circ a=a^{\lambda}.$$

请验证 $\mathbb{R}^+$ 对上述加法和数乘运算构成实数域中的矢量空间.

解:对任意 $a,b,c\in\mathbb{R}^+$ 和任意 2 个实数 x,y,逐一验证 3 大类 10 条性质.

封闭性

(1)$a\oplus b=ab>0$,因此 $a\oplus b$ 是 $\mathbb{R}^+$ 中的元素;

(2)$x\circ a=a^x>0$,因此 $x\circ a$ 也是 $\mathbb{R}^+$ 中的元素;

加法性质

(3)$a\oplus b=ab=ba=b\oplus a$;

(4)$(a\oplus b)\oplus c=(ab)c=a(bc)=a\oplus(b\oplus c)$;

(5)因为 $a\oplus 1=a$,所以 1 就是零元素,即 $\theta=1$;

(6)对每一个元素 a 都存在一个元素 $1/a$ 使得 $a\oplus(1/a)=1=\theta$;

数乘性质

(7)$x\circ(y\circ a)=x\circ a^y=(a^y)^x=a^{xy}=(xy)\circ a$;

(8)$x\circ(a\oplus b)=x\circ(ab)=(ab)^x=a^xb^x=(x\circ a)\oplus(x\circ b)$;

（9）$(x+y)\circ a = a^{x+y} = a^x a^y = (x\circ a)\oplus(y\circ a)$;

（10）$1\circ a = a^1 = a$.

所以 $\mathbb{R}^+$ 对上述加法和数乘运算构成矢量空间.

通过上面列举的几个例子可以看出，一个一般的矢量空间可以和 $\mathbf{R}$ 没有必然的联系. 特别地，在例 5.2 中零元素是数字 1. 如果仍然取元素集合 $\mathbb{R}^+$ 和数域 $\mathbb{R}$，但是把集合 $\mathbb{R}^+$ 中元素的加法取为普通数的加法，数乘取为普通数的乘法，此时集合 $\mathbb{R}^+$ 就不构成实数域中的矢量空间了. 这是因为此时加法没有零元了. 由此可见，一个矢量空间是由集合和运算共同组成的. 同一个集合如果定义两种不同的线性运算，那么它就成为两种不同的矢量空间. 如果定义的运算不是线性运算，那它就不构成矢量空间. 所以所定义的线性运算才是矢量空间的本质，而集合中的元素具体是什么不重要. 因为这个原因，有时候我们也把矢量空间称为线性空间.

我们也可以从群的角度来理解矢量空间的定义. 定义 5.2 中的性质（1）、（3）、（4）、（5）、（6）表明集合 V 在以加法运算为群乘法下构成了一个阿贝尔群，其中零矢量 $\boldsymbol{\theta}$ 就是这个群的恒元. 性质（2）则定义了域 F 对群 V 的作用——数乘. 此时有 4 种运算：群 V 的群乘法（也就是 V 中元素的加法运算）、域 F 中普通数的乘法和加法，域 F 对群 V 的作用. 性质（7）~（10）则要求这 4 种运算是相容的. 具体来说：性质（7）和（10）说明域 F 自己的乘法和域 F 对群 V 的作用是相容的；性质（8）说明域 F 对群 V 的作用和群 V 的群乘法相容；性质（9）说明域 F 的加法和域 F 对群 V 的作用是相容的. 因此矢量空间可以用一句话来定义：假设有一个阿贝尔群 V 和作用在它上的域 F，若域 F 的作用和群 V 的群乘法相容，则称群 V 为域 F 中的一个矢量空间.

矢量空间 $\mathbf{R}^n$ 有以下几条很显然但是很重要的性质：①零矢量是唯一的；②任何一个矢量都有唯一的反向矢量，它们的和等于零矢量；③任何一个矢量数乘 0 之后都得到零矢量；④零矢量和任何数相乘都是零矢量；⑤任何一个矢量乘以 -1 之后都得到它的反向矢量. 这些性质似乎并没有被定义 5.2 所要求，下面我们证明上述几条性质对所有矢量空间都成立.

定理 5.2 任何一个数域 F 中的矢量空间 V 都满足如下 6 条性质：

（1）零矢量是唯一的；

（2）每一个元素的加法逆元都是唯一的；

（3）任何一个矢量数乘 0 之后都得到零矢量；

（4）零矢量和 F 中的任何数相乘都是零矢量；

（5）如果 $a\boldsymbol{v}=\boldsymbol{\theta}$ 且 $a\neq 0$，那么 $\boldsymbol{v}=\boldsymbol{\theta}$;

（6）对元素 $\boldsymbol{x}$，$\boldsymbol{x}+(-1)\boldsymbol{x}=\boldsymbol{\theta}$.

证明：（1）假设 $\boldsymbol{\theta}_1$ 和 $\boldsymbol{\theta}_2$ 都是矢量空间 V 中的零元素. 根据第（5）条性质，

$$\boldsymbol{\theta}_2+\boldsymbol{\theta}_1=\boldsymbol{\theta}_2.$$

同理，

$$\boldsymbol{\theta}_1+\boldsymbol{\theta}_2=\boldsymbol{\theta}_1.$$

另一方面，根据加法的可交换性质，$\boldsymbol{\theta}_2+\boldsymbol{\theta}_1=\boldsymbol{\theta}_1+\boldsymbol{\theta}_2$，于是得到 $\boldsymbol{\theta}_1=\boldsymbol{\theta}_2$. 因此零矢量是唯一的.

（2）假设 $\boldsymbol{x}$ 有两个逆元，分别是 $\boldsymbol{w}_1$ 和 $\boldsymbol{w}_2$. 它们满足方程 $\boldsymbol{w}_1+\boldsymbol{x}=\boldsymbol{w}_2+\boldsymbol{x}=\boldsymbol{\theta}$. 我们可以

发现

$$w_2 = w_2 + \theta = w_2 + (w_1 + x) = w_2 + (x + w_1) = (w_2 + x) + w_1 = w_1 + (w_2 + x).$$

因为 $w_2 + x = \theta$,于是

$$w_2 = w_1 + \theta = w_1.$$

因此每一个元素的加法逆元都是唯一的.

(3)对任意矢量 x, $0x$ 也是 V 中的元素. 根据矢量空间的定义,这时存在一个元素 y 使得 $0x + y = \theta$. 因此有

$$0x = 0x + \theta = 0x + (0x + y) = (0x + 0x) + y = (0 + 0)x + y = 0x + y.$$

因为 $0x + y = \theta$,故 $0x = \theta$.

(4)对任意数 f, $f\theta$ 也是 V 中的元素. 根据矢量空间的定义,这时存在一个元素 x 使得 $f\theta + x = \theta$. 因此有

$$f\theta = f\theta + \theta = f\theta + (f\theta + x) = (f\theta + f\theta) + x = f(\theta + \theta) + x = f\theta + x.$$

因为 $f\theta + x = \theta$,故 $f\theta = \theta$.

(5) $v = 1v = a^{-1}(av) = a^{-1}\theta = \theta$.

(6)证明留作习题.

性质(2)和(5)表明,对任意矢量空间中的元素 v, $x = (-1)v$ 都是唯一满足方程 $v + x = \theta$ 的解. 这是一个并不意外的公式,但是从矢量空间的定义来看,这个结果并不显然,它的证明要用到矢量空间的许多性质.

定义 5.2 中的 10 条性质是相互独立的,这意味着仅仅从逻辑自洽性的角度来说,我们可以放弃甚至修改其中任何一个. 一般来说,放弃和修改矢量空间定义性质中的任何一个都会使得 $\mathbf{R}^n$ 中许多"好"的性质丧失. 对初次接触矢量空间抽象定义的读者来说,10 条性质似乎显得很"冗长",但是这 10 条性质使得在 $\mathbf{R}^n$ 中得到的大多数结论都可以推广到非常一般的情况. 特别地,有限维矢量空间的许多性质都和 $\mathbf{R}^n$ 一样.

对矢量空间 $\mathbf{R}^n$,我们研究过它的子空间. 类似地,我们可以把子空间的概念推广到一般的矢量空间.

定义 5.3　如果 W 是矢量空间 V 的一个子集,并且 W 按照 V 的加法和数乘也构成一个矢量空间,就说 W 是 V 的一个子空间.

验证矢量空间 V 的一个子集是否构成一个子空间原则上需要验证它是否满足矢量空间的 10 条性质. 不过因为它继承了矢量空间 V 的加法和数乘,我们不需要验证所有 10 条性质. 在研究 $\mathbf{R}^n$ 的子空间时,定理 3.2 给出了一个判断所给子集是否构成子空间的简洁方法. 这个方法可以推广到一般的矢量空间.

定理 5.3　矢量空间 V 的一个非空子集 W 是它的一个子空间,当且仅当 W 满足如下两个要求:

(1)对加法封闭,即 $\forall w_1, w_2 \in W$,都有 $w_1 + w_2 \in W$;

(2)对数乘封闭,即 $\forall w \in W$ 和任意数 λ,都有 $\lambda w \in W$.

定理 5.3 的证明与定理 3.2 类似,这里不再详述.

例 5.3　取矢量空间 $\mathbf{R}^{2\times 2}$,并设 W 是 V 的一个子集:

$$W = \{\forall \boldsymbol{A} \in \mathbf{R}^{2\times 2} \big| \det(\boldsymbol{A}) = 0\}.$$

请问 W 是否构成一个子空间?

解:我们需要验证定理 5.3 中的两个要求. 首先可以看到 W 对数乘是封闭的,因为如果 $\boldsymbol{A} \in W$,那么 $\det(\boldsymbol{A}) = 0$. 根据行列式的性质,$\det(c\boldsymbol{A}) = c^2\det(\boldsymbol{A}) = 0$,因此 $c\boldsymbol{A} \in W$. 下面来验证 W 是否对加法封闭. 由于退化矩阵的和不一定还是退化矩阵,因此 W 对加法不封闭. 比如,取

$$\boldsymbol{A} = \begin{pmatrix} 1 & 0 \\ 0 & 0 \end{pmatrix},\ \boldsymbol{B} = \begin{pmatrix} 0 & 0 \\ 0 & 1 \end{pmatrix}.$$

显然 $\boldsymbol{A}$ 和 $\boldsymbol{B}$ 都是 W 中的元素,但是它们的和是一个单位矩阵,不是 W 中的元素. 因此 W 不是矢量空间 $\mathbf{R}^{2\times 2}$ 的子空间.

例 5.4 取矢量空间 $C[a,b]$ 为定义在区间 $[a,b]$ 内的全体连续函数,并设 W 是 V 的一个子集:

$$W = \left\{\forall f \in C[a,b] \middle| \int_a^b f(x)\mathrm{d}x = 0\right\}.$$

请问 W 是否构成 $C[a,b]$ 的一个子空间?

解:我们需要验证定理 5.3 中的两个要求. 首先可以看到 W 对加法是封闭的,因为如果 $f \in W$ 和 $g \in W$,那么

$$\int_a^b f(x)\mathrm{d}x = \int_a^b g(x)\mathrm{d}x = 0 \Rightarrow \int_a^b [f(x) + g(x)]\mathrm{d}x = 0 \Rightarrow f + g \in W.$$

其次 W 对数乘也封闭:

$$\int_a^b f(x)\mathrm{d}x = 0 \Rightarrow \int_a^b cf(x)\mathrm{d}x = c\int_a^b f(x)\mathrm{d}x = 0 \Rightarrow cf \in W.$$

因此 W 构成 $C[a,b]$ 的一个子空间.

描述一个子空间 W 时,可以像例 5.3 和例 5.4 那样描述出 W 中的每一个元素. 但是由于已经在矢量空间 V 中定义了一组线性运算,也可以指定一组(有限或者无限多的)矢量 $Q = \{\boldsymbol{v}_1, \boldsymbol{v}_2, \cdots\}$,由这些矢量线性组合生成一个集合:

$$\mathrm{Span}(Q) = \{\boldsymbol{w} \mid \boldsymbol{w} = c_1\boldsymbol{v}_1 + c_2\boldsymbol{v}_2 + \cdots, \boldsymbol{v}_1, \boldsymbol{v}_2, \cdots \in Q\}.$$

显然,$\mathrm{Span}(Q)$ 就是矢量空间 V 的一个子集. 进一步地,很容易证明下面这个定理.

定理 5.4 假设 $Q = \{\boldsymbol{v}_1, \boldsymbol{v}_2, \cdots\}$ 是 V 的一个子集,记 W 中的所有元素的任意线性组合构成的集合为 $\mathrm{Span}(Q)$,那么 $\mathrm{Span}(Q)$ 是 V 的一个子空间.

和 $\mathbf{R}^n$ 的情况类似,我们把这种子空间称为 Q 的生成子空间,将 Q 称为子空间 $\mathrm{Span}(Q)$ 的一个生成集合. 但是定理 5.4 和定理 3.3 明显不同的是:Q 可能是一个无限集合. $\mathbf{R}^n$ 的任何子空间,包括 $\mathbf{R}^n$ 自己,必定可以由有限个不同的矢量生成. 但是这一点在一般的矢量空间中不成立. 矢量空间 V 以及它的一些子空间可能没有有限的生成集合. 比如,取 P 为所有多项式的集合,在普通多项式的加法和数乘下 P 构成一个矢量空间,它的一个自然的生成集合是无限集合:

$$Q = \{1, x^2, x^3, \cdots, x^n, \cdots\}.$$

要更严格和精确地判定一个矢量空间是否具有有限的生成集合需要另外一个重要的概

念——维数，我们将在后续的小节中进一步阐述.

例 5.5　取 W 为所有反对称的 3 阶方阵的集合. 证明：W 是 $\mathbf{R}^{3\times3}$ 的一个子空间，并写出 W 的一个生成集合.

证明：假设 $\boldsymbol{A}$ 和 $\boldsymbol{B}$ 都是反对称矩阵，则有

$$\boldsymbol{A}=-\boldsymbol{A}^{\mathrm{T}},\boldsymbol{B}=-\boldsymbol{B}^{\mathrm{T}}.$$

将上两式相加得

$$\boldsymbol{A}+\boldsymbol{B}=-(\boldsymbol{A}^{\mathrm{T}}+\boldsymbol{B}^{\mathrm{T}})=-(\boldsymbol{A}+\boldsymbol{B})^{\mathrm{T}},$$

故 $\boldsymbol{A}+\boldsymbol{B}$ 也在 W 中. 另外，对任意数 c，$(c\boldsymbol{A})^{\mathrm{T}}=c\boldsymbol{A}^{\mathrm{T}}=-c\boldsymbol{A}$，这表明 $c\boldsymbol{A}$ 在 W 中. 故 W 是一个子空间.

为了找到 W 的一个生成集合，写出 W 中的一个元素 $\boldsymbol{A}$ 的一般形式：$\boldsymbol{A}=\begin{pmatrix}0&a&b\\-a&0&c\\-b&-c&0\end{pmatrix}$. 通过观察可以发现，$\boldsymbol{A}=a\boldsymbol{A}_1+b\boldsymbol{A}_2+c\boldsymbol{A}_3$，其中

$$\boldsymbol{A}_1=\begin{pmatrix}0&1&0\\-1&0&0\\0&0&0\end{pmatrix},\ \boldsymbol{A}_2=\begin{pmatrix}0&0&1\\0&0&0\\-1&0&0\end{pmatrix},\ \boldsymbol{A}_3=\begin{pmatrix}0&0&0\\0&0&1\\0&-1&0\end{pmatrix}.$$

因此，集合 $Q=\{\boldsymbol{A}_1,\boldsymbol{A}_2,\boldsymbol{A}_3\}$ 可以作为 W 的一个生成集合.

5.2　线性无关、基与维数

在第 3 章中我们介绍了矢量空间 $\mathbf{R}^n$ 的几个核心概念：线性无关、维数、基和坐标. 由于这些概念只涉及线性运算，因此它们大多数可以完全平行地推广到一般的矢量空间. 下面首先给出一般线性空间中线性无关的定义，它完全是矢量空间 $\mathbf{R}^n$ 中线性无关的定义的重复.

定义 5.4　假设 V 是一个矢量空间，V 中一组（有限多）矢量 $\{\boldsymbol{v}_1,\boldsymbol{v}_2,\cdots,\boldsymbol{v}_n\}$ 是线性相关的，若存在不全为 0 的实数 $c_1,c_2,\cdots,c_n$ 使得

$$c_1\boldsymbol{v}_1+c_2\boldsymbol{v}_2+\cdots+c_n\boldsymbol{v}_n=\boldsymbol{\theta}\tag{5.1}$$

当且仅当 $c_1=c_2=\cdots=c_n=0$ 时成立，就说矢量 $\{\boldsymbol{v}_1,\boldsymbol{v}_2,\cdots,\boldsymbol{v}_n\}$ 是线性无关的.

可以看到这里判断一组矢量是否线性无关的方程在形式上和第 3 章的是一样的. 对 $\mathbf{R}^n$ 中的一组矢量 $\{\boldsymbol{v}_1,\boldsymbol{v}_2,\cdots,\boldsymbol{v}_n\}$ 来说，要判断它们是否线性无关只需要判断矩阵 $(\boldsymbol{v}_1,\boldsymbol{v}_2,\cdots,\boldsymbol{v}_n)$ 的秩是否为 n. 但这一方法不能直接应用于一般的矢量空间. 在一般情况下，还是要回到式（5.1），判断它是否具有非平庸解.

例 5.6　证明例 5.5 中找到的生成集合 Q 的三个矢量是线性无关的. 若再添加一个元素 $\boldsymbol{A}_4=\begin{pmatrix}0&1&2\\-1&0&0\\-2&0&0\end{pmatrix}$，证明向量组 $\{\boldsymbol{A}_1,\boldsymbol{A}_2,\boldsymbol{A}_3,\boldsymbol{A}_4\}$ 是线性相关的.

证明：W 中的零元素 $\boldsymbol{\theta}=\boldsymbol{O}_{3\times3}$. 考虑方程

$$\boldsymbol{\theta}=a\boldsymbol{A}_1+b\boldsymbol{A}_2+c\boldsymbol{A}_3=\begin{pmatrix}0&a&b\\-a&0&c\\-b&-c&0\end{pmatrix}.$$

可见，只有 $a=b=c=0$ 上式才成立. 因此生成集合 Q 中的三个矢量是线性无关的.

加入元素 $\boldsymbol{A}_4$ 之后，考虑方程

$$\boldsymbol{\theta}=a\boldsymbol{A}_1+b\boldsymbol{A}_2+c\boldsymbol{A}_3+d\boldsymbol{A}_4=\begin{pmatrix}0&a+d&b+2d\\-a-d&0&c\\-b-2d&-c&0\end{pmatrix}.$$

此时方程可以有非平庸解：$c=0,a=-d\neq 0,b=-2d\neq 0$. 因此向量组 $\{\boldsymbol{A}_1,\boldsymbol{A}_2,\boldsymbol{A}_3,\boldsymbol{A}_4\}$ 是线性相关的.

例 5.7 证明 $Q=\{1,x,x^2\}$ 是 P_2 中的一个线性无关组.

证明：P_2 中的零元素就是数字 0. 假设存在一组数 a_0,a_1,a_2 使得

$$a_0+a_1x+a_2x^2=\boldsymbol{\theta}=0. \tag{5.2}$$

式（5.2）左右两边都是 x 的函数（0 就是一个恒为 0 的函数）. 我们说两个函数相等，就意味着对定义域内的任意自变量，两个函数的值都是相等的. 因此式（5.2）需要对任意 x 都成立. 那么式（5.2）左右两边的各阶导数也相等，即

$$a_1+2a_2x=2a_2=0.$$

于是得到 $a_0=a_1=a_2=0$. 这表明式（5.2）只有平庸解. 因此 $Q=\{1,x,x^2\}$ 是一个线性无关组.

上述结论可以推广到任意有限 n 的情况.

定理 5.5 对任意有限的 n，矢量组 $Q=\{1,x^2,x^3,\cdots,x^n\}$ 都是矢量空间 P_n 中的一个线性无关组.

把矢量空间的线性无关和生成集合两个概念结合起来就得到了矢量空间的基和维数的定义.

定义 5.5 假设 V 是一个矢量空间，$B=\{\boldsymbol{v}_1,\boldsymbol{v}_2,\cdots,\boldsymbol{v}_n\}$ 是其中一个有限个线性无关的矢量的集合. 如果 $V=\mathrm{Span}(B)$，那么称 V 是有限维矢量空间，B 是 V 的一个基.

根据这个定义，例 5.5 中找到的生成集合 Q 就是由所有 3×3 维反对称矩阵组成的矢量空间的一个基. 而在例 5.7 中 $\{1,x,x^2\}$ 是矢量空间 P_2 的一个基. 定义 5.5 强调了“有限”，不是所有矢量空间都可以用有限个线性无关的矢量构成基.

定义 5.6 如果一个矢量空间无法被任何有限多个线性无关的矢量生成，那么称这个矢量空间为无限维矢量空间.

假设集合 $B=\{\boldsymbol{v}_1,\boldsymbol{v}_2,\cdots,\boldsymbol{v}_n\}$ 是有限维矢量空间 V 的一个基. 根据定义有 $\mathrm{Span}(B)=V$. 因此，对 V 中的任何一个矢量 $\boldsymbol{x}$，一定存在一组实数 $a_1,a_2,\cdots,a_n$ 使得

$$\boldsymbol{x}=a_1\boldsymbol{v}_1+a_2\boldsymbol{v}_2+\cdots+a_n\boldsymbol{v}_n.$$

当 $V=\mathbf{R}^n$ 时，我们知道这种组合形式是唯一的. 那么对一般的有限维矢量空间，这个结论是否成立呢？假设还存在另外一组系数 $b_1,b_2,\cdots,b_n$ 使得

$$\boldsymbol{x}=b_1\boldsymbol{v}_1+b_2\boldsymbol{v}_2+\cdots+b_n\boldsymbol{v}_n.$$

将 $\boldsymbol{x}$ 的这两种不同的展开相减得到

$$\boldsymbol{\theta}=(a_1-b_1)\boldsymbol{v}_1+(a_2-b_2)\boldsymbol{v}_2+\cdots+(a_n-b_n)\boldsymbol{v}_n.$$

因为 $\{\boldsymbol{v}_1,\boldsymbol{v}_2,\cdots,\boldsymbol{v}_n\}$ 是线性独立的，因此上式表明 $a_1=b_1,a_2=b_2,\cdots,a_n=b_n$. 因此我们就得到了一般的有限维矢量空间在给定基下展开系数的唯一性.

定理 5.6　假设集合 $B=\{\boldsymbol{v}_1,\boldsymbol{v}_2,\cdots,\boldsymbol{v}_n\}$ 是有限维矢量空间 V 的一个基，则对 V 中的任意一个元素 $\boldsymbol{x}$，存在唯一一组实数 $a_1,a_2,\cdots,a_n$ 使得

$$\boldsymbol{x}=a_1\boldsymbol{v}_1+a_2\boldsymbol{v}_2+\cdots+a_n\boldsymbol{v}_n.$$

$(a_1,a_2,\cdots,a_n)$ 称作 $\boldsymbol{x}$ 在基 B 下的坐标.

假设 V 是以 $B=\{\boldsymbol{v}_1,\boldsymbol{v}_2,\cdots,\boldsymbol{v}_n\}$ 为基的有限维矢量空间，考虑到 V 中的每一个元素都可以唯一地表示成

$$\boldsymbol{a}=a_1\boldsymbol{v}_1+a_2\boldsymbol{v}_2+\cdots+a_n\boldsymbol{v}_n,$$

就可以用一组数 $\{a_1,a_2,\cdots,a_n\}$ 和基 B 来表示矢量 $\boldsymbol{a}$. 特别地，可以把矢量 $\boldsymbol{a}$ 写成

$$[\boldsymbol{a}]_B=\begin{pmatrix}a_1\\a_2\\a_3\\\vdots\\a_n\end{pmatrix}.$$

这个表达式把 $\mathbf{R}^n$ 中的一个矢量借助基 B 和 V 中的一个矢量联系起来：

$$\boldsymbol{a}\in V\Leftrightarrow[\boldsymbol{a}]_B\in\mathbf{R}^n.$$

把矢量 $[\boldsymbol{a}]_B$ 称为 $\boldsymbol{a}$ 在基 B 下的坐标矢量. 需要注意的是，同一个矢量在不同基下的坐标可能不相同.

例 5.8　在线性空间 P_3 中取基 $B=\{\boldsymbol{p}_1=1,\ \boldsymbol{p}_2=x,\boldsymbol{p}_3=x^2,\boldsymbol{p}_4=x^3\}$ 和基 $C=\{\boldsymbol{p}_1=2,\ \boldsymbol{p}_2=3x,\ \boldsymbol{p}_3=x^2+x^3,\boldsymbol{p}_4=x^3\}$. 写出 $\boldsymbol{p}=2+3x-2x^2$ 的坐标.

解：可以直接读出 $[\boldsymbol{p}]_B=(2,3,-2,0)^{\mathrm{T}}$. 考虑基 C 的时候，我们注意到

$$\boldsymbol{p}=2+3x-2x^2=1\times2+1\times3x-2(x^2+x^3)+2x^3,$$

因此 $[\boldsymbol{p}]_C=(1,1,-2,2)^{\mathrm{T}}$. 可以发现对同一个矢量，如果选择不同的基，它的坐标矢量是不同的.

例 5.9　在线性空间 $\mathbf{R}^{2\times2}$ 中取基 $B=\{\boldsymbol{b}_1,\boldsymbol{b}_2,\boldsymbol{b}_3,\boldsymbol{b}_4\}$，其中

$$\boldsymbol{b}_1=\begin{pmatrix}1&0\\0&0\end{pmatrix},\ \boldsymbol{b}_2=\begin{pmatrix}0&1\\0&0\end{pmatrix},\ \boldsymbol{b}_3=\begin{pmatrix}0&0\\1&0\end{pmatrix},\ \boldsymbol{b}_4=\begin{pmatrix}0&0\\0&1\end{pmatrix}.$$

写出矩阵 $\boldsymbol{A}=\begin{pmatrix}1&2\\-1&3\end{pmatrix}$ 在基 B 下的坐标.

解：可以直接看出 $\boldsymbol{A}=\boldsymbol{b}_1+2\boldsymbol{b}_2-\boldsymbol{b}_3+3\boldsymbol{b}_4$. 因此可以得到 $[\boldsymbol{A}]_B=(1,2,-1,3)^{\mathrm{T}}$.

在我们写出一个基和矢量在这个基下的坐标时，我们实际上确定了基的排序. 对一个集合 $B=\{\boldsymbol{v}_1,\boldsymbol{v}_2,\cdots,\boldsymbol{v}_n\}$ 来说，元素的排序是不重要的. 但是如果将这个集合作为一个矢量空间的基，就需要指定它的排序了. 不同排序会导致矢量的坐标矢量不同.

给一个矢量空间 V 一个基 B 之后，就可以将矢量空间中的所有元素和 $\mathbf{R}^n$ 中的矢量对应起来. 不仅如此，矢量空间中的加法和数乘也能严格地对应 $\mathbf{R}^n$ 中的加法和数乘.

定理 5.7 假设 V 为一个有限维矢量空间，B 是它的一个基，那么对 V 中的任意两个矢量 $\boldsymbol{u}$ 和 $\boldsymbol{v}$，下面两式成立：

$$[\boldsymbol{u}+\boldsymbol{v}]_B=[\boldsymbol{u}]_B+[\boldsymbol{v}]_B,\quad [c\boldsymbol{u}]_B=c[\boldsymbol{u}]_B.$$

由此我们就可以将一个有限维矢量空间中的线性运算通过一个基转化为 $\mathbf{R}^n$ 中普通矢量的运算. 基于这一点我们很容易发现如下结论.

定理 5.8 假设 V 是一个有限维矢量空间，B 是 V 的一个基. V 中的一组矢量 $\{\boldsymbol{w}_1,\boldsymbol{w}_2,\cdots,\boldsymbol{w}_p\}$ 是线性无关的，当且仅当 $\{[\boldsymbol{w}_1]_B,[\boldsymbol{w}_2]_B,\cdots,[\boldsymbol{w}_p]_B\}$ 是线性无关的.

也就是说，一般的有限维矢量空间的线性无关问题可以通过一个基转化为 $\mathbf{R}^n$ 中普通矢量的线性无关问题. 这使得我们可以利用之前掌握的各种关于矢量空间 $\mathbf{R}^n$ 的工具和技巧来解决一般的有限维空间的线性无关问题.

例 5.10 考虑由不高于 2 次的多项式组成的矢量空间 P_2，请问函数

$$\boldsymbol{p}_1=1+2x+3x^2,\ \boldsymbol{p}_2=x-3x^2,\ \boldsymbol{p}_3=1-2x+15x^2$$

是否线性无关?

解：在 P_2 中取一个自然的基 $B=\{1,x,x^2\}$，于是可以得到上述 3 个函数的坐标矢量：

$$[\boldsymbol{p}_1]_B=\begin{pmatrix}1\\2\\3\end{pmatrix},\quad [\boldsymbol{p}_2]_B=\begin{pmatrix}0\\1\\-3\end{pmatrix},\quad [\boldsymbol{p}_3]_B=\begin{pmatrix}1\\-2\\15\end{pmatrix}.$$

要判定 $\boldsymbol{p}_1,\boldsymbol{p}_2,\boldsymbol{p}_3$ 是否线性无关，仅需要计算矩阵 $([\boldsymbol{p}_1]_B,[\boldsymbol{p}_2]_B,[\boldsymbol{p}_3]_B)$ 是否满秩. 这个矩阵是一个方阵，可以通过计算行列式来验证其是否满秩：

$$\begin{vmatrix}1&0&1\\2&1&-2\\3&-3&15\end{vmatrix}=\begin{vmatrix}1&0&0\\2&1&-4\\3&-3&12\end{vmatrix}=\begin{vmatrix}1&-4\\-3&12\end{vmatrix}=0.$$

因此 $([\boldsymbol{p}_1]_B,[\boldsymbol{p}_2]_B,[\boldsymbol{p}_3]_B)$ 不是满秩的. 故 $\boldsymbol{p}_1,\boldsymbol{p}_2,\boldsymbol{p}_3$ 线性相关.

在矢量空间 $\mathbf{R}^n$ 中，如果一个子空间的基有 p 个线性无关的矢量，那么这个子空间的任何基都有 p 个线性无关的矢量. 这个结论可以推广到任意的有限维矢量空间.

定理 5.9 假设 V 是一个有限维矢量空间，它的一个基 $B=\{\boldsymbol{w}_1,\boldsymbol{w}_2,\cdots,\boldsymbol{w}_p\}$ 包含 p 个矢量，那么 V 的任何基都包含 p 个矢量.

证明：利用基 B 可以使 V 中的任何矢量 $\boldsymbol{v}$ 对应于 $\mathbf{R}^p$ 中的一个矢量 $[\boldsymbol{v}]_B$. 假设另外一个基 $Q=\{\boldsymbol{v}_1,\boldsymbol{v}_2,\cdots,\boldsymbol{v}_k\}$ 包含 k 个矢量，Q 中的矢量在基 B 下对应于 k 个 $\mathbf{R}^p$ 中的矢量

$$\{[\boldsymbol{v}_1]_B,[\boldsymbol{v}_2]_B,\cdots,[\boldsymbol{v}_k]_B\}.$$

由于 $\{\boldsymbol{v}_1,\boldsymbol{v}_2,\cdots,\boldsymbol{v}_k\}$ 是线性无关组，因此 $\{[\boldsymbol{v}_1]_B,[\boldsymbol{v}_2]_B,\cdots,[\boldsymbol{v}_k]_B\}$ 也是线性无关组. 考虑一个 $p\times k$ 维的矩阵

$$\boldsymbol{M}=([\boldsymbol{v}_1]_B,[\boldsymbol{v}_2]_B,\cdots,[\boldsymbol{v}_k]_B).$$

$\boldsymbol{M}$ 的所有列向量线性无关等价于它的秩满足

$$R(\boldsymbol{M})=k.$$

$\boldsymbol{M}$ 是 $p\times k$ 维的矩阵，因此 $R(\boldsymbol{M})\leqslant\min\{k,p\}$，就得到了 $p\geqslant k$. 同理，如果选择 Q 作为基来考

虑集合 B，就会得到 $k \geqslant p$. 故 $p = k$.

定理 5.9 说明一个有限维矢量空间虽然可以选择许多不同的基，但是每一个基中线性无关的矢量的数目是一样的. 由此我们可以给一般的有限维矢量空间定义一个维数.

定义 5.7　假设 V 中一个有限维矢量空间的一个基 $B = \{\boldsymbol{w}_1, \boldsymbol{w}_2, \cdots, \boldsymbol{w}_n\}$ 包含 n 个矢量，就称这个矢量空间为 n 维矢量空间.

例 5.11　证明线性空间 $\mathbf{R}^{2\times2}$ 是一个 4 维矢量空间.

证明：基 $B = \{\boldsymbol{b}_1, \boldsymbol{b}_2, \boldsymbol{b}_3, \boldsymbol{b}_4\}$，其中

$$\boldsymbol{b}_1 = \begin{pmatrix} 1 & 0 \\ 0 & 0 \end{pmatrix}, \boldsymbol{b}_2 = \begin{pmatrix} 0 & 1 \\ 0 & 0 \end{pmatrix}, \boldsymbol{b}_3 = \begin{pmatrix} 0 & 0 \\ 1 & 0 \end{pmatrix}, \boldsymbol{b}_4 = \begin{pmatrix} 0 & 0 \\ 0 & 1 \end{pmatrix}.$$

可以验证这 4 个矢量生成了 $\mathbf{R}^{2\times2}$，并且它们是线性无关的. 因此 $\mathbf{R}^{2\times2}$ 是一个 4 维矢量空间.

由这个例子我们不难得到：$\mathbf{R}^{m\times n}$ 是一个 $m\times n$ 维矢量空间，基的全体 $m\times n$ 维的矩阵在矩阵加法和数乘下构成了一个 $m\times n$ 维矢量空间.

进一步地，我们可以把定理 3.12 平行地推广到一般的有限维矢量空间.

定理 5.10　假设 V 为一个 p 维矢量空间，那么

（1）V 中的任何多于 p 个矢量都是线性相关的；

（2）V 中的任何少于 p 个矢量都不能生成 V；

（3）V 中任何 p 个线性无关的矢量都是 V 的基；

（4）V 中任何能够生成 V 的 p 个矢量都是 V 的基.

定理 5.10 有一个重要的推论可以帮助我们判定在什么情况下一个子空间是整个矢量空间本身.

推论 5.1　假设 W 是有限维矢量空间 V 的一个子空间，那么 $W = V \Leftrightarrow \dim(W) = \dim(V)$.

例 5.12　证明由区间 $[a,b]$ 内的全体连续函数组成的线性空间 $C[a,b]$ 是一个无限维矢量空间.

证明：我们采用反证法. 假设 $C[a,b]$ 是一个有限维矢量空间，令它的维数为 n，那么根据定理 5.10，$C[a,b]$ 中的任何 $n+1$ 个元素都是线性相关的. 取 $C[a,b]$ 中的 $n+1$ 个元素如下：

$$1, x, x^2, \cdots, x^n.$$

显然这 $n+1$ 个元素是线性无关的，与假设矛盾. 因此 $C[a,b]$ 是一个无限维矢量空间.

给定矢量空间 V 的任意一个有限子集 $S = \{\boldsymbol{s}_1, \boldsymbol{s}_2, \cdots, \boldsymbol{s}_k\}$，那么它一定可以生成一个有限维子空间 $\mathrm{Span}(S)$. 在一般情况下 $\mathrm{Span}(S)$ 的维数可能小于 k. 那么我们如何确定 $\mathrm{Span}(S)$ 的维数并给 $\mathrm{Span}(S)$ 找到一个基呢？这个问题可以采取与例 3.15 类似的方法解决.

例 5.13　线性空间 $\mathbf{R}^{2\times2}$ 取 4 个矢量的集合 $S = \{\boldsymbol{A}_1, \boldsymbol{A}_2, \boldsymbol{A}_3, \boldsymbol{A}_4\}$，其中

$$\boldsymbol{A}_1 = \begin{pmatrix} 1 & 2 \\ -1 & 3 \end{pmatrix}, \boldsymbol{A}_2 = \begin{pmatrix} 0 & -1 \\ 1 & 4 \end{pmatrix}, \boldsymbol{A}_3 = \begin{pmatrix} -1 & 0 \\ 1 & -10 \end{pmatrix}, \boldsymbol{A}_4 = \begin{pmatrix} 3 & 7 \\ -2 & 6 \end{pmatrix}.$$

试确定 $\mathrm{Span}(S)$ 的维数并为 $\mathrm{Span}(S)$ 找到一个基.

解：为了将上述问题转化为与 $\mathbf{R}^n$ 中的矢量相关的问题，首先要给矢量空间 $\mathbf{R}^{2\times2}$ 取一个基. 这个选择没有特殊要求，为了方便起见，取

$$\boldsymbol{b}_1=\begin{pmatrix}1&0\\0&0\end{pmatrix},\ \boldsymbol{b}_2=\begin{pmatrix}0&1\\0&0\end{pmatrix},\ \boldsymbol{b}_3=\begin{pmatrix}0&0\\1&0\end{pmatrix},\ \boldsymbol{b}_4=\begin{pmatrix}0&0\\0&1\end{pmatrix}.$$

然后在这个 4 维基下将 S 中的元素表示为 4 维矢量：

$$[\boldsymbol{A}_1]_B=\begin{pmatrix}1\\2\\-1\\3\end{pmatrix},\quad [\boldsymbol{A}_2]_B=\begin{pmatrix}0\\-1\\1\\4\end{pmatrix},\quad [\boldsymbol{A}_3]_B=\begin{pmatrix}-1\\0\\1\\-10\end{pmatrix},\quad [\boldsymbol{A}_4]_B=\begin{pmatrix}3\\7\\-2\\6\end{pmatrix}.$$

令 $T=\{[\boldsymbol{A}_1]_B,[\boldsymbol{A}_2]_B,[\boldsymbol{A}_3]_B,[\boldsymbol{A}_4]_B\}$. 此时问题就转化为确定 $\mathrm{Span}(T)$ 的维数并为 $\mathrm{Span}(T)$ 寻找一个基. $T\subset\mathbf{R}^4$, 在例 3.15 中已经讲解了处理这类问题的方法.

首先构造矩阵：

$$\boldsymbol{C}=\begin{pmatrix}1&0&-1&3\\2&-1&0&7\\-1&1&1&-2\\3&4&-10&6\end{pmatrix}.$$

然后将 $\boldsymbol{C}^{\mathrm{T}}$ 通过初等行变换化为最简阶梯矩阵：

$$\boldsymbol{D}^{\mathrm{T}}=\begin{pmatrix}1&2&-1&3\\0&1&-1&-4\\0&0&1&1/2\\0&0&0&0\end{pmatrix}.$$

再将其转置：

$$\boldsymbol{D}=\begin{pmatrix}1&0&0&0\\2&1&0&0\\-1&-1&1&0\\3&-4&1/2&0\end{pmatrix}.$$

矩阵 $\boldsymbol{D}$ 的列矢量就构成了 $\mathrm{Span}(T)$ 的一个基. 我们可以取基矢量

$$\boldsymbol{w}_1=\begin{pmatrix}1\\2\\-1\\3\end{pmatrix},\ \boldsymbol{w}_2=\begin{pmatrix}0\\1\\-1\\-4\end{pmatrix},\ \boldsymbol{w}_3=\begin{pmatrix}0\\0\\2\\1\end{pmatrix}.$$

这里将最后一个矢量扩大了 2 倍，以避免出现分数. 注意上述矢量是 $\mathrm{Span}(T)$ 的基.

那么如何写出 $\mathrm{Span}(S)$ 的基呢？首先我们可以确定 $\dim(\mathrm{Span}(S))=\dim(\mathrm{Span}(T))=3$. 因此 $\mathrm{Span}(S)$ 有 3 个基矢量，记为 $\boldsymbol{B}_1,\boldsymbol{B}_2$ 和 $\boldsymbol{B}_3$. 如果 $[\boldsymbol{B}_1]_B=\boldsymbol{w}_1,[\boldsymbol{B}_2]_B=\boldsymbol{w}_2,[\boldsymbol{B}_3]_B=\boldsymbol{w}_3$，那么 $\boldsymbol{B}_1$，$\boldsymbol{B}_2$ 和 $\boldsymbol{B}_3$ 就是线性无关的，因而它们可以作为 $\mathrm{Span}(S)$ 的一个基. 所以我们需要找到 3 个矢量，它们在基 B 下的坐标正好就是 $\boldsymbol{w}_1,\boldsymbol{w}_2$ 和 $\boldsymbol{w}_3$. 根据坐标矢量的定义，欲使 $[\boldsymbol{B}_1]_B=\boldsymbol{w}_1$，需要取

$$\boldsymbol{B}_1=\boldsymbol{b}_1+2\boldsymbol{b}_2-\boldsymbol{b}_3+3\boldsymbol{b}_4=\begin{pmatrix}1&2\\-1&3\end{pmatrix}.$$

采用同样的方法,可得

$$\boldsymbol{B}_2=\begin{pmatrix}0 & 1\\ -1 & -4\end{pmatrix},\ \boldsymbol{B}_3=\begin{pmatrix}0 & 0\\ 2 & 1\end{pmatrix}.$$

在给定 n 维矢量空间 V 的任意一个有限子集 $S=\{\boldsymbol{s}_1,\boldsymbol{s}_2,\cdots,\boldsymbol{s}_k\}$ 后,我们把确定 $\mathrm{Span}(S)$ 的维数并寻找 $\mathrm{Span}(S)$ 的一个基的方法总结如下:

(1)选定 V 的一个基 B,从而获得 $\mathbf{R}^n$ 的一个子集 $Q=\{[\boldsymbol{s}_1]_B,[\boldsymbol{s}_2]_B,\cdots,[\boldsymbol{s}_k]_B\}$;

(2)设矩阵 $\boldsymbol{C}=([\boldsymbol{s}_1]_B,[\boldsymbol{s}_2]_B,\cdots,[\boldsymbol{s}_k]_B)$,利用初等行变换把 $\boldsymbol{C}^{\mathrm{T}}$ 转化为最简阶梯矩阵 $\boldsymbol{D}^{\mathrm{T}}$;

(3)矩阵 $\boldsymbol{D}$ 中的非零列就构成了 $\mathrm{Span}(Q)$ 的生成子空间的一个基;

(4)写出 V 中的一组矢量,使得它们在 B 下的坐标矢量正好就是 $\mathrm{Span}(Q)$ 的生成子空间的基矢量.

在结束这一节之前,我们再来谈一谈有限维和无限维的问题. 在本节中,我们多次强调有限,这是因为有限维矢量空间和无限维矢量空间在某些方面有着巨大的区别. 其中一个重要的原因是无穷运算涉及收敛性和极限等问题,所以定义无限维矢量空间以及无限维矢量空间的线性组合和线性相关需要进行非常细致的处理. 本课程不打算详细地去处理这些微妙的问题,但是仍希望通过如下问题让读者对这种区别有所感受.

我们来考虑矢量空间的定义中的第(1)条:加法的封闭性. 由这一条可以得到一个矢量空间中任意有限多个相同或不同的元素相加的结果都在这个矢量空间内. 在有限维矢量空间中利用基展开只会涉及有限多个元素的加法,因此其结果一定还在矢量空间中. 但是对无限维矢量空间来说,如果想在其中建立诸如线性组合、基等概念,就涉及无限个矢量的加法. 但是矢量空间的定义并不要求对无限次加法封闭,换句话说无限个矢量相加的结果可能不在原先的矢量空间中. 比如在例 5.2 中,我们已经证明了 $\mathbb{R}^+$ 按照例 5.2 所述的加法和数乘运算构成矢量空间. 取 $a=10^{-1}$,然后按照规则计算无限个 a 的和:

$$\lim_{n\to\infty}\underbrace{a\oplus a\oplus\cdots\oplus a}_{n\text{个}a}=\lim_{n\to\infty}a^n=\lim_{n\to\infty}10^{-n}=0\notin\mathbb{R}^+.$$

可见一个矢量空间中的元素进行无限次加法运算的结果可能不在这个矢量空间中. 因此把有限维矢量空间的性质和结论推广到无限维矢量空间的时候需要非常小心.

5.3　线性映射

我们首先回忆一下什么是映射. 在数学里,所谓映射是指两个集合之间的元素相互对应的关系. 确切地讲,两个非空集合 A 与 B 间存在着对应关系 f,而且对 A 中的每一个元素 a,B 中总有唯一的元素 b 与它对应,这种对应被称为从 A 到 B 的映射,记作 $f:A\mapsto B$. 其中,b 称为元素 a 在映射 f 下的像,记作 $b=f(a)$,a 称为 b 关于映射 f 的原像. B 中所有 A 的像的集合称为像集,记为

$$f(A)=\{\forall b\in B\mid\exists a\in A, f(a)=b\}.$$

总有 $f(A)\subset B$. 当 $f(A)=B$ 时,就说这是一个满射或者说 f 是到上的. 如果对任意 $a_1\neq a_2$,都有 $f(a_1)\neq f(a_2)$,就说这是一个单射或者说是一一的.

当两个集合是两个数集时，从一个数集到另外一个数集的映射就是我们通常遇到的函数. 在第 3 章中我们讲到了 $\mathbf{R}^n$ 中的线性映射，它是将 $\mathbf{R}^n$ 中的一个矢量映射为 $\mathbf{R}^m$ 中的一个矢量并且满足定义 3.8 中的要求的多元函数. 在前面的讲解中我们已经看到，构成一个矢量空间的元素不一定都是数或者数组，那么自然可以想到，线性映射也可以定义在由一般元素构成的矢量空间中.

定义 5.8 假设 T 是一个从矢量空间 U 到 V 的映射，$T:U\mapsto V$. 当 T 满足如下两个性质时，我们称它是一个线性映射.

（1）$\forall \boldsymbol{u}_1,\boldsymbol{u}_2\in U, T(\boldsymbol{u}_1+\boldsymbol{u}_2)=T(\boldsymbol{u}_1)+T(\boldsymbol{u}_2)$；

（2）$\forall \boldsymbol{u}\in U, a\in\mathbb{R}, T(a\boldsymbol{u})=aT(\boldsymbol{u})$.

用一句话总结线性映射的定义：两个矢量空间之间的保持线性运算的映射称为线性映射. 为了理解这个定义，下面来举一些例子.

首先举两个平庸的例子. 对任意矢量空间 V，可以定义一个恒等映射 $I:V\mapsto V$, $I(\boldsymbol{v})=\boldsymbol{v}$. 可以验证这是一个线性映射，我们把它称为恒等映射. 对任意两个矢量空间 U 和 V，总是可以定义一个变换 $O:U\mapsto V, O(\boldsymbol{u})=\boldsymbol{\theta}_V$. 其中 $\boldsymbol{\theta}_V$ 是矢量空间 V 中的零元素. 这个变换将矢量空间 U 中的所有元素都映射为 V 中的零元素，我们把它称为零变换. 零变换是任意两个矢量空间都可以建立起来的一种线性映射.

下面来看几个非平庸的例子.

例 5.14 假设 $T:P_2\mapsto\mathbf{R}^1$ 定义为 $T(\boldsymbol{p})=p(0)$. 证明 T 是一个线性映射.

证明： 首先来理解一下映射 T 是如何定义的. 假设 $\boldsymbol{p}_1$ 代表多项式 $p_1(x)=x^2-1$，那么 $T(\boldsymbol{p}_1)=p_1(0)=-1$. 如果取 P_2 中的另外一个矢量 $\boldsymbol{p}_2, p_2(x)=x^2+1$，那么 $T(\boldsymbol{p}_2)=1$. 一般而言 $p(x)$ 是一个非线性函数，因此容易让人误以为 $T(\boldsymbol{p})$ 不是一个线性映射. 但是需要注意的是，T 的作用对象是多项式本身，而不是多项式的函数值.

为了证明 T 是一个线性映射，先取两个不同的多项式 $\boldsymbol{p}_1$ 和 $\boldsymbol{p}_2$，那么 $\boldsymbol{p}=\boldsymbol{p}_1+\boldsymbol{p}_2$ 也是一个多项式（按照 P_2 中的加法），且 $p(0)=p_1(0)+p_2(0)$，于是我们发现

$$T(\boldsymbol{p}_1+\boldsymbol{p}_2)=T(\boldsymbol{p})=p(0)=p_1(0)+p_2(0)=T(\boldsymbol{p}_1)+T(\boldsymbol{p}_2),$$

$$T(a\boldsymbol{p})=ap(0)=aT(\boldsymbol{p}).$$

因此 T 是一个线性映射.

对一个 n 维矢量空间 V 和一个给定的基 B，我们可以赋予 V 中的每一个元素一个坐标矢量 $[\boldsymbol{v}]_B$. 这实际上就给出了一个从 V 到 $\mathbf{R}^n$ 的映射 $[\cdot]_B:V\mapsto\mathbf{R}^n$. 下面这个定理表明这个映射是一个从 V 到 $\mathbf{R}^n$ 的线性映射并且是一一到上的.

定理 5.11 对一个 n 维矢量空间 V 和一个给定的基 B，坐标矢量映射 $[\cdot]_B:V\mapsto\mathbf{R}^n$ 是一个从 V 到 $\mathbf{R}^n$ 的一一到上的线性映射.

证明： 对 $[\cdot]_B$ 是一个一一到上的映射的证明留作习题，这里来证明它是一个线性映射. 取 V 中的任意两个矢量 $\boldsymbol{v}_1$ 和 $\boldsymbol{v}_2$，根据定理 5.7 可以发现：

$$[\boldsymbol{u}+\boldsymbol{v}]_B=[\boldsymbol{u}]_B+[\boldsymbol{v}]_B,\quad [c\boldsymbol{u}]_B=c[\boldsymbol{u}]_B.$$

因此，$[\cdot]_B$ 是线性映射.

例 5.15　假设 $T:C[0,1]\mapsto \mathbf{R}^1$ 定义为 $T(\boldsymbol{f})=\int_0^1 f(x)\mathrm{d}x$. 证明 T 是一个线性映射.

证明: 如果 $\boldsymbol{f}$ 和 $\boldsymbol{g}$ 都是 $C[0,1]$ 中的函数,那么 $(\boldsymbol{f}+\boldsymbol{g})(x)=f(x)+g(x)$. 因此,

$$T(\boldsymbol{f}+\boldsymbol{g})=\int_0^1[f(x)+g(x)]\mathrm{d}x=\int_0^1 f(x)\mathrm{d}x+\int_0^1 g(x)\mathrm{d}x=T(\boldsymbol{f})+T(\boldsymbol{g}),$$

$$T(a\mathrm{d}\boldsymbol{f})=\int_0^1 af(x)\mathrm{d}x=a\int_0^1 f(x)\mathrm{d}x=aT(\boldsymbol{f}).$$

因此 T 是一个线性映射.

我们注意到例 5.14 和例 5.15 中的线性映射的定义域是一个由函数构成的线性空间,而值域是一个数. 我们把将一个函数映射为一个数(或者数组)的映射称为泛函,以体现它和函数既相似(映射的结果都是一个数)又有区别(作用对象一个是函数,一个是数). 例 5.14 和例 5.15 中这种属于线性映射的泛函被称作线性泛函. 其中利用积分来定义的线性泛函在物理理论的构建、偏微分方程理论和最优化问题中有着非常广泛的应用.

例 5.16　假设 W 代表区间 $[0,1]$ 内所有可导且导数连续的函数的集合. 定义映射 $T:W\mapsto C[0,1]$ 为

$$T(\boldsymbol{f})=f'(x)+2f(x).$$

证明 T 是一个线性映射.

证明: 如果 $\boldsymbol{f}$ 和 $\boldsymbol{g}$ 都是 W 中的函数,那么

$$T(\boldsymbol{f}+\boldsymbol{g})=[f(x)+g(x)]'+2[f(x)+g(x)]=f'(x)+2f(x)+g'(x)+2g(x)=T(\boldsymbol{f})+T(\boldsymbol{g}),$$

$$T(a\boldsymbol{f})=[af(x)]'+2af(x)=a[f'(x)+2f(x)]=aT(\boldsymbol{f}).$$

因此 T 是一个线性映射.

例 5.16 中的线性映射的定义域是一个由函数构成的线性空间,值域也是一个由函数构成的线性空间,并且这个映射涉及函数的导数. 这样的映射常称为微分算子. 微分算子的值域是一个函数集合,而泛函的值域是一个数集. 如果微分算子是线性映射,就称它为线性微分算子. 并不是所有涉及微分的变换都是线性的,如 $T[f(x)]=f'(x)+f(x)^2$ 就不是定义在 W 中的线性微分算子.

在上述几个例题中,线性映射将函数分别映射为数和函数. 在下面这个例题中,我们来考虑一个将数映射为函数的线性映射.

例 5.17　假设 S 代表所有在区间 $[0,1]$ 内满足二阶微分方程 $y''+2xy'+3\mathrm{e}^x y=0$ 的解,我们以通常的函数加法和数乘构成矢量空间. 现在考虑一个映射 $T:\mathbf{R}^2\mapsto S$, 对任意 $\boldsymbol{x}=(x_1,x_2)^{\mathrm{T}}$, 规定 $T(\boldsymbol{x})$ 的像为

$$T(\boldsymbol{x})=y\in S, y(0)=x_1,\ y'(0)=x_2.$$

请问 T 是否为一个线性映射?

解: 取 $T(\boldsymbol{w})=y_1(x)$, $T(\boldsymbol{v})=y_2(x)$. 根据定义有

$$y_1''+2xy_1'+3\mathrm{e}^x y_1=0,\ y_1(0)=w_1, y_1'(0)=w_2, \tag{5.3a}$$

$$y_2''+2xy_2'+3\mathrm{e}^x y_2=0,\ y_1(0)=v_1, y_1'(0)=v_2. \tag{5.3b}$$

将式(5.3a)和式(5.3b)相加,可得

$$(y_1+y_2)''+2x(y_1+y_2)'+3e^x(y_1+y_2)=0,$$
$$y_1(0)+y_2(0)=w_1+v_1,$$
$$y_1'(0)+y_2'(0)=w_2+v_2.$$

因此 $T(\boldsymbol{w})+T(\boldsymbol{v})=y_1(x)+y_2(x)$ 是微分方程 $y''+2xy'+3e^xy=0$ 在初值 $y(0)=w_1+v_1$ 和 $y'(0)=w_2+v_2$ 下的解. 令 $y_0=T(\boldsymbol{w}+\boldsymbol{v})$,根据定义有

$$y_0''+2xy_0'+3e^xy_0=0,$$
$$y_0(0)=w_1+v_1,$$
$$y_0'(0)=w_2+v_2.$$

因此 $y_0(x)$ 也是微分方程 $y''+2xy'+3e^xy=0$ 在初值 $y(0)=w_1+v_1$ 和 $y'(0)=w_2+v_2$ 下的解. 根据二阶常微分方程初值问题解的唯一性定理,微分方程 $y''+2xy'+3e^xy=0$ 在初值 $y(0)=w_1+v_1$ 和 $y'(0)=w_2+v_2$ 的解是唯一的. 因此,$y_0(x)=y_1(x)+y_2(x)$,即

$$T(\boldsymbol{w})+T(\boldsymbol{v})=T(\boldsymbol{w}+\boldsymbol{v}).$$

令 $y_3(x)=T(c\boldsymbol{w})$. 根据定义有

$$y_3''+2xy_3'+3e^xy_3=0, y_3(0)=cw_1,\ y_3'(0)=cw_2.$$

另外式(5.3a)可以改写为

$$(cy_1)''+2x(cy_1)'+3e^xcy_1=0,\ cy_1(0)=cw_1,\ cy_1'(0)=cw_2.$$

这表明 y_3 和 cy_1 都是微分方程 $y''+2xy'+3e^xy=0$ 在初值 $y(0)=cw_1$ 和 $y'(0)=cw_2$ 下的解,因此 $y_3=cy_1$,于是 $T(c\boldsymbol{w})=cT(\boldsymbol{w})$.

至此我们可以得出结论:T 是一个线性映射.

通过例 5.17 我们可以看到一个线性映射可以复杂形式构建,它的定义域和值域可以是完全不相同的两个矢量空间,甚至可以把线性映射本身作为元素组成矢量空间.

例 5.18 假设 $L(U,V)$ 是由所有从 U 到 V 的线性映射组成的集合,并且取线性映射自然的加法

$$\forall T,S\in L(U,V),\ (T+S)(\boldsymbol{u})=T(\boldsymbol{u})+S(\boldsymbol{u})$$

和数乘

$$(\alpha\cdot T)(\boldsymbol{u})=\alpha\cdot T(\boldsymbol{u}).$$

证明 $L(U,V)$ 构成一个矢量空间.

证明:我们需要逐一验证 3 类 10 条要求. 下面来验证一下加法和数乘的封闭性. 取 $L(U,V)$ 中的两个元素 T 和 S,令 $Q=T+S$,需要证明 Q 也是 $L(U,V)$ 中的元素. 根据定义,$\forall\ \boldsymbol{u}_1,\boldsymbol{u}_2\in U$,有

$$Q(\boldsymbol{u}_1+\boldsymbol{u}_2)=T(\boldsymbol{u}_1+\boldsymbol{u}_2)+S(\boldsymbol{u}_1+\boldsymbol{u}_2)=T(\boldsymbol{u}_1)+T(\boldsymbol{u}_2)+S(\boldsymbol{u}_1)+S(\boldsymbol{u}_2).$$

于是有

$$Q(\boldsymbol{u}_1+\boldsymbol{u}_2)=T(\boldsymbol{u}_1)+S(\boldsymbol{u}_1)+T(\boldsymbol{u}_2)+S(\boldsymbol{u}_2)=Q(\boldsymbol{u}_1)+Q(\boldsymbol{u}_2).$$

此外,对任意实数 α,

$$Q(\alpha\boldsymbol{u}_1)=T(\alpha\boldsymbol{u}_1)+S(\alpha\boldsymbol{u}_1)=\alpha T(\boldsymbol{u}_1)+\alpha S(\boldsymbol{u}_1)=\alpha[T(\boldsymbol{u}_1)+S(\boldsymbol{u}_1)],$$

故 $Q(\alpha\boldsymbol{u}_1)=\alpha Q(\boldsymbol{u}_1)$. 这表明 Q 是从 U 到 V 的线性映射,因此 $Q=T+S\in L(U,V)$. 其他要求

的验证读者可自行完成.

当 U 和 V 都是有限维矢量空间时，有一个有趣的问题：既然 $L(U,V)$ 也是一个矢量空间，那么 $L(U,V)$ 的维数是多少？从直觉上讲，因为从 U 到 V 有无穷个不同的线性映射，因此读者也许会猜测 $L(U,V)$ 是一个无限维矢量空间. 在第 5.6 节中我们将证明 $\dim(L(U,V))=\dim(U)\times\dim(V)$，因此 $L(U,V)$ 是一个有限维矢量空间.

5.4　线性映射的基本性质

在熟悉了线性映射之后，我们给出线性映射的几个基本性质. 对线性映射 $T:U\mapsto V$，假设 $\boldsymbol{\theta}_U$ 和 $\boldsymbol{\theta}_V$ 分别是矢量空间 U 和 V 中的零元素（或者说是核），那很容易发现

$$T(\boldsymbol{\theta}_U)=T(\boldsymbol{\theta}_U+\boldsymbol{\theta}_U)=T(\boldsymbol{\theta}_U)+T(\boldsymbol{\theta}_U)=2T(\boldsymbol{\theta}_U)\Rightarrow T(\boldsymbol{\theta}_U)=\boldsymbol{\theta}_V.$$

因此任何线性映射都是把一个空间中的零元素变为另外一个空间中的零元素. 这表明如果一个映射不能把原像空间中的零元素映射为像空间中的零元素，那么这个映射不可能是线性映射. 这个结论为我们提供了一种快速判定一个映射不是线性映射的方法.

为了研究线性映射的其他性质，我们先引入以下定义.

定义 5.9　对线性映射 $T:U\mapsto V$，定义线性映射 T 的零空间（又称核）

$$\mathrm{Nul}(T)=\{\forall \boldsymbol{u}\in U\mid T(\boldsymbol{u})=\boldsymbol{\theta}_V\}.$$

T 的值域记为

$$\mathrm{Rang}(T)=T(U).$$

定义 5.10　线性映射 T 的秩 $R(T)$ 定义为 T 的值域的维数，即 $\dim(T)=\dim(\mathrm{Rang}(T))$.

一个线性映射的零空间就是 V 中零元素的原像的集合. 有时也把线性映射的零空间记为 $\mathrm{Ker}(T)$，取英文 kernel（核）的含义. 这里的零空间、值域可以看作第 3 章中相应的概念在一般线性映射中的推广. 图 5.1 展示了它们的关系.

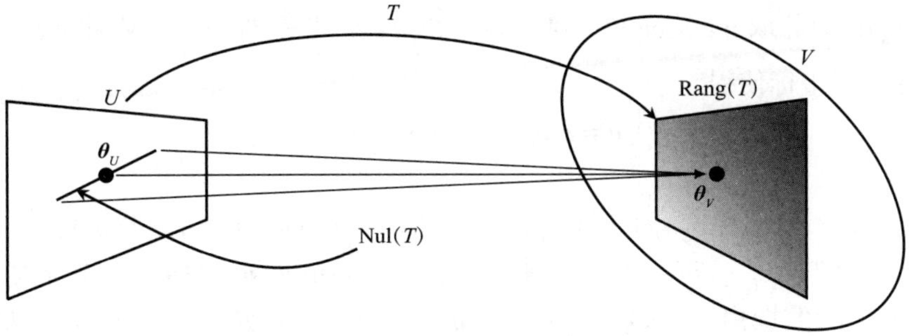

图 5.1　**线性映射的零空间** $\mathrm{Nul}(T)$ **和值域** $\mathrm{Rang}(T)$ **的示意**

利用上述定义，我们可以给出线性映射的几个重要的基本性质，如下所示.

定理 5.12　假设 $T:U\mapsto V$ 是一个线性映射，那么：

（1）$\mathrm{Nul}(T)$ 是 U 的子空间；

（2）$\mathrm{Rang}(T)$ 是 V 的子空间；

（3）T 是一一的当且仅当 $\mathrm{Nul}(T)=\{\boldsymbol{\theta}_U\}$.

证明：性质（1）和（2）可以根据定理 5.3 证明，这两条性质的证明留作习题. 这里对性质（3）进行证明.

我们注意到对任何线性映射 T 都有 $T(\boldsymbol{\theta}_U)=\boldsymbol{\theta}_V$，故 $\boldsymbol{\theta}_U\in\mathrm{Nul}(T)$. 如果 T 是一一的，那么 $\boldsymbol{\theta}_V$ 的原像最多只有一个，因此 $\mathrm{Nul}(T)=\{\boldsymbol{\theta}_U\}$.

下面来考虑命题的另外一个方向：假设 $\mathrm{Nul}(T)=\{\boldsymbol{\theta}_U\}$，在此前提下证明 T 是一一的. 为此取 U 中的两个元素 $\boldsymbol{u}_1$ 和 $\boldsymbol{u}_2$. 如果 $T(\boldsymbol{u}_1)=T(\boldsymbol{u}_2)$，那么有

$$T(\boldsymbol{u}_1)-T(\boldsymbol{u}_2)=T(\boldsymbol{u}_1-\boldsymbol{u}_2)=\boldsymbol{\theta}_V.$$

因此由 $\mathrm{Nul}(T)=\{\boldsymbol{\theta}_U\}$ 得到 $\boldsymbol{u}_1-\boldsymbol{u}_2=\boldsymbol{\theta}_U$，则必定有 $\boldsymbol{u}_1=\boldsymbol{u}_2$. 故当 $\mathrm{Nul}(T)=\{\boldsymbol{\theta}_U\}$ 时，T 是一一的.

考虑 T 是一个从 $\mathbf{R}^n$ 到 $\mathbf{R}^m$ 的线性映射，那么这个变换可以由一个矩阵给出：$T(\boldsymbol{x})=\boldsymbol{A}\boldsymbol{x}$. 若方程 $\boldsymbol{A}\boldsymbol{x}=\boldsymbol{b}$ 具有唯一解，则线性映射 T 是一一的. 因此定理 5.12 的性质（3）有一个很重要的推论：$\boldsymbol{A}\boldsymbol{x}=\boldsymbol{b}$ 具有唯一解的前提是齐次方程 $\boldsymbol{A}\boldsymbol{x}=\boldsymbol{0}$ 只有平庸解. 但是这里有一点需要说明：在求解线性方程时，并没有假定 $\boldsymbol{A}\boldsymbol{x}=\boldsymbol{b}$ 一定有解，也就是说没有假定 $\boldsymbol{b}\in\mathrm{Rang}(\boldsymbol{A})$. 因此，更确切的表述应该是：定理 5.12 的性质（3）表明，如果 $\boldsymbol{b}\in\mathrm{Rang}(\boldsymbol{A})$，那么 $\boldsymbol{A}\boldsymbol{x}=\boldsymbol{b}$ 具有唯一解当且仅当齐次方程 $\boldsymbol{A}\boldsymbol{x}=\boldsymbol{0}$ 只有平庸解.

一般定义一个从 U 到 V 的线性映射 T 时，并不要求整个线性映射是一一的或者到上的. 下面这个定理表明利用 V 的一个基，很容易判定一个线性映射是不是一一的或者到上的.

定理 5.13 对一个 n 维矢量空间 U 和一个给定的基 $B=\{\boldsymbol{u}_1,\boldsymbol{u}_2,\cdots,\boldsymbol{u}_n\}$，假设 $T:U\mapsto V$ 是一个线性映射，那么：

（1）$\mathrm{Rang}(T)=\mathrm{Span}\{T(\boldsymbol{u}_1),T(\boldsymbol{u}_2),\cdots,T(\boldsymbol{u}_n)\}$；

（2）T 是一一的当且仅当 $R(T)=n$；

（3）T 是到上的当且仅当 $R(T)=\dim(V)$.

证明：（1）根据定义 $\mathrm{Span}\{T(\boldsymbol{u}_1),T(\boldsymbol{u}_2),\cdots,T(\boldsymbol{u}_n)\}\subset\mathrm{Rang}(T)$，证明 $\mathrm{Rang}(T)\subset\mathrm{Span}\{T(\boldsymbol{u}_1),T(\boldsymbol{u}_2),\cdots,T(\boldsymbol{u}_n)\}$. 为此取 $\boldsymbol{v}\in\mathrm{Rang}(T)$，则存在一个 $\boldsymbol{u}\in U$ 使得 $T(\boldsymbol{u})=\boldsymbol{v}$. 又因为 B 是 U 的一个基，因此存在一组坐标使得

$$\boldsymbol{u}=a_1\boldsymbol{u}_1+a_2\boldsymbol{u}_2+\cdots+a_n\boldsymbol{u}_n.$$

因此有

$$\boldsymbol{v}=T(a_1\boldsymbol{u}_1+a_2\boldsymbol{u}_2+\cdots+a_n\boldsymbol{u}_n)=a_1T(\boldsymbol{u}_1)+a_2T(\boldsymbol{u}_2)+\cdots+a_nT(\boldsymbol{u}_n).$$

故 $\boldsymbol{v}\in\mathrm{Span}\{T(\boldsymbol{u}_1),T(\boldsymbol{u}_2),\cdots,T(\boldsymbol{u}_n)\}$. 这说明 $\mathrm{Rang}(T)\subset\mathrm{Span}\{T(\boldsymbol{u}_1),T(\boldsymbol{u}_2),\cdots,T(\boldsymbol{u}_n)\}$.

（2）因为 T 的值域由 $\{T(\boldsymbol{u}_1),T(\boldsymbol{u}_2),\cdots,T(\boldsymbol{u}_n)\}$ 张成，如果 $R(T)\neq n$，则必有 $R(T)<n$，也就是说 $\{T(\boldsymbol{u}_1),T(\boldsymbol{u}_2),\cdots,T(\boldsymbol{u}_n)\}$ 不是线性无关的，那么就存在一组不为 0 的实数 $\{a_1,a_2,\cdots,a_n\}$ 使得

$$a_1T(\boldsymbol{u}_1)+a_2T(\boldsymbol{u}_2)+\cdots+a_nT(\boldsymbol{u}_n)=\boldsymbol{\theta}_V,$$

即

$$T(a_1\boldsymbol{u}_1+a_2\boldsymbol{u}_2+\cdots+a_n\boldsymbol{u}_n)=\boldsymbol{\theta}_V.$$

这表明存在一个矢量 $\boldsymbol{u}=a_1\boldsymbol{u}_1+a_2\boldsymbol{u}_2+\cdots+a_n\boldsymbol{u}_n\in U$ 使得

$$T(\boldsymbol{u})=\boldsymbol{\theta}_V.$$

但是由于 $\{\boldsymbol{u}_1,\boldsymbol{u}_2,\cdots,\boldsymbol{u}_n\}$ 是线性无关的，因此必然有 $\boldsymbol{u}\neq\boldsymbol{\theta}_U$. 根据定理 5.12，这就意味着 T 不是一一的. 另一方面，如果 $R(T)=n$，则说明 $\{T(\boldsymbol{u}_1),T(\boldsymbol{u}_2),\cdots,T(\boldsymbol{u}_n)\}$ 是线性无关的. 那么方程

$$a_1T(\boldsymbol{u}_1)+a_2T(\boldsymbol{u}_2)+\cdots+a_nT(\boldsymbol{u}_n)=\boldsymbol{\theta}_V$$

的解就只有 $a_1=a_2=\cdots=a_n=0$. 也就是说方程 $T(\boldsymbol{u})=\boldsymbol{\theta}_V$ 只有平庸解，即 $\mathrm{Nul}(T)=\{\boldsymbol{\theta}_U\}$. 故 T 是一一的.

（3）因为 $\mathrm{Rang}(T)$ 是 V 的一个子空间，因此根据推论 5.1，T 是到上的当且仅当 $R(T)=\dim(V)$.

例 5.19　定义映射 $T:P_3\mapsto\mathbf{R}^{2\times2}$ 为

$$T(\boldsymbol{f})=\begin{pmatrix}f(0)+f(2) & f(0)+f(3)\\ f(1)+f(2) & f(1)+f(3)\end{pmatrix}.$$

求 $R(T)$ 的一个基并证明 T 既不是一一的，也不是到上的.

解：取 P_3 的一个基 $\{1,x,x^2,x^3\}$，根据定理 5.13 有

$$\mathrm{Rang}(T)=\mathrm{Span}\{T(1),T(x),T(x^2),T(x^3)\}=\mathrm{Span}\{\boldsymbol{A}_1,\boldsymbol{A}_2,\boldsymbol{A}_3,\boldsymbol{A}_4\}.$$

其中

$$\boldsymbol{A}_1=\begin{pmatrix}2&2\\2&2\end{pmatrix},\ \boldsymbol{A}_2=\begin{pmatrix}2&3\\3&4\end{pmatrix},\ \boldsymbol{A}_3=\begin{pmatrix}4&9\\5&10\end{pmatrix},\ \boldsymbol{A}_4=\begin{pmatrix}8&27\\9&28\end{pmatrix}.$$

为了求出 $\mathrm{Rang}(T)$ 的秩，我们需要确定 $\mathrm{Span}\{\boldsymbol{A}_1,\boldsymbol{A}_2,\boldsymbol{A}_3,\boldsymbol{A}_4\}$ 的一个基. 仿照例 5.13 中的做法，取矢量空间 $\mathbf{R}^{2\times2}$ 的一个自然基 $B=\{\boldsymbol{b}_1,\boldsymbol{b}_2,\boldsymbol{b}_3,\boldsymbol{b}_3\}$，其中

$$\boldsymbol{b}_1=\begin{pmatrix}1&0\\0&0\end{pmatrix},\ \boldsymbol{b}_2=\begin{pmatrix}0&1\\0&0\end{pmatrix},\ \boldsymbol{b}_3=\begin{pmatrix}0&0\\1&0\end{pmatrix},\ \boldsymbol{b}_4=\begin{pmatrix}0&0\\0&1\end{pmatrix}.$$

在这个基下，$\mathrm{Span}\{\boldsymbol{A}_1,\boldsymbol{A}_2,\boldsymbol{A}_3,\boldsymbol{A}_4\}$ 的坐标矢量构成矩阵

$$\boldsymbol{C}=\begin{pmatrix}2&2&4&8\\2&3&9&27\\2&3&5&9\\2&4&10&28\end{pmatrix}.$$

我们可以利用 Maple 求出与 $\boldsymbol{C}^{\mathrm{T}}$ 行等价的最简阶梯矩阵：

$$\boldsymbol{D}^{\mathrm{T}}=\begin{pmatrix}1&0&0&-1\\0&1&0&1\\0&0&1&1\\0&0&0&0\end{pmatrix}.$$

因此

$$D=\begin{pmatrix}1&0&0&0\\0&1&0&0\\0&0&1&0\\-1&1&1&0\end{pmatrix}.$$

上述矩阵的非零列矢量就构成了 Span$\{\boldsymbol{A}_1,\boldsymbol{A}_2,\boldsymbol{A}_3,\boldsymbol{A}_4\}$ 在基 B 下的一个基的坐标. 由此我们可以得到 Rang(T) 的一个基：

$$\boldsymbol{B}_1=\boldsymbol{b}_1-\boldsymbol{b}_4=\begin{pmatrix}1&0\\0&-1\end{pmatrix},\ \boldsymbol{B}_2=\boldsymbol{b}_2+\boldsymbol{b}_4=\begin{pmatrix}0&1\\0&1\end{pmatrix},\ \boldsymbol{B}_3=\boldsymbol{b}_3+\boldsymbol{b}_4=\begin{pmatrix}0&0\\1&1\end{pmatrix}.$$

因为 Rang(T) 是一个 3 维矢量空间，因此 $R(T)\neq\dim(P_3)$，$R(T)\neq\dim(\mathbf{R}^{2\times2})$. 根据定理 5.13，$T$ 既不是一一的，也不是到上的.

在研究 $\mathbf{R}^n$ 中的线性映射时，我们曾经证明过两个线性映射的复合也是一个线性映射. 对一般的矢量空间也有这样的结果：假设 $T:U\mapsto V$ 是一个线性映射，$S:V\mapsto W$ 也是一个线性映射，那么复合映射 $S\circ T:U\mapsto W$ 是一个线性映射，$S\circ T(\boldsymbol{u})=S(T(\boldsymbol{u}))$. 此外，如果两个线性映射 T 和 S 具有相同的定义域，那么它们之间的加法有一个自然的定义：

$$(T+S)(\boldsymbol{u})=T(\boldsymbol{u})+S(\boldsymbol{u}).$$

很容易证明 $T+S$ 也是一个线性映射.

下面我们来谈一下有限维和无限维线性空间中的线性映射的区别. 根据定理 5.13，很容易得到如下推论.

推论 5.2 假设 U 和 V 是两个 n 维矢量空间，映射 $T:U\mapsto V$ 是一一的当且仅当它是到上的.

考虑一个映射 $T:P\mapsto P$ 为 $T(a_0+a_1x+a_2x^2+\cdots+a_nx^n)=a_0x+a_1x^2/2+\cdots+a_nx^{n+1}/(n+1)$，其中 P 代表由所有关于 x 的多项式集合组成的矢量空间. 参与变换的两个矢量空间相同并且都是无限维的. 同时可以证明，变换 T 是一个线性映射并且是一一的. 我们可以发现这个变换不是到上的，即 Rang$(T)\neq P$，因为 P 中含有非 0 的常数，但是

$$T(a_0+a_1x+a_2x^2+\cdots+a_nx^n)=a_0x+a_1x^2/2+\cdots+a_nx^{n+1}/(n+1)$$

永远得不到非 0 的常数. 类似地我们可以取 $D:P\mapsto P$ 为 $D(\boldsymbol{p})=p'(x)$. 这也是同一个无限维矢量空间中的线性映射，并且是到上的，但是它不是一一的. 上述例子似乎构成了推论 5.2 的两个反例. 这里出现矛盾的关键是：推论 5.2 要求两个矢量空间都是有限维的（否则 n 没有意义），无限维矢量空间不在它的讨论范围内.

5.5 可逆映射与矢量空间的同构

在考虑 $\mathbf{R}^n$ 中的矢量之间的线性映射时，我们讨论过线性映射的可逆性. 这一节我们来研究一般的矢量空间中线性映射的可逆性. 为此我们先来回顾一下一般映射的可逆性. 假设函数 $f:X\mapsto Y$ 是一个一一的到上映射，那么对每一个 $y\in Y$，都存在唯一一个 $x\in X$ 使得 $f(x)=y$. 这种一一对应的关系就构成了一个从 Y 到 X 的映射，我们把它称为 f 的逆映射或

者反函数，记为f^{-1}，即$f^{-1}:Y\mapsto X$为

$$\forall y\in Y, f^{-1}(y)=x.$$

在进一步讨论可逆线性映射之前，先给出线性映射的逆映射的定义.

定义 5.11　假设$T:U\mapsto V$是一个一一到上的线性映射，映射$S:V\mapsto U$使得复合映射$T\circ S$和$S\circ T$分别是V和U中的恒等映射，即

$$T\circ S=\boldsymbol{I}_V,\ S\circ T=\boldsymbol{I}_U, \tag{5.4}$$

就称S为T的一个逆映射.

在定义 5.11 中，一一到上保证了逆映射的存在，但是我们没有直接假定T的逆映射是唯一的，更没有假定逆映射也是线性映射. 下面我们来证明上述要求其实已经包含在上述定义中，因此不需要再单独要求.

定理 5.14　如果$T:U\mapsto V$是一个可逆线性映射，那么T的逆映射是唯一的.

证明：如果T存在两个不同的逆映射S和Q，那么必定存在一个$\boldsymbol{v}\in V$使得$S(\boldsymbol{v})=\boldsymbol{u}_1$，$Q(\boldsymbol{v})=\boldsymbol{u}_2$，且$\boldsymbol{u}_1\neq\boldsymbol{u}_2$. 根据逆映射的定义，

$$T(S(\boldsymbol{v}))=\boldsymbol{v}=T(Q(\boldsymbol{v})).$$

因此可得$T(\boldsymbol{u}_1)=T(\boldsymbol{u}_2)=\boldsymbol{v}$. 这和$T$是一一的矛盾. 因此$T$的逆映射是唯一的.

对每一个可逆线性映射T来说，它的逆映射是唯一的，用符号T^{-1}来表示T的这个唯一的逆映射.

定理 5.15　如果$T:U\mapsto V$是一个可逆线性映射，那么T^{-1}也是一个线性映射.

证明：假设$T(\boldsymbol{u}_1)=\boldsymbol{v}_1, T(\boldsymbol{u}_2)=\boldsymbol{v}_2$. 那么有

$$T^{-1}(\boldsymbol{v}_1)=\boldsymbol{u}_1,\ T^{-1}(\boldsymbol{v}_2)=\boldsymbol{u}_2.$$

$$\boldsymbol{v}_1+\boldsymbol{v}_2=T(\boldsymbol{u}_1)+T(\boldsymbol{u}_2)=T(\boldsymbol{u}_1+\boldsymbol{u}_2).$$

因此

$$T^{-1}(\boldsymbol{v}_1+\boldsymbol{v}_2)=T^{-1}(T(\boldsymbol{u}_1+\boldsymbol{u}_2))=\boldsymbol{u}_1+\boldsymbol{u}_2=T^{-1}(\boldsymbol{v}_1)+T^{-1}(\boldsymbol{v}_2).$$

另一方面，

$$T^{-1}(c\boldsymbol{v}_1)=T^{-1}(cT(\boldsymbol{u}_1))=T^{-1}(T(c\boldsymbol{u}_1))=c\boldsymbol{u}_1=cT^{-1}(\boldsymbol{v}_1).$$

因此T^{-1}也是一个线性映射.

根据定理 5.13，如果T是一个从U到V的一一到上线性映射，那么$R(T)=\dim(U)$且$R(T)=\dim(V)$. 因此，我们就得到如下判定可逆线性映射的方法.

定理 5.16　映射$T:U\mapsto V$是一个可逆线性映射当且仅当$\dim(U)=\dim(V)=R(T)$.

定理 5.16 说明，只有相同维数的有限维矢量空间才存在可逆线性映射. 我们可以得到一个推论：只有方阵才有可能是可逆的. 实际上逆映射的很多性质都可以看作可逆矩阵性质的推广. 比如，如果$T:U\mapsto V$是一个可逆线性映射，那么对每一个属于V的矢量$\boldsymbol{v}$都存在唯一一个U中的矢量$\boldsymbol{u}$使得方程$T(\boldsymbol{u})=\boldsymbol{v}$成立，即方程$T(\boldsymbol{x})=\boldsymbol{b}$具有唯一解. 此外，如果两个可逆线性映射$T$和$S$的复合映射$T\circ S$有意义，那么$T\circ S$的逆映射就是$S^{-1}\circ T^{-1}$.

例 5.20　假设U是$\mathbf{R}^{2\times2}$的一个子空间，定义为

$$U=\left\{\forall \boldsymbol{A}\in\mathbf{R}^{2\times2}\left|\begin{pmatrix}a & -b\\ b & a\end{pmatrix}, a,b\in\mathbb{R}\right.\right\}.$$

假设矢量空间 V 是 $C[0,1]$ 的一个子空间，定义为

$$V=\{f(x)\mid f(x)=c\mathrm{e}^{x}+d\mathrm{e}^{-x},\ c,d\in\mathbb{R}\}.$$

定义一个线性映射 $T:U\mapsto V$ 为

$$T\left(\begin{pmatrix}a & -b\\ b & a\end{pmatrix}\right)=(a+b)\mathrm{e}^{x}+(a-b)\mathrm{e}^{-x}.$$

证明 T 是可逆映射.

证明: 可以看出 $\dim(U)=\dim(V)=2$，因此接下来的关键任务是求出 T 的秩. 为此先给出矢量空间 U 的一个基 $B=\{\boldsymbol{u}_1,\boldsymbol{u}_2\}$，然后判定集合 $\operatorname{Rang}(T)=\operatorname{Span}\{T(\boldsymbol{u}_1),T(\boldsymbol{u}_2)\}$ 的维数. 选取

$$\boldsymbol{u}_1=\begin{pmatrix}1 & 0\\ 0 & 1\end{pmatrix},\quad \boldsymbol{u}_2=\begin{pmatrix}0 & -1\\ 1 & 0\end{pmatrix}.$$

于是可以得到

$$\operatorname{Rang}(T)=\operatorname{Span}\{\mathrm{e}^{x}+\mathrm{e}^{-x},\mathrm{e}^{x}-\mathrm{e}^{-x}\}.$$

我们注意到上述等式的右边等于 $\operatorname{Span}\{\mathrm{e}^{x},\mathrm{e}^{-x}\}$，因此可以看出 $\operatorname{Rang}(T)=\operatorname{Span}\{\mathrm{e}^{x},\mathrm{e}^{-x}\}$ 是一个 2 维矢量空间. 于是我们得到 $\dim(U)=\dim(V)=R(T)$，故 T 是一个可逆映射.

根据例 5.20 给出的变换形式，我们可以将逆映射显式地写出来. 取 V 中一个一般的元素 $f(x)=c\mathrm{e}^{x}+d\mathrm{e}^{-x}$，并且假设它是 U 中的元素 $\boldsymbol{u}=\begin{pmatrix}a & -b\\ b & a\end{pmatrix}$ 的像. 根据定义有

$$T(\boldsymbol{u})=(a+b)\mathrm{e}^{x}+(a-b)\mathrm{e}^{-x}=c\mathrm{e}^{x}+d\mathrm{e}^{-x}.$$

由于 $\{\mathrm{e}^{x},\mathrm{e}^{-x}\}$ 是线性无关的，因此上述方程表明

$$a+b=c,a-b=d.$$

求解得到

$$a=(c+d)/2,b=(c-d)/2.$$

于是我们就得到了 T^{-1} 的一个显式表达式：

$$T^{-1}(c\mathrm{e}^{x}+d\mathrm{e}^{-x})=\frac{1}{2}\begin{pmatrix}c+d & d-c\\ c-d & c+d\end{pmatrix}.$$

这展示了求解一个可逆线性映射的逆映射的通用方法.

我们可以看到，如果两个矢量空间 U 和 V 之间存在一个可逆线性映射 T，那么这两个矢量空间中的元素可以被一一地“相互翻译”，这种“相互翻译”保持了它们的线性运算. 矢量空间 V 可以看成矢量空间 U 将元素的符号 $\boldsymbol{u}$ 全部替换为符号 $T(\boldsymbol{u})$. 换句话说，这两个矢量空间的差异仅仅是代表元素的“标签”不同，但它们表示同一个底层矢量空间. 可逆线性映射 T 则起到了对这两个不同的标签集进行翻译的作用. 因为这样的两个矢量空间具有相同的底层线性运算结构，所以我们把它们称为同构的.

定义 5.12 如果两个矢量空间 U 和 V 之间存在一个可逆线性映射 $T:U\mapsto V$，那么我们就称 U 和 V 是同构的，可逆映射 T 被称为同构.

例 5.21 假设 U 是 $\mathbf{R}^{2\times 2}$ 的一个子空间，定义为

$$U=\left\{\forall \boldsymbol{A}\in\mathbf{R}^{2\times 2}\,\middle|\,\operatorname{tr}(\boldsymbol{A})=0\right\}.$$

证明 U 同构于 $\mathbf{R}^3$.

证明：首先确定 U 的一个基. $\boldsymbol{A}\in\mathbf{R}^{2\times2}$ 和 $\mathrm{tr}(\boldsymbol{A})=0$ 表明最一般的 $\boldsymbol{A}$ 具有如下形式：

$$\boldsymbol{A}=\begin{pmatrix}a & b\\ c & -a\end{pmatrix}=a\begin{pmatrix}1 & 0\\ 0 & -1\end{pmatrix}+b\begin{pmatrix}0 & 1\\ 0 & 0\end{pmatrix}+c\begin{pmatrix}0 & 0\\ 1 & 0\end{pmatrix}.$$

这表明 U 是一个 3 维矢量空间. 利用上述分解可以构造一个线性映射：

$$T\left(\begin{pmatrix}a & b\\ c & -a\end{pmatrix}\right)=\begin{pmatrix}a\\ b\\ c\end{pmatrix}.$$

可以发现这个变换是一一到上的，因此是可逆映射，故 U 和 $\mathbf{R}^3$ 同构.

例 5.21 具有普遍性，实际上我们可以证明如下结论.

定理 5.17　任何 n 维实矢量空间 U 都同构于 $\mathbf{R}^n$.

证明：根据定义，欲证明两个矢量空间同构，只需要写出一个可逆线性映射. 为此，我们取 U 的一个基 B，并赋予 U 中的每一个矢量一个坐标矢量：

$$\boldsymbol{u}\to[\boldsymbol{u}]_B\in\mathbf{R}^n.$$

这实际上就提供了一个线性映射 $T:U\mapsto\mathbf{R}^n$，$T(\boldsymbol{u})=[\boldsymbol{u}]_B$. 根据定理 5.6，这个线性映射是一一的. 根据定理 5.13，$R(T)=\dim(U)$. 又因为 $\dim(U)=\dim(\mathbf{R}^n)$，因此 $R(T)=\dim(\mathbf{R}^n)$. 故定理 5.13 表明 T 是到上的. 因此，T 是可逆的.

定理 5.17 表明：研究任何有限维矢量空间中的线性运算的性质都等价于研究矢量空间 $\mathbf{R}^n$ 中的线性运算的性质. 这里需要强调一点，同构仅仅说明在考虑线性运算的时候任何有限维矢量空间都和 $\mathbf{R}^n$ 等价. 一旦考虑的运算不是加法和数乘这两个运算，有限维矢量空间和 $\mathbf{R}^n$ 就可以有不一样的性质.

5.6　线性映射的矩阵表示

在第 3 章中我们已经知道任何从 $\mathbf{R}^n$ 到 $\mathbf{R}^m$ 的线性映射都可以一一对应一个 $m\times n$ 维的矩阵. 对一个一般的 n 维矢量空间 U 和 m 维矢量空间 V，根据第 5.5 节知道它们一定同构于矢量空间 $\mathbf{R}^n$ 和矢量空间 $\mathbf{R}^m$. 另外，所有从 U 到 V 的线性映射也构成一个矢量空间 $L(U,V)$，本节我们将证明这个矢量空间同构于 $\mathbf{R}^{m\times n}$. 因此，我们不仅可以把每一个有限维的矢量表示成一个由数构成的矢量，还可以把所有有限维矢量空间中的线性映射用一个矩阵来表示.

首先来解释一下这是如何做到的. 假设 U 和 V 分别是 n 维矢量空间和 m 维矢量空间，$T:U\mapsto V$ 是一个线性映射，$\boldsymbol{v}=T(\boldsymbol{u})$. 首先取 U 的一个基 $B=\{\boldsymbol{u}_1,\boldsymbol{u}_2,\cdots,\boldsymbol{u}_n\}$，对 U 中的任何一个矢量 $\boldsymbol{u}$，都有唯一一个坐标矢量 $[\boldsymbol{u}]_B=\boldsymbol{x}=(x_1,x_2,\cdots,x_n)^{\mathrm{T}}$ 使得

$$\boldsymbol{u}=x_1\boldsymbol{u}_1+x_2\boldsymbol{u}_2+\cdots+x_n\boldsymbol{u}_n.$$

于是有

$$\boldsymbol{v}=T(\boldsymbol{u})=T(x_1\boldsymbol{u}_1+x_2\boldsymbol{u}_2+\cdots+x_n\boldsymbol{u}_n)=x_1T(\boldsymbol{u}_1)+x_2T(\boldsymbol{u}_2)+\cdots+x_nT(\boldsymbol{u}_n).\tag{5.5}$$

其中 $T(\boldsymbol{u})\in V$. 下面再在 V 中取一个基 $C=\{\boldsymbol{v}_1,\boldsymbol{v}_2,\cdots,\boldsymbol{v}_m\}$，于是对每一个 $T(\boldsymbol{u}_i)\in V$，都有唯一

一组坐标矢量 $\boldsymbol{q}_i \in \mathbf{R}^m$ 使得

$$\boldsymbol{q}_i = \begin{pmatrix} q_{i1} \\ q_{i2} \\ \vdots \\ q_{im} \end{pmatrix} = [T(\boldsymbol{u}_i)]_C.$$

由于 $T(\boldsymbol{u})$ 是 V 中的矢量，将式(5.5)用基 C 表示可得

$$[\boldsymbol{v}]_C = x_1[T(\boldsymbol{u}_1)]_C + x_2[T(\boldsymbol{u}_2)]_C + \cdots + x_n[T(\boldsymbol{u}_n)]_C = x_1\boldsymbol{q}_1 + x_2\boldsymbol{q}_2 + \cdots + x_n\boldsymbol{q}_n. \tag{5.6}$$

或者进一步地定义一个 $m\times n$ 维的矩阵

$$\boldsymbol{Q} = (\boldsymbol{q}_1, \boldsymbol{q}_2, \cdots, \boldsymbol{q}_n) = ([T(\boldsymbol{u}_1)]_C, [T(\boldsymbol{u}_2)]_C, \cdots, [T(\boldsymbol{u}_n)]_C),$$

根据矩阵乘法，式(5.6)可以写为

$$[\boldsymbol{v}]_C = \boldsymbol{Q}[\boldsymbol{u}]_B.$$

换句话说，对线性映射 $T: U \mapsto V$ 和 $\boldsymbol{v} = T(\boldsymbol{u})$，如果 $[\boldsymbol{v}]_C$ 是 $\boldsymbol{v}$ 在基 C 下的坐标矢量，$[\boldsymbol{u}]_B$ 是 $\boldsymbol{u}$ 在基 B 下的坐标矢量，那么存在唯一一个 $m\times n$ 维的矩阵 $\boldsymbol{Q}$ 使得 $[\boldsymbol{v}]_C = \boldsymbol{Q}[\boldsymbol{u}]_B$. 于是我们就得到了如下线性映射的表示定理.

定理 5.18 假设 U 和 V 分别是 n 维矢量空间和 m 维矢量空间，$T: U \mapsto V$ 是一个线性映射. B 和 C 分别是矢量空间 U 和 V 的一个基，则存在唯一一个 $m\times n$ 维的矩阵 $\boldsymbol{Q}$ 使得对任意满足方程 $T(\boldsymbol{u}) = \boldsymbol{v}$ 的两个矢量 $\boldsymbol{u}$ 和 $\boldsymbol{v}$ 都有

$$[\boldsymbol{v}]_C = \boldsymbol{Q}[\boldsymbol{u}]_B, \tag{5.7}$$

其中

$$\boldsymbol{Q} = ([T(\boldsymbol{u}_1)]_C, [T(\boldsymbol{u}_2)]_C, \cdots, [T(\boldsymbol{u}_n)]_C),$$

$\boldsymbol{u}_1, \boldsymbol{u}_2, \cdots, \boldsymbol{u}_n$ 是基 B 中线性独立的矢量.

定理 5.18 表明，一旦为两个有限维矢量空间各自选定了一个基，这两个有限维矢量空间之间的线性映射就可以用一个矩阵唯一表示：

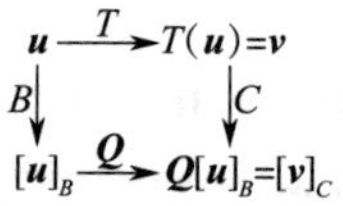

例 5.22 取 $T: \mathbf{R}^2 \mapsto P_2$ 为如下线性映射：

$$T\left(\begin{pmatrix} a \\ b \end{pmatrix}\right) = ax^2 + bx + a - b.$$

求 T 在 $\mathbf{R}^2$ 和 P_2 的自然基下的矩阵表示.

解： $\mathbf{R}^2$ 和 P_2 的自然基分别为

$$B = \{\boldsymbol{e}_1 = (1,0)^{\mathrm{T}}, \boldsymbol{e}_2 = (0,1)^{\mathrm{T}}\},\ C = \{\boldsymbol{v}_1 = 1, \boldsymbol{v}_2 = x, \boldsymbol{v}_3 = x^2\}.$$

因此有

$$\boldsymbol{q}_1 = [T(\boldsymbol{e}_1)]_C = [x^2+1]_C = \begin{pmatrix} 1 \\ 0 \\ 1 \end{pmatrix},\ \boldsymbol{q}_2 = [T(\boldsymbol{e}_2)]_C = [x-1]_C = \begin{pmatrix} -1 \\ 1 \\ 0 \end{pmatrix}.$$

因此可得

$$\boldsymbol{Q}=\begin{pmatrix}1 & -1\\ 0 & 1\\ 1 & 0\end{pmatrix}.$$

例 5.23 展示了如何将一个微分算子表示为一个矩阵.

例 5.23　取 $T:P_3\mapsto P_2$ 为 $T(\boldsymbol{p})=p'(x)$. 求 T 在自然基下的矩阵表示.

解: 取 P_3 和 P_2 的自然基分别为 $B=\{1,x,x^2,x^3\}$ 和 $C=\{1,x,x^2\}$. 根据定义有

$$\boldsymbol{q}_1=[T(1)]_C=[0]_C=\begin{pmatrix}0\\0\\0\end{pmatrix},\ \boldsymbol{q}_2=[T(x)]_C=[1]_C=\begin{pmatrix}1\\0\\0\end{pmatrix},$$

$$\boldsymbol{q}_3=[T(x^2)]_C=[2x]_C=\begin{pmatrix}0\\2\\0\end{pmatrix},\ \boldsymbol{q}_4=[T(x^3)]_C=[3x^2]_C=\begin{pmatrix}0\\0\\3\end{pmatrix}.$$

因此可得

$$\boldsymbol{Q}=\begin{pmatrix}0 & 1 & 0 & 0\\ 0 & 0 & 2 & 0\\ 0 & 0 & 0 & 3\end{pmatrix}.$$

例 5.24　取 $T:\mathbf{R}^3\mapsto\mathbf{R}^3$ 为一个投影到 xy 平面的映射,即对任意 $\boldsymbol{x}\in\mathbf{R}^3$, $T(\boldsymbol{x})=(x_1,x_2,0)^{\mathrm{T}}$.

(1)取基 $B=\{\boldsymbol{e}_1=(1,0,0)^{\mathrm{T}},\boldsymbol{e}_2=(0,1,0)^{\mathrm{T}},\boldsymbol{e}_3=(0,0,1)^{\mathrm{T}}\}$,求 T 的矩阵表示;

(2)取基 $C=\{\boldsymbol{u}_1=(1,0,0)^{\mathrm{T}},\boldsymbol{u}_2=(0,1,0)^{\mathrm{T}},\boldsymbol{u}_3=(1,1,1)^{\mathrm{T}}\}$,求 T 的矩阵表示.

解: 由于定义域和值域所在的矢量空间为同一个,因此定义中涉及的两个基是相同的.

(1)在基 B 下,根据定义有

$$\boldsymbol{q}_1=[T(\boldsymbol{e}_1)]_B=\begin{pmatrix}1\\0\\0\end{pmatrix},\ \boldsymbol{q}_2=[T(\boldsymbol{e}_2)]_B=\begin{pmatrix}0\\1\\0\end{pmatrix},\ \boldsymbol{q}_3=[T(\boldsymbol{e}_3)]_B=\begin{pmatrix}0\\0\\0\end{pmatrix}.$$

因此有

$$\boldsymbol{Q}=\begin{pmatrix}1 & 0 & 0\\ 0 & 1 & 0\\ 0 & 0 & 0\end{pmatrix}.$$

(2)在基 C 下,根据定义有

$$\boldsymbol{q}_1=[T(\boldsymbol{u}_1)]_C=\begin{pmatrix}1\\0\\0\end{pmatrix},\ \boldsymbol{q}_2=[T(\boldsymbol{u}_2)]_C=\begin{pmatrix}0\\1\\0\end{pmatrix}.$$

但是要注意

$$T(\boldsymbol{u}_3)=\begin{pmatrix}1\\1\\0\end{pmatrix}=\boldsymbol{u}_1+\boldsymbol{u}_2.$$

因此在基 C 下，$T(\boldsymbol{u}_3)$ 的坐标矢量为

$$[T(\boldsymbol{u}_3)]_C=\left[\begin{pmatrix}1\\1\\0\end{pmatrix}\right]_C=\begin{pmatrix}1\\1\\0\end{pmatrix}.$$

因此有

$$\boldsymbol{Q}=\begin{pmatrix}1&0&1\\0&1&1\\0&0&0\end{pmatrix}.$$

可以看到，同一个线性映射在不同基下的矩阵表示不一定相同. 因此，线性映射的矩阵表示是由线性映射和基共同决定的.

在给定基的情况下，一旦给出了线性映射的一个矩阵表示，就可以读出线性映射.

例 5.25 假设 $T:P_2\mapsto\mathbf{R}^{2\times2}$ 是一个线性映射，如果它在自然基下的矩阵表示为

$$\boldsymbol{Q}=\begin{pmatrix}1&0&0\\0&1&0\\0&1&0\\1&-1&2\end{pmatrix},$$

请写出 T 的变换表达式.

解：P_2 的自然基为 $B=\{1,x,x^2\}$，$\mathbf{R}^{2\times2}$ 的自然基为 $C=\{\boldsymbol{c}_1,\boldsymbol{c}_2,\boldsymbol{c}_3,\boldsymbol{c}_4\}$，其中

$$\boldsymbol{c}_1=\begin{pmatrix}1&0\\0&0\end{pmatrix},\ \boldsymbol{c}_2=\begin{pmatrix}0&1\\0&0\end{pmatrix},\ \boldsymbol{c}_3=\begin{pmatrix}0&0\\1&0\end{pmatrix},\ \boldsymbol{c}_4=\begin{pmatrix}0&0\\0&1\end{pmatrix}.$$

对任意一个 $\boldsymbol{p}\in P_2$，假设它的形式为 $p(x)=a_0+a_1x+a_2x^2$，那么它在基 B 下的坐标矢量为

$$[\boldsymbol{p}]_B=(a_0,a_1,a_2)^{\mathrm{T}}.$$

因此 $T(\boldsymbol{p})$ 在基 C 下的坐标矢量为

$$[T(\boldsymbol{p})]_C=\boldsymbol{Q}[\boldsymbol{p}]_B=\begin{pmatrix}1&0&0\\0&1&0\\0&1&0\\1&-1&2\end{pmatrix}\begin{pmatrix}a_0\\a_1\\a_2\end{pmatrix}=\begin{pmatrix}a_0\\a_1\\a_1\\a_0-a_1+2a_2\end{pmatrix}.$$

因此有

$$T(a_0+a_1x+a_2x^2)=a_0\boldsymbol{c}_1+a_1\boldsymbol{c}_2+a_1\boldsymbol{c}_3+(a_0-a_1+2a_2)\boldsymbol{c}_4=\begin{pmatrix}a_0&a_1\\a_1&a_0-a_1+2a_2\end{pmatrix}.$$

下面我们来考虑线性映射的代数运算和它的矩阵表示之间的关系.

定理 5.19 假设 U 和 V 分别是 n 维矢量空间和 m 维矢量空间，$T:U\mapsto V$ 和 $S:U\mapsto V$ 是两个线性映射，B 和 C 分别是矢量空间 U 和 V 的一个基，T 和 S 的矩阵表示分别为 $\boldsymbol{Q}$ 和 $\boldsymbol{W}$，那么：

（1）$\boldsymbol{Q}+\boldsymbol{W}$ 是线性映射 $T+S$ 在基 B 和 C 下的矩阵表示；

（2）对任意数 a，$a\boldsymbol{Q}$ 是 aT 在基 B 和 C 下的矩阵表示.

证明：（1）根据定义，取任意矢量 $\boldsymbol{u}\in U$，有

$$[T(\boldsymbol{u})]_C = \boldsymbol{Q}[\boldsymbol{u}]_B,\ [S(\boldsymbol{u})]_C = \boldsymbol{W}[\boldsymbol{u}]_B.$$

将上面两式相加得

$$[T(\boldsymbol{u})]_C + [S(\boldsymbol{u})]_C = \boldsymbol{Q}[\boldsymbol{u}]_B + \boldsymbol{W}[\boldsymbol{u}]_B = (\boldsymbol{Q}+\boldsymbol{W})[\boldsymbol{u}]_B.$$

因为

$$[T(\boldsymbol{u})]_C + [S(\boldsymbol{u})]_C = [T(\boldsymbol{u}) + S(\boldsymbol{u})]_C = [(T+S)(\boldsymbol{u})]_C,$$

因此

$$[(T+S)(\boldsymbol{u})]_C = \boldsymbol{Q}[\boldsymbol{u}]_B + \boldsymbol{W}[\boldsymbol{u}]_B = (\boldsymbol{Q}+\boldsymbol{W})[\boldsymbol{u}]_B.$$

故 $\boldsymbol{Q}+\boldsymbol{W}$ 是线性映射 $T+S$ 在基 B 和 C 下的矩阵表示.

（2）从定义 $[T(\boldsymbol{u})]_C = \boldsymbol{Q}[\boldsymbol{u}]_B$ 出发，等号两边同时乘以数 a，得

$$a[T(\boldsymbol{u})]_C = a\boldsymbol{Q}[\boldsymbol{u}]_B.$$

因为

$$a[T(\boldsymbol{u})]_C = [aT(\boldsymbol{u})]_C = [(a\cdot T)(\boldsymbol{u})]_C,$$

因此 $[(a\cdot T)(\boldsymbol{u})]_C = a\boldsymbol{Q}[\boldsymbol{u}]_B$，故 $a\boldsymbol{Q}$ 是 aT 在基 B 和 C 下的矩阵表示.

定理 5.19 表明，给定基之后，线性映射到它的矩阵表示是一个线性映射. 考虑到线性映射和它的矩阵表示是一一到上的，可得如下推论.

推论 5.3　由从一个 n 维矢量空间 U 到一个 m 维矢量空间 V 的所有线性映射组成的空间 $L(U,V)$ 同构于 $\mathbf{R}^{m\times n}$.

推论 5.3 表明空间 $L(U,V)$ 就是 $m\times n$ 维矢量空间.

5.7　基变换和对角化

通过例 5.25 可以看到，同一个线性映射在不同的基下可以有不同的矩阵形式. 为了简化讨论，这里仅考虑一个到自身的线性映射. 为了得到 T 的矩阵表示，需要指定 U 的一个基. 此时式（5.7）变为

$$[T(\boldsymbol{u})]_B = \boldsymbol{Q}[\boldsymbol{u}]_B.$$

当改变基 B 时，矩阵 $\boldsymbol{Q}$ 也会随之变化. 下面我们来研究如果改变基，通过一个线性映射，矩阵表示会如何变化.

假设 $B=\{\boldsymbol{b}_1,\boldsymbol{b}_2,\cdots,\boldsymbol{b}_n\}$ 和 $C=\{\boldsymbol{c}_1,\boldsymbol{c}_2,\cdots,\boldsymbol{c}_n\}$ 是 n 维矢量空间 V 的两个不同的基，此时 V 中的任何一个矢量 $\boldsymbol{v}$ 有两个不同的坐标矢量 $[\boldsymbol{v}]_B$ 和 $[\boldsymbol{v}]_C$. 假设

$$[\boldsymbol{v}]_B = (x_1, x_2, \cdots, x_n),$$

于是可得

$$\boldsymbol{v} = x_1\boldsymbol{b}_1 + x_2\boldsymbol{b}_2 + \cdots + x_n\boldsymbol{b}_n.$$

将上式两侧同取在基 C 下，可得

$$[\boldsymbol{v}]_C = x_1[\boldsymbol{b}_1]_C + x_2[\boldsymbol{b}_2]_C + \cdots + x_n[\boldsymbol{b}_n]_C.$$

如果定义一个矩阵 $\boldsymbol{P}=([\boldsymbol{b}_1]_C,[\boldsymbol{b}_2]_C,\cdots,[\boldsymbol{b}_n]_C)$，那么可发现

$$[\boldsymbol{v}]_C = x_1\boldsymbol{P}_1 + x_2\boldsymbol{P}_2 + \cdots + x_n\boldsymbol{P}_n = \boldsymbol{P}[\boldsymbol{v}]_B.$$

由于 $\{\boldsymbol{b}_1,\boldsymbol{b}_2,\cdots,\boldsymbol{b}_n\}$ 是线性无关的，因此它们在基 C 下的坐标矢量 $\{\boldsymbol{P}_1,\boldsymbol{P}_2,\cdots,\boldsymbol{P}_n\}$ 也是线性无关的. 故矩阵 $\boldsymbol{P}$ 是满秩的，因此是可逆的. 于是有

$$[\boldsymbol{v}]_B=\boldsymbol{P}^{-1}[\boldsymbol{v}]_C.$$

这样我们就利用矩阵 $\boldsymbol{P}$ 将 $\boldsymbol{v}$ 在基 B 下的坐标矢量 $[\boldsymbol{v}]_B$ 和在基 C 下的坐标矢量 $[\boldsymbol{v}]_C$ 一一地联系起来了. 因此可得如下定理.

定理 5.20 假设 B 和 C 是 n 维矢量空间 V 的两个不同的基，其中 $B=\{\boldsymbol{b}_1,\boldsymbol{b}_2,\cdots,\boldsymbol{b}_n\}$. 定义一个矩阵 $\boldsymbol{P}=(\boldsymbol{P}_1,\boldsymbol{P}_2,\cdots,\boldsymbol{P}_n)$，它的每一列 $\boldsymbol{P}_i$ 由矢量

$$\boldsymbol{P}_i=[\boldsymbol{b}_i]_C$$

给出，则矩阵 $\boldsymbol{P}$ 是可逆的，且对 V 中的任何一个矢量 $\boldsymbol{v}$，都有

$$[\boldsymbol{v}]_C=\boldsymbol{P}[\boldsymbol{v}]_B.$$

定义 5.13 定理 5.20 中的矩阵 $\boldsymbol{P}$ 一般称为从基 B 到基 C 的过渡矩阵.

例 5.26 （1）求 $\mathbf{R}^3$ 中的自然基到基 $C=\{\boldsymbol{c}_1=(1,0,0)^{\mathrm{T}},\boldsymbol{c}_2=(1,1,0)^{\mathrm{T}},\ \boldsymbol{c}_3=(1,1,1)^{\mathrm{T}}\}$ 的过渡矩阵.（2）假设矢量 $\boldsymbol{u}$ 在自然基下的坐标为 $(1,2,3)^{\mathrm{T}}$，写出它在基 C 下的坐标.

解： 首先写出自然基：$B=\{\boldsymbol{b}_1=(1,0,0)^{\mathrm{T}},\boldsymbol{b}_2=(0,1,0)^{\mathrm{T}},\boldsymbol{b}_3=(0,0,1)^{\mathrm{T}}\}$. 根据定理 5.20，我们需要求解出 B 中的每一个矢量在 C 下的坐标. 观察可得到

$$\boldsymbol{b}_1=\boldsymbol{c}_1,\ \boldsymbol{b}_2=\boldsymbol{c}_2-\boldsymbol{c}_1,\ \boldsymbol{b}_3=\boldsymbol{c}_3-\boldsymbol{c}_2.$$

因此可得过渡矩阵：

$$\boldsymbol{P}=([\boldsymbol{b}_1]_C,[\boldsymbol{b}_2]_C,[\boldsymbol{b}_3]_C)=\begin{pmatrix}1&-1&0\\0&1&-1\\0&0&1\end{pmatrix}.$$

利用过渡矩阵，可以写出 $\boldsymbol{u}$ 在 C 下的坐标：

$$[\boldsymbol{u}]_C=\boldsymbol{P}[\boldsymbol{u}]_B=\begin{pmatrix}1&-1&0\\0&1&-1\\0&0&1\end{pmatrix}\begin{pmatrix}1\\2\\3\end{pmatrix}=\begin{pmatrix}-1\\-1\\3\end{pmatrix}.$$

利用过渡矩阵可以将一个线性映射在不同基下的矩阵表示联系起来. 假设 $T:V\mapsto V$ 是一个线性映射，B 和 C 是矢量空间 V 的两个不同的基，$\boldsymbol{P}$ 是从 B 到 C 的过渡矩阵，$\boldsymbol{Q}_B$ 和 $\boldsymbol{Q}_C$ 是 T 在基 B 和 C 下的矩阵表示. 那么对 V 中的任意矢量 $\boldsymbol{v}$，有

$$[T(\boldsymbol{v})]_B=\boldsymbol{Q}_B[\boldsymbol{v}]_B,\ [T(\boldsymbol{v})]_C=\boldsymbol{Q}_C[\boldsymbol{v}]_C.$$

因为 $T(\boldsymbol{v})$ 和 $\boldsymbol{v}$ 都是 V 中的矢量，于是有

$$[T(\boldsymbol{v})]_C=\boldsymbol{P}[T(\boldsymbol{v})]_B,\ [\boldsymbol{v}]_C=\boldsymbol{P}[\boldsymbol{v}]_B.$$

联立上述两组方程得

$$\boldsymbol{P}\boldsymbol{Q}_B[\boldsymbol{v}]_B=\boldsymbol{Q}_C\boldsymbol{P}[\boldsymbol{v}]_B.$$

上式对任意 $[\boldsymbol{v}]_B$ 都成立，因此有

$$\boldsymbol{P}\boldsymbol{Q}_B=\boldsymbol{Q}_C\boldsymbol{P}.$$

于是就得到了如下定理.

定理 5.21 假设 B 和 C 是 n 维矢量空间 V 的两个不同的基，$\boldsymbol{P}$ 是从 B 到 C 的过渡矩

阵. 则任意线性映射 $T:V\mapsto V$ 在基 B 和 C 下的矩阵表示 $\boldsymbol{Q}_B$ 和 $\boldsymbol{Q}_C$ 满足

$$\boldsymbol{Q}_B=\boldsymbol{P}^{-1}\boldsymbol{Q}_C\boldsymbol{P}.$$

假设 $T(\boldsymbol{v})=\boldsymbol{u}$,则定理 5.21 可理解为

$$\begin{array}{ccc} [\boldsymbol{v}]_C & \xrightarrow{\boldsymbol{P}^{-1}} & [\boldsymbol{v}]_B \\ \boldsymbol{Q}_C\downarrow & & \downarrow\boldsymbol{Q}_B \\ [\boldsymbol{u}]_C & \xleftarrow[\boldsymbol{P}]{} & [\boldsymbol{u}]_B \end{array}$$

即 $\boldsymbol{Q}_C$ 作用到坐标矢量 $[\boldsymbol{v}]_C$ 上等于:先用过渡矩阵 $\boldsymbol{P}^{-1}$ 将 $[\boldsymbol{v}]_C$ 转化为 $[\boldsymbol{v}]_B$,然后用矩阵 $\boldsymbol{Q}_B$ 作用得到坐标矢量 $[\boldsymbol{u}]_B$,最后把结果用过渡矩阵 $\boldsymbol{P}$ 转化为基 C 下的坐标矢量.

例 5.27　假设 $T:P_2\mapsto P_2$ 定义为 $T(a_0+a_1x+a_2x^2)=2(a_1-a_2)+(2a_0+3a_2)x+3a_2x^2$. $B=\{1,x,x^2\}$ 和 $C=\{1+x,1-x,x+x^2\}$ 是 P_2 的两个基.

(1)计算 T 在基 B 和 C 下的矩阵表示 $\boldsymbol{Q}_B$ 和 $\boldsymbol{Q}_C$;

(2)计算从基 B 到基 C 的过渡矩阵 $\boldsymbol{P}$;

(3)验证 $\boldsymbol{Q}_B=\boldsymbol{P}^{-1}\boldsymbol{Q}_C\boldsymbol{P}$.

解:(1)先考虑自然基 B. 根据定义有

$$T(1)=2x,\ T(x)=2,\ T(x^2)=-2+3x+3x^2.$$

于是就可以得到在自然基 B 下,

$$[T(1)]_B=\begin{pmatrix}0\\2\\0\end{pmatrix},\ [T(x)]_B=\begin{pmatrix}2\\0\\0\end{pmatrix},\ [T(x^2)]_B=\begin{pmatrix}-2\\3\\3\end{pmatrix}.$$

则

$$\boldsymbol{Q}_B=\begin{pmatrix}0&2&-2\\2&0&3\\0&0&3\end{pmatrix}.$$

下面考虑基 C. 根据定义有

$$T(1+x)=2(1+x),\ T(1-x)=-2(1-x),\ T(x+x^2)=3x+3x^2=3(x+x^2).$$

于是就可以得到在基 C 下,

$$[T(1+x)]_C=\begin{pmatrix}2\\0\\0\end{pmatrix},\ [T(1-x)]_C=\begin{pmatrix}0\\-2\\0\end{pmatrix},\ [T(x+x^2)]_C=\begin{pmatrix}0\\0\\3\end{pmatrix}.$$

则

$$\boldsymbol{Q}_C=\begin{pmatrix}2&0&0\\0&-2&0\\0&0&3\end{pmatrix}.$$

(2)为了求解从基 B 到基 C 的过渡矩阵,需要把基 B 用基 C 展开. 在本题中这样做并不困难,但是我们注意到 B 是自然基,更容易把基 C 用基 B 展开得到从基 C 到基 B 的过渡矩阵. 这两个过渡矩阵互为逆矩阵. 因此我们可以写出

$$P^{-1}=\begin{pmatrix}1&1&0\\1&-1&1\\0&0&1\end{pmatrix}.$$

对上述矩阵求逆（可以运用伴随矩阵或者初等行变换），得到

$$P=\frac{1}{2}\begin{pmatrix}1&1&-1\\1&-1&1\\0&0&2\end{pmatrix}.$$

（3）可以验证

$$P^{-1}Q_CP=\begin{pmatrix}0&2&-2\\2&0&3\\0&0&3\end{pmatrix}=Q_B.$$

虽然给定一个从矢量空间 V 到自身的线性映射 T 之后，我们可以选取无数个不同的基来写出 T 的矩阵表示，但是从上面的例题中可以发现：在一些基下 T 的矩阵表示非常简单，如对角矩阵；而在一些基下 T 的矩阵表示则比较复杂. 显然利用可以把线性映射表示为对角矩阵的基来研究线性映射是更方便的. 那么什么样的基可以使一个线性映射对角化呢？假设基 $B=\{b_1,b_2,\cdots,b_n\}$ 可使线性映射 T 对角化，那么 T 在基 B 下的矩阵表示为

$$Q=\mathrm{diag}(\lambda_1,\lambda_2,\cdots,\lambda_n),$$

而基矢量 b_i 在基 B 下的表示为

$$[b_i]_B=(\underbrace{0,0,\cdots,0}_{i-1\text{个}0},1,0,0\cdots,0)^{\mathrm{T}}.$$

因此可以发现

$$[Q]_B[b_i]_B=(\underbrace{0,0,\cdots,0}_{i-1\text{个}0},\lambda_i,0,0\cdots,0)^{\mathrm{T}}=\lambda_i[b_i]_B.$$

这说明 b_i 由如下方程决定：

$$T(b_i)=\lambda_i b_i.$$

其中 λ_i 就是矩阵 Q 的本征值.

定义 5.14 如果一个从矢量空间 V 到自身的线性映射 T 在某一个基下可以表示为对角矩阵，就称 T 为可对角化的，对角矩阵中的对角元称为 T 的本征值，这个基的基矢量称为 T 的本征矢量.

假如我们考虑的是从 $\mathbf{R}^n$ 到自身的线性映射，那么 T 就对应于一个方阵. 因此上述定义就是第 3 章中的可对角化矩阵、本征值和本征矢量在一般的矢量空间和线性映射中的推广.

根据定义 5.14，n 维矢量空间 V 中一个可对角化的线性映射 T 一定具有 n 个线性独立的本征矢量，这些本征矢量可以构成 V 的一个基. 这个基和线性映射有着密切的联系. 因此我们可以给出如下定义.

定义 5.15 假设 T 是一个从矢量空间 V 到自身的可对角化的线性映射，那么由 T 的本征矢量构成的基称为矢量空间的 T 表象.

在实际中，我们往往在一个自然基下定义一个线性映射 T，那么如何求得这个线性映射

的本征矢量呢？具体来说，假设 $T: V \mapsto V$ 是一个线性映射，并假设 $B=\{\boldsymbol{b}_1, \boldsymbol{b}_2, \cdots, \boldsymbol{b}_n\}$ 是一个基，我们可以按照如下步骤验证 T 是否可对角化，并找到 T 表象下的基矢量.

（1）计算 T 在基 B 下的矩阵 $\boldsymbol{Q}$.

（2）利用第 3 章中的方法计算矩阵 $\boldsymbol{Q}$ 的本征值和线性独立的本征矢量.

（3）如果 $\boldsymbol{Q}$ 具有 $\dim(V)$ 个线性独立的本征矢量，那么 T 是可对角化的，取这些线性独立的本征矢量作为基就构成了 T 表象.

例 5.28　考虑一个 $P_2 \mapsto P_2$ 的线性映射 $T(a_0+a_1x+a_2x^2)=2(a_1-a_2)+(2a_0+3a_2)x+3a_2x^2$ 和微分算子 $D(\boldsymbol{p})=x^2p''(x)+(2x-1)p'(x)+3p(x)$. 证明 T 和 D 都是可对角化的，并写出 T 表象和 D 表象下的基.

证明：在例 5.27 中我们已经将 T 对角化并写出 T 表象下的基矢量. 这里为了理解上述 3 个步骤，按照这 3 个步骤进行求解. 首先选自然基 B，于是可得 T 的矩阵表示：

$$\boldsymbol{Q}=\begin{pmatrix} 0 & 2 & -2 \\ 2 & 0 & 3 \\ 0 & 0 & 3 \end{pmatrix}.$$

利用 Maple 很容易得到它的 3 个线性独立的本征矢量：

$$\boldsymbol{t}_1=\begin{pmatrix} 1 \\ 1 \\ 0 \end{pmatrix}, \boldsymbol{t}_2=\begin{pmatrix} 1 \\ -1 \\ 0 \end{pmatrix}, \boldsymbol{t}_3=\begin{pmatrix} 0 \\ 1 \\ 1 \end{pmatrix}.$$

对应的本征值为 2，−2，3. 可以读出 T 表象下的基矢量为

$$\{1+x, 1-x, x+x^2\}.$$

同理，写出微分算子 D 在自然基下的矩阵表示. 可以发现

$$D(1)=3, D(x)=5x-1, D(x^2)=9x^2-2x.$$

于是得到 D 在自然基下的矩阵表示：

$$\boldsymbol{W}=\begin{pmatrix} 3 & -1 & 0 \\ 0 & 5 & -2 \\ 0 & 0 & 9 \end{pmatrix}.$$

由于 $\boldsymbol{W}$ 是一个上三角矩阵，它的对角元就是本征值. 由于有 3 个不同的本征值，因此一定有 3 个线性无关的本征矢量，因此 D 是可对角化的. 利用 Maple 很容易得到它的 3 个线性独立的本征矢量：

$$\boldsymbol{d}_1=\begin{pmatrix} 1 \\ 0 \\ 0 \end{pmatrix}, \boldsymbol{d}_2=\begin{pmatrix} -1 \\ 2 \\ 0 \end{pmatrix}, \boldsymbol{d}_3=\begin{pmatrix} 1 \\ -6 \\ 12 \end{pmatrix}.$$

对应的本征值为 3，5，9. 可以读出 D 表象下的基矢量为

$$\{1, -1+2x, 1-6x+12x^2\}.$$

习题

1. 证明对两个有理数 x 和 y，$x+y\sqrt{2}=0$ 当且仅当 $x=y=0$.

2. 记 C 为区间 $[0,1]$ 内所有二阶可导的函数，判定下列集合在实数域中以函数的通常加法和数乘是否构成矢量空间：

（1）$S=\{f(x)\in C \mid f''(x)+f(x)=0, x\in[0,1]\}$；

（2）$S=\{f(x)\in C \mid f''(x)+f(x)=x^2, x\in[0,1]\}$.

3. 取集合 $V=\left\{\boldsymbol{x}=\begin{pmatrix}x_1\\x_2\end{pmatrix} \middle| x_1\in\mathbb{R}, x_2\in\mathbb{R}\right\}$，在实数域中定义如下加法和数乘：

$$\boldsymbol{v}\oplus\boldsymbol{u}=\begin{pmatrix}v_1\\v_2\end{pmatrix}\oplus\begin{pmatrix}u_1\\u_2\end{pmatrix}=\begin{pmatrix}v_1+u_1+1\\v_2+u_2-1\end{pmatrix},\ c\boldsymbol{u}=\begin{pmatrix}cu_1\\cu_2\end{pmatrix}.$$

请问 V 是否构成实数域中的一个矢量空间？

4. 取集合 $V=\left\{\boldsymbol{x}=\begin{pmatrix}x_1\\x_2\end{pmatrix} \middle| x_1\in\mathbb{R}, x_2>0\right\}$，在实数域中定义如下加法和数乘：

$$\boldsymbol{v}\oplus\boldsymbol{u}=\begin{pmatrix}v_1\\v_2\end{pmatrix}\oplus\begin{pmatrix}u_1\\u_2\end{pmatrix}=\begin{pmatrix}v_1+u_1\\v_2u_2\end{pmatrix},\ c\circ\boldsymbol{u}=\begin{pmatrix}cu_1\\u_2^c\end{pmatrix}.$$

请问 V 是否构成实数域中的一个矢量空间？

5. 对矢量空间 V 中的任意一个元素 $\boldsymbol{x}$，令 $\boldsymbol{y}=(-1)\boldsymbol{x}$，证明 $\boldsymbol{x}+\boldsymbol{y}=\boldsymbol{\theta}$.

6. 假设 W 是 $\mathbf{R}^{2\times 2}$ 中由所有迹为 0 的元素构成的子集，证明 W 是一个子空间，并写出 W 的一个生成集合.

7. 假设 $Q=\{\boldsymbol{q}_1,\boldsymbol{q}_2,\cdots,\boldsymbol{q}_k\}$ 是一个矢量空间 V 的一个线性无关组，$\boldsymbol{w}\in V$. 证明：如果 $\boldsymbol{w}\notin \mathrm{Span}(Q)$，那么 $\{\boldsymbol{w},\boldsymbol{q}_1,\boldsymbol{q}_2,\cdots,\boldsymbol{q}_k\}$ 是一个线性无关组.

8. 取矢量空间 $C[-\pi,\pi]$ 的子集 $\{\sin x,\cos x\}$，证明该集合是一个线性无关的集合.

9. 取矢量空间 $V=\{f(x) \mid f(x)=a\mathrm{e}^x+b\mathrm{e}^{2x}+c\mathrm{e}^{3x}, a,b,c\text{均为实数}\}$，证明集合 $B=\{\mathrm{e}^x,\mathrm{e}^{2x},\mathrm{e}^{3x}\}$ 是 V 的一个基.

10. 取矢量空间 $\mathbf{R}^{2\times 2}$ 的一个子集 $S=\{\boldsymbol{A}_1,\boldsymbol{A}_2,\boldsymbol{A}_3,\boldsymbol{A}_4\}$，其中

$$\boldsymbol{A}_1=\begin{pmatrix}1&2\\-1&3\end{pmatrix},\ \boldsymbol{A}_2=\begin{pmatrix}-2&1\\2&-1\end{pmatrix},\ \boldsymbol{A}_3=\begin{pmatrix}-1&-1\\1&3\end{pmatrix},\ \boldsymbol{A}_4=\begin{pmatrix}-2&2\\-2&0\end{pmatrix}.$$

试确定 $\mathrm{Span}(S)$ 的维数并为 $\mathrm{Span}(S)$ 找到一个基.

11. 假设 $S=\{\boldsymbol{g}_1,\boldsymbol{g}_2,\boldsymbol{g}_3\}$，其中 $\boldsymbol{g}_1=\mathrm{e}^x-\mathrm{e}^{2x}$，$\boldsymbol{g}_2=\mathrm{e}^{2x}+3\mathrm{e}^{3x}$，$\boldsymbol{g}_3=\mathrm{e}^x-3\mathrm{e}^{2x}+\mathrm{e}^{3x}$. 请判定 S 是否为线性无关组.

12. 假设 V 表示所有无穷实数列的集合：$V=\{\boldsymbol{x} \mid \boldsymbol{x}=\{x_i\}_{i=1}^{\infty}, x_i\in\mathbb{R}\}$. 在其中定义如下加法和数乘：假设 $\boldsymbol{x}=\{x_i\}_{i=1}^{\infty}$ 和 $\boldsymbol{y}=\{y_i\}_{i=1}^{\infty}$ 属于 V，那么

$$\boldsymbol{x}+\boldsymbol{y}=\{x_i+y_i\}_{i=1}^{\infty},\ \ c\boldsymbol{x}=\{cx_i\}_{i=1}^{\infty}.$$

V 在上述加法和数乘下构成了矢量空间. 证明 V 是无限维矢量空间.

（提示：模仿例 5.12 的思路采用反证法）

13. 完成定理 5.11 中 $[\cdot]_B$ 是一个一一到上的映射的证明.

14. 假设 $T: C[0,1]\mapsto \mathbf{R}^1$ 定义为 $T(\boldsymbol{f})=\int_0^1 f(x)^2\,\mathrm{d}x$，证明 T 不是一个线性映射.

15. 假设 $T: U\mapsto V$ 是一个线性映射，证明 $\mathrm{Nul}(T)$ 和 $\mathrm{Rang}(T)$ 分别是 U 和 V 的子空间.

16. 取 P 为由全体多项式组成的集合，并且以普通多项式加法和数乘构成矢量空间. 定义一个线性映射 $T:P\mapsto P$ 为 $T(\boldsymbol{p})=p''(x)$，证明 $\mathrm{Rang}(T)=P$.

17. 取 $C[0,1]$ 的一个子空间 $U=\mathrm{Span}\{\mathrm{e}^x,\mathrm{e}^{2x},\mathrm{e}^{3x}\}$，设 $T:U\mapsto U$ 为 $T(\boldsymbol{p})=p'(x)$. 证明 T 是一个可逆映射，并给出 $T^{-1}(a\mathrm{e}^x+b\mathrm{e}^{2x}+c\mathrm{e}^{3x})$ 的表达式.

18. 取 $T:P_2\mapsto P_3$ 为 $T(\boldsymbol{p})=x^2p''(x)+(x+1)p(x)+\int_0^x p(s)\mathrm{d}s$，求 T 在自然基下的矩阵表示.

19. 假设 $T:\mathbf{R}^{2\times2}\mapsto P_2$ 是一个线性映射. 如果它在自然基下的矩阵表示为

$$\boldsymbol{Q}=\begin{pmatrix}1&0&0&1\\0&1&0&-1\\0&1&0&2\end{pmatrix},$$

写出线性映射 T 的表达式.

20. 假设 $B=\{1,x,x^2,x^3\}$ 和 $C=\{x,x+1,x^2-2x,x^3+3\}$ 是 P_3 的两个基. 求从基 B 到基 C 的过渡矩阵，并把下列多项式表示成基 C 下的坐标矢量：

$$p(x)=x^2+5x-3,\ q(x)=2x^2-6x+8.$$

21. 判定 $P_2\mapsto P_2$ 的线性映射 $T(\boldsymbol{p})=x^2p''(x)+(x-1)p'(x)+x^{-1}\int_0^x p(s)\mathrm{d}s$ 是否可对角化.

22. 假设 $T:P_3\mapsto P_3$ 的定义如下：

$$T(a+bx+cx^2+dx^3)=(a-b)+(2b-2c)x+(5c-3d)x^2+10dx^3.$$

证明 T 是可对角化的并计算 T 的本征值和本征矢量.

第 6 章 矢量空间的内积

在第 5 章的讲解中，我们把矢量空间 $\mathbf{R}^n$ 及其中的线性映射推广到了一般的矢量空间和线性映射. 这使得我们可以对不是数的元素进行与 $\mathbf{R}^n$ 中的矢量一样的线性运算. 但是我们知道，$\mathbf{R}^n$ 中的矢量除了加法和数乘外，还可以定义长度和正交. 利用长度的概念，我们可以讨论 $\mathbf{R}^n$ 中两个矢量的距离. 一旦一个矢量空间有了距离的概念，我们就可以研究其除了加法和数乘之外的许多代数性质，如收敛性、连续性等.

那么我们如何给一个一般的矢量空间建立长度的概念呢？我们先来回忆一下如何定义 $\mathbf{R}^n$ 中一个矢量的长度. 假设一个矢量 $\boldsymbol{x} \in \mathbf{R}^n$，定义其长度等于自己与自己做内积的算数平方根，即

$$\|\boldsymbol{x}\| = \sqrt{\boldsymbol{x} \cdot \boldsymbol{x}}.$$

在第 5 章的学习中，我们已经知道了任何一个有限维矢量空间 V 都同构于一个 $\mathbf{R}^n$. 也就是说，我们可以选择一个基 B，使得 V 中的元素可以被 $\mathbf{R}^n$ 中的一个矢量 $[\boldsymbol{v}]_B$ 唯一表示出来. 既然我们已经知道了如何计算 $\mathbf{R}^n$ 中矢量的长度，那么自然可知

$$\|\boldsymbol{v}\| = \|[\boldsymbol{v}]_B\| = \sqrt{[\boldsymbol{v}]_B \cdot [\boldsymbol{v}]_B}. \tag{6.1}$$

也就是借助 $\boldsymbol{v}$ 的坐标矢量在 $\mathbf{R}^n$ 中的内积来定义 $\boldsymbol{v}$ 的长度. 但是由于基的选择具有任意性，这个定义会带来严重的问题. 比如考虑一个 2 维矢量空间，假设在某个基 B 下，

$$[\boldsymbol{v}]_B = (1,1)^{\mathrm{T}}.$$

那么按式(6.1)可计算得到 $\boldsymbol{v}$ 的长度为

$$\|\boldsymbol{v}\| = \sqrt{2}.$$

有很多不同的基可供选择. 比如选基 $C = \{\boldsymbol{v}, \boldsymbol{\alpha}\}$，也就是说第一个坐标基矢量就是 $\boldsymbol{v}$，$\boldsymbol{\alpha}$ 是任意一个与 $\boldsymbol{v}$ 线性独立的矢量. 在基 C 下，$\boldsymbol{v}$ 的坐标矢量为 $[\boldsymbol{v}]_C = (1,0)^{\mathrm{T}}$. 根据式(6.1)可得

$$\|\boldsymbol{v}\| = 1.$$

可见按照式(6.1)来定义一个矢量的长度会使得结果依赖于基的选择. 这不是我们想要的，因为基的选择具有任意性，我们希望一个矢量的长度是与基无关的.

此外，我们知道从 n 维矢量空间到 m 维矢量空间的一个线性映射总是可以借助基表示为一个 $m \times n$ 维的矩阵. 对矩阵来说，有一个很重要的运算——转置. 那么转置运算对线性

映射又意味着什么呢？举一个例子．考虑一个线性映射 $S: V \mapsto V$，其中 V 是 n 维矢量空间．取一个基 B 之后，有唯一一个 n 阶方阵 $\boldsymbol{A}$ 和 T 对应．由于 $\boldsymbol{A}^{\mathrm{T}}$ 也是 n 阶方阵，那么它也对应着一个 $V \mapsto V$ 的线性映射．一个很自然的想法是：把 $\boldsymbol{A}^{\mathrm{T}}$ 对应的那个线性映射定义为 S^{T}，即在基 B 下，

$$S \to \boldsymbol{A},\ S^{\mathrm{T}} \to \boldsymbol{A}^{\mathrm{T}}.$$

如上面提到的，我们也可以选择另外一个基 C，按照上面的思路，在基 C 下，

$$S \to \boldsymbol{D},\ S^{\mathrm{T}} \to \boldsymbol{D}^{\mathrm{T}}.$$

由于矩阵 $\boldsymbol{A}$ 和 $\boldsymbol{A}^{\mathrm{T}}$ 以及 $\boldsymbol{D}$ 和 $\boldsymbol{D}^{\mathrm{T}}$ 是线性映射 S 和 S^{T} 在基 B 以及基 C 下的矩阵表示，就存在一个过渡矩阵 $\boldsymbol{P}$ 使得

$$\boldsymbol{P}^{-1}\boldsymbol{A}\boldsymbol{P} = \boldsymbol{D},\ \boldsymbol{P}^{-1}\boldsymbol{A}^{\mathrm{T}}\boldsymbol{P} = \boldsymbol{D}^{\mathrm{T}}.$$

联立上述方程可得

$$(\boldsymbol{P}^{-1}\boldsymbol{A}^{\mathrm{T}}\boldsymbol{P})^{\mathrm{T}} = \boldsymbol{P}^{\mathrm{T}}\boldsymbol{A}(\boldsymbol{P}^{-1})^{\mathrm{T}} = \boldsymbol{P}^{-1}\boldsymbol{A}\boldsymbol{P},$$

即

$$\boldsymbol{P}\boldsymbol{P}^{\mathrm{T}}\boldsymbol{A} = \boldsymbol{A}\boldsymbol{P}\boldsymbol{P}^{\mathrm{T}}. \tag{6.2}$$

因为基 C 可以任意选择，过渡矩阵 $\boldsymbol{P}$ 就是任意可逆矩阵．但是由于一般矩阵乘法的不可交换性，式（6.2）不可能对任意方阵 $\boldsymbol{A}$ 和任意可逆矩阵 $\boldsymbol{P}$ 都成立．这就导致了自相矛盾．这说明线性映射转置不能通过线性映射在某个基下的矩阵转置来定义．

以上事实说明，虽然一般的有限维矢量空间总是和 $\mathbf{R}^n$ 同构，但是除了加法和数乘决定的那些线性运算之外，$\mathbf{R}^n$ 以及定义在其中的矩阵的其他运算都不能直接“嫁接”到一般的矢量空间以及其中的线性映射上．特别地，矢量的长度和线性映射的转置涉及矢量空间独立于线性运算的新运算，因而需要赋予矢量空间更多结构之后才能自洽地定义．

6.1 度规和广义内积空间

我们注意到 $\mathbf{R}^n$ 的几何结构本质上是建立在内积的概念之上的．一旦我们知道如何计算两个矢量的内积，一个矢量的长度就可以用它和自己的内积来定义．本节我们来解决一个基本的问题——如何在一个一般的矢量空间中建立内积的概念？

在第 5 章里，我们定义一般的矢量空间和线性映射时，并没有直接描述它们是什么，而是通过一些要求来定义．这些要求都是根据 $\mathbf{R}^n$ 中的矢量空间和线性映射满足的性质总结出来的．这种方法是我们推广一个概念所采用的基本方式．那么 $\mathbf{R}^n$ 中的内积满足什么基本性质呢？首先，我们计算 $\mathbf{R}^n$ 中的内积时需要输入两个矢量，得到一个实数．这说明内积是一个具有两个变量且值域为实数的函数．其次，这个函数是一个双线性函数．所谓双线性函数是这样一类函数：

$\forall a, b \in \mathbb{R}, f(a\boldsymbol{x}, b\boldsymbol{y}) = abf(\boldsymbol{x}, \boldsymbol{y}), f(\boldsymbol{x}, \boldsymbol{y}+\boldsymbol{w}) = f(\boldsymbol{x}, \boldsymbol{y}) + f(\boldsymbol{x}, \boldsymbol{w}), f(\boldsymbol{x}+\boldsymbol{w}, \boldsymbol{y}) = f(\boldsymbol{x}, \boldsymbol{y}) + f(\boldsymbol{w}, \boldsymbol{y}).$

再次，矢量 $\boldsymbol{x}$ 与矢量 $\boldsymbol{y}$ 的内积等于矢量 $\boldsymbol{y}$ 与矢量 $\boldsymbol{x}$ 的内积．最后，只有零矢量才和所有矢量的内积都是 0，换句话说，任何非零矢量都有一些和它的内积不为 0 的矢量．基于这些性质，我们提出如下定义．

定义 6.1　假设 V 是实数域中的一个矢量空间，称 V 中的一个实数取值的二元函数 $g(\cdot\,,\cdot)$ 为度规，如果对 V 中的任意 4 个元素 $\boldsymbol{x},\boldsymbol{y},\boldsymbol{\alpha}$ 和 $\boldsymbol{\beta}$ 以及 $\mathbb{R}$ 中的 2 个实数 a 和 b，$g(\cdot\,,\cdot)$ 满足如下性质[①]，就称定义了度规的矢量空间 (V,g) 为一个广义内积空间.

(1)双线性：$g(a\boldsymbol{x},b\boldsymbol{y})=abg(\boldsymbol{x},\boldsymbol{y}),g(\boldsymbol{x}+\boldsymbol{\alpha},\boldsymbol{y}+\boldsymbol{\beta})=g(\boldsymbol{x},\boldsymbol{y})+g(\boldsymbol{x},\boldsymbol{\beta})+g(\boldsymbol{\alpha},\boldsymbol{y})+g(\boldsymbol{\alpha},\boldsymbol{\beta})$；

(2)对称性：$g(\boldsymbol{x},\boldsymbol{y})=g(\boldsymbol{y},\boldsymbol{x})$；

(3)非退化性：对任意 $\boldsymbol{x}\neq\boldsymbol{\theta}$，都 $\exists z\in V$ 使得 $g(\boldsymbol{x},z)\neq 0$.

矢量 $\boldsymbol{v}$ 的长度定义为

$$\|\boldsymbol{v}\|=\sqrt{|g(\boldsymbol{v},\boldsymbol{v})|}.$$

下面举 3 个平庸的例子.

考虑第 3 章中的矢量空间 $\mathbf{R}^n$，对任意 2 个矢量 $\boldsymbol{x}$ 和 $\boldsymbol{y}$，它们的内积定义为

$$\boldsymbol{x}\cdot\boldsymbol{y}=x_1y_1+x_2y_2+\cdots+x_ny_n.$$

可以看出这个内积对应的二元函数为

$$\delta(\boldsymbol{x},\boldsymbol{y})=\boldsymbol{x}\cdot\boldsymbol{y}=x_1y_1+x_2y_2+\cdots+x_ny_n,$$

它满足定义 6.1 中的所有要求，并且对任意非零矢量 $\boldsymbol{u}$ 都有 $\delta(\boldsymbol{u},\boldsymbol{u})>0$. 我们一般把定义了度规 $\delta(\cdot\,,\cdot)$ 的空间 $(\mathbf{R}^n,\delta)$ 称为标准 n 维欧氏空间，把函数 $\delta(\cdot\,,\cdot)$ 称为欧氏度规.

取闭区间 $[a,b]$ 内的所有连续实函数组成集合，取恒 0 函数为零矢量，并按照普通函数的加法和数乘构成矢量空间 $C[a,b]$. 这是一个无限维矢量空间. 定义一个二元函数

$$g(\boldsymbol{f},\boldsymbol{h})=\int_a^b f(x)g(x)\mathrm{d}x, \tag{6.3}$$

可以发现 g 满足双线性和对称性. 此外，对不恒等于 0 的连续函数 $f(x)$ 有

$$g(\boldsymbol{f},\boldsymbol{f})=\int_a^b[f(x)^2]\mathrm{d}x>0.$$

因此 g 是非退化的，故 g 构成 $C[a,b]$ 的一个度规.

有趣的是，如果把矢量空间 $C[a,b]$ 扩大为 $S=\{\boldsymbol{f}\mid\int_a^b|f(x)|\,\mathrm{d}x<\infty\}$，即 S 由全体定义在区间 $[a,b]$ 内的绝对可积函数组成，还是取恒 0 函数为零矢量，并按照普通函数的加法和数乘构成矢量空间，情况就不一样了. 此时式(6.3)所示的二元函数不构成 S 的一个度规. 这是因为可以找到一个非零矢量 $\boldsymbol{f}\in S$，

$$f(x)=\begin{cases}0(x\neq x_0=(a+b)/2),\\1(x=x_0).\end{cases} \tag{6.4}$$

对任意 $\boldsymbol{h}\in S$，有

$$g(\boldsymbol{f},\boldsymbol{h})=\int_a^b f(x)h(x)\mathrm{d}x=0.$$

因此 g 不满足非退化要求，故不构成 S 的一个度规.

描述生活中的一个事件时，我们需要指定它发生的时间和位置，把时间和空间综合起来看就构成了 4 维时空. 在一个平直时空的惯性系里，我们可以建立起时间坐标和 3 维空间坐标. 对一个事件 P，它发生的时间用 t 表示，它所在的 3 维空间位置用 (x_1,x_2,x_3) 表示. 那么 P 的时空坐标就是 $\boldsymbol{x}=(x_0,x_1,x_2,x_3)^{\mathrm{T}}$，其中 $x_0=ct$，c 是光速. 时空中的所有事件就可以用一

---

① 这里暗含了一个要求：$g(\cdot\,,\cdot)$ 在 V 中总是有限的.

个 4 维矢量空间 $\mathbf{R}^4$ 来描述，其中第一个坐标数值 x_0 代表事件发生的时间坐标乘以光速. 假设另外一个事件 Q 在同一个惯性系中的时空坐标为 $\boldsymbol{y}=(y_0,y_1,y_2,y_3)^{\mathrm{T}}$，那么狭义相对论定义事件 P 和 Q 的时空距离为

$$d=\|\boldsymbol{x}-\boldsymbol{y}\|=\sqrt{|(x_1-y_1)^2+(x_2-y_2)^2+(x_3-y_3)^2-(x_0-y_0)^2|}.$$

这实际上是在时空中建立一个度规：

$$\eta(\boldsymbol{v},\boldsymbol{u})=v_1u_1+v_2u_2+v_3u_3-v_0u_0.$$

可以看出这个度规也满足定义 6.1 中的所有要求. 但是在这个度规下，一个矢量和自己的内积可以是负的，即存在矢量 $\boldsymbol{u}$ 使得 $\eta(\boldsymbol{u},\boldsymbol{u})<0$. 在物理中我们一般把 $(\mathbf{R}^4,\eta)$ 称为 4 维闵氏时空，把函数 $\eta(\cdot,\cdot)$ 称为闵氏度规.

我们看到，作为矢量空间，时空和普通的 $\mathbf{R}^4$ 没有任何区别，它们都是用 4 个数构成矢量来描述其中的元素，满足一样的加法和数乘运算，但是它们却定义了不同的度规. 可见，一个矢量空间在数学中可以被赋予很多不同的度规. 另外，我们注意到度规 $\delta(\cdot,\cdot)$ 和 $\eta(\cdot,\cdot)$ 的一个明显区别：在前者中，非零矢量和自己在度规的作用下是正的；而在后者中，非零矢量和自己在度规的作用下可以为负. 基于此，我们进一步对规定了度规的矢量空间进行分类.

定义 6.2 对一个广义内积空间，根据其中度规的特性进行如下分类：

（1）如果对任意矢量 $\boldsymbol{v}\in V$ 都有 $g(\boldsymbol{v},\boldsymbol{v})\geqslant 0$，就称 (V,g) 是一个内积空间；

（2）如果 $g(\boldsymbol{v},\boldsymbol{v})$ 符号不定，就称 (V,g) 是一个伪内积空间.

对 $g(\boldsymbol{v},\boldsymbol{v})$ 总是小于或等于 0 的情况，我们只需重新定义一个度规 $-g$，$(V,-g)$ 就变成了内积空间，因此我们不必单独研究. 对内积空间，我们将在后面进一步证明只有零矢量的长度才能是 0.

例 6.1 考虑 $\mathbf{R}^2$ 中的一个二元函数 $g(x,y)=x_1y_1+x_2y_2+x_2y_1+y_2x_1$. 请问 g 是否为一个度规？

解： 我们需要检查函数 g 是否满足定义 6.1 中的 3 个要求. 我们观察到函数 g 是一个二次型，因此可以写为

$$g(\boldsymbol{x},\boldsymbol{y})=\boldsymbol{x}^{\mathrm{T}}\boldsymbol{A}\boldsymbol{y},\boldsymbol{A}=\begin{pmatrix}1&1\\1&1\end{pmatrix}.$$

于是利用二次型的性质很容易验证 $g(\boldsymbol{x},\boldsymbol{y})$ 是一个对称的双线性函数. 但是如果取 $\boldsymbol{y}=(1,-1)^{\mathrm{T}}\neq\boldsymbol{0}$，可以发现对任意 $\boldsymbol{x}$，

$$g(\boldsymbol{x},\boldsymbol{y})=\boldsymbol{x}^{\mathrm{T}}\begin{pmatrix}1&1\\1&1\end{pmatrix}\begin{pmatrix}1\\-1\end{pmatrix}=\boldsymbol{x}^{\mathrm{T}}\begin{pmatrix}0\\0\end{pmatrix}=0.$$

因此 g 不是一个非退化的函数，故二元函数 $g(\boldsymbol{x},\boldsymbol{y})=x_1y_1+x_2y_2+x_2y_1+y_2x_1$ 不是一个度规.

其实我们可以发现，矢量 $\boldsymbol{y}=(1,-1)^{\mathrm{T}}$ 正好就是 $\boldsymbol{A}$ 的一个本征矢量，对应的本征值为 0. 从这个例题我们可以总结出如下定理.

定理 6.1 假设 $\boldsymbol{A}$ 是矢量空间 $\mathbf{R}^n$ 中的一个实对称矩阵，那么二元函数 $g(\boldsymbol{x},\boldsymbol{y})=\boldsymbol{x}^{\mathrm{T}}\boldsymbol{A}\boldsymbol{y}$ 构成 $\mathbf{R}^n$ 中的一个度规当且仅当 $\boldsymbol{A}$ 是可逆的.

很显然矢量空间 $\mathbf{R}^n$ 中一个正定的实对称矩阵可以给出一个内积空间，而一个不定的

可逆实对称矩阵可以给出一个伪内积空间.

内积空间在许多场合具有重要的应用. 它的一个很重要的特性是:在内积空间中有柯西-施瓦茨不等式,如下所示.

定理 6.2　假设 (V,g) 是一个内积空间,则对 V 中的任意两个元素 $\boldsymbol{x}$ 和 $\boldsymbol{y}$,

$$g(\boldsymbol{x},\boldsymbol{x})g(\boldsymbol{y},\boldsymbol{y}) \geqslant [g(\boldsymbol{x},\boldsymbol{y})]^2 \tag{6.5}$$

成立,且当且仅当 $\boldsymbol{x}$ 和 $\boldsymbol{y}$ 线性相关的时候等号成立.

证明: 当 $\boldsymbol{x}=\boldsymbol{\theta}$ 时显然上述命题成立. 下面对 $\boldsymbol{x}\neq\boldsymbol{\theta}$ 的情况进行讨论. 构造一个二次函数

$$f(t)=g(t\boldsymbol{x}+\boldsymbol{y},t\boldsymbol{x}+\boldsymbol{y})=t^2g(\boldsymbol{x},\boldsymbol{x})+2tg(\boldsymbol{x},\boldsymbol{y})+g(\boldsymbol{y},\boldsymbol{y}).$$

根据内积空间的定义,$f(t)\geqslant 0$ 对任意 t 都成立,因此判别式非正. 由此得到

$$[2g(\boldsymbol{x},\boldsymbol{y})]^2 \leqslant 4g(\boldsymbol{x},\boldsymbol{x})g(\boldsymbol{y},\boldsymbol{y}),$$

因此有

$$g(\boldsymbol{x},\boldsymbol{x})g(\boldsymbol{y},\boldsymbol{y}) \geqslant [g(\boldsymbol{x},\boldsymbol{y})]^2.$$

下面证明上式当且仅当 $\boldsymbol{x}$ 和 $\boldsymbol{y}$ 线性相关的时候等号成立. 我们注意到对非零矢量 $\boldsymbol{x}$,如果 $g(\boldsymbol{x},\boldsymbol{x})=0$,则对任意 $\boldsymbol{y}$ 都有

$$0\cdot g(\boldsymbol{y},\boldsymbol{y}) \geqslant [g(\boldsymbol{x},\boldsymbol{y})]^2 \geqslant 0.$$

上式对任意 $\boldsymbol{y}$ 都成立. 因此,对任意 $\boldsymbol{y}$ 都有 $g(\boldsymbol{x},\boldsymbol{y})=0$. 这和度规非退化矛盾. 因此,$g(\boldsymbol{x},\boldsymbol{x})=0$ 当且仅当 $\boldsymbol{x}=\boldsymbol{\theta}$. 式(6.5)取等号等价于判别式等于 0,这表明函数 $f(t)$ 存在实根,因此存在 $t=t_0$ 使得

$$g(t_0\boldsymbol{x}+\boldsymbol{y},t_0\boldsymbol{x}+\boldsymbol{y})=0.$$

这就表明

$$t_0\boldsymbol{x}+\boldsymbol{y}=\boldsymbol{0}.$$

因此 $\boldsymbol{x}$ 和 $\boldsymbol{y}$ 线性相关. 此外,当 $\boldsymbol{x}$ 和 $\boldsymbol{y}$ 线性相关时,必有 $\boldsymbol{x}=k\boldsymbol{y}$ 或者 $\boldsymbol{y}=k\boldsymbol{x}$. 利用度规的双线性性质,可以发现式(6.5)正好取等号.

在上述证明过程中,我们实际上还证明了下面这个结论.

定理 6.3　假设 (V,g) 是一个内积空间,则 $g(\boldsymbol{x},\boldsymbol{x})=0 \Leftrightarrow \boldsymbol{x}=\boldsymbol{\theta}$.

柯西-施瓦茨不等式有许多推论. 比如,应用到内积空间 $(\mathbf{R}^n,\delta)$ 可得

$$(x_1y_1+x_2y_2+\cdots+x_ny_n)^2 \leqslant (x_1^2+x_2^2+\cdots+x_n^2)(y_1^2+y_2^2+\cdots+y_n^2).$$

同理可得

$$\left[\int_a^b f(x)h(x)\mathrm{d}x\right]^2 \leqslant \left[\int_a^b f(x)^2\,\mathrm{d}x\right]\left[\int_a^b h(x)^2\,\mathrm{d}x\right].$$

推论 6.1(三角不等式)　假设 (V,g) 是一个内积空间,则对 V 中的任意两个元素 $\boldsymbol{x}$ 和 $\boldsymbol{y}$,

$$\|\boldsymbol{x}+\boldsymbol{y}\| \leqslant \|\boldsymbol{x}\|+\|\boldsymbol{y}\|.$$

证明: 根据定义

$$\|\boldsymbol{x}+\boldsymbol{y}\|^2=g(\boldsymbol{x}+\boldsymbol{y},\boldsymbol{x}+\boldsymbol{y})=g(\boldsymbol{x},\boldsymbol{x})+g(\boldsymbol{y},\boldsymbol{y})+2g(\boldsymbol{x},\boldsymbol{y})=\|\boldsymbol{x}\|^2+\|\boldsymbol{y}\|^2+2g(\boldsymbol{x},\boldsymbol{y}).$$

而柯西-施瓦茨不等式可以写为

$$|g(\boldsymbol{x},\boldsymbol{y})| \leqslant \|\boldsymbol{x}\|\cdot\|\boldsymbol{y}\|,$$

因此有

$$\|\boldsymbol{x}+\boldsymbol{y}\|^2 \leqslant \|\boldsymbol{x}\|^2+\|\boldsymbol{y}\|^2+2\|\boldsymbol{x}\|\cdot\|\boldsymbol{y}\|=(\|\boldsymbol{x}|+\|\boldsymbol{y}\|)^2.$$

故命题得证.

一般而言，为一个矢量空间指定一个度规需要指定这个双线性函数作用到任意两个矢量的结果. 但是如果一个有限维矢量空间有一个基，我们就可以利用双线性特点把度规表示为一个矩阵. 具体来说，假设 (V,g) 是一个给定了度规的 n 维矢量空间，$B=\{\boldsymbol{b}_1,\boldsymbol{b}_2,\cdots,\boldsymbol{b}_n\}$ 是 V 的一个基. 那么对任意两个矢量 $\boldsymbol{x}$ 和 $\boldsymbol{y}$，可以将其展开为

$$\boldsymbol{x}=x_1\boldsymbol{b}_1+x_2\boldsymbol{b}_2+\cdots+x_n\boldsymbol{b}_n,\ \ \boldsymbol{y}=y_1\boldsymbol{b}_1+y_2\boldsymbol{b}_2+\cdots+y_n\boldsymbol{b}_n.$$

于是利用度规的双线性，可得

$$g(\boldsymbol{x},\boldsymbol{y})=g(x_1\boldsymbol{b}_1+x_2\boldsymbol{b}_2+\cdots+x_n\boldsymbol{b}_n,y_1\boldsymbol{b}_1+y_2\boldsymbol{b}_2+\cdots+y_n\boldsymbol{b}_n)=\sum_{i,j=1}^{n}x_i g(\boldsymbol{b}_i,\boldsymbol{b}_j)y_j.$$

如果定义矩阵 $\boldsymbol{G}$ 的分量为

$$\boldsymbol{G}_{ij}=g(\boldsymbol{b}_i,\boldsymbol{b}_j),$$

可得

$$g(\boldsymbol{x},\boldsymbol{y})=[\boldsymbol{x}]_B^{\mathrm{T}}\boldsymbol{G}[\boldsymbol{y}]_B.$$

于是可得如下定理.

定理 6.4 假设 (V,g) 是一个有限维广义内积空间，$B=\{\boldsymbol{b}_1,\boldsymbol{b}_2,\cdots,\boldsymbol{b}_n\}$ 是 V 的一个基，定义矩阵 $\boldsymbol{G}$ 的分量为

$$\boldsymbol{G}_{ij}=g(\boldsymbol{b}_i,\boldsymbol{b}_j),$$

那么对 V 中的任意两个矢量 $\boldsymbol{x}$ 和 $\boldsymbol{y}$，

$$g(\boldsymbol{x},\boldsymbol{y})=[\boldsymbol{x}]_B^{\mathrm{T}}\boldsymbol{G}[\boldsymbol{y}]_B.$$

我们称 $\boldsymbol{G}$ 为度规 g 在基 B 下的度规矩阵.

在自然基下欧氏度规的度规矩阵就是单位矩阵. 4 维闵氏时空在标准惯性系中的自然基就是在 $\mathbf{R}^3$ 的空间坐标 $\{x_1,x_2,x_3\}$ 的基础上添加一个时间维度 $x_0=ct$，构成一个 4 维矢量空间 $\mathbf{R}^4$. 一般取

$$\boldsymbol{e}_0=\begin{pmatrix}1\\0\\0\\0\end{pmatrix},\ \boldsymbol{e}_1=\begin{pmatrix}0\\1\\0\\0\end{pmatrix},\ \boldsymbol{e}_2=\begin{pmatrix}0\\0\\1\\0\end{pmatrix},\ \boldsymbol{e}_3=\begin{pmatrix}0\\0\\0\\1\end{pmatrix}.$$

其中 $\boldsymbol{e}_1,\boldsymbol{e}_2,\boldsymbol{e}_3$ 代表空间坐标基矢量，$\boldsymbol{e}_0$ 代表时间坐标基矢量. 闵氏度规 η 在此标准惯性系 $\{x_0,x_1,x_2,x_3\}$ 给出的自然基下的度规矩阵为

$$\boldsymbol{Q}=\mathrm{diag}(-1,1,1,1).$$

其中两个时间坐标基矢量的伪内积是负的，即 $\eta(\boldsymbol{e}_0,\boldsymbol{e}_0)=-1$.

例 6.2 取矢量空间 P_2 和它的一个自然基 $B=\{1,x,x^2\}$. 定义度规 $g(\boldsymbol{f},\boldsymbol{h})=\int_0^1 f(x)h(x)\mathrm{d}x$. 写出度规矩阵并计算 $\boldsymbol{f}=1+2x$ 和 $\boldsymbol{h}=1+3x^2$ 的内积.

解： 计算度规矩阵的分量：

$$G_{11}=\int_0^1 dx=1,\quad G_{12}=\int_0^1 xdx=\frac{1}{2},\quad G_{13}=\int_0^1 x^2dx=\frac{1}{3},$$

$$G_{22}=\int_0^1 x^2dx=\frac{1}{3},\quad G_{23}=\int_0^1 x^3dx=\frac{1}{4},\quad G_{33}=\int_0^1 x^4dx=\frac{1}{5}.$$

于是可得

$$\boldsymbol{G}=\begin{pmatrix}1 & \frac{1}{2} & \frac{1}{3}\\ \frac{1}{2} & \frac{1}{3} & \frac{1}{4}\\ \frac{1}{3} & \frac{1}{4} & \frac{1}{5}\end{pmatrix}.$$

在基 B 下,可以得到矢量 $\boldsymbol{f}$ 和矢量 $\boldsymbol{h}$ 的坐标矢量:

$$[\boldsymbol{f}]_B=\begin{pmatrix}1\\2\\0\end{pmatrix},\ [\boldsymbol{h}]_B=\begin{pmatrix}1\\0\\3\end{pmatrix}.$$

因此

$$g(\boldsymbol{f},\boldsymbol{h})=[\boldsymbol{f}]_B^{\mathrm{T}}\boldsymbol{G}[\boldsymbol{h}]_B=(1,2,0)\begin{pmatrix}1 & \frac{1}{2} & \frac{1}{3}\\ \frac{1}{2} & \frac{1}{3} & \frac{1}{4}\\ \frac{1}{3} & \frac{1}{4} & \frac{1}{5}\end{pmatrix}\begin{pmatrix}1\\0\\3\end{pmatrix}=\frac{9}{2}.$$

我们可以验证

$$g(\boldsymbol{f},\boldsymbol{h})=\int_0^1(1+2x)(1+3x^2)dx=\int_0^1(1+2x+3x^2+6x^3)dx=\frac{9}{2}.$$

度规矩阵具有如下两个基本性质.

定理 6.5　对一个有限维矢量空间:

(1)矩阵 $\boldsymbol{G}$ 可以作为其某一个度规的度规矩阵当且仅当 $\boldsymbol{G}$ 是可逆的对称矩阵;

(2)如果 $\boldsymbol{G}_B$ 和 $\boldsymbol{G}_C$ 为同一个度规 g 在基 B 和基 C 下的度规矩阵,$\boldsymbol{P}$ 为从基 B 到基 C 的过渡矩阵[①],那么

$$\boldsymbol{G}_B=\boldsymbol{P}^{\mathrm{T}}\boldsymbol{G}_C\boldsymbol{P}.$$

证明:(1)该命题的证明留作习题.

(2)根据度规矩阵的定义,在基 B 下有

$$g(\boldsymbol{x},\boldsymbol{y})=[\boldsymbol{x}]_B^{\mathrm{T}}\boldsymbol{G}_B[\boldsymbol{y}]_B,$$

在基 C 下有

$$g(\boldsymbol{x},\boldsymbol{y})=[\boldsymbol{x}]_C^{\mathrm{T}}\boldsymbol{G}_C[\boldsymbol{y}]_C.$$

于是有

① 注意方向问题:等式左边为在基 B 下的度规矩阵,右边为基 C 下的度规矩阵,那么过渡矩阵就是从基 B 到基 C 的过渡矩阵.

$$[\boldsymbol{x}]_C^{\mathrm{T}}\boldsymbol{G}_C[\boldsymbol{y}]_C=[\boldsymbol{x}]_B^{\mathrm{T}}\boldsymbol{G}_B[\boldsymbol{y}]_B. \tag{6.6}$$

此外，由过渡矩阵的性质可知

$$[\boldsymbol{y}]_C=\boldsymbol{P}[\boldsymbol{y}]_B,\ [\boldsymbol{x}]_C=\boldsymbol{P}[\boldsymbol{x}]_B.$$

把上面两式代入式(6.6)可得

$$[\boldsymbol{x}]_B^{\mathrm{T}}\boldsymbol{P}^{\mathrm{T}}\boldsymbol{G}_C\boldsymbol{P}[\boldsymbol{y}]_B=[\boldsymbol{x}]_B^{\mathrm{T}}\boldsymbol{G}_B[\boldsymbol{y}]_B.$$

这个等式对内积空间中的任意两个矢量 $\boldsymbol{x}$ 和 $\boldsymbol{y}$ 都成立，因此有 $\boldsymbol{G}_B=\boldsymbol{P}^{\mathrm{T}}\boldsymbol{G}_C\boldsymbol{P}$.

在数学中我们把可以用一个可逆矩阵 $\boldsymbol{P}$ 按照 $\boldsymbol{A}=\boldsymbol{P}^{\mathrm{T}}\boldsymbol{B}\boldsymbol{P}$ 联系起来的两个矩阵 $\boldsymbol{A}$ 和 $\boldsymbol{B}$ 称为合同的，把由矩阵 $\boldsymbol{A}$ 到矩阵 $\boldsymbol{B}$ 的变换称为合同变换. 因此，同一个度规在不同基下的度规矩阵是合同的. 要注意合同和相似的区别. 如果 $\boldsymbol{P}$ 是正交矩阵，那么合同变换也是相似变换. 对一般的可逆矩阵，合同变换不是相似变换.

例 6.3 取矢量空间 $\mathbf{R}^3$，它的一个度规 g 在自然基 B 下的度规矩阵 $\boldsymbol{G}_B=\begin{pmatrix}1&1&1\\1&2&3\\1&3&6\end{pmatrix}$. 再取一个基 $C=\{\boldsymbol{c}_1,\boldsymbol{c}_2,\boldsymbol{c}_3\}$，其在自然基下的坐标矢量为

$$[\boldsymbol{c}_1]_B=\begin{pmatrix}1\\0\\0\end{pmatrix},\quad [\boldsymbol{c}_2]_B=\begin{pmatrix}-1\\1\\0\end{pmatrix},\quad [\boldsymbol{c}_3]_B=\begin{pmatrix}1\\-2\\1\end{pmatrix}.$$

求度规在基 C 下的度规矩阵.

解:(1)方法一.

先求解从基 C 到基 B 的过渡矩阵 P. 由于题中直接给出了基 C 在自然基 B 下的坐标矢量，我们可以直接写出从基 C 到基 B 的过渡矩阵：

$$\boldsymbol{P}=([\boldsymbol{c}_1]_B,[\boldsymbol{c}_2]_B,[\boldsymbol{c}_3]_B)=\begin{pmatrix}1&-1&1\\0&1&-2\\0&0&1\end{pmatrix}.$$

于是就有

$$\boldsymbol{G}_C=\boldsymbol{P}^{\mathrm{T}}\boldsymbol{G}_B\boldsymbol{P}=\begin{pmatrix}1&0&0\\0&1&0\\0&0&1\end{pmatrix}.$$

可见在基 C 下度规矩阵具有单位矩阵的简单形式.

(2)方法二.

根据定义，$\boldsymbol{G}_C$ 为度规 $g(\cdot,\cdot)$ 在基 C 下的矩阵表示，其分量由如下方程给出：

$$(\boldsymbol{G}_C)_{ij}=g(\boldsymbol{c}_i,\boldsymbol{c}_j).$$

另外，根据定理 6.4，上式的右边可以借助自然基 B 来计算：

$$g(\boldsymbol{c}_i,\boldsymbol{c}_j)=[\boldsymbol{c}_i]_B^{\mathrm{T}}\boldsymbol{G}_B[\boldsymbol{c}_j]_B.$$

于是可以计算得到

$$(\boldsymbol{G}_C)_{11}=\begin{pmatrix}1&0&0\end{pmatrix}\begin{pmatrix}1&1&1\\1&2&3\\1&3&6\end{pmatrix}\begin{pmatrix}1\\0\\0\end{pmatrix}=1,\ (\boldsymbol{G}_C)_{12}=\begin{pmatrix}1&0&0\end{pmatrix}\begin{pmatrix}1&1&1\\1&2&3\\1&3&6\end{pmatrix}\begin{pmatrix}-1\\1\\0\end{pmatrix}=0.$$

同理可以得到：$(\boldsymbol{G}_C)_{21}=(\boldsymbol{G}_C)_{23}=(\boldsymbol{G}_C)_{32}=(\boldsymbol{G}_C)_{13}=(\boldsymbol{G}_C)_{31}=0,(\boldsymbol{G}_C)_{22}=(\boldsymbol{G}_C)_{33}=1.$

6.2 正交基和正交化

标准 n 维欧氏空间中如果有两个矢量 $\boldsymbol{x}$ 和 $\boldsymbol{y}$ 满足 $\boldsymbol{x}\cdot\boldsymbol{y}=0$，就说它们是正交的. 从欧氏度规的角度来看，这就等价于

$$\delta(\boldsymbol{x},\boldsymbol{y})=0.$$

这一点可以推广到一般的定义了度规的矢量空间.

定义 6.3 对一个广义内积空间 (V,g)，如果 $g(\boldsymbol{x},\boldsymbol{y})=0$，就说矢量 $\boldsymbol{x}$ 和 $\boldsymbol{y}$ 是正交的.

对内积空间，两个矢量正交和几何上的视觉概念垂直是一致的. 比如对标准 2 维欧氏空间中的两个矢量 $\boldsymbol{a}$ 和 $\boldsymbol{b}$，不难意识到它们是正交的当且仅当它们是垂直的. 但是在伪内积空间中，情况就不太一样了. 比如考虑一个 2 维闵氏时空（把 4 维闵氏时空的空间坐标压缩掉 2 个维度）惯性坐标系 $\{x_0,x_1\}$ 中的两个矢量 $\boldsymbol{a}=(a_0,a_1)$ 和 $\boldsymbol{b}=(b_0,b_1)$. 根据闵氏度规，$\boldsymbol{a}$ 和 $\boldsymbol{b}$ 正交意味着

$$\eta(\boldsymbol{a},\boldsymbol{b})=a_1b_1-a_0b_0=0.$$

为了理解这个方程的意义，将 $\{a_0,a_1\}$ 和 $\{b_0,b_1\}$ 参数化为

$$a_0=\rho\sin(\theta_1+\pi/4),a_1=\rho\cos(\theta_1+\pi/4),b_0=\sigma\sin(\theta_2+\pi/4),b_1=\sigma\cos(\theta_2+\pi/4).$$

其中 $\rho>0,\sigma>0$. 于是

$$\eta(\boldsymbol{a},\boldsymbol{b})=\rho\sigma\cos(\theta_1+\theta_2+\pi/2).$$

为了简化，假设 a_0,b_0,a_1 和 b_1 都大于 0. 此时 $\theta_1\in(-\pi/4,\pi/4),\theta_2\in(-\pi/4,\pi/4)$. 这两个矢量正交就意味着

$$\theta_1+\theta_2=0,$$

即 $\boldsymbol{a}$ 和 $\boldsymbol{b}$ 所在的直线是以一三象限角平分线为对称轴对称分布的，如图 6.1 所示. 特别地，如果一个矢量落在一三象限角平分线上，比如取 $\boldsymbol{a}=(1,1)$，那么 $\eta(\boldsymbol{a},\boldsymbol{a})=0$. 因此，在闵氏时空中，一个矢量甚至可以和它自己正交！

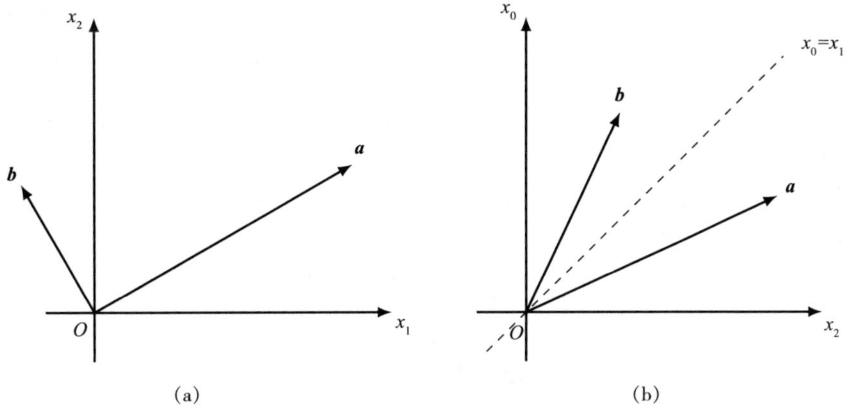

图 6.1 正交变换示意

(a)2 维欧氏空间中正交的两个矢量 (b)2 维闵氏时空中正交的两个矢量

例 6.4 取矢量空间 P_2 和度规 $g(\boldsymbol{f},\boldsymbol{h})=\int_0^1 f(x)h(x)\mathrm{d}x$. 验证函数 $\boldsymbol{f}=60x^2-54x+5$ 和 $\boldsymbol{h}=1+12x^2$ 是否正交.

解:（1）方法一.

根据定义,需要计算这两个函数在度规作用下的结果:

$$g(\boldsymbol{f},\boldsymbol{h})=\int_0^1(60x^2-54x+5)(1+12x^2)\mathrm{d}x=0.$$

因此 $\boldsymbol{f}$ 和 $\boldsymbol{h}$ 正交.

（2）方法二.

由于在例 6.2 中已经计算得到上述度规在自然基下的度规矩阵,因此可以借助自然基来计算 $g(\boldsymbol{f},\boldsymbol{h})$. 在自然基下度规矩阵和两个函数的坐标矢量分别为

$$\boldsymbol{G}=\begin{pmatrix}1&\frac{1}{2}&\frac{1}{3}\\\frac{1}{2}&\frac{1}{3}&\frac{1}{4}\\\frac{1}{3}&\frac{1}{4}&\frac{1}{5}\end{pmatrix},\ [\boldsymbol{f}]_B=\begin{pmatrix}5\\-54\\60\end{pmatrix},\ [\boldsymbol{h}]_B=\begin{pmatrix}1\\0\\12\end{pmatrix}.$$

因此

$$g(\boldsymbol{f},\boldsymbol{h})=(5,-54,60)\begin{pmatrix}1&\frac{1}{2}&\frac{1}{3}\\\frac{1}{2}&\frac{1}{3}&\frac{1}{4}\\\frac{1}{3}&\frac{1}{4}&\frac{1}{5}\end{pmatrix}\begin{pmatrix}1\\0\\12\end{pmatrix}=0.$$

在给定矢量空间和度规之后,度规在不同基下的度规矩阵一般并不相同. 在一些基下度规矩阵的形式比较复杂,而在另一些基下度规矩阵的形式可能比较简单. 比如在例 6.3 中,如果在自然基下计算两个矢量在度规作用下的结果,计算量比较大. 但是如果在基 B 下计算两个矢量在度规作用下的结果,计算就会简单很多. 因为度规在基 B 下具有简单的单位矩阵的形式.

定义 6.4 对一个有限维广义内积空间 (V,g),如果基 B 使得度规矩阵是对角矩阵,就称 B 为广义内积空间 (V,g) 的一个正交基;进一步地,如果主对角线元素只是 1 或者 -1,就称 B 为广义内积空间 (V,g) 的一个标准正交基.

对 n 维内积空间,相互正交的矢量组必定线性无关,因此 n 个相互正交的矢量必定组成一个正交基. 但是对伪内积空间,相互正交的矢量可能是线性相关的. 我们可以证明:矢量组 B 中的矢量相互正交且长度非 0 是 B 构成伪内积空间的一个正交基的充分必要条件. 在正交基下度规具有对角矩阵的形式,因此涉及度规的运算会变得简单很多. 那么是不是所有度规都存在正交基和标准正交基呢? 答案是肯定的.

定理 6.6 任意 n 维广义内积空间都存在正交基.

证明:取任意一个基 C. 度规在基 C 下的度规矩阵为 $\boldsymbol{G}_C$,它是一个实对称矩阵. 根据推论 4.6,一定可以找到一个正交矩阵 $\boldsymbol{P}=(\boldsymbol{p}_1,\boldsymbol{p}_2,\cdots,\boldsymbol{p}_n)$ 使得

$$\boldsymbol{P}^{\mathrm{T}}\boldsymbol{G}_C\boldsymbol{P}=\operatorname{diag}(\lambda_1,\lambda_2,\cdots,\lambda_n).$$

如果基 $B=\{\boldsymbol{b}_1,\boldsymbol{b}_2,\cdots,\boldsymbol{b}_n\}$ 的基矢量使得

$$[\boldsymbol{b}_i]_C=\boldsymbol{p}_i,$$

矩阵 $\boldsymbol{P}$ 就是从基 B 到基 C 的过渡矩阵. 因此度规在基 B 下的度规矩阵为

$$\boldsymbol{G}_B=\boldsymbol{P}^{\mathrm{T}}\boldsymbol{G}_C\boldsymbol{P}=\operatorname{diag}(\lambda_1,\lambda_2,\cdots,\lambda_n).$$

在上述定理的证明过程中,我们通过一个正交矩阵将度规矩阵对角化了. 这看起来很像线性算符的对角化过程. 那么我们能否把对角矩阵的主对角线元素称为度规的本征值呢?答案是否定的！我们来考虑在两个不同的基 C_1 和 C_2 下的度规矩阵:

$$\boldsymbol{G}_{C_1}=\boldsymbol{Q}^{\mathrm{T}}\boldsymbol{G}_{C_2}\boldsymbol{Q}.$$

其中 $\boldsymbol{Q}$ 是从基 C_1 到基 C_2 的过渡矩阵. 不难看出

$$\det(\boldsymbol{G}_{C_1})=\det(\boldsymbol{Q})^2\det(\boldsymbol{G}_{C_2}).$$

由于两个一般基之间的过渡矩阵的行列式不是 1(比如例 5.27 中过渡矩阵的行列式为 $-1/2$),因此 $\boldsymbol{G}_{C_1}$ 和 $\boldsymbol{G}_{C_2}$ 可能有不同的本征值. 这就说明度规在不同基下的度规矩阵可能具有不同的本征值. 因此,在正交基下度规矩阵的主对角线元素不是度规的固有属性,因而不能称为度规的本征值. 这也说明在不同的正交基下,度规矩阵可能是完全不同的对角矩阵.

定理 6.7　任意有限维广义内积空间都存在标准正交基,且度规矩阵的主对角线元素中 1 和 -1 的数目与标准正交基的选取无关.

证明:这里仅证明命题的前半部分. 根据定理 6.6,一定存在一个基 $B=\{\boldsymbol{b}_1,\boldsymbol{b}_2,\cdots,\boldsymbol{b}_n\}$ 使得在基 B 下度规矩阵具有对角形式:

$$\boldsymbol{G}_B=\operatorname{diag}(\lambda_1,\lambda_2,\cdots,\lambda_n).$$

根据定理 6.5,矩阵 $\boldsymbol{G}_B$ 是非退化的. 因此 $\boldsymbol{G}_B$ 的主对角线元素都不是 0. 于是我们可以定义一个新的基

$$C=\{\boldsymbol{c}_1,\boldsymbol{c}_2,\cdots,\boldsymbol{c}_n\},$$

其中

$$\boldsymbol{c}_1=\frac{\boldsymbol{b}_1}{\sqrt{|\lambda_1|}},\ \boldsymbol{c}_2=\frac{\boldsymbol{b}_1}{\sqrt{|\lambda_2|}},\ \cdots,\ \boldsymbol{c}_n=\frac{\boldsymbol{b}_n}{\sqrt{|\lambda_n|}}. \tag{6.7}$$

于是在基 C 下,度规的矩阵元为

$$(\boldsymbol{G}_C)_{ij}=g(\boldsymbol{c}_i,\boldsymbol{c}_j)=\frac{1}{\sqrt{|\lambda_i\lambda_j|}}g(\boldsymbol{b}_i,\boldsymbol{b}_j)=\frac{1}{|\sqrt{\lambda_i\lambda_j}|}(\boldsymbol{G}_B)_{ij},$$

即

$$(\boldsymbol{G}_C)_{ij}=\begin{cases}0(i\neq j),\\1(i=j,\ \lambda_i>0),\\-1(i=j,\ \lambda_i<0).\end{cases}$$

因此,标准正交基总是存在的.

由于在标准正交基下主对角线元素中 1 和 −1 的数目是被度规唯一确定的，因此它就是广义内积空间的内禀性质，与标准正交基的选取无关. 因此我们给出如下定义.

定义 6.5 一个有限维广义内积空间在标准正交基下的度规矩阵的主对角线元素之和称为号差.

对一个 n 维广义内积空间，如果知道了号差也就知道了在标准正交基下度规矩阵中 1 和 −1 的数目. 我们将号差为 n 的度规称为欧氏度规，它是正定的度规. 因此一个欧氏度规可以给出一个内积空间. 号差为 $-n$ 的度规是负定的度规. 我们在前面提到过，度规 $g(\cdot\,,\cdot)$ 和它的相反数 $-g(\cdot\,,\cdot)$ 实际上描述的是等价的（伪）内积空间. 因此一个号差为 $-n$ 的度规实际上也定义了一个欧氏空间. 号差小于 n 但是大于 $-n$ 的度规是不定度规，它给出一个伪内积空间. 特别地，号差等于 $n-2$ 的不定度规在标准正交基下只有一个主对角线元素为 −1（或者号差等于 $-(n-2)$，此时在标准正交基下度规矩阵只有一个主对角线元素为 1），这种度规被称为洛伦兹度规，这种度规在物理中被用来描述时空几何结构.

此外，我们还可以得到如下推论.

推论 6.2 任意有限维内积空间都存在基使得度规矩阵是单位矩阵.

推论 6.2 表明，对任何一个 n 维内积空间，不仅它的线性运算同构于 $\mathbf{R}^n$，而且总是可以找到一个基使得它的度规和欧氏度规一样. 从这个意义上讲，任何 n 维内积空间中与线性运算和度规相关的数学问题都可以最终转化为标准 n 维欧氏空间 $(\mathbf{R}^n,\delta)$ 中的问题. 更确切地说，有如下定理.

定理 6.8 假设 (V,g) 是一个有限维内积空间，B 是它的一个标准正交基. 那么对 V 中的任意矢量 $\boldsymbol{x}$ 和 $\boldsymbol{y}$，都有

$$g(\boldsymbol{x},\boldsymbol{y})=[\boldsymbol{x}]_B^{\mathrm{T}}[\boldsymbol{y}]_B.$$

对给定的广义内积空间，定理 6.6 和定理 6.7 的证明过程实际上给出了一种寻找正交基和标准正交基的方法：在一个选定的基下将度规矩阵对角化得到一个正交基，然后利用式（6.7）获得一个标准正交基. 下面来看一个例题.

例 6.5 取矢量空间 $\mathbf{R}^3$，它的一个度规 g 在自然基 B 下的度规矩阵 $\boldsymbol{G}_B=\begin{pmatrix}2&-2&0\\-2&1&-2\\0&-2&0\end{pmatrix}$. 试为其找到一个标准正交基.

解：先将度规矩阵 $\boldsymbol{G}_B$ 对角化，得到 3 个本征值 1,4 和 −2，它们对应的本征矢量分别为

$$\boldsymbol{x}_1=\begin{pmatrix}-2\\-1\\2\end{pmatrix},\ \boldsymbol{x}_2=\begin{pmatrix}2\\-2\\1\end{pmatrix},\ \boldsymbol{x}_3=\begin{pmatrix}1\\2\\2\end{pmatrix}.$$

将它们归一化，就得到了正交矩阵 $\boldsymbol{P}=(\boldsymbol{p}_1,\boldsymbol{p}_2,\boldsymbol{p}_3)$，其中

$$\boldsymbol{p}_1=\frac{1}{3}\begin{pmatrix}-2\\-1\\2\end{pmatrix},\ \boldsymbol{p}_2=\frac{1}{3}\begin{pmatrix}2\\-2\\1\end{pmatrix},\ \boldsymbol{p}_3=\frac{1}{3}\begin{pmatrix}1\\2\\2\end{pmatrix}.$$

于是可得广义内积空间 $(\mathbf{R}^3, g)$ 的 3 个标准正交基：

$$c_1 = \frac{1}{3}\begin{pmatrix} -2 \\ -1 \\ 2 \end{pmatrix},\ c_2 = \frac{1}{6}\begin{pmatrix} 2 \\ -2 \\ 1 \end{pmatrix},\ c_3 = \frac{1}{3\sqrt{2}}\begin{pmatrix} 1 \\ 2 \\ 2 \end{pmatrix}.$$

在此基下度规矩阵为 $\mathrm{diag}(1,1,-1)$.

上述方法对任意有限维广义内积空间都是适用的. 但是很多时候求解本征值的计算量是非常大的. 对高阶矩阵,我们还会面对高次方程无法解析求解的情况. 作为一个例子,读者可以自行利用 Maple 软件求解例 6.2 中的度规矩阵的本征值. 那么有没有一种可以直接找到一个正交基或者标准正交基的方法呢？ 我们可以将第 3 章中介绍的施密特正交化方法推广到一般的内积空间.

定理 6.9　假设 (V, g) 是一个内积空间,$B = \{\boldsymbol{b}_1, \boldsymbol{b}_2, \cdots, \boldsymbol{b}_n\}$ 是 V 的一个基. 取 $\boldsymbol{u}_1 = \boldsymbol{b}_1$,并且定义

$$\boldsymbol{u}_k = \boldsymbol{b}_k - \frac{g(\boldsymbol{b}_k,\ \boldsymbol{u}_1)}{g(\boldsymbol{u}_1, \boldsymbol{u}_1)}\boldsymbol{u}_1 - \frac{g(\boldsymbol{b}_k,\ \boldsymbol{u}_2)}{g(\boldsymbol{u}_2, \boldsymbol{u}_2)}\boldsymbol{u}_2 - \cdots - \frac{g(\boldsymbol{b}_k,\ \boldsymbol{u}_{k-1})}{g(\boldsymbol{u}_{k-1}, \boldsymbol{u}_{k-1})}\boldsymbol{u}_{k-1} (1 \leqslant k \leqslant n). \tag{6.8}$$

那么 $\{\boldsymbol{u}_1, \boldsymbol{u}_2, \cdots, \boldsymbol{u}_n\}$ 就构成了 (V, g) 的一个正交基.

由于 (V, g) 是一个内积空间,因此所有非零矢量的模长都是大于 0 的. 我们可以进一步将上述正交基归一化：

$$\boldsymbol{u}_k \to \frac{\boldsymbol{u}_k}{\sqrt{g(\boldsymbol{u}_k, \boldsymbol{u}_k)}},$$

从而获得一个正交归一基.

这里有两点需要注意. 第一,在运用施密特正交化方法获得正交基时,我们需要先确认所给的度规能否给出一个内积空间. 对伪内积空间,由于非零矢量的模长可以为 0,因此式(6.8)中的分母可能为 0,从而使得方法失效. 第二,基 B 中的基矢量排序不同,选择的起始矢量不同,得到的正交基也有可能不一样.

例 6.6　取矢量空间 $P_2[0,1]$ 和它的一个自然基 $B = \{1, x, x^2\}$. 定义度规 $g(\boldsymbol{f}, \boldsymbol{h}) = \int_0^1 f(x)h(x)\mathrm{d}x$.

(1)从 1 开始用施密特正交化方法构成一个正交基和正交归一基；

(2)计算 $\boldsymbol{f} = x^2$ 和 $\boldsymbol{h} = x$ 在上述正交基下的坐标；

(3)利用上述结果验证定理 6.8 中的结论.

解:(1)假设正交基为 $C = \{\boldsymbol{u}_1, \boldsymbol{u}_2, \boldsymbol{u}_3\}$. 取 $\boldsymbol{u}_1 = 1$,根据施密特正交化方法有

$$\boldsymbol{u}_2 = x - \frac{g(x,1)}{g(1,1)} = x - \int_0^1 x\mathrm{d}x = x - \frac{1}{2}.$$

于是得到 $\boldsymbol{u}_2 = x - 1/2$. 同理,

$$\boldsymbol{u}_3 = x^2 - \frac{g(x^2,1)}{g(1,1)} - \frac{g(x^2,\ \boldsymbol{u}_2)}{g(\boldsymbol{u}_2, \boldsymbol{u}_2)}\boldsymbol{u}_2 = x^2 - \int_0^1 x^2\mathrm{d}x - \frac{g(x^2,\ \boldsymbol{u}_2)}{g(\boldsymbol{u}_2, \boldsymbol{u}_2)}\boldsymbol{u}_2 = x^2 - \frac{1}{3} - \frac{g(x^2,\ \boldsymbol{u}_2)}{g(\boldsymbol{u}_2, \boldsymbol{u}_2)}\boldsymbol{u}_2.$$

其中

$$g(x^2,\ \boldsymbol{u}_2)=\int_0^1\left(x^3-\frac{x^2}{2}\right)\mathrm{d}x=\frac{1}{12},\ \ g(\boldsymbol{u}_2,\boldsymbol{u}_2)=\int_0^1\left(x-\frac{1}{2}\right)^2\mathrm{d}x=\frac{1}{12}.$$

因此可得

$$\boldsymbol{u}_3=x^2-x+\frac{1}{6}.$$

为了进一步得到正交归一基,需要计算出每一个正交基的长度:

$$g(\boldsymbol{u}_1,\boldsymbol{u}_1)=1,\ g(\boldsymbol{u}_2,\boldsymbol{u}_2)=\frac{1}{12},\ g(\boldsymbol{u}_3,\boldsymbol{u}_3)=\int_0^1\left(x^2-x+\frac{1}{6}\right)^2\mathrm{d}x=\frac{1}{180}.$$

因此 $\{1,(x-1/2)/\sqrt{12},(x^2-x+1/6)/\sqrt{180}\}$ 就是一个正交归一基.

（2）假设 $\boldsymbol{f}=f_1\boldsymbol{u}_1+f_2\boldsymbol{u}_2+f_3\boldsymbol{u}_3$. 根据正交性,可得

$$f_1g(\boldsymbol{u}_1,\boldsymbol{u}_1)=g(\boldsymbol{f},\boldsymbol{u}_1)=\int_0^1x^2\mathrm{d}x=\frac{1}{3}.$$

因此得 $f_1=1/3$. 同理可得

$$f_2=\frac{g(\boldsymbol{f},\boldsymbol{u}_2)}{\sqrt{g(\boldsymbol{u}_2,\boldsymbol{u}_2)}}=\frac{1}{\sqrt{12}},\ f_3=\frac{g(\boldsymbol{f},\boldsymbol{u}_3)}{\sqrt{g(\boldsymbol{u}_3,\boldsymbol{u}_3)}}=\frac{1}{\sqrt{180}}.$$

因此有

$$[\boldsymbol{f}]_C=(1/3,1/\sqrt{12},1/\sqrt{180})^{\mathrm{T}}.$$

采用同样的方法,可得

$$[\boldsymbol{h}]_C=(1/2,1/\sqrt{12},0)^{\mathrm{T}}.$$

（3）根据给出的度规,有

$$g(\boldsymbol{f},\boldsymbol{h})=\int_0^1f(x)h(x)\mathrm{d}x=\int_0^1x^3\mathrm{d}x=1/4.$$

另一方面,

$$[\boldsymbol{f}]_C^{\mathrm{T}}[\boldsymbol{h}]_C=\frac{1}{3}\times\frac{1}{2}+\frac{1}{12}=1/4.$$

因此 $g(\boldsymbol{f},\boldsymbol{h})=[\boldsymbol{f}]_C^{\mathrm{T}}[\boldsymbol{h}]_C$.

6.3 最佳逼近问题

假设 V 是一个矢量空间,那么其中的任何一个元素都可以借助 V 的一个基来展开. 比如考虑矢量空间 $C[0,1]$. 根据魏尔斯特拉斯（Weierstrass）逼近定理:任何一个 $C[0,1]$ 中的函数 $f(x)$ 都存在多项式函数列 $\{f_n(x)\}$ 使得在 $n\to\infty$ 时函数 $f_n(x)$ 一致地收敛于 $f(x)$. 换句话说,对定义在[0,1]内的任何连续函数,我们都可以用一个多项式来逼近,并且多项式的阶数越高,越能精确地逼近这个函数. 在一般情况下,要想精确地逼近一个函数需要无穷多阶的多项式. 如果用有限阶多项式来逼近一个指定的函数,往往只能得到目标函数的一个近似表达式. 但是在现实中,用有限阶多项式逼近一个函数在很多情况下可以给我们带来方便. 这就产生了一个问题:在给定多项式的阶数不大于 n 的情况下,如何寻找一个连续函数的最佳逼近多项式呢?

我们注意到定义在区间 [0,1] 内，给定阶数上限 n 的全体多项式构成了一个矢量空间 $P_n[0,1]$. 这个空间是矢量空间 $C[0,1]$ 的一个子空间. 因此上述问题可以抽象为如下更普遍的问题：对矢量空间 V 中的一个元素 $\boldsymbol{v}$，如何在 V 的一个子空间 W 中寻找一个元素 $\boldsymbol{w}$ 使得 $\boldsymbol{w}$ 和 $\boldsymbol{v}$ 的差异最小？

为了回答这个问题，先来看一个熟悉的例子. 考虑一个 3 维标准欧氏空间 $(\mathbf{R}^3,\delta)$ 和它的一个 2 维子空间 $W=\{\forall(x,y,z)^{\mathrm{T}}\in\mathbf{R}^3\mid z=0\}$，如图 6.2 所示. 我们的任务是在子空间 W 中找到一个合适的矢量 $\boldsymbol{x}^*$ 使得 $\boldsymbol{x}^*$ 比 W 中的任何其他矢量都更接近矢量 $\boldsymbol{x}$. 更接近就意味着 $\boldsymbol{x}-\boldsymbol{x}^*$ 要尽可能接近零矢量，也就意味着 $\|\boldsymbol{x}-\boldsymbol{x}^*\|$ 要尽可能小. 根据立体几何知识，我们可以得到两个结论：

（1）当 W 中的矢量 $\boldsymbol{x}^*$ 满足 $\boldsymbol{x}-\boldsymbol{x}^*$ 垂直于 W 平面时，$\|\boldsymbol{x}-\boldsymbol{x}^*\|$ 取得最小值；

（2）最佳逼近矢量 $\boldsymbol{x}^*$ 正好是 $\boldsymbol{x}$ 在子空间 W 中的正交投影.

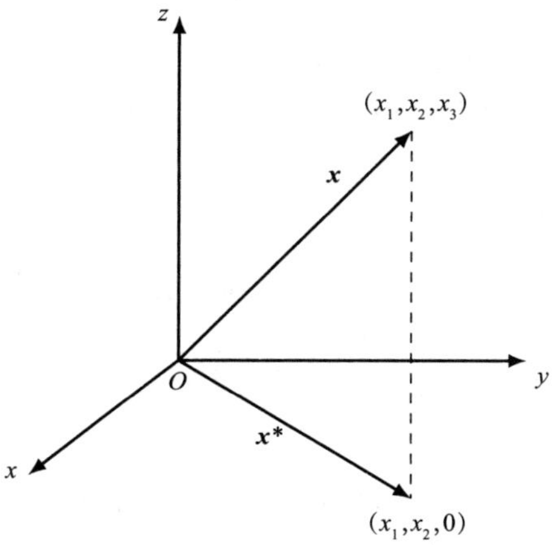

图 6.2　一个 3 维标准欧氏空间和它的一个 2 维子空间

下面我们来证明这两个结论可以推广到任意有限维内积空间.

定理 6.10　假设 (V,g) 是一个内积空间，W 是 V 的一个子空间. 假设 $\boldsymbol{v}$ 是 V 中一个给定的矢量，那么定义在 W 中的函数 $f(\boldsymbol{w})=\|\boldsymbol{v}-\boldsymbol{w}\|^2$ 取得最小值当且仅当 $\boldsymbol{w}=\boldsymbol{w}^*$，其中 $\boldsymbol{w}^*\in W$ 满足

$$\forall\boldsymbol{w}'\in W,\ g(\boldsymbol{v}-\boldsymbol{w}^*,\boldsymbol{w}')=0. \tag{6.9}$$

证明：对任意 $\boldsymbol{w}\in W$，令 $\boldsymbol{w}-\boldsymbol{w}^*=\boldsymbol{w}_1$. 显然 $\boldsymbol{w}_1\in W$，故根据式（6.9）有

$$g(\boldsymbol{v}-\boldsymbol{w}^*,\boldsymbol{w}_1)=0.$$

另外，可以将函数 $f(\boldsymbol{w})$ 改写为

$$f(\boldsymbol{w})=\|\boldsymbol{v}-\boldsymbol{w}^*-\boldsymbol{w}_1\|^2.$$

根据矢量长度的定义有

$$f(\boldsymbol{w})=\|\boldsymbol{v}-\boldsymbol{w}^*\|^2+\|\boldsymbol{w}_1\|^2-2g(\boldsymbol{v}-\boldsymbol{w}^*,\boldsymbol{w}_1)=\|\boldsymbol{v}-\boldsymbol{w}^*\|^2+\|\boldsymbol{w}_1\|^2.$$

这个方程表明对任意 $\boldsymbol{w}\in W$，

$$f(\boldsymbol{w})\geqslant\|\boldsymbol{v}-\boldsymbol{w}^*\|^2,$$

并且当 $\boldsymbol{w}_1=\mathbf{0}$ 时 $f(\boldsymbol{w})$ 取得最小值.

下面来求定理 6.10 中的最佳逼近矢量,即寻找一个矢量 $\boldsymbol{w}^*$ 使得式(6.9)成立. 在子空间 W 中取一个正交基 $B=\{\boldsymbol{b}_1,\boldsymbol{b}_2,\cdots,\boldsymbol{b}_p\}$. 因为 $\boldsymbol{w}^*$ 属于子空间 W,则有

$$\boldsymbol{w}^*=c_1\boldsymbol{b}_1+c_2\boldsymbol{b}_2+\cdots+c_p\boldsymbol{b}_p.$$

用 $\boldsymbol{b}_1$ 和 $\boldsymbol{w}^*$ 做内积,可得

$$g(\boldsymbol{w}^*,\boldsymbol{b}_1)=g(c_1\boldsymbol{b}_1+c_2\boldsymbol{b}_2+\cdots+c_p\boldsymbol{b}_p,\boldsymbol{b}_1)=c_1 g(\boldsymbol{b}_1,\boldsymbol{b}_1).$$

于是可得

$$c_1=\frac{g(\boldsymbol{w}^*,\boldsymbol{b}_1)}{g(\boldsymbol{b}_1,\boldsymbol{b}_1)}.$$

依此类推,可得

$$c_k=\frac{g(\boldsymbol{w}^*,\boldsymbol{b}_k)}{g(\boldsymbol{b}_k,\boldsymbol{b}_k)}.$$

另一方面,式(6.9)表明 $g(\boldsymbol{v}-\boldsymbol{w}^*,\boldsymbol{b}_k)=0$,这就导致 $g(\boldsymbol{w}^*,\boldsymbol{b}_k)=g(\boldsymbol{v},\boldsymbol{b}_k)$. 因此,可得如下结论.

定理 6.11 假设 (V,g) 是一个内积空间,W 是 V 的一个子空间,$B=\{\boldsymbol{b}_1,\boldsymbol{b}_2,\cdots,\boldsymbol{b}_p\}$ 是 W 的一个正交基. 假设 $\boldsymbol{v}$ 是 V 中一个给定的矢量,那么定义在 W 中的函数 $f(\boldsymbol{w})=\|\boldsymbol{v}-\boldsymbol{w}\|^2$ 取得最小值当且仅当 $\boldsymbol{w}=\boldsymbol{w}^*$,其中

$$\boldsymbol{w}^*=\frac{g(\boldsymbol{v},\boldsymbol{b}_1)}{g(\boldsymbol{b}_1,\boldsymbol{b}_1)}\boldsymbol{b}_1+\frac{g(\boldsymbol{v},\boldsymbol{b}_2)}{g(\boldsymbol{b}_2,\boldsymbol{b}_2)}\boldsymbol{b}_2+\cdots+\frac{g(\boldsymbol{v},\boldsymbol{b}_p)}{g(\boldsymbol{b}_p,\boldsymbol{b}_p)}\boldsymbol{b}_p.$$

回到这一节开始的问题:如何用一个有限阶多项式逼近 $C[0,1]$ 中的一个连续函数? 作为上述结论的一个应用,我们来看如下例题.

例 6.7 在矢量空间 $C[0,1]$ 中定义度规 $g(\boldsymbol{f},\boldsymbol{h})=\int_0^1 f(x)h(x)\mathrm{d}x$. 请在子空间 $P_2[0,1]$ 中寻找一个矢量使得它成为函数 $f(x)=\mathrm{e}^x$ 的最佳逼近矢量.

解:取 $P_2[0,1]$ 中的一个正交基:

$$\{\boldsymbol{b}_1=1,\boldsymbol{b}_2=x-1/2,\boldsymbol{b}_3=x^2-x+1/6\}.$$

根据定理 6.11,$f(x)$ 在 $P_2[0,1]$ 中的最佳逼近矢量为

$$\boldsymbol{p}^*=\frac{g(\boldsymbol{f},\boldsymbol{b}_1)}{g(\boldsymbol{b}_1,\boldsymbol{b}_1)}\boldsymbol{b}_1+\frac{g(\boldsymbol{f},\boldsymbol{b}_2)}{g(\boldsymbol{b}_2,\boldsymbol{b}_2)}\boldsymbol{b}_2+\frac{g(\boldsymbol{f},\boldsymbol{b}_3)}{g(\boldsymbol{b}_3,\boldsymbol{b}_3)}\boldsymbol{b}_3.$$

其中

$$g(\boldsymbol{f},\boldsymbol{b}_1)=\int_0^1\mathrm{e}^x\mathrm{d}x\approx 1.718\ 3,$$

$$g(\boldsymbol{f},\boldsymbol{b}_2)=\int_0^1(x-1/2)\mathrm{e}^x\mathrm{d}x\approx 0.140\ 86,$$

$$g(\boldsymbol{f},\boldsymbol{b}_3)=\int_0^1(x^2-x+1/6)\mathrm{e}^x\mathrm{d}x\approx 4.662\ 1\times10^{-3}.$$

此外,我们已经得到

$$g(\boldsymbol{b}_1,\boldsymbol{b}_1)=1,\ g(\boldsymbol{b}_2,\boldsymbol{b}_2)=1/12,\ g(\boldsymbol{b}_3,\boldsymbol{b}_3)=1/180.$$

因此可得

$$\boldsymbol{p}^*\approx 1.013\ 00+0.851\ 14x+0.839\ 18x^2.$$

作为一个有趣的对比,我们来看看采用上面的方法得到的最佳逼近多项式和泰勒展开相比精确度如何. 指数函数的泰勒展开为

$$e^x = 1 + x + \frac{x^2}{2} + \cdots + \frac{x^n}{n!} + \cdots.$$

如果把它截断到 2 阶多项式,可得

$$e^x \approx 1 + x + x^2/2 \neq \boldsymbol{p}^*.$$

可见,这个表达式并不等于我们得到的最佳逼近多项式. 在一般情况下,一个函数在给定的有限区间内的最佳逼近多项式和它的泰勒展开并不相同. 图 6.3 展示了在区间 [0,1] 内两种多项式的近似值和真实值之间的误差的绝对值. 可以看到利用定理 6.11 得到的最佳逼近多项式在整体精度值上明显高于泰勒展开.

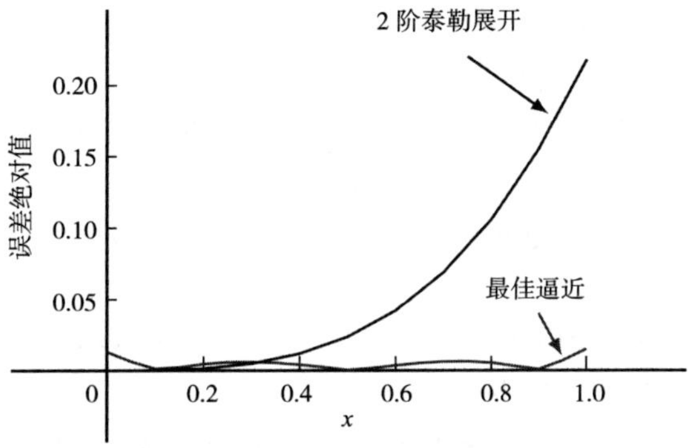

图 6.3　泰勒展开到 2 阶的截断误差绝对值和最佳逼近 2 阶多项式 $\boldsymbol{p}^*$ 的误差绝对值

这里需要指出的一点是:在给定度规的情况下,一个有限维矢量空间中的最佳逼近问题的解是唯一的. 但是我们可以给同一个矢量空间定义不同的度规,在不同的度规下最佳逼近问题的解往往是不同的. 其原因在于误差的大小需要用度规来衡量. 在定理 6.10 中,我们利用函数 $f(\boldsymbol{w}) = \|\boldsymbol{v} - \boldsymbol{w}\|^2$ 来衡量矢量 $\boldsymbol{w}$ 和 $\boldsymbol{v}$ 的差异. 这个差异不仅取决于矢量本身,还取决于度规的选择. 度规的选择需要根据实际情况而定. 在例 6.7 中,选择的度规使得区间 [0,1] 内的误差以均等的权重贡献到误差函数 $f(\boldsymbol{w})$ 中.

6.4　伴随映射

回到本章开始提出的第二个问题:如何定义一个矢量空间到自身的线性映射的转置. 在本章最开始我们已经解释过:一个线性映射的转置不能直接通过它在某个基下的矩阵的转置来定义. 因此我们需要另外想办法推广. 为了找到推广方法,我们还是从 $\mathbf{R}^n$ 到 $\mathbf{R}^n$ 的线性映射说起. 此时每一个线性映射都和一个 n 阶方阵对应. 我们注意到 $\mathbf{R}^n$ 有一个自然的度规 $\delta(\cdot\,,\,\cdot)$,在这个度规下如下等式成立:

$$\delta(\boldsymbol{x}, \boldsymbol{A}^{\mathrm{T}}\boldsymbol{y}) = \boldsymbol{x}^{\mathrm{T}}\boldsymbol{A}^{\mathrm{T}}\boldsymbol{y} = (\boldsymbol{A}\boldsymbol{x})^{\mathrm{T}}\boldsymbol{y} = \delta(\boldsymbol{A}\boldsymbol{x}, \boldsymbol{y}).$$

假设 T^* 是 $\boldsymbol{A}^{\mathrm{T}}$ 对应的线性映射,T 是 $\boldsymbol{A}$ 对应的线性映射,那么如下等式成立:

$$\delta(\boldsymbol{x},T^*(\boldsymbol{y}))=\delta(T(\boldsymbol{x}),\boldsymbol{y}).$$

这个等式对任意矢量 $\boldsymbol{x}$ 和 $\boldsymbol{y}$ 都成立，并且是一个与基无关的等式. 转置的上述性质可以作为它在一般的矢量空间中推广的出发点. 为此给出如下定义.[①]

定义 6.6 对一个广义内积空间 (V,g) 和 V 中的一个线性映射 T，如果满足

$$\forall \boldsymbol{x}\in V, \boldsymbol{y}\in V,\ g(T(\boldsymbol{x}),\boldsymbol{y})=g(\boldsymbol{x},S(\boldsymbol{y})),$$

就称映射 S 为 T 的一个伴随映射.

定义 6.6 中 V 中的一个线性映射是指一个从 V 到 V 的线性映射，并且定义域是整个 V. 定义 6.6 并没有直接要求 S 也是一个线性映射，也没有要求 S 的存在性和唯一性. 但是我们首先可以证明下面两个定理.

定理 6.12 假设 (V,g) 是一个广义内积空间，T 是 V 中的一个线性映射，那么它的伴随映射也是线性映射.

证明: 根据定义有

$$\forall \boldsymbol{x}\in V,\boldsymbol{y}\in V,\boldsymbol{z}\in V,\forall a\in\mathbb{R},\ g(T(\boldsymbol{x}),\boldsymbol{y}+a\boldsymbol{z})=g(\boldsymbol{x},S(\boldsymbol{y}+a\boldsymbol{z})).$$

利用度规的双线性有

$$g(T(\boldsymbol{x}),\boldsymbol{y}+a\boldsymbol{z})=g(T(\boldsymbol{x}),\boldsymbol{y})+ag(T(\boldsymbol{x}),\boldsymbol{z}).$$

于是有

$$g(\boldsymbol{x},S(\boldsymbol{y}+a\boldsymbol{z}))=g(T(\boldsymbol{x}),\boldsymbol{y})+ag(T(\boldsymbol{x}),\boldsymbol{z}).$$

另一方面，由于 S 是 T 的伴随映射，因此有

$$g(T(\boldsymbol{x}),\boldsymbol{y})=g(\boldsymbol{x},S(\boldsymbol{y})),\ \ g(T(\boldsymbol{x}),\boldsymbol{z})=g(\boldsymbol{x},S(\boldsymbol{z})).$$

于是有 $g(\boldsymbol{x},S(\boldsymbol{y}+a\boldsymbol{z}))-g(\boldsymbol{x},S(\boldsymbol{y}))-ag(\boldsymbol{x},S(\boldsymbol{z}))=0$，即

$$g(\boldsymbol{x},S(\boldsymbol{y}+a\boldsymbol{z})-S(\boldsymbol{y})-aS(\boldsymbol{z}))=0.$$

由于上式对任意 $\boldsymbol{x}$ 都成立，根据度规的非退化性有

$$S(\boldsymbol{y}+a\boldsymbol{z})-S(\boldsymbol{y})-aS(\boldsymbol{z})=\boldsymbol{\theta}.$$

这表明 S 是一个线性映射.

定理 6.13 假设 (V,g) 是一个广义内积空间，T 是 V 中的一个线性映射，那么它的伴随映射是唯一存在的.

证明: 先证明唯一性. 假设 T 存在两个不同的伴随映射 S 和 Q，于是有

$$\forall \boldsymbol{x}\in V,\boldsymbol{y}\in V,\ g(T(\boldsymbol{x}),\boldsymbol{y})=g(\boldsymbol{x},S(\boldsymbol{y}))=g(\boldsymbol{x},Q(\boldsymbol{y})),$$

因此有

$$\forall \boldsymbol{x}\in V,\boldsymbol{y}\in V,g(\boldsymbol{x},S(\boldsymbol{y})-Q(\boldsymbol{y}))=0.$$

根据度规的非退化性有

$$\forall \boldsymbol{y}\in V,\ S(\boldsymbol{y})-Q(\boldsymbol{y})=\boldsymbol{\theta},$$

因此 $S=T$.

要证明存在性，只需要构造一个满足要求的线性映射即可. 取 V 中的任意一个正交基 $B=\{\boldsymbol{b}_1,\boldsymbol{b}_2,\cdots,\boldsymbol{b}_n\}$，定义一个线性映射

① 在这一节中默认考虑有限维矢量空间.

$$S(\boldsymbol{y})=\frac{g(T(\boldsymbol{b}_1),\boldsymbol{y})}{g(\boldsymbol{b}_1,\boldsymbol{b}_1)}\boldsymbol{b}_1+\frac{g(T(\boldsymbol{b}_2),\boldsymbol{y})}{g(\boldsymbol{b}_2,\boldsymbol{b}_2)}\boldsymbol{b}_2+\cdots+\frac{g(T(\boldsymbol{b}_n),\boldsymbol{y})}{g(\boldsymbol{b}_n,\boldsymbol{b}_n)}\boldsymbol{b}_n. \qquad (6.10)$$

可以验证

$$g(\boldsymbol{x},S(\boldsymbol{y}))=\frac{g(T(\boldsymbol{b}_1),\boldsymbol{y})}{g(\boldsymbol{b}_1,\boldsymbol{b}_1)}g(\boldsymbol{x},\boldsymbol{b}_1)+\frac{g(T(\boldsymbol{b}_2),\boldsymbol{y})}{g(\boldsymbol{b}_2,\boldsymbol{b}_2)}g(\boldsymbol{x},\boldsymbol{b}_2)+\cdots+\frac{g(T(\boldsymbol{b}_n),\boldsymbol{y})}{g(\boldsymbol{b}_n,\boldsymbol{b}_n)}g(\boldsymbol{x},\boldsymbol{b}_n).$$

我们注意到 $g(\boldsymbol{b}_1,\boldsymbol{b}_1)$ 和 $g(\boldsymbol{x},\boldsymbol{b}_1)$ 等都是数，于是有

$$g(\boldsymbol{x},S(\boldsymbol{y}))=g\left(\frac{g(\boldsymbol{x},\boldsymbol{b}_1)}{g(\boldsymbol{b}_1,\boldsymbol{b}_1)}T(\boldsymbol{b}_1),\boldsymbol{y}\right)+g\left(\frac{g(\boldsymbol{x},\boldsymbol{b}_2)}{g(\boldsymbol{b}_2,\boldsymbol{b}_2)}T(\boldsymbol{b}_2),\boldsymbol{y}\right)+\cdots+g\left(\frac{g(\boldsymbol{x},\boldsymbol{b}_n)}{g(\boldsymbol{b}_n,\boldsymbol{b}_n)}T(\boldsymbol{b}_n),\boldsymbol{y}\right).$$

根据度规的双线性，上式中的求和项都含有矢量 $\boldsymbol{y}$，将矢量 $\boldsymbol{y}$ 合并，可以将上式进一步写为

$$g(\boldsymbol{x},S(\boldsymbol{y}))=g\left(\frac{g(\boldsymbol{x},\boldsymbol{b}_1)}{g(\boldsymbol{b}_1,\boldsymbol{b}_1)}\boldsymbol{b}_1+\frac{g(\boldsymbol{x},\boldsymbol{b}_2)}{g(\boldsymbol{b}_2,\boldsymbol{b}_2)}\boldsymbol{b}_2+\cdots+\frac{g(\boldsymbol{x},\boldsymbol{b}_n)}{g(\boldsymbol{b}_n,\boldsymbol{b}_n)}\boldsymbol{b}_n,\boldsymbol{y}\right).$$

另一方面，由于 B 是一个正交基，矢量 $\boldsymbol{x}$ 可做如下分解：

$$\boldsymbol{x}=\frac{g(\boldsymbol{x},\boldsymbol{b}_1)}{g(\boldsymbol{b}_1,\boldsymbol{b}_1)}\boldsymbol{b}_1+\frac{g(\boldsymbol{x},\boldsymbol{b}_2)}{g(\boldsymbol{b}_2,\boldsymbol{b}_2)}\boldsymbol{b}_2+\cdots+\frac{g(\boldsymbol{x},\boldsymbol{b}_n)}{g(\boldsymbol{b}_n,\boldsymbol{b}_n)}\boldsymbol{b}_n.$$

因此构造的线性映射 S 满足

$$g(T(\boldsymbol{x}),\boldsymbol{y})=g(\boldsymbol{x},S(\boldsymbol{y})),$$

从而 S 就是 T 的唯一伴随映射.

由于 T 的伴随映射存在且唯一，因此引入记号 T^* 来表示 T 的伴随映射. 由上面的证明过程可得到如下结论.

定理 6.14　假设 (V,g) 是一个有限维广义内积空间，$T:(V,g)\mapsto(V,g)$ 是一个线性映射，$B=\{\boldsymbol{b}_1,\boldsymbol{b}_2,\cdots,\boldsymbol{b}_n\}$ 是一个正交基，那么 T 的伴随映射由如下方程给出：

$$T^*(\boldsymbol{y})=\frac{g(T(\boldsymbol{b}_1),\boldsymbol{y})}{g(\boldsymbol{b}_1,\boldsymbol{b}_1)}\boldsymbol{b}_1+\frac{g(T(\boldsymbol{b}_2),\boldsymbol{y})}{g(\boldsymbol{b}_2,\boldsymbol{b}_2)}\boldsymbol{b}_2+\cdots+\frac{g(T(\boldsymbol{b}_n),\boldsymbol{y})}{g(\boldsymbol{b}_n,\boldsymbol{b}_n)}\boldsymbol{b}_n. \qquad (6.11)$$

为了说明上面定义的伴随映射就是矩阵转置的推广，我们来考虑一个从 n 维标准欧氏空间 $(\mathbf{R}^n,\delta)$ 到自身的线性映射 T. 假设 T 作用到 $\mathbf{R}^n$ 中的一个矢量 $\boldsymbol{x}$ 的结果由矩阵 $\boldsymbol{A}$ 按照下式给出：

$$T(\boldsymbol{x})=\boldsymbol{A}\boldsymbol{x}.$$

取 $\mathbf{R}^n$ 中的一个标准正交基：

$$\boldsymbol{b}_1=\begin{pmatrix}1\\0\\\vdots\\0\end{pmatrix},\ \boldsymbol{b}_2=\begin{pmatrix}0\\1\\\vdots\\0\end{pmatrix},\cdots,\boldsymbol{b}_n=\begin{pmatrix}0\\0\\\vdots\\1\end{pmatrix}.$$

根据式(6.11)，T 的伴随映射 T^* 由如下方程给出：

$$T^*(\boldsymbol{y})=\delta(\boldsymbol{A}\boldsymbol{b}_1,\boldsymbol{y})\boldsymbol{b}_1+\delta(\boldsymbol{A}\boldsymbol{b}_2,\boldsymbol{y})\boldsymbol{b}_2+\cdots+\delta(\boldsymbol{A}\boldsymbol{b}_n,\boldsymbol{y})\boldsymbol{b}_n.$$

注意到 $\delta(\boldsymbol{A}\boldsymbol{b}_1,\boldsymbol{y})$ 等是一个数，因此

$$T^*(\boldsymbol{y})=\boldsymbol{b}_1\delta(\boldsymbol{A}\boldsymbol{b}_1,\boldsymbol{y})+\boldsymbol{b}_2\delta(\boldsymbol{A}\boldsymbol{b}_2,\boldsymbol{y})+\cdots+\boldsymbol{b}_n\delta(\boldsymbol{A}\boldsymbol{b}_n,\boldsymbol{y}).$$

根据标准欧氏空间中度规的定义可得

$$T^{*}(\boldsymbol{y})=\boldsymbol{b}_1\boldsymbol{b}_1^{\mathrm{T}}\boldsymbol{A}^{\mathrm{T}}\boldsymbol{y}+\boldsymbol{b}_2\boldsymbol{b}_2^{\mathrm{T}}\boldsymbol{A}^{\mathrm{T}}\boldsymbol{y}+\cdots+\boldsymbol{b}_n\boldsymbol{b}_n^{\mathrm{T}}\boldsymbol{A}^{\mathrm{T}}\boldsymbol{y}.$$

提取公共因子 $\boldsymbol{A}^{\mathrm{T}}\boldsymbol{y}$，上式就可以改写为

$$T^{*}(\boldsymbol{y})=(\boldsymbol{b}_1\boldsymbol{b}_1^{\mathrm{T}}+\boldsymbol{b}_2\boldsymbol{b}_2^{\mathrm{T}}+\cdots+\boldsymbol{b}_n\boldsymbol{b}_n^{\mathrm{T}})\boldsymbol{A}^{\mathrm{T}}\boldsymbol{y}.$$

对 $\{\boldsymbol{b}_1,\boldsymbol{b}_2,\cdots,\boldsymbol{b}_n\}$ 的选择导致

$$\boldsymbol{b}_1\boldsymbol{b}_1^{\mathrm{T}}+\boldsymbol{b}_2\boldsymbol{b}_2^{\mathrm{T}}+\cdots+\boldsymbol{b}_n\boldsymbol{b}_n^{\mathrm{T}}=\boldsymbol{I}.$$

因此有

$$T^{*}(\boldsymbol{y})=\boldsymbol{A}^{\mathrm{T}}\boldsymbol{y}.$$

这说明这里定义的伴随映射就是矩阵 $\boldsymbol{A}^{\mathrm{T}}$ 对应的线性映射.

定理 6.15 假设 (V,g) 是一个广义内积空间，T 和 S 都是 V 中的线性映射，那么它们的伴随映射满足：

（1）$(T^{*})^{*}=T$；

（2）$(T+S)^{*}=T^{*}+S^{*}$；

（3）$(\lambda T)^{*}=\lambda T^{*}$；

（4）$(T\circ S)^{*}=S^{*}\circ T^{*}$.

证明：（1）从 T^{*} 是 T 的伴随映射出发：

$$g(T(\boldsymbol{x}),\boldsymbol{y})=g(\boldsymbol{x},T^{*}(\boldsymbol{y})).$$

根据度规的对称性有

$$g(\boldsymbol{y},T(\boldsymbol{x}))=g(T^{*}(\boldsymbol{y}),\boldsymbol{x}).$$

根据定义 6.6，T 是 T^{*} 的一个伴随映射. 由于伴随映射是唯一的，T 就是 T^{*} 唯一的伴随映射.

（2）从 T^{*} 和 S^{*} 是 T 和 S 的伴随映射出发：

$$g(T(\boldsymbol{x}),\boldsymbol{y})=g(\boldsymbol{x},T^{*}(\boldsymbol{y})),\ g(S(\boldsymbol{x}),\boldsymbol{y})=g(\boldsymbol{x},S^{*}(\boldsymbol{y})).$$

于是有

$$g(T(\boldsymbol{x}),\boldsymbol{y})+g(S(\boldsymbol{x}),\boldsymbol{y})=g(\boldsymbol{x},T^{*}(\boldsymbol{y}))+g(\boldsymbol{x},S^{*}(\boldsymbol{y})).$$

根据度规的双线性有

$$g(T(\boldsymbol{x})+S(\boldsymbol{x}),\boldsymbol{y})=g(\boldsymbol{x}+\boldsymbol{x},T^{*}(\boldsymbol{y})+S^{*}(\boldsymbol{y})).$$

于是有

$$g((T+S)(\boldsymbol{x}),\boldsymbol{y})=g(\boldsymbol{x}+\boldsymbol{x},(T^{*}+S^{*})(\boldsymbol{y})).$$

这说明 $T^{*}+S^{*}$ 就是 $T+S$ 的伴随映射.

（3）证明略.

（4）由于 $S(\boldsymbol{x})$ 也是 V 中的矢量，因此

$$g(T(S(\boldsymbol{x})),\boldsymbol{y})=g(S(\boldsymbol{x}),T^{*}(\boldsymbol{y})).$$

进一步地，有

$$g(S(\boldsymbol{x}),T^{*}(\boldsymbol{y}))=g(\boldsymbol{x},S^{*}(T^{*}(\boldsymbol{y}))).$$

因此就有

$$g((T\circ S)(\boldsymbol{x}),\boldsymbol{y})=g(\boldsymbol{x},(S^{*}\circ T^{*})(\boldsymbol{y})).$$

这说明 $(T\circ S)^{*}=S^{*}\circ T^{*}$.

利用公式计算伴随映射依然比较复杂. 在一个给定的基下有更加方便的计算伴随映射的方法. 假设在基 B 下线性映射 T 对应的矩阵为 $\boldsymbol{A}$,线性映射 T^* 对应的矩阵为 $\boldsymbol{C}$,度规对应的度规矩阵为 $\boldsymbol{G}$,那么有

$$g(T(\boldsymbol{x}),\boldsymbol{y})=[\boldsymbol{Ax}]_B^{\mathrm{T}}\boldsymbol{G}[\boldsymbol{y}]_B=[\boldsymbol{x}]_B^{\mathrm{T}}\boldsymbol{A}^{\mathrm{T}}\boldsymbol{G}[\boldsymbol{y}]_B,$$

同时

$$g(\boldsymbol{x},T^*(\boldsymbol{y}))=[\boldsymbol{x}]_B^{\mathrm{T}}\boldsymbol{GC}[\boldsymbol{y}]_B,$$

于是可得

$$[\boldsymbol{x}]_B^{\mathrm{T}}\boldsymbol{A}^{\mathrm{T}}\boldsymbol{G}[\boldsymbol{y}]_B=[\boldsymbol{x}]_B^{\mathrm{T}}\boldsymbol{GC}[\boldsymbol{y}]_B,$$

因此有

$$\boldsymbol{A}^{\mathrm{T}}\boldsymbol{G}=\boldsymbol{GC}.$$

由于度规矩阵都是可逆的,于是可得下面的结论.

定理 6.16 假设 (V,g) 是一个有限维广义内积空间,T 是 V 中的一个线性映射. 那么在任意一个基 B 下,T 的矩阵表示 $\boldsymbol{A}$、T^* 的矩阵表示 $\boldsymbol{C}$ 和度规 g 的矩阵表示 $\boldsymbol{G}$ 满足

$$\boldsymbol{C}=\boldsymbol{G}^{-1}\boldsymbol{A}^{\mathrm{T}}\boldsymbol{G}.$$

特别地,对内积空间,在标准正交基下度规矩阵变为单位矩阵. 于是可以得到如下推论.

推论 6.3 假设 (V,g) 是一个有限维内积空间,T 是 V 中的一个线性映射,那么在标准正交基下,T 和 T^* 的矩阵表示互为转置矩阵.

注意:对具有不定度规的伪内积空间,推论 6.3 不适用. 这是因为伪内积空间的度规矩阵 $\boldsymbol{G}$ 不是单位矩阵(主对角线元素含 -1),方程 $\boldsymbol{A}^{\mathrm{T}}\boldsymbol{G}=\boldsymbol{GC}$ 一般不能保证 $\boldsymbol{A}^{\mathrm{T}}=\boldsymbol{C}$.

例 6.8 在矢量空间 P_2 中定义度规 $g(\boldsymbol{f},\boldsymbol{h})=\int_0^1 f(x)h(x)\mathrm{d}x$, $T:P_2\mapsto P_2$ 定义为 $T(\boldsymbol{p})=p(x)+p'(x)$,请给出 T 的伴随映射.

解:取 P_2 中的一个标准正交基 B:

$$\{\boldsymbol{b}_1=1,\boldsymbol{b}_2=(x-1/2)\sqrt{12},\boldsymbol{b}_3=(x^2-x+1/6)\sqrt{180}\}.$$

我们可以写出线性映射 T 在上述标准正交基下的矩阵表示,但是这样做比较复杂. 因此我们先写出 T 在自然基 $C=\{1,x,x^2\}$ 下的矩阵表示:

$$\boldsymbol{Q}_C=\begin{pmatrix}1&1&0\\0&1&2\\0&0&1\end{pmatrix}.$$

然后写出从基 B 到基 C 的过渡矩阵:

$$\boldsymbol{P}=([\boldsymbol{b}_1]_C,[\boldsymbol{b}_2]_C,[\boldsymbol{b}_3]_C)=\begin{pmatrix}1&-\sqrt{3}&\sqrt{5}\\0&2\sqrt{3}&-6\sqrt{5}\\0&0&6\sqrt{5}\end{pmatrix}.$$

于是就得到了 T 在标准正交基 B 下的矩阵表示:

$$\boldsymbol{Q}_B=\boldsymbol{P}^{-1}\boldsymbol{Q}_C\boldsymbol{P}=\begin{pmatrix}1&2\sqrt{3}&0\\0&1&2\sqrt{15}\\0&0&1\end{pmatrix}.$$

假设 T^* 在基 B 下的矩阵表示是 $\boldsymbol{W}_B$，那么

$$\boldsymbol{W}_B=\boldsymbol{Q}_B^{\mathrm{T}}=\begin{pmatrix}1&0&0\\2\sqrt{3}&1&0\\0&2\sqrt{15}&1\end{pmatrix}.$$

为了得到 T^* 的函数形式，把上面的矩阵改写为自然基下的矩阵. 从基 C 到基 B 的过渡矩阵为 $\boldsymbol{P}^{-1}$，因此 T^* 在自然基 C 下的矩阵 $\boldsymbol{W}_C$ 为

$$\boldsymbol{W}_C=\boldsymbol{P}\boldsymbol{Q}_B^{\mathrm{T}}\boldsymbol{P}^{-1}=\begin{pmatrix}-5&2&3\\12&-23&-26\\0&30&31\end{pmatrix},$$

则

$$T^*(a+bx+cx^2)=\boldsymbol{W}_C\begin{pmatrix}a\\b\\c\end{pmatrix}=3c+2b-5a+(12a-23b-26c)x+(30b+31c)x^2.$$

可以验证：对任意 a,b,c,d,e,f，

$$\int_0^1(a+bx+cx^2)T(e+dx+fx^2)\mathrm{d}x=\int_0^1T^*(a+bx+cx^2)(e+dx+fx^2)\mathrm{d}x.$$

从上面的例子可以看出，在一般情况下一个线性映射和它的伴随映射不相等. 在微分方程的研究中和物理中，我们常常关心一种特殊的情况——自伴映射，下面给出它的定义.

定义 6.7 假设 (V,g) 是一个广义内积空间，如果 V 中的一个线性映射 T 满足 $T=T^*$，就称 T 是自伴映射或自伴算符.

自伴映射是实对称矩阵在一般的矢量空间中的推广. 对内积空间，在选定一个标准正交基之后，一个映射和它的伴随映射可以由一个矩阵和它的转置矩阵表示. 因此，在标准正交基下，一个自伴算符就对应于一个实对称矩阵. 因此，自伴映射就继承了许多实对称矩阵的性质.

定理 6.17 假设 (V,g) 是一个 n 维内积空间，T 是 V 中的一个自伴线性映射，那么 T 的所有本征值都是实数，不同本征值对应的本征矢量正交，并且 T 存在 n 个相互正交的本征矢量构成 V 的一个正交基.

对有限维内积空间 (V,g)，定理 6.17 表明一个自伴映射的本征矢量可以构成 V 的一个基. 因此，每一个自伴映射都可以给出矢量空间 V 的一个表象.

例 6.9 取矢量空间 $V=\mathrm{Span}\{\sin x,\sin 2x\}$，并定义度规 $g(\boldsymbol{f},\boldsymbol{h})=\int_0^{\pi}f(x)h(x)\mathrm{d}x$. 定义一个映射 $T:V\mapsto V$ 为 $T(\boldsymbol{p})=p''(x)$. 证明 T 是 V 中的自伴映射并计算出 T 的本征值.

解：根据伴随映射的定义，

$$g(\boldsymbol{f},T^*(\boldsymbol{h}))=g(T(\boldsymbol{f}),\boldsymbol{h}).$$

因此欲证明 T 是自伴的，就需要证明

$$\forall\boldsymbol{f},\boldsymbol{h}\in V,\ g(\boldsymbol{f},T(\boldsymbol{h}))=g(T(\boldsymbol{f}),\boldsymbol{h}).$$

根据题设给出的度规，有

$$g(\boldsymbol{f},T(\boldsymbol{h}))=\int_0^{\pi}f(x)h''(x)\mathrm{d}x=\int_0^{\pi}f''(x)h(x)\mathrm{d}x+f(x)h'(x)\big|_0^{\pi}-f'(x)h(x)\big|_0^{\pi}.$$

因为 $\forall \boldsymbol{f}, \boldsymbol{h} \in V$，都有 $f(0)=f(\pi)=h(0)=h(\pi)=0$，因此有

$$g(\boldsymbol{f}, T(\boldsymbol{h})) = \int_0^\pi f''(x)h(x)\mathrm{d}x = g(T(\boldsymbol{f}), \boldsymbol{h}).$$

因此，T 是 V 中的自伴映射.

要想求出 T 表象的基，需要求出 T 的所有本征矢量. 我们注意到 $T(\sin x) = -\sin x$ 和 $T(\sin 2x) = -4\sin 2x$，因此基 B 就是 T 的两个线性无关的本征矢量，T 的本征值分别为 -1 和 -4.

6.5　复广义内积空间

前面讨论了实矢量空间的度规和广义内积空间，在物理中还经常涉及复矢量空间. 本节将把相关结论推广到复矢量空间中. 实矢量空间的大多数结论和定理的证明都可以平行地推广到复矢量空间. 在这里我们默认讨论有限维复矢量空间. 对无限维的情况，很多有限维的结论不能直接推广. 这部分内容可以参阅相关的泛函分析教材，这里就不详细讲述了. 首先给出复广义内积空间的定义.

定义 6.8　假设 V 是复数域中的一个矢量空间，称 V 中的一个复数取值的二元函数 $g(\cdot\,,\cdot)$ 为度规，如果对 V 中的任意 4 个元素 $\boldsymbol{x}, \boldsymbol{y}, \boldsymbol{\alpha}$ 和 $\boldsymbol{\beta}$ 以及 $\mathbb{C}$ 中的 2 个复数 a 和 b，$g(\cdot\,,\cdot)$ 满足如下性质，就称定义了度规的矢量空间 (V,g) 为一个复广义内积空间.

（1）共轭双线性：$g(a\boldsymbol{x}, b\boldsymbol{y}) = \bar{a}bg(\boldsymbol{x}, \boldsymbol{y})$，$g(\boldsymbol{x}+\boldsymbol{\alpha}, \boldsymbol{y}+\boldsymbol{\beta}) = g(\boldsymbol{x}, \boldsymbol{y}) + g(\boldsymbol{x}, \boldsymbol{\beta}) + g(\boldsymbol{\alpha}, \boldsymbol{y}) + g(\boldsymbol{\alpha}, \boldsymbol{\beta})$；

（2）共轭对称性：$g(\boldsymbol{x}, \boldsymbol{y}) = \overline{g(\boldsymbol{y}, \boldsymbol{x})}$；

（3）非退化性：对任意 $\boldsymbol{x} \neq \boldsymbol{\theta}$，都 $\exists \boldsymbol{z} \in V$ 使得 $g(\boldsymbol{x}, \boldsymbol{z}) \neq 0$.

矢量 $\boldsymbol{v}$ 的长度定义为

$$\|\boldsymbol{v}\| = \sqrt{|g(\boldsymbol{v}, \boldsymbol{v})|}.$$

复广义内积空间和前面所讲的（实）广义内积空间有许多相似的地方. 但是有以下两点需要注意.

（1）将系数 a 从度规 $g(a\boldsymbol{x}, \boldsymbol{y})$ 的第一矢量中提出时需要变为复共轭，即 $g(a\boldsymbol{x}, \boldsymbol{y}) = \bar{a}g(\boldsymbol{x}, \boldsymbol{y})$；但是将系数 a 从度规 $g(\boldsymbol{x}, a\boldsymbol{y})$ 的第二矢量中提出时不需要变为复共轭，即 $g(\boldsymbol{x}, a\boldsymbol{y}) = ag(\boldsymbol{x}, \boldsymbol{y})$.

（2）交换度规中两个矢量的位置后，需要体现复共轭，即 $g(\boldsymbol{x}, \boldsymbol{y}) = \overline{g(\boldsymbol{y}, \boldsymbol{x})}$. 这表明 $g(\boldsymbol{x}, \boldsymbol{x}) = \overline{g(\boldsymbol{x}, \boldsymbol{x})}$，因此 $g(\boldsymbol{x}, \boldsymbol{x})$ 一定是一个实数.

当我们限定在实数域讨论问题时，复广义内积空间就退化为（实）广义内积空间. 在物理中我们通常遇到的复广义内积空间都具有正定的度规.

定义 6.9　如果一个复广义内积空间 (V,g) 具有正定的度规，即对任意矢量 $\boldsymbol{x}$ 都有 $g(\boldsymbol{x}, \boldsymbol{x}) \geqslant 0$，那么称 (V,g) 为一个复内积空间或者幺正空间.

定义 6.10　取 V 为复数域中的 n 维数组空间 $\mathbf{C}^n$. 对任意 $\boldsymbol{x} \in \mathbf{C}^n$ 和 $\boldsymbol{y} \in \mathbf{C}^n$，定义

$$g(\boldsymbol{x}, \boldsymbol{y}) = \bar{x}_1 y_1 + \bar{x}_2 y_2 + \cdots + \bar{x}_n y_n,$$

则 (V,g) 构成了一个复内积空间. 进一步地，可以把上述内积写为

$$g(\boldsymbol{x},\boldsymbol{y})=\boldsymbol{x}^{\dagger}\boldsymbol{y}. \tag{6.12}$$

以这种方式定义的复内积空间称为标准 n 维幺正空间.

定义 6.11 取集合 $C[a,b]$ 为全体定义在区间 $[a,b]$ 内的复数取值的连续函数,按照普通函数的加法和数乘构成复矢量空间. 对 $C[a,b]$ 中的任意两个元素 $\boldsymbol{f}$ 和 $\boldsymbol{h}$,规定

$$g(\boldsymbol{f},\boldsymbol{h})=\int_a^b\overline{f(x)}h(x)\omega(x)\mathrm{d}x,$$

其中 $\omega(x)$ 是区间 $[a,b]$ 内的恒正函数（一般称为权重函数）,则 $(C[a,b],g)$ 构成了一个复内积空间.

模仿（实）内积空间的证明,可以得到下面两个结论（证明留作习题）.

定理 6.18 假设 (V,g) 是一个幺正空间,则对 V 中的任意两个元素 $\boldsymbol{x}$ 和 $\boldsymbol{y}$,

$$g(\boldsymbol{x},\boldsymbol{x})g(\boldsymbol{y},\boldsymbol{y})\geqslant|g(\boldsymbol{x},\boldsymbol{y})|^2 \tag{6.13}$$

成立,且当且仅当 $\boldsymbol{x}$ 和 $\boldsymbol{y}$ 线性相关的时候等号成立.

定理 6.19 假设 (V,g) 是一个幺正空间,则 $g(\boldsymbol{x},\boldsymbol{x})=0\Leftrightarrow\boldsymbol{x}=\boldsymbol{\theta}$.

与实矢量空间的度规类似,如果一个有限维矢量空间有一个基,我们就可以利用双线性特点把度规表示为一个矩阵. 具体来说,假设 (V,g) 是一个给定了度规的 n 维幺正复广义内积空间,$B=\{\boldsymbol{b}_1,\boldsymbol{b}_2,\cdots,\boldsymbol{b}_n\}$ 是 V 的一个基,那么对任意两个矢量 $\boldsymbol{x}$ 和 $\boldsymbol{y}$,可以将其展开为

$$\boldsymbol{x}=x_1\boldsymbol{b}_1+x_2\boldsymbol{b}_2+\cdots+x_n\boldsymbol{b}_n,\quad \boldsymbol{y}=y_1\boldsymbol{b}_1+y_2\boldsymbol{b}_2+\cdots+y_n\boldsymbol{b}_n.$$

利用度规的共轭双线性可得

$$g(\boldsymbol{x},\boldsymbol{y})=g(x_1\boldsymbol{b}_1+x_2\boldsymbol{b}_2+\cdots+x_n\boldsymbol{b}_n,y_1\boldsymbol{b}_1+y_2\boldsymbol{b}_2+\cdots+y_n\boldsymbol{b}_n)=\sum_{i,j=1}^{n}x_ig(\boldsymbol{b}_i,\boldsymbol{b}_j)y_j.$$

如果定义矩阵 $\boldsymbol{G}$ 的分量为

$$\boldsymbol{G}_{ij}=g(\boldsymbol{b}_i,\boldsymbol{b}_j),$$

那么可以得到

$$g(\boldsymbol{x},\boldsymbol{y})=[\boldsymbol{x}]_B^{\dagger}\boldsymbol{G}[\boldsymbol{y}]_B.$$

于是可得如下定理.

定理 6.20 假设 (V,g) 是一个复广义内积空间,$B=\{\boldsymbol{b}_1,\boldsymbol{b}_2,\cdots,\boldsymbol{b}_n\}$ 是 V 的一个基,定义矩阵 $\boldsymbol{G}$ 的分量为

$$\boldsymbol{G}_{ij}=g(\boldsymbol{b}_i,\boldsymbol{b}_j),$$

那么对 V 中的任意两个矢量 $\boldsymbol{x}$ 和 $\boldsymbol{y}$,

$$g(\boldsymbol{x},\boldsymbol{y})=[\boldsymbol{x}]_B^{\dagger}\boldsymbol{G}[\boldsymbol{y}]_B.$$

我们称 $\boldsymbol{G}$ 为度规 g 在基 B 下的度规矩阵. 根据上面的方程,标准幺正空间在自然基下的度规矩阵是单位矩阵. 与（实）广义内积空间类似,复广义内积空间的度规矩阵具有如下两个基本性质.

定理 6.21 对一个有限维复矢量空间:

（1）矩阵 $\boldsymbol{G}$ 可以作为其某一个度规的度规矩阵当且仅当 $\boldsymbol{G}$ 是可逆的厄米矩阵;

（2）如果 $\boldsymbol{G}_B$ 和 $\boldsymbol{G}_C$ 为同一个度规 g 在基 B 和基 C 下的度规矩阵,$\boldsymbol{P}$ 为从基 B 到基 C 的过渡矩阵,那么

$$G_B = P^\dagger G_C P.$$

例 6.10　取标准 3 维幺正空间 $\mathbf{C}^3$ 中的 3 个矢量：$\boldsymbol{x}_1 = (1, 1+\mathrm{i}, -1)^{\mathrm{T}}$，$\boldsymbol{x}_2 = (1-\mathrm{i}, -1, 2-\mathrm{i})^{\mathrm{T}}$ 和 $\boldsymbol{x}_3 = (\mathrm{i}, 2+\mathrm{i}, 3)^{\mathrm{T}}$. 证明 $X = \{\boldsymbol{x}_1, \boldsymbol{x}_2, \boldsymbol{x}_3\}$ 构成了 $\mathbf{C}^3$ 的一个基，并写出在这个基下的度规矩阵.

解：我们注意到 X 已经包含了 3 个矢量，因此要证明 X 构成了 $\mathbf{C}^3$ 的一个基，只需要验证这 3 个矢量是线性独立的. 为此我们可以计算如下行列式：

$$\det(\boldsymbol{x}_1, \boldsymbol{x}_2, \boldsymbol{x}_3) = \begin{vmatrix} 1 & 1-\mathrm{i} & \mathrm{i} \\ 1+\mathrm{i} & -1 & 2+\mathrm{i} \\ -1 & 2-\mathrm{i} & 3 \end{vmatrix} = -18 + 3\mathrm{i} \neq 0.$$

因此 $X = \{\boldsymbol{x}_1, \boldsymbol{x}_2, \boldsymbol{x}_3\}$ 是一个线性无关组，其构成了 $\mathbf{C}^3$ 的一个基.

欲计算度规矩阵，可以先计算基矢量之间的内积. 由于度规矩阵是厄米矩阵，仅需要计算它的 9 个分量中的 6 个即可：

$$g(\boldsymbol{x}_1, \boldsymbol{x}_1) = 4,\ g(\boldsymbol{x}_1, \boldsymbol{x}_2) = \mathrm{i} - 2,\ g(\boldsymbol{x}_1, \boldsymbol{x}_3) = 0,\ g(\boldsymbol{x}_2, \boldsymbol{x}_2) = 8,\ g(\boldsymbol{x}_2, \boldsymbol{x}_3) = 3 + 3\mathrm{i},\ g(\boldsymbol{x}_3, \boldsymbol{x}_3) = 15.$$

因此有

$$G_X = \begin{pmatrix} 4 & \mathrm{i}-2 & 0 \\ -2-\mathrm{i} & 8 & 3+3\mathrm{i} \\ 0 & 3-3\mathrm{i} & 15 \end{pmatrix}.$$

作为对比，我们再采用定理 6.21 来计算一下这个例题. 在标准 3 维幺正空间的自然基下度规由式(6.12)给出，这表明在标准 3 维幺正空间的自然基下度规矩阵是单位矩阵. 由基 X 到自然基的过渡矩阵为

$$P = (\boldsymbol{x}_1, \boldsymbol{x}_2, \boldsymbol{x}_3) = \begin{pmatrix} 1 & 1-\mathrm{i} & \mathrm{i} \\ 1+\mathrm{i} & -1 & 2+\mathrm{i} \\ -1 & 2-\mathrm{i} & 3 \end{pmatrix}.$$

因此在基 X 下度规矩阵为

$$G_X = P^\dagger P = \begin{pmatrix} 4 & \mathrm{i}-2 & 0 \\ -2-\mathrm{i} & 8 & 3+3\mathrm{i} \\ 0 & 3-3\mathrm{i} & 15 \end{pmatrix}.$$

一般来说，在复广义内积空间中，$g(\boldsymbol{x}, \boldsymbol{y}) \neq g(\boldsymbol{y}, \boldsymbol{x})$. 但是如果 $g(\boldsymbol{x}, \boldsymbol{y}) = 0$，那么 $g(\boldsymbol{y}, \boldsymbol{x}) = 0$. 类似实矢量空间的情况，我们给出如下定义.

定义 6.12　对一个复广义内积空间 (V, g)，如果 $g(\boldsymbol{x}, \boldsymbol{y}) = 0$，就说矢量 $\boldsymbol{x}$ 和 $\boldsymbol{y}$ 是正交的.

例 6.11　取复数域矢量空间 $V = \mathrm{Span}\{1,\ \mathrm{e}^{\mathrm{i}x},\ \mathrm{e}^{2\mathrm{i}x},\ \mathrm{e}^{3\mathrm{i}x}\}$. 定义内积

$$g(\boldsymbol{f}, \boldsymbol{h}) = \frac{1}{2\pi}\int_{-\pi}^{\pi} \overline{f(x)} h(x) \mathrm{d}x.$$

考虑函数集合

$$B = \{1,\ \mathrm{e}^{\mathrm{i}x},\ \mathrm{e}^{2\mathrm{i}x},\ \mathrm{e}^{3\mathrm{i}x}\}.$$

可以证明对任意 $k_1 \neq k_2$，

$$g(\boldsymbol{f}_{k_1}, \boldsymbol{f}_{k_2}) = \frac{1}{2\pi}\int_{-\pi}^{\pi} \mathrm{e}^{\mathrm{i}(k_2 - k_1)x} \mathrm{d}x = 0,$$

$$g(\boldsymbol{f}_{k_1},\boldsymbol{f}_{k_1})=\frac{1}{2\pi}\int_{-\pi}^{\pi}\mathrm{d}x=1.$$

因此集合 B 是一组线性无关的正交矢量，B 构成了 V 的一个标准正交基.

与（实）内积空间类似，有限维复内积空间总是存在标准正交基. 在标准正交基下，度规矩阵变为单位矩阵. 从这个意义上讲，任何 n 维复内积空间中的问题最终都可以转化为标准 n 维幺正空间中的问题. 给定度规后，我们可以采用施密特正交化方法来寻找一组正交基和标准正交基.

在上一节中我们已经把 $\mathbf{R}^n$ 中矩阵的转置推广为实矢量空间中线性映射的伴随映射. 在复矢量空间 $\mathbf{C}^n$ 中，转置运算被推广为厄米共轭运算. 我们也可以把厄米共轭运算推广到复矢量空间的线性映射中.

定义 6.13 假设 T 是从一个复广义内积空间 (V,g) 到自身的线性映射，如果它满足

$$\forall \boldsymbol{x}\in V,\boldsymbol{y}\in V,\ g(T(\boldsymbol{x}),\boldsymbol{y})=g(\boldsymbol{x},S(\boldsymbol{y})),$$

则称映射 $S:(V,g)\mapsto(V,g)$ 为 T 的一个伴随映射. 复广义内积空间中伴随映射的定义和（实）广义内积空间一致. 在考虑有限维复广义内积空间时，我们常常把伴随映射称为厄米变换. 与实矢量空间类似，我们可以得到以下两个关于复广义内积空间中的伴随映射的性质.

定理 6.22 假设 (V,g) 是一个复广义内积空间，T 是 V 中的一个线性映射，那么它的伴随映射是唯一存在的，一般记为 T^*.

定理 6.23 假设 (V,g) 是一个复广义内积空间，T 和 S 都是 V 中的线性映射，那么它们的伴随映射满足：

（1）$(T^*)^*=T$;

（2）$(T+S)^*=T^*+S^*$;

（3）$(\lambda T)^*=\bar{\lambda}T^*$;

（4）$(T\circ S)^*=S^*\circ T^*$.

与定理 6.16 相似，在选定任意一个基后，一个线性映射和它的伴随映射的矩阵表示满足如下定理.

定理 6.24 假设 (V,g) 是一个有限维复广义内积空间，T 是 V 中的一个线性映射. 那么在任意一个基 B 下，T 的矩阵表示 $\boldsymbol{A}$、T^* 的矩阵表示 $\boldsymbol{C}$ 和度规 g 的矩阵表示 $\boldsymbol{G}$ 满足

$$\boldsymbol{C}=\boldsymbol{G}^{-1}\boldsymbol{A}^{\dagger}\boldsymbol{G}.$$

因此我们可以得到一个推论：对幺正空间，一个线性映射和它的伴随映射的矩阵表示在标准正交基下互为厄米共轭矩阵. 与实数的情况类似，在一般情况下复广义内积空间中的线性映射和它的伴随映射不相等. 我们可以将自伴映射的概念推广到复数的情况.

定义 6.14 假设 (V,g) 是一个复广义内积空间，如果 V 中的一个线性映射 T 满足 $T=T^*$，就称 T 是自伴映射或自伴算符.

对复广义内积空间，自伴映射可以看成厄米矩阵在一般的矢量空间中的推广. 特别地，对有限维复内积空间，在选定一个标准正交基之后，一个映射和它的伴随映射可以由一个矩阵和它的厄米共轭矩阵表示. 因此，在标准正交基下，一个自伴算符就对应于一个厄米矩阵. 因此，对有限维复内积空间，自伴算符也被称为厄米算符. 因此，自伴映射就继承了许多

厄米矩阵的性质.

定理 6.25　假设 (V,g) 是一个 n 维复内积空间，T 是 V 中的一个自伴线性映射，那么 T 的所有本征值都是实数，不同本征值对应的本征矢量正交，并且 T 存在 n 个相互正交的本征矢量构成 V 的一个正交基.

对有限维复内积空间 (V,g)，定理 6.25 表明每一个自伴映射都可以给出一个表象. 这里强调有限维有两个原因：其一是只有在有限维复内积空间中才能用一个矩阵来表示一个线性映射，这时自伴算符才与一个厄米矩阵相关联；其二是对无限维的情况，厄米算符和自伴算符的定义并不一致，这一点将在第 6.6 节中简单介绍.

6.6　希尔伯特空间简介

在之前的章节中，我们集中讨论了有限维广义内积空间的各种性质. 但是在物理学，尤其是量子力学中，我们需要处理具有正定度规的无限维矢量空间，即无限维内积空间. 前面几节中许多针对有限维情况得出的结论在无限维情况下不再成立，因此有必要针对无限维情况单独讨论. 本节不打算非常严格和细致地去讨论无限维矢量空间的数学性质，有相关需求的读者可以参阅一般的泛函分析教材. 在这里我们关注一类特殊的无限维内积空间——希尔伯特空间，以及其中的线性算符的基本性质. 在考虑无限维矢量空间时，我们常常用线性算符（简称算符）代指线性映射.

在解释什么是希尔伯特空间之前，我们需要进行一些铺陈. 假设 (V,g) 是一个（有限维或者无限维）内积空间，利用度规我们可以为每一个矢量定义一个长度：

$$\|\boldsymbol{v}\|=\sqrt{g(\boldsymbol{v},\boldsymbol{v})}\,.$$

接着定义空间中两个不同的矢量之间的距离：

$$\|\boldsymbol{v}-\boldsymbol{w}\|=\sqrt{g(\boldsymbol{v}-\boldsymbol{w},\boldsymbol{v}-\boldsymbol{w})}\,.$$

知道了两个矢量之间的距离后，我们就可以讨论由矢量组成的序列的收敛性了. 考虑一个由 V 中的无穷个矢量组成的序列：

$$\{\boldsymbol{f}_n\}=\{\boldsymbol{f}_1,\boldsymbol{f}_2,\cdots,\boldsymbol{f}_n,\cdots\}\,.$$

从直觉上讲，如果随着 n 增大，$\boldsymbol{f}_n$ 越来越趋近于某一个矢量 $\boldsymbol{f}$，就说序列 $\{\boldsymbol{f}_n\}$ 收敛于 $\boldsymbol{f}$. 这里的趋近需要被严格地表述，为此我们可以借助上面定义的距离给出如下定义.

定义 6.15　对一个内积空间 (V,g) 中的矢量序列 $\{\boldsymbol{f}_n\}$，如果存在一个矢量 $\boldsymbol{f}\in V$ 使得当 $n\to\infty$ 时 $\|\boldsymbol{f}_n-\boldsymbol{f}\|\to 0$，就说序列 $\{\boldsymbol{f}_n\}$ 收敛于 $\boldsymbol{f}$.

如果把内积空间中矢量之间的距离类比为实数（或者复数）域中两个数之差的绝对值，那么内积空间中由矢量组成的序列的收敛就可以类比为实数（或者复数）域中数列的收敛. 在学习数列的收敛性时，有一个非常重要的结论——柯西审敛法则. 数列 $\{a_n\}$ 收敛的充要条件是：对任意给定的正数 ε，总存在正整数 N 使得当 $m,n>N$ 时有

$$|a_n-a_m|<\varepsilon.$$

数列的柯西审敛法则使得人们可以在不求出极限（如果存在）的情况下判别数列极限的存

在性. 很自然地,我们会考虑这种方法是否也适用于内积空间中序列的收敛问题. 为了便于讨论这个问题,我们引入如下定义.

定义 6.16 对一个内积空间 (V,g) 中的矢量序列 $\{\boldsymbol{f}_n\}$,如果对任意给定的正数 ε,总存在正整数 N 使得当 $m,n>N$ 时有

$$\|\boldsymbol{f}_n-\boldsymbol{f}_m\|<\varepsilon,$$

就说序列 $\{\boldsymbol{f}_n\}$ 是一个柯西序列.

显然利用内积诱导的距离所满足的三角不等式,可以证明内积空间中收敛的序列必定为柯西序列(见习题 19). 考虑到数列的柯西审敛法则,一个很自然的猜想是:内积空间中的柯西序列也应该收敛于其中的某一个矢量. 不过出乎意料的是,对一般的内积空间,这个结论并不成立. 下面来看一个例子.

例 6.12 取集合 $C[-1,1]$ 为全体定义在区间 $[-1,1]$ 内的复数取值的连续函数,按照普通函数的加法和数乘构成矢量空间. 对 $C[-1,1]$ 中的任意两个元素 $\boldsymbol{f}$ 和 $\boldsymbol{h}$,规定

$$g(\boldsymbol{f},\boldsymbol{h})=\int_{-1}^{1}\overline{f(x)}h(x)\mathrm{d}x. \tag{6.14}$$

在上述度规下,矢量空间 $C[-1,1]$ 构成了一个无限维内积空间. 下面来构造序列 $\{\boldsymbol{f}_n\}$:

$$f_n(x)=\begin{cases}1\left(x>\dfrac{1}{n}\right),\\ nx\left(|x|\leqslant\dfrac{1}{n}\right),\\ -1\left(x<-\dfrac{1}{n}\right).\end{cases}$$

首先证明这个序列是 $(C[-1,1],g)$ 中的一个柯西序列. 对任意 $\varepsilon>0$,取 $N>2/\varepsilon^2$. 那么对任意 $N<n<m$,有

$$\|\boldsymbol{f}_n-\boldsymbol{f}_m\|^2=\int_{-1}^{1}[f_n(x)-f_m(x)]^2\,\mathrm{d}x=2\int_{0}^{1}[f_n(x)-f_m(x)]^2\,\mathrm{d}x.$$

当 $x>1/n$ 时,$f_n(x)=f_m(x)=1$,因此有

$$\|\boldsymbol{f}_n-\boldsymbol{f}_m\|^2=2\int_{0}^{1/n}[f_n(x)-f_m(x)]^2\,\mathrm{d}x.$$

在区间 $(0,1/n)$ 内,$f_n(x)$ 和 $f_m(x)$ 都是 $[0,1]$ 内的正数,因此 $|f_n(x)-f_m(x)|\leqslant 1$. 于是有

$$\|\boldsymbol{f}_n-\boldsymbol{f}_m\|^2\leqslant 2\int_{0}^{1/n}\mathrm{d}x=\frac{2}{n}<\frac{2}{N}<\varepsilon^2\Rightarrow\|\boldsymbol{f}_n-\boldsymbol{f}_m\|<\varepsilon.$$

这表明序列 $\{\boldsymbol{f}_n\}$ 是柯西序列. 然而内积空间 $(C[-1,1],g)$ 中没有任何元素可以作为这个柯西序列的极限,这是因为

$$f_\infty(x)=\begin{cases}1(x>0),\\ 0(x=0),\\ -1(x<0)\end{cases}$$

不是一个连续函数,因此 $f_\infty(x)\notin C[-1,1]$. 这个例子表明:对一般的内积空间来说,它的柯西序列不一定会收敛到其中的一个元素.

基于上面的例子,我们引入希尔伯特空间的定义.

定义 6.17　如果一个内积空间中的每一个柯西序列都收敛于其中的一个矢量，那么称这个内积空间为希尔伯特空间.

每一个柯西序列都收敛于其中的一个矢量的内积空间也被称为完备的. 因此，所谓希尔伯特空间就是一个完备的且定义了内积的矢量空间. 简单总结：希尔伯特空间中每一个看起来像收敛的序列都真的收敛到其中的一个元素.

那么为什么我们在研究有限维矢量空间的内积的性质时没有提及希尔伯特空间这个概念呢？我们来看下面这个定理.

定理 6.26　实数域或者复数域中的有限维内积空间必定是希尔伯特空间.

证明：假设 (V,g) 为实数域或者复数域中的一个有限维内积空间，我们可以取它的一个标准正交基 $B=\{\boldsymbol{b}_1,\boldsymbol{b}_2,\cdots,\boldsymbol{b}_q\}$. 对任意一个序列 $\{\boldsymbol{v}_n\}$ 中的一个矢量 $\boldsymbol{v}_n$，我们可以得到它在标准正交基下的一组展开：

$$\boldsymbol{v}_n = a_{n1}\boldsymbol{b}_1 + a_{n2}\boldsymbol{b}_2 + \cdots + a_{nq}\boldsymbol{b}_q .$$

并且

$$\| \boldsymbol{v}_n - \boldsymbol{v}_m \| = \sqrt{(a_{n1}-a_{m1})^2 + (a_{n2}-a_{m2})^2 + \cdots + (a_{nq}-a_{mq})^2} .$$

因此，如果 $\| \boldsymbol{v}_n - \boldsymbol{v}_m \| < \varepsilon$，那么有

$$| a_{n1}-a_{m1} | < \varepsilon, | a_{n2}-a_{m2} | < \varepsilon, \cdots, | a_{nq}-a_{mq} | < \varepsilon .$$

假设 $\{\boldsymbol{v}_n\}$ 是一个柯西序列，那么上述不等式表明 $\{\boldsymbol{v}_n\}$ 在标准正交基 B 下的坐标分量 $\{a_{n1}\},\{a_{n2}\},\cdots,\{a_{nq}\}$ 都是柯西序列. 由于坐标分量是实数或者复数域中的数列，实数和复数都完备保证了它们必然收敛于一个实数或者复数. 也就是说，有

$$\lim_{n\to\infty} a_{nk} = c_k (k = 1,2,\cdots,q).$$

因此有

$$\lim_{n\to\infty} \boldsymbol{v}_n = c_1\boldsymbol{b}_1 + c_2\boldsymbol{b}_2 + \cdots + c_q\boldsymbol{b}_q \in V.$$

这表明实数域或者复数域中的有限维内积空间中的柯西序列必定收敛于内积空间中的一个矢量.

这个证明对无限维内积空间失效. 一个关键的原因就是：无限维矢量空间需要无限个基，因此展开一个矢量涉及无限个矢量相加. 矢量空间的定义仅仅要求任意有限个矢量相加的结果还在矢量空间中，这一点不能保证无限个矢量相加的结果还在矢量空间中. 在第 5.2 节末尾我们已经给出了一个具体的例子. 因此，只有在考虑无限维内积空间时，我们才需要区分是否为希尔伯特空间.

我们知道有理数集中的柯西序列可能收敛到无理数，因此有理数集不是完备的. 我们可以把有理数集扩大为一个更大的集合——实数集. 这里的实数集可以简单地理解为把有理数集中所有柯西序列的极限点添加进来，由此得到的实数集是完备的. 这是由有理数集构造实数集的方法. 这个思路可以帮我们把不完备的内积空间改造为完备的内积空间. 比如，对任意 a 和 b，按照式（6.14）定义的内积空间 $(C[a,b],g)$ 不是完备的，我们可以把它扩大为一个更大的空间

$$L^2[a,b]=\left\{\forall f:[a,b]\mapsto\mathbb{C}\left|\int_a^b|f(x)|^2\mathrm{d}x<\infty\right.\right\},$$

即由定义在区间 $[a,b]$ 内的所有模方可积的函数组成的集合. 这样 $L^2[a,b]$ 中的任意柯西序列必定收敛于 $L^2[a,b]$ 内. 但是这个扩大又有一点过头了. 比如考虑如下可积函数：

$$f(x)=\begin{cases}0(x\neq(a+b)/2),\\1(x=(a+b)/2).\end{cases}\tag{6.15}$$

这个函数并不是恒 0 函数，因此不是我们之前在由函数组成的矢量空间中定义的零元素. 但是根据式（6.14）可以发现：

$$\forall \boldsymbol{h}\in L^2[a,b],\ |g(\boldsymbol{h},\boldsymbol{f})|=\left|\int_a^b\overline{h(x)}f(x)\mathrm{d}x\right|\leqslant\sqrt{\int_a^b|h(x)|^2\mathrm{d}x\int_a^b|f(x)|^2\mathrm{d}x}=0.$$

由此我们发现：对任意 $\boldsymbol{h}\in L^2[a,b]$ 都有 $g(\boldsymbol{h},\boldsymbol{f})=0$，并且按照式（6.15）定义的 $\boldsymbol{f}$ 不是矢量空间中的零元素. 根据广义度规的定义，式（6.14）不能充当 $L^2[a,b]$ 的度规. 因此 $(L^2[a,b],g)$ 连广义内积空间都不是，遑论希尔伯特空间了. 解决的方法是：把两个只在测度为 0 的集中的不同函数"认同"起来，视为同一个函数. 也就是说，如果两个函数 $f(x)$ 和 $h(x)$ 满足

$$\int_a^b|f(x)-h(x)|^2\mathrm{d}x=0,$$

就把 $f(x)$ 和 $h(x)$ 当成同一个元素对待. 施加了这种认同之后的模方可积空间记为 $\overline{L}^2[a,b]$. 此时，按照方程（6.15）定义的 $\boldsymbol{f}$ 就是矢量空间 $\overline{L}^2[a,b]$ 中的零元素.

定理 6.27 无限维矢量空间 $\overline{L}^2[a,b]$ 配以度规

$$g(\boldsymbol{f},\boldsymbol{h})=\int_a^b\overline{f(x)}h(x)\mathrm{d}x\tag{6.16}$$

构成一个希尔伯特空间.

进一步地，我们可以把上述定理中的函数自变量推广为 n 元并将每一个自变量的定义域扩大为全体实数. 这便给出了在数学和物理中使用最广泛的一类希尔伯特空间 $\overline{L}^2(\mathbb{R}^n)$. 其中 $\overline{L}^2(\mathbb{R}^3)$ 就是量子力学中常用来描述波函数的希尔伯特空间. 需要指出的是，在这个希尔伯特空间中，当我们说一个序列 $\{\boldsymbol{f}_n\}$ 收敛于 $\boldsymbol{h}$ 时，并不是说 $\lim\limits_{n\to\infty}(\boldsymbol{f}_n-\boldsymbol{h})=\boldsymbol{0}$，而是说

$$\lim_{n\to\infty}\int_a^b|f_n(x)-h(x)|^2\mathrm{d}x=0.$$

有时候为了强调这一特性，我们称序列 $\{\boldsymbol{f}_n\}$ 依测度收敛于 $\boldsymbol{h}$.

下面我们来考虑一下无限维希尔伯特空间中的算符. 对无限维希尔伯特空间，物理和数学中许多非常有用和重要的算符并不能定义在整个空间中，因此算符的定义域需要仔细考察. 简单来说，有限维矢量空间中的线性映射的定义域都是整个矢量空间，而无限维空间中的某些线性映射的定义域仅仅是空间的一个子集. 例如，对量子力学中常常使用的坐标算符 $x:f(x)\mapsto xf(x)$、动量算符 $\dfrac{\mathrm{d}}{\mathrm{d}x}:f(x)\mapsto f'(x)$ 等，很容易验证它们可以将一个平方可积函数映射为一个平方不可积函数，因此其定义域为空间的一个子集.

正是由于定义域的问题，伴随映射的定义必须修改.

定义 6.18　假设希尔伯特空间 H 的两个子集 D_T 和 D_S 的算符定义为 T 和 S,如果 $\forall \boldsymbol{\beta} \in D_T$, $\boldsymbol{\alpha} \in D_S$ 使得 $g(\boldsymbol{\alpha}, T(\boldsymbol{\beta})) = g(S(\boldsymbol{\alpha}), \boldsymbol{\beta})$,那么称 S 是 T 的伴随映射.

一般地,$D_T \neq D_S$,即伴随算符的定义域与原算符可能不同. 此外,对无限维希尔伯特空间,一个算符的伴随算符不一定是唯一的. 关于伴随算符的唯一性,我们有如下结论(这里不予证明).

定理 6.28　无限维希尔伯特空间 H 中一个线性算符 T 的伴随算符是唯一的,当且仅当 T 的定义域是 H 的一个稠密子集.①

在伴随映射唯一存在的情况下,记 T 的伴随映射为 T^*. 由于 T 和 T^* 的定义域可能不同,因此一般来说,

$$(T^*)^* \neq T.$$

同时,厄米算符的定义也需要修改.

定义 6.19　对任意定义域是希尔伯特空间 H 的一个稠密子集 D_T 的算符 T,如果

$$\forall \boldsymbol{\alpha}, \boldsymbol{\beta} \in D_T, g(T(\boldsymbol{\alpha}), \boldsymbol{\beta}) = g(\boldsymbol{\alpha}, T(\boldsymbol{\beta})),$$

则称 T 为 H 中的一个厄米算符.

由厄米算符的定义可以看出,在子集 D_T 中可以定义其伴随算符为 $T^* = T$. 但是由于一般伴随算符的定义域不同于原算符,故 T^* 有可能可以定义在比 D_T 更大的区域中. 实际上,可以证明(相关证明可以参阅泛函分析的专门教材)希尔伯特空间中的厄米算符 T 一定满足

$$D_T \subseteq D_{T^*}. \tag{6.17}$$

故一般地,在整个空间中厄米算符 T 与其伴随算符 T^* 并不相等,即

$$T \neq T^*.$$

定义 6.20　如果希尔伯特空间 H 中的厄米算符 T 满足 $D_T = D_{T^*}$,则称 T 为 H 中的一个自伴算符.

自伴算符 T 和它的伴随算符 T^* 具有相同的定义域,并且在定义域内 T 和 T^* 相等,因此我们就可以简单地写出 $T = T^*$. 可见自伴算符的要求比厄米算符高. 后者仅要求 T 和 T^* 在 T 的定义域内相等(T^* 的定义域更大,T 和 T^* 在 T^* 的定义域内可能不相等),前者还要求它们的定义域相同. 在物理学中很多人经常混淆厄米算符和自伴算符这两个概念但却没有出现错误,是因为遇到的厄米算符几乎都是自伴算符(或假设为自伴算符).

例 6.13　取希尔伯特空间 $\overline{L}^2[a,b]$,其中 a 和 b 为有限值. 量子力学中的位置算符 X 定义为 $X(f(x)) = xf(x)$. 证明 X 是一个自伴算符.

解:第一步,确定算符 X 的定义域. 对任意 $\boldsymbol{f} \in \overline{L}^2[a,b]$,有

$$\int_a^b |f(x)|^2 \mathrm{d}x < \infty.$$

于是可以发现

$$\int_a^b |X(f(x))|^2 \mathrm{d}x = \int_a^b |x|^2 |f(x)|^2 \mathrm{d}x.$$

① 希尔伯特空间 H 中的一个稠密子集简单来说就是:对 H 中任意一个不属于 D 的元素 $\boldsymbol{h}$,在 D 中都可以找到一个元素 $\boldsymbol{d}$ 使得 $\|\boldsymbol{d} - \boldsymbol{h}\|$ 小于任意给定的正数. 比如,有理数集就是实数集的一个稠密子集.

假设 $N=\max\{|x|^2|x\in[a,b]\}$，有

$$\int_a^b |X(f(x))|^2\mathrm{d}x\leqslant N\int_a^b |f(x)|^2\mathrm{d}x<\infty.$$

这说明 X 的定义域等于 $\overline{L}^2[a,b]$.

第二步，证明 X 是厄米的. 取 $\overline{L}^2[a,b]$ 中的任意两个元素 $\boldsymbol{f}$ 和 $\boldsymbol{h}$，有

$$g(X(\boldsymbol{f}),\boldsymbol{h})=\int_a^b \overline{xf(x)}h(x)\mathrm{d}x=\int_a^b \overline{f(x)}xh(x)\mathrm{d}x=g(\boldsymbol{f},X(\boldsymbol{h})).$$

这说明 X 是定义在 $\overline{L}^2[a,b]$ 中的厄米算符.

第三步，证明 $X=X^*$. 根据式（6.17）和 X 的定义域是整个希尔伯特空间，可以发现 X^* 的定义域也是整个希尔伯特空间，因此 X 和 X^* 的定义域是一样的，故 $X=X^*$，因此 X 是自伴的.

有限维内积空间中的自伴算符就是厄米算符，它们的本征值为实数，本征矢量可构成标准正交基. 在无限维希尔伯特空间中，自伴算符的这些性质不一定成立. 一个典型的例子是，在希尔伯特空间 $\overline{L}^2(-\infty,+\infty)$ 中，自伴算符可能没有本征值和本征矢量，更不用说构成标准正交基了. 例如，可以证明在 $\overline{L}^2(-\infty,+\infty)$ 中，量子力学中常常使用的动量算符 $\mathrm{i}\dfrac{\mathrm{d}}{\mathrm{d}x}: f(x)\mapsto \mathrm{i}f'(x)$ 是自伴算符，但是若要解其本征方程，则会发现 $\mathrm{i}\dfrac{\mathrm{d}}{\mathrm{d}x}$ 的本征矢量不是平方可积的，也不属于空间 $\overline{L}^2(-\infty,+\infty)$. 换句话说，自伴算符 $\mathrm{i}\dfrac{\mathrm{d}}{\mathrm{d}x}$ 在 $\overline{L}^2(-\infty,+\infty)$ 中不存在本征值和本征矢量（见习题 20）.

因此，在无限维希尔伯特空间中，厄米算符的本征值、本征矢量、对角化等都不再是合适的概念，自伴算符的谱和谱分解则是对这些概念的推广. 关于这些内容可参见泛函分析的相关教材. 实际上，完全可以用谱分解的方式来处理有限维希尔伯特空间中的对角化问题. 但是在物理学中，经常将不属于该空间的函数或广义函数当作算符的本征函数，并且将谱当成本征值来处理. 也经常将有限维的其他若干结论直接推广到无限维，如有限和直接推广为无穷级数或者积分. 比如，对 $\overline{L}^2(-\infty,+\infty)$ 中的自伴算符 $\mathrm{i}\dfrac{\mathrm{d}}{\mathrm{d}x}$，将函数 $\mathrm{e}^{\mathrm{i}\lambda x}$（$\lambda\in\mathbb{R}$）称为 $\mathrm{i}\dfrac{\mathrm{d}}{\mathrm{d}x}$ 的本征函数，虽然函数 $\mathrm{e}^{\mathrm{i}\lambda x}$ 不是平方可积的，不是属于空间 $\overline{L}^2(-\infty,+\infty)$ 的函数.

从计算的角度来看，这种模糊化处理比严格的数学处理简单很多，而且几乎总能得出正确结果. 正确的原因是物理中涉及的厄米算符几乎都是自伴算符，其背后有自伴算符的谱分解定理来保证. 然而这种模糊化处理遇到勤于思考的学习者时，时常会给他们带来困惑. 结果导致不求甚解的学习者能够顺畅地进行各种计算，仔细思考的学习者反倒在概念上陷入泥潭. 例如，在量子力学的学习中可能遇到一些与此有关的问题：坐标本征态的波函数并不是一个函数，动量本征态的波函数（平面波）不能归一化，为什么能作为波函数甚至作为基矢量？再如，一些系统的波函数既可以用分立的本征态展开（如某些束缚体系的能量本征态），也可以用连续的本征态展开（如坐标本征态或者动量本征态），那么这个希尔伯特空间到底是可数维的还是不可数维的？实际上这些问题都可以用谱的概念来解释清楚，并且保证了采用模糊化处理得到的结果的正确性.

习题

1. 假设 (V, g) 为任意广义内积空间，证明 $\forall \boldsymbol{v} \in V, g(\boldsymbol{v}, \boldsymbol{\theta}) = 0$.

2. 考虑矢量空间 $\mathbf{R}^{m\times n}$，定义二元函数 $g(\boldsymbol{A}, \boldsymbol{B}) = \mathrm{tr}(\boldsymbol{A}\boldsymbol{B}^{\mathrm{T}})$. 证明 $(\mathbf{R}^{m\times n}, g)$ 是一个内积空间.

3. 对 $\boldsymbol{x}$ 和 $\boldsymbol{y}$ 以及一个正定的矩阵 $\boldsymbol{S}$，证明 $(\boldsymbol{x}^{\mathrm{T}}\boldsymbol{S}\boldsymbol{y})^2 \leqslant (\boldsymbol{x}^{\mathrm{T}}\boldsymbol{S}\boldsymbol{x})(\boldsymbol{y}^{\mathrm{T}}\boldsymbol{S}\boldsymbol{y})$.

4. 假设 (V, g) 为任意内积空间，定义两个矢量之间的距离 $d(\boldsymbol{x}, \boldsymbol{y}) = \|\boldsymbol{x} - \boldsymbol{y}\|$. 证明三角不等式 $d(\boldsymbol{x}, \boldsymbol{y}) \leqslant d(\boldsymbol{x}, \boldsymbol{z}) + d(\boldsymbol{y}, \boldsymbol{z})$.

5. 取矢量空间 P_2 和它的一个自然基 $B = \{1, x, x^2\}$，定义度规 $g(\boldsymbol{f}, \boldsymbol{h}) = \int_0^1 [f(x)h'(x) + f'(x)h(x)]x\mathrm{d}x$. 写出度规矩阵.

6. 证明矩阵 $\boldsymbol{G}$ 可以作为某个有限维矢量空间的度规矩阵当且仅当它是可逆的对称矩阵.

7. 证明有限维广义内积空间是(伪)内积空间当且仅当它在某个基下的度规矩阵是(不)正定的.

8. 取矢量空间 P_2，请问二元函数 $g(\boldsymbol{f}, \boldsymbol{h}) = \int_{-1}^1 [f(x)h'(x) + f'(x)h(x)]\mathrm{d}x$ 能否给出 P_2 中的一个度规?

9. 对一个有限维内积空间 (V, g)，如果一个不含零矢量的矢量组 $\{\boldsymbol{v}_1, \boldsymbol{v}_2, \cdots, \boldsymbol{v}_k\}$ 中的任意两个矢量都是正交的，请问这组矢量是否线性无关? 如果 (V, g) 是伪内积空间，结论又如何?

10. 取内积空间 (P_2, g)，其中的度规定义为 $g(\boldsymbol{f}, \boldsymbol{h}) = \int_0^{\infty} f(x)h(x)\mathrm{e}^{-x}\mathrm{d}x$. 请用施密特正交化方法为其找到一个标准正交基.

11. 用数学归纳法证明定理 6.9.

12. 假设 (V, g) 是一个广义内积空间，$B = \{\boldsymbol{b}_1, \boldsymbol{b}_2, \cdots, \boldsymbol{b}_n\}$ 是一个基矢量长度都非 0 的正交基. 证明对任意 V 中的矢量 $\boldsymbol{x}$，

$$\boldsymbol{x} = \frac{g(\boldsymbol{x}, \boldsymbol{b}_1)}{g(\boldsymbol{b}_1, \boldsymbol{b}_1)}\boldsymbol{b}_1 + \frac{g(\boldsymbol{x}, \boldsymbol{b}_2)}{g(\boldsymbol{b}_2, \boldsymbol{b}_2)}\boldsymbol{b}_2 + \cdots + \frac{g(\boldsymbol{x}, \boldsymbol{b}_n)}{g(\boldsymbol{b}_n, \boldsymbol{b}_n)}\boldsymbol{b}_n.$$

13. 在矢量空间 P_2 中定义度规 $g(\boldsymbol{f}, \boldsymbol{h}) = \int_0^1 f(x)h(x)\mathrm{d}x$，映射 $T: P_2 \mapsto P_2$ 定义为 $T(\boldsymbol{p}) = p(x) + xp'(x)$ 请给出 T 的伴随映射.

14. 假设 (V, g) 是一个有限维内积空间，如果一个线性映射 $T: V \mapsto V$ 满足 $T = -T^*$，那么称 T 是反自伴映射. 证明任何一个线性映射都可以唯一分解为自伴映射和反自伴映射之和.

15. 取矢量空间 $V = \mathrm{Span}\{\sin x, \sin 2x\}$，并定义度规 $g(\boldsymbol{f}, \boldsymbol{h}) = \int_0^{\pi} f(x)h(x)\mathrm{d}x$. 定义一个 V 中的映射 $T(a\sin x + b\sin 2x) = a\sin 2x + b\sin x$. 证明 T 是自伴映射并计算出 T 表象下 $\sin x$ 的坐标矢量.

16. 假设 (V, g) 是一个幺正空间，对 V 中的任意两个元素 $\boldsymbol{x}$ 和 $\boldsymbol{y}$，证明

$g(\boldsymbol{x},\boldsymbol{x})g(\boldsymbol{y},\boldsymbol{y}) \geqslant |g(\boldsymbol{x},\boldsymbol{y})|^2$ 的等号成立当且仅当 $\boldsymbol{x}$ 和 $\boldsymbol{y}$ 线性相关.

17. 假设 (V,g) 是一个幺正空间，证明 $g(\boldsymbol{x},\boldsymbol{x})=0 \Leftrightarrow \boldsymbol{x}=\boldsymbol{\theta}$.

18. 对复数域中的二元函数 $g(\boldsymbol{y},\boldsymbol{x}) = ax_1\overline{y}_1 + bx_1\overline{y}_2 + cx_2\overline{y}_1 + dx_2\overline{y}_2$，请问当 a,b,c,d 满足什么条件时，g 可以给出 $\mathbf{C}^2$ 中的一个内积？

19. 证明内积空间中收敛的序列必定为柯西序列.

20. 证明微分算符 $\mathrm{i}\dfrac{\mathrm{d}}{\mathrm{d}x}$ 在希尔伯特空间 $\overline{L}^2(-\infty,+\infty)$ 中没有本征矢量.

（提示：假设有本征矢量，求解本征方程 $\mathrm{i}\dfrac{\mathrm{d}}{\mathrm{d}x}f(x)=\lambda f(x)$，然后证明方程的解不在 $\overline{L}^2(-\infty,+\infty)$ 中）

参考文献

[1] 北京大学数学系几何与代数教研室前代数小组. 高等代数[M]. 3 版. 北京:高等教育出版社,2003.

[2] 李炯生,查建国. 线性代数[M]. 合肥: 中国科学技术大学出版社,1989.

[3] 张贤科,许甫华. 高等代数学[M]. 2 版. 北京:清华大学出版社,2004.

[4] 陈仲. 大学数学(上册)[M]. 南京:南京大学出版社,1998.

[5] 陈仲,栗熙. 大学数学(下册)[M]. 南京:南京大学出版社,1998.

[6] 华中科技大学数学系. 线性代数[M]. 2 版. 北京:高等教育出版社,2003.

[7] 冀慎统. 线性代数及其在物理学中的应用分析[M]. 西安:西北工业大学出版社,2019.

[8] 崔建伟,兰鹏飞. 线性代数:数学物理方法基础[M]. 武汉:华中科技大学出版社,2020.

[9] 李尚志. 线性代数[M]. 北京:高等教育出版社,2006.

[10] JOHNSON L W, RIESS R D, ARNOLD J T. 线性代数引论(翻译版:原书第 5 版)[M]. 孙瑞勇,译. 北京:机械工业出版社,2015.

[11] ROMAN S. Advanced linear algebra[M]. 3rd ed. New York: Springer, 2008.